■ 高等学校理工科数学类规划教材（创新系列）

数学物理方法

——理论、历史与计算机

郭玉翠　编著

大连理工大学出版社
Dalian University of Technology Press

图书在版编目(CIP)数据

数学物理方法 / 郭玉翠编著. — 大连 : 大连理工大学出版社，2010.8(2014.7 重印)

ISBN 978-7-5611-5750-3

Ⅰ. ①数… Ⅱ. ①郭… Ⅲ. ①数学物理方法 Ⅳ. ①O411.1

中国版本图书馆 CIP 数据核字(2010)第 162828 号

大连理工大学出版社出版

地址:大连市软件园路 80 号 邮政编码:116023

电话:0411-84708842 邮购:0411-84703636 传真:0411-84701466

E-mail:dutp@dutp.cn URL:http://www.dutp.cn

大连业发印刷有限公司印刷 大连理工大学出版社发行

幅面尺寸:185mm×260mm 印张:19.25 字数:445 千字

2010 年 8 月第 1 版 2014 年 7 月第 3 次印刷

责任编辑:王 伟 责任校对:婕 琳

封面设计:季 强

ISBN 978-7-5611-5750-3 定 价:38.00 元

前 言

“数学物理方法”是理工科大学生的一门重要基础课，本书参考高等院校数学物理方法课程教学大纲，并结合编著者多年来在北京邮电大学讲授这门课程的经验和体会以及在已编几版教材的基础上修改并增添内容而完成。

本书定名为《数学物理方法——理论、历史与计算机》，理论内容分为8章，包括数学物理方程及其定解条件的推导；分离变量法求解定解问题；二阶线性常微分方程的级数解法与本征值问题的提法与性质；Bessel函数的性质与应用；Legendre多项式的性质与应用；行波法和积分变换法求解定解问题；Green函数法求解定解问题；积分方程和非线性微分方程简介等。

鉴于我们是把几百年发展起来的知识“浓缩”在几十个小时中讲授，为了使读者了解学科形成的思想轨迹和发展进程，进而启发思考和创新，在培养科学素养的同时，培养人文素养，除了讲述理工科数学物理方法的常规内容，我们还加入了科学家评介、历史事件分析等体现数学文化与发展的内容。这也是本套创新系列教材的特色之处。

关于“数学物理方法（或方程）”，甚至“偏微分方程”的发展历史，还没有现成的书籍对此专门介绍，资料散见于数学史和科学家传记等文献中。现在我们将其与本书理论内容相关的一些知识整理出来编进教材，供讲授和学习这门课程的师生朋友选读和体会。希望通过对这些思想脉络的理解和领悟，使学生对课程的思想和精髓有所认识。

在计算机应用深入普及的今天，应用数学软件“Maple”来辅助求解常微分方程、复杂代数方程（组）以及复杂积分等，是至关重要的。

本书可以作为高等院校通讯电子类、机械建筑类以及应用数学与应用物理等专业本科学生的教材或教学参考书。书中加“*”的内容可以根据学时情况选讲。

感谢北京邮电大学精品课程建设资金的支持！感谢北京邮电大学数学系王丽霞老师与大连理工大学出版社联合开展“创新系列教材”建设，让我们有幸参与其中，将多年的教学经验和体会凝练成书。在本书编写过程中，参考了一些文章和书籍，本书作者对这些文章和书籍的作者表示深深的谢意。

限于作者的水平，书中难免会有不当之处，恳请读者批评指正。如果您有任何建议或意见，请通过以下方式与我们联系：

电话　0411-84707962　84706670

邮箱　jcjf@dutp.cn

编著者

2010.8

目 录

绪 论 /1

第 1 章 数学物理方程及其定解条件 / 8

1.1 数学物理基本方程的建立 /8

1.1.1 波动方程 /8

1.1.2 热传导方程和扩散方程 /23

1.1.3 泊松方程和拉普拉斯方程 /26

1.1.4 亥姆霍茨方程 /27

1.2 定解条件 /28

1.2.1 初始条件 /29

1.2.2 边界条件 /29

1.3 定解问题的提法 /31

1.4 二阶线性偏微分方程的分类与化简解的叠加原理 /32

1.4.1 含有两个自变量二阶线性偏微分方程的分类与化简 /32

1.4.2 线性偏微分方程的叠加原理 /38

1.5 历史注记——数学物理学家：达朗贝尔 /39

1.6 例题分析 /41

习题 1 /46

第 2 章 分离变量法 /48

2.1 (1+1)维齐次方程的分离变量法 /48

2.1.1 有界弦的自由振动 /48

2.1.2 有限长杆上的热传导 /56

2.2 二维 Laplace 方程的定解问题 /61

2.3 非齐次方程的解法 /67

2.4 非齐次边界条件的处理 /74

2.5 历史注记——数学物理学家：傅里叶 /79

2.6 例题分析 /82

习题 2 /90

第 3 章 二阶常微分方程的级数解法 本征值问题 /93

3.1 二阶常微分方程的级数解法 /93

3.1.1 常点邻域内的级数解法 /93

3.1.2 正则奇点附近的级数解法 /95

3.2 Legendre 方程的级数解 /97

3.3 Bessel 方程的级数解 /101

3.4 Sturm-Liouville 本征值问题 /107

3.4.1 Sturm-Liouville 方程 /107

3.4.2 本征值问题的一般提法 /108

3.4.3 本征值问题的一般性质 /109

3.5 历史注记——数学物理学家：刘维尔 /111

3.6 例题分析 /113

习题 3 /121

第 4 章 Bessel 函数的性质及其应用 /122

4.1 Bessel 方程的引出 /122

4.2 Bessel 函数的性质 /124

4.2.1 Bessel 函数的基本形态及本征值问题 /124

4.2.2 Bessel 函数的递推公式 /126

4.2.3 Bessel 函数的正交性和模方 /129

4.2.4 按 Bessel 函数的广义 Fourier 级数展开 /130

4.3 Bessel 函数在定解问题中的应用 /131

*4.4 修正 Bessel 函数 /137

4.4.1 第一类修正 Bessel 函数 /137

4.4.2 第二类修正 Bessel 函数 /138

*4.5 可化为 Bessel 方程的方程 /142

4.5.1 Kelvin (W. Thomson)方程 /142

4.5.2 其他例子 /142

4.5.3 含 Bessel 函数的积分 /143

4.6 历史注记——天文学家、数学家：贝塞尔 /144

4.7 例题分析 /145

习题 4 /154

第 5 章 Legendre 多项式及其应用 /156

5.1 Legendre 方程与 Legendre 多项式的引入 /156

5.2 Legendre 多项式的性质 /159

5.2.1 Legendre 多项式的微分表示 /159

5.2.2 Legendre 多项式的积分表示 /161

5.2.3 Legendre 多项式的母函数 /161

5.2.4 Legendre 多项式的递推公式 /163

5.2.5 Legendre 多项式的正交归一性 /164

5.2.6 按 $P_n(x)$ 的广义 Fourier 级数

展开 /166
5.2.7 一个重要公式 /166
5.3 Legendre 多项式的应用 /167
*5.4 关联 Legendre 多项式 /172
5.4.1 关联 Legendre 函数的微分表示 /172
5.4.2 关联 Legendre 函数的积分表示 /172
5.4.3 关联 Legendre 函数的正交性与模方 /173
5.4.4 按 $P_l^m(x)$ 的广义 Fourier 级数展开 /173
5.4.5 关联 Legendre 函数递推公式 /174
*5.5 其他特殊函数方程简介 /176
5.5.1 Hermite 多项式 /176
5.5.2 Laguerre 多项式 /178
5.6 历史注记——数学家:勒让德 /179
5.7 例题分析 /183
习题 5 /189
第 6 章 行波法和积分变换法 /191
6.1 一维波动方程的 d'Alember 公式 /191
6.2 三维波动方程的 Poisson 公式 /195
6.2.1 三维波动方程的球对称解 /195
6.2.2 三维波动方程的 Poisson 公式 /196
6.2.3 Poisson 公式的物理意义 /199
6.3 Fourier 积分变换法求定解问题 /202
6.3.1 预备知识——Fourier 变换及性质 /203
6.3.2 Fourier 变换法 /205
6.4 Laplace 积分变换法解定解问题 /208
6.4.1 Laplace 变换及其性质 /208
6.4.2 Laplace 变换法 /209
6.5 历史注记 /213
6.5.1 数学家、天文学家:拉普拉斯 /213
6.5.2 数学物理学家:泊松 /215
6.6 例题分析 /218
习题 6 /227
第 7 章 Green 函数法 /229
7.1 引 言 /229
7.2 δ 函数的定义与性质 /230
7.2.1 δ 函数的定义 /230
7.2.2 广义函数的导数 /231
7.2.3 δ 函数的 Fourier 变换 /232
7.2.4 高维 δ 函数 /233
7.3 Poisson 方程的边值问题 /233
7.3.1 Green 公式 /234
7.3.2 解的积分形式——Green 函数法 /234
7.3.3 Green 函数关于源点和场点是对称的 /238
7.4 Green 函数的一般求法 /239
7.4.1 无界区域的 Green 函数 /239
7.4.2 用本征函数展开法求边值问题的 Green 函数 /241
7.5 用电像法求某些特殊区域的 Dirichlet-Green 函数 /242
7.5.1 Poisson 方程的 Dirichlet-Green 函数及其物理意义 /242
7.5.2 用电像法求 Green 函数 /244
7.6 历史注记——数学物理学家:格林 /247
7.7 例题分析 /251
习题 7 /254
***第 8 章 积分方程和非线性微分方程简介 /256**
8.1 积分方程的分类及解法 /256
8.1.1 积分方程的概念与分类 /256
8.1.2 退化核方程的求解 /257
8.1.3 积分方程的迭代解法 /261
8.1.4 对称核的 Fredholm 方程 /269
8.1.5 微分方程与积分方程的联系 /271
8.2 非线性微分方程及其某些解法 /273
8.2.1 求解非线性微分方程的函数变换方法 /274
8.2.2 非线性偏微分方程的孤立波解 /277
8.2.3 解析近似解与正则摄动法 /280
8.3 历史注记——数学家:庞加莱 /282
习题 8 /285
附 录 /288
附录 A 正交曲线坐标系中的 Laplace 算符 /288
附录 B Γ 函数的定义和基本性质 /294
附录 C 通过计算留数求拉普拉斯变换的反演 /295
附录 D Fourier 变换和 Laplace 变换简表 /297
参考文献 /302

绪 论

1. 什么是数学物理方法

含有未知函数的导数或微分的等式叫做微分方程. 当未知函数是一元函数，即方程中的未知函数只依赖于一个自变量时，这样的微分方程称为常微分方程；当未知函数是多元函数，即依赖于两个以上自变量时，这样的微分方程称为偏微分方程. 在学习常微分方程时，求解常微分方程的方法是“积分”，而积分一次会出现一个任意常数，所以 n 阶常微分方程的通解中含有 n 个任意常数，要确定这些常数，需要附加初始条件（或者边界条件），常微分方程附加初始条件（或者边界条件）称为定解问题.

偏微分方程的求解当然也要用“积分”，而积分常数不是“数”，而是“函数”. 例如，形式最简单的偏微分方程：

$$\frac{\partial u(x,t)}{\partial t} = 0, \tag{1}$$

两边对“t”积分，得到其通解：

$$u(x,t) = f(x),$$

其中，$f(x)$ 是 x 的任意函数，它就是积分函数. 由于 $f(x)$ 是任意函数，所以在它确定之前，我们得不到关于方程(1) 的解的任何信息，而用初始条件（或边界条件）来确定函数显然比确定“常数”要困难得多. 因此偏微分方程的求解就比常微分方程的求解困难. 同时，解对条件的依赖也比常微分方程紧密得多. 这样，人们就逐渐认识到“数学意义上的”偏微分方程意义的局限：通解是任意函数，且不用说方程是否“可积”，即可以用初等积分方法求解. 提到“可积”这个问题，我们马上联想到“可积”问题真是了得，单说一阶常微分方程，“可积”类型也只有“可分离变量方程”、“齐次方程”、“一阶线性方程（包括伯努利方程和几种特殊类型的 Riccati 方程）”和一些符合一定条件的所谓“恰当方程”. 要研究二阶常微分方程的可积性，就需要动用诸如复变函数、代数群论等其他数学分支的方法，那么偏微分方程的“可积”问题呢？一定更复杂，包含的数学手段也更加难深. 鉴于这些情况，人们就将偏微分方程研究方向的一部分集中于那些有物理背景的偏微分方程（物理学的发展正好需要）上，这些方程中的自变量和函数有着鲜明的物理意义，有些问题的解可以通过实验唯象地给出. 这给偏微分方程的研究指明了方向，同时由于物理学上的需求，就诞生了专门研究有物理意义的偏微分方程的解法，以及解的意义的分析等问题的学科 —— 数学物理方程.

说到这里，读者明白了其实数学物理方程是指有物理背景，也就是从物理问题中提炼出来的偏微分方程. 然而，这里所说的偏微分方程指的还只是（直）线性（linear）偏微分方程. 因为非线性偏微分方程无论从解法上，还是解的性质的研究上，难度和复杂度都更大,现在称为“高等数学物理方程”或“非线性数学物理方程”.好,又弄清一个概念.那么又有问题了:“为什么有好多书叫做《数学物理方法》呢?”“方程”、“方法”一字之差,有什么不同吗?有.

我们知道代数方程是否有解与讨论的数域有关,如方程

$$x^2+1=0$$

在实数域内无解.也就是说,要表示这个方程的解,实数域是不够用的.微分方程的解是函数,要表示微分方程的解是否也存在函数域不够用的情形呢?当然.如下形式简单的常微分方程:

$$\frac{dy}{dx}=\frac{\sin x}{x} \quad 或 \quad \frac{dy}{dx}=x^2+y^2,$$

就没有可以用初等函数[由常函数($y=C$)、指数函数($y=a^x$)、对数函数($y=\log_a x$)、幂函数($y=x^\mu$)、三角函数($y=\sin x$等)和反三角函数($y=\arcsin x$等)等6个基本初等函数经过有限次加、减、乘、除和有限次复合运算得到的函数]表示的解.

前文已经说过,偏微分方程或称数学物理方程作为一门学科,主要研究有物理意义的偏微分方程.要解决这个由偏微分方程描述的问题,必须使方程有解.这就引出了用来表示微分方程的解,又不是初等函数的函数——特殊函数(当然特殊函数不全是用微分方程的解定义的,还有用积分等形式定义的特殊函数等).要讨论实际问题解的性质,就要讨论这些作为微分方程解的特殊函数的性质.于是人们把数学物理方程连同特殊函数一起叫做数学物理方法.当然数学物理方法不只包含“数学物理方程”和“特殊函数”两部分,有的还包含复变函数,有的还包含场论等知识.现在工科各专业数学物理方法课程一般包含着数学物理方程和特殊函数两部分内容.本书主要研究这两部分内容.

2. 数学物理方法的早期发展简介

18世纪中叶,对物理学中出现的偏微分方程的研究导致了数学分析学的一个新的分支——数学物理方程的建立.

J·达朗贝尔(D'Alembert)(1717—1783)、L·欧拉(Euler)(1707—1783)、D·伯努利(Bernoulli)(1700—1782)、J·拉格朗日(Lagrange)(1736—1813)、P·拉普拉斯(Laplace)(1749—1827)、S·泊松(Poisson)(1781—1840)、J·傅里叶(Fourier)(1768—1830)等人的工作为这一学科分支奠定了基础.他们在考察具体的数学物理问题中,所提出的思想与方法,竟适用于众多类型的微分方程,成为19世纪末数学物理方程一般理论发展的基础.

19世纪,数学物理方程发展的序幕是由法国数学家傅里叶拉开的,他于1822年发表的《热的解析理论》是数学史上的经典文献之一.傅里叶研究的主要是吸热或放热物体内部任何点处的温度随空间和时间的变化规律.在对物体的物理性状做出一定的限制(如均匀、各向同性)后,他根据物理原理推导出了三维空间的热传导方程:

$$\frac{\partial^2 T}{\partial x^2}+\frac{\partial^2 T}{\partial y^2}+\frac{\partial^2 T}{\partial z^2}=k^2\frac{\partial T}{\partial t},$$

其中,k是一个参数,其值依赖于物体的质料.傅里叶当时解决的是特殊的热传导问题:设所考虑的物体两端保持在零度,表面绝热且无热流通过的柱轴.在此情形下求解上述热传导方程,因为柱轴只涉及一维空间,所以这个问题也就是求解偏微分方程:

$$\begin{cases}\dfrac{\partial^2 T}{\partial x^2} = k^2 \dfrac{\partial T}{\partial t}, \\ T(0,t) = 0,\ T(l,t) = 0,\ t > 0, \\ T(x,0) = f(x),\ 0 < x < l,\end{cases}$$

其中后面两项分别是边界条件和初始条件.傅里叶为解这个方程用了分离变量法,他得到满足方程和边界条件的级数解为

$$T(x,t) = \sum_{n=1}^{\infty} b_n \mathrm{e}^{-(n^2\pi^2/k^2l^2)t} \sin \frac{n\pi x}{l}.$$

为了满足初始条件,必须有

$$f(x) = \sum_{n=1}^{\infty} b_n \sin \frac{n\pi x}{l}.$$

这就促使傅里叶不得不考虑任给一个函数,能否将它表示成三角级数的问题.傅里叶得出的结论是:每个函数都可以表示成

$$f(x) = \sum_{n=1}^{\infty} b_n \sin nx,\quad 0 < x < \pi.$$

这样,每个 b_n 可由上式乘以 $\sin kx\,(k = 1,2,\cdots)$,再从 0 到 π 积分而得到.他还指出这个程序可以应用于表达式

$$f(x) = \frac{a_0}{2} + \sum_{n=1}^{\infty} a_n \cos nx,\quad 0 < x < \pi.$$

接着,他考虑了任何函数 $f(x)$ 在区间$(-\pi,\pi)$的表达式,利用对称区间上的任何函数可以表示成一个奇函数和一个偶函数之和这一事实,傅里叶将区间$(-\pi,\pi)$上的任何函数 $f(x)$ 表示为

$$f(x) = \frac{a_0}{2} + \sum_{n=1}^{\infty} (a_n \cos nx + b_n \sin nx),$$

其系数由

$$a_n = \frac{1}{\pi}\int_{-\pi}^{\pi} f(x)\cos nx\,\mathrm{d}x \quad (n = 0,1,2,\cdots),\quad b_n = \frac{1}{\pi}\int_{-\pi}^{\pi} f(x)\sin nx\,\mathrm{d}x \quad (n = 1,2,\cdots)$$

确定.这就是我们通常所称的傅里叶级数.

为了处理无穷区域上的热传导问题,傅里叶还导出了现在所谓的“傅里叶积分”:

$$f(x) = \frac{1}{\pi}\int_0^{+\infty} \mathrm{d}u \int_{-\infty}^{+\infty} f(t)\cos u(x-t)\,\mathrm{d}t.$$

需要指出的是,傅里叶从来没有对“任意函数可以展成傅里叶级数”这一断言给出过任何完全的证明,他也没有说出一个函数可以展开为三角级数必须满足的条件.然而傅里叶本人对此充满信心,因为他的信念有几何上的根据.傅里叶的工作不仅发展了偏微分方程的理论,而且使函数概念得以改进,同时也标志着人们从解析函数或可展成泰勒级数的函数中解放出来.傅里叶的前辈都曾坚持一个函数必须可用单个式子表示,而傅里叶级数却可以表示那些在区间$(0,\pi)$或$(-\pi,\pi)$的不同部分有不同解析式的函数,不论这些表示式是否相互连续地接合着.特别是,一个傅里叶级数是在一整段区间上表示一个函数的,而一个泰勒级数仅在函数的解析点附近表示该函数.

19 世纪数学物理方程的另一个重要发展是围绕着位势方程来进行的,这方面的代表

人物格林(G. Green)是一位磨坊工出身、自学成才的英国数学家. 位势方程也称拉普拉斯方程:

$$\nabla^2 V = \frac{\partial^2 V}{\partial x^2} + \frac{\partial^2 V}{\partial y^2} + \frac{\partial^2 V}{\partial z^2} = 0.$$

拉普拉斯曾采用球面调和函数法解这个方程,不过他得到一个错误的结论,认为当被吸引的点(x,y,z)位于物体内部时这个方程也成立. 这个错误由泊松加以更正,泊松指出,如果点(x,y,z)在吸引体内部,则满足方程$\nabla^2 V = -4\pi\rho$,其中ρ是吸引体密度,它也是x,y,z的一个函数. 拉普拉斯和泊松的方法都只适用于特殊的几何体,格林则认识到函数V的重要性,并赋予它"位势"(potential)的名称. 与前人不同的是,格林发展了函数V的一般理论. 他求解位势方程的方法与用特殊函数的级数方法相反,称为奇异点方法. 他在1828年私人印刷出版的小册子《关于数学分析应用于电磁学理论》的一篇论文中,建立了许多对推动位势论进一步发展极为关键的定理与概念,其中以格林公式:

$$\iiint_{\Omega} (U\,\nabla^2 V - V\,\nabla^2 U)\,\mathrm{d}v = \iint_{\sigma} \left(U\frac{\partial V}{\partial n} - V\frac{\partial U}{\partial n}\right)\mathrm{d}\sigma$$

(n为物体表面指向外部的法向,$\mathrm{d}v$是体积元,$\mathrm{d}\sigma$是面积元)和作为一种带奇异性的特殊位势的格林函数概念影响最为深远.

格林是剑桥数学物理学派的开山祖师,他的工作培育了汤姆逊(W. Thomson)、斯托克斯(G. Stokes)、麦克斯韦(J. C. Maxwell)等强有力的后继者,他们是19世纪典型的数学物理学家. 他们的主要目标,是发展求解重要物理问题的一般数学方法,而他们手中的主要武器就是偏微分方程,以至在19世纪,偏微分方程几乎变成了数学物理的同义词.

剑桥数学物理学派的贡献使经历了一个多世纪沉寂的英国数学在19世纪得以复兴,麦克斯韦在1864年导出的电磁场方程:

$$\mathbf{rot}\boldsymbol{H} = \frac{1}{c}\frac{\partial(\varepsilon \boldsymbol{E})}{\partial t},$$

$$\mathbf{rot}\boldsymbol{E} = -\frac{1}{c}\frac{\partial(\mu \boldsymbol{H})}{\partial t},$$

$$\mathrm{div}(\varepsilon \boldsymbol{E}) = \rho,$$

$$\mathrm{div}(\mu \boldsymbol{H}) = 0$$

是19世纪数学物理最壮观的胜利,正是根据对这组方程的研究,麦克斯韦预言了电磁波的存在,这不仅给科学和技术带来巨大的冲击,同时也使数学物理方程威名大振. 在第1章我们就会看到,由麦克斯韦方程组就可以推出波动方程. 爱因斯坦在一次纪念麦克斯韦的演讲中说:"偏微分方程进入理论物理学时是婢女,但逐渐变成了主妇."他认为这是从19世纪开始的,而剑桥数学物理学派尤其是麦克斯韦在这一转变中起了重要的作用.

除了麦克斯韦方程,19世纪导出的著名偏微分方程组还有黏性流体运动的纳维(C. L. M. H. Navier)-斯托克斯方程和弹性介质的柯西方程等. 所有这些方程都不存在普遍解法. 不过,19世纪的数学家们已经逐渐认识到:对于偏微分方程,无论是单个方程还是方程组,通解实际上不如初始条件和边界条件已给出的特殊问题的解有用. 因此他们在求解定解问题方面做了大量工作.

对18、19世纪建立起来的类型众多的微分方程(包括偏微分方程和常微分方程),数学家们求显式解的努力往往失败，这种情况促使他们转而证明解的存在性. 最先考虑微分方程解的存在性问题的数学家是柯西，他指出：在求显式解无效的场合常常可以证明解的存在性. 他在19世纪20年代对形如 $y' = f(x, y)$ 的常微分方程给出了第一个解的存在性定理，这方面的工作被德国数学家李普希茨(R. Lipschitz)、法国数学家刘维尔(J. Liouville) 和皮卡(C. E. Picard) 等追随. 柯西也是讨论偏微分方程解的存在性的第一人，他在1848年的一系列论文中论述了如何将任意阶数大于1的偏微分方程化为偏微分方程组，然后讨论了偏微分方程组解的存在性，并提出了证明存在性的强函数方法. 柯西的工作后来被俄国女数学家柯瓦列夫斯卡娅(C. B. Ковалевская) 独立地发展为包括拟线性方程和高阶微分方程组在内的非常一般的形式. 有关偏微分方程解的存在唯一性定理在现代文献中就称为"柯西 - 柯瓦列夫斯卡娅定理".

由于18世纪的大量开发，常微分方程的求解在19世纪反而局限于用分离变量法解偏微分方程时所得到的那些方程，并且多半使用级数解，这引导出一串特殊函数，如贝塞尔(Bessel) 函数、高斯(Gauss) 超几何函数等. 在19世纪后半叶，对常微分方程研究的理论方面变得突出，并且在常微分方程解析理论和定性理论两个大的方向上开拓了常微分方程研究的新局面，其中重大的发展都与庞加莱(H. Poincare) 的名字紧密联系.

庞加莱从27岁起任巴黎大学教授，直到去世. 他是欧拉、柯西之后最多产的数学家，并且在研究领域的广泛方面很少有人能与他相比. 他每年在巴黎大学讲授一门不同的科目，而在每一门科目中，他都留下他自己的创造印记.

庞加莱、克莱因和希尔伯特，是在19和20世纪数学交界线上高耸着的三个巨大身影. 他们放射着19世纪数学的光辉，同时照耀着通往20世纪数学的道路. 在19世纪末，数学发展呈现出一派生机勃勃的景象，这与18世纪形成了鲜明的对比. 无论从内部需要还是外部应用看，数学家们似乎都有做不完的问题. 1900年8月5日，庞加莱宣布巴黎国际数学家大会开幕，正是在这次会议期间，希尔伯特充满信心地走上讲台，以他著名的23个问题揭开了20世纪数学的序幕.

当研究在解决物理问题的过程中出现的具体微分方程时，往往会产生一些极具普遍性，起初并没有严格的数学根据而应用于范围广泛的物理问题的方法. 例如，傅里叶方法、里茨(Ritz) 方法、伽辽金(Галёркин) 方法、摄动理论方法等就是这一类方法. 这些方法应用的有效性成为试图对它们进行严格论证的原因之一. 这就导致新的数学理论、新的研究方向的建立(傅里叶积分理论、本征函数展开理论和广义函数论等).

3. 数学物理方法的近代发展 —— 对推动物理学发展的意义

前面已经指出，数学物理方法产生于考察用某些具体偏微分方程描述的具体物理问题的研究，这些方程便得到数学物理方程的称谓.

数学在物理中应用的历史较长，18世纪是数学与经典力学相结合的黄金时期，19世纪数学应用的重点转移到电学与电磁学，并且由于剑桥学派的努力而形成了数学物理分支. 进入20世纪以后，随着物理科学的发展，数学相继在应用于相对论、量子力学以及基本粒子理论等方面取得了一个又一个突破，极大地丰富了数学物理的内容，同时也反过来刺激了数学自身的进步.

在20世纪初狭义相对论和广义相对论的创立过程中，数学都建有奇功. 1907年，德国数学家闵可夫斯基(Minkowski) 提出了"闵可夫斯基空间",即将时间与空间融合在一起的四维时空 $\mathbf{R}^{3+1}$. 闵可夫斯基几何为爱因斯坦狭义相对论提供了适合的数学模型. 有了闵可夫斯基时空模型后,爱因斯坦又进一步研究引力场理论以建立广义相对论. 1912年夏他已经概括出新的引力理论的基本物理原理,但为了实现广义相对论的目标,还必须寻求理论的数学结构,爱因斯坦为此花费了 3 年的时间,最后在数学家格罗斯曼(Grossmann) 介绍下掌握了发展相对论引力学说所必需的数学工具 —— 以黎曼几何为基础的绝对微分学,亦即爱因斯坦后来所称的张量分析. 在1915年11月25日发表的一篇论文中,爱因斯坦终于导出了广义协变的引力场方程:

$$\mathbf{R}_{\mu\nu}=-k\left(T_{\mu\nu}-\frac{1}{2}g_{\mu\nu}T\right),$$

其中,$g_{\mu\nu}$ 就是黎曼度量张量. 爱因斯坦指出:"由于这组方程,广义相对论作为一种逻辑结构终于大功告成!"

根据爱因斯坦的理论,时空整体是不均匀的,只是在微小的区域内可以近似地看作均匀. 在数学上,广义相对论的时空可以理解为一种黎曼空间,非均匀时空连续区可借助于现成的黎曼度量来描述. 这样,广义相对论的数学表述第一次揭示了非欧几何的现实意义,成为历史上数学应用最伟大的例子之一.

20 世纪数学物理的另一项经典成果是量子力学数学基础的确立. 20 世纪初,普朗克(M. Planck)、爱因斯坦、玻尔(N. Bohr) 等创立了量子力学,但是到 1925 年为止,还没有一种量子理论能以统一的结构来概括这一领域已经积累的知识,当时的量子力学可以说是本质上相互独立的,有时甚至相互矛盾部分的混合体. 1925 年有了重要进展,由海森堡(W. Heisenberg) 建立的矩阵力学和由薛定谔发展的波动力学形成了两大量子理论,而进一步将这两大理论融合为统一的体系,便成为当时科学界的当务之急. 恰恰在这时,数学又起了意想不到的,但却是决定性的作用. 1927 年,希尔伯特和冯 · 诺依曼、诺德海姆(L. Nordheim) 合作发表了论文《论量子力学基础》,开始了用积分方程等分析工具使量子力学统一化的努力. 在随后两年中,冯 · 诺依曼又进一步利用他从希尔伯特关于积分方程的工作中提炼出来的抽象希尔伯特空间理论,去解决量子力学的特征值问题,并最终将希尔伯特的谱理论推广到量子力学中经常出现的无界算子情形,从而奠定了量子力学的严格数学基础. 1932 年,冯 · 诺依曼发表了总结性著作《量子力学的数学基础》,完成了量子力学的公理化.

抽象的数学成果最终成为其他科学新理论的仿佛是量身定做的工具,在 20 世纪下半叶又演出了精彩的一幕,这就是大范围微分几何在统一场论中的应用. 广义相对论的发展,逐渐促使科学家们去寻求电磁场与引力场的统一表述,这方面第一个大胆的尝试是数学家外尔 (H. Weyl) 在 1918 年提出的规范场理论,外尔自己称之为"规范不变几何". 统一场论的探索后来又扩展到基本粒子间的强相互作用和弱相互作用. 1954 年,物理学家杨振宁和米尔斯(R. L. Mills) 提出的"杨 - 米尔斯理论",揭示了规范不变性可能是所有四种相互作用(电磁、引力、强、弱) 的共性,开辟了用规范场论来统一自然界这 4 种相互作用的新途径. 数学家们很快就注意到杨 - 米尔斯理论所需要的数学工具早已存在,物理规范势实际上就是微分几何中纤维丛上的联络,20 世纪 30、40 年代以来已经得到深入的研究.不仅如此,人们还发现规范场的杨-米尔斯方程是一组在数学上有重要意义的非线性偏微分方程.1975年以来,对杨-米尔斯方程的研究取得了许多重要成果,展示了统一场论的诱人前景,同时也推动了数学自身的发展.

4.学习"数学物理方法"的方法

本课程作为数学物理方法的入门课程,主要研究以拉普拉斯方程、热传导方程和波动方程为代表的数学物理方程定解问题的各种解法和用来表示微分方程解的某些特殊函数的概念和性质.因此,数学物理方法的学习要以三类线性偏微分方程定解问题的解法为主线.同时考虑课程的特点:即与应用、物理的紧密联系.

对于每一类方程,首先需要对方程的导出有一定的了解.事实上,同一个方程可能有许多不同的来源,这一方面是偏微分方程理论具有广泛应用的原因之一.同时对于不同的来源进行类比研究可以更好地揭示物理过程的某些特性,因为某个具体物理特性在某个物理过程还没有被观察到或没有引起注意,而在另外某个物理过程已经被观察注意到了,如果这两个物理过程服从同一个偏微分方程,则在原来的物理过程中应该也具有这个特性.其次,在对数学模型进行研究之后,需要有意识地将数学解代回原来的物理意义中,去理解、解释物理现象.这一方面可以验证数学模型的有效性,另一方面可以更好地理解已知的物理现象,甚至预言新的物理现象.只有这样才能体会出数学物理方法理论是从物理等具体学科中发展出来,同时又服务于这些具体学科的思想,逐步提高分析、解决实际问题的能力.

最后,我们以数学史学家克莱因(Morris・Kline,1908.5.1—1992.5.10)在其著作《古今数学思想》中的一段话作为本绪论的结尾:"历史教导我们,一个科目的发展是由汇集不同方面的成果点滴积累而成的.我们也知道,常常需要几十年,甚至几百年的努力才能迈出有意义的几步.不但这些科目并未锤炼成无缝的天衣,就是那已经取得的成就,也常常只是一个开始,许多缺陷有待填补,或者真正重要的扩展还有待创造."

第1章 数学物理方程及其定解条件

1.1 数学物理基本方程的建立

所谓数学物理方程,是指从物理学、工程科学与技术科学的实际问题中导出的,反映物理量之间关系的偏微分方程和积分方程等.本章介绍几类典型的二阶线性偏微分方程:波动方程、热传导方程、Laplace 方程、Poisson 方程和 Helmholtz 方程的建立,定解条件的给出、定解问题的提法以及线性偏微分方程的分类与化简等.

1.1.1 波动方程

1. 均匀弦的微小横振动

著名法国数学物理学家达朗贝尔在 1746 年发表的《张紧的弦振动时形成的曲线研究》的论文中,对弦振动问题进行了研究,并提出了波动方程的概念,现在我们已经知道它是一大类偏微分方程的典型代表.下面我们就从弦振动问题开始,介绍波动方程.

弦,即均匀柔软的细线.这句话中包含三个假设.

(1) 弦是细线:弦的截面直径与长度相比可以忽略,因此弦可以视为一根曲线;

(2) 弦是均匀的,它的线密度 ρ 是常数;

(3) 弦是柔软的,它在形变时不抵抗弯曲,弦上各质点间的张力方向与弦的切线方向一致,弦的伸长形变与张力的关系服从胡克(Hooke) 定律.

现在有一根长为 l 的弦,平衡时沿直线拉紧,除了受不随时间变化的张力及弦本身的重力外,不受其他外力的作用.下面研究其作微小横振动的规律.所谓"横向"是指全部运动出现在一个平面内,而且弦上的点沿垂直于 x 轴的方向运动(图 1.1.1).所谓"微小"是指运动的幅度及弦在任意位置处切线的倾角都很小,以致它们的高于一次方的项可以忽略不计.

设弦上具有横坐标为 x 的点,在时刻 t 的位置为 M,位移 NM 记为 u,显然,在振动过程中位移 u 是变量 x 和 t 的函数,即 $u=u(x,t)$.现在来建立位移 u 满足的方程.采用微元法,我们把弦上点的运动先看成小弧段的运动,然后再考虑小弧段趋于零的极限情况.在弦上任取一弧段 $\overset{\frown}{MM'}$,其长为 ds,弧段 $\overset{\frown}{MM'}$ 两端所受的张力依次记作 T,T'.现在考虑弧段 $\overset{\frown}{MM'}$ 在 t 时刻的受力和运动情况.

根据牛顿第二运动定律,作用于弧段上任一方向上力的总和等于这段弧的质量乘以该方向上的运动加速度.

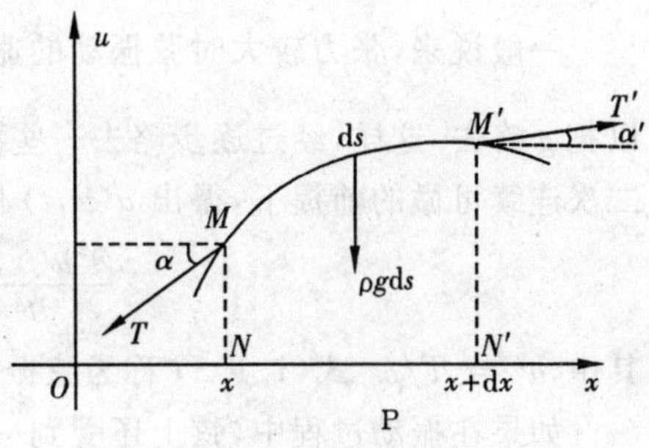

图 1.1.1

在 x 方向弧段 $\overset{\frown}{MM'}$ 的受力总和为 $-T\cos\alpha+T'\cos\alpha'$，由于弦只作横向运动，所以

$$-T\cos\alpha+T'\cos\alpha'=0. \qquad (1.1.1)$$

按照上述弦作微小振动的假设，可知在振动过程中弦上 M 点与 M' 点处切线的倾角都很小，即 $\alpha\approx 0,\alpha'\approx 0$，从而由

$$\cos\alpha=1-\frac{\alpha^2}{2!}+\frac{\alpha^4}{4!}-\cdots$$

可知，当略去 α 和 α' 的所有高于一次方的项时，就有

$$\cos\alpha\approx 1,\quad \cos\alpha'\approx 1.$$

代入式(1.1.1)，便可近似得到

$$T=T'.$$

在 u 方向弧段 $\overset{\frown}{MM'}$ 的受力总和为 $-T\sin\alpha+T'\sin\alpha'-\rho g\,\mathrm{d}s$，其中 $-\rho g\,\mathrm{d}s$ 是弧段 $\overset{\frown}{MM'}$ 的重力，g 为重力加速度. 由牛顿第二运动定律，有

$$-T\sin\alpha+T'\sin\alpha'-\rho g\,\mathrm{d}s=\rho\mathrm{d}s\,\frac{\partial^2 u(x,t)}{\partial t^2}, \qquad (1.1.2)$$

这里 $\frac{\partial^2 u(x,t)}{\partial t^2}$ 近似地表示小弧段在时刻 t 沿 u 方向的加速度，小弧段的质量为 $\rho\mathrm{d}s$.

因为当 $\alpha\approx 0,\alpha'\approx 0$ 时，有

$$\sin\alpha=\frac{\tan\alpha}{\sqrt{1+\tan^2\alpha}}\approx\tan\alpha=\frac{\partial u(x,t)}{\partial x},$$

$$\sin\alpha'\approx\tan\alpha'=\frac{\partial u(x+\mathrm{d}x,t)}{\partial x},$$

$$\mathrm{d}s=\sqrt{1+\left[\frac{\partial u(x,t)}{\partial x}\right]^2}\,\mathrm{d}x\approx\mathrm{d}x.$$

将以上关系式代入式(1.1.2)，得

$$T\left[\frac{\partial u(x+\mathrm{d}x,t)}{\partial x}-\frac{\partial u(x,t)}{\partial x}\right]-\rho g\,\mathrm{d}x\approx\rho\,\frac{\partial^2 u(x,t)}{\partial t^2}\mathrm{d}x. \qquad (1.1.2)'$$

上式左端方括号的部分是由于 x 产生 $\mathrm{d}x$ 的变化引起的 $\frac{\partial u(x,t)}{\partial x}$ 的改变量，可以用微分近似代替，即

$$\frac{\partial u(x+\mathrm{d}x,t)}{\partial x}-\frac{\partial u(x,t)}{\partial x}\approx\frac{\partial}{\partial x}\left[\frac{\partial u(x,t)}{\partial x}\right]\mathrm{d}x=\frac{\partial^2 u(x,t)}{\partial x^2}\mathrm{d}x.$$

于是式(1.1.2)′成为

$$\left[T\,\frac{\partial^2 u(x,t)}{\partial x^2}-\rho g\right]\mathrm{d}x\approx\rho\,\frac{\partial^2 u(x,t)}{\partial t^2}\mathrm{d}x,$$

或

$$\frac{T}{\rho}\,\frac{\partial^2 u(x,t)}{\partial x^2}\approx\frac{\partial^2 u(x,t)}{\partial t^2}+g.$$

一般说来,张力较大时弦振动的速度变化很快,即$\frac{\partial^2 u(x,t)}{\partial t^2}$要比 g 大得多,因此又可以把 g 略去. 这样,经过逐步略去一些次要的量,抓住主要的量,在 $u(x,t)$ 关于 x 和 t 都是二次连续可微的前提下,得出 $u(x,t)$ 应近似地满足方程:

$$\frac{\partial^2 u(x,t)}{\partial t^2} = a^2 \frac{\partial^2 u(x,t)}{\partial x^2}. \tag{1.1.3}$$

其中,$a^2 = T/\rho$. 式(1.1.3) 称为弦振动方程,也称一维波动方程.

如果在振动过程中,弦上还受到一个与弦的振动方向平行的外力作用,且假定在时刻 t 弦上 x 点处的外力密度为 $F(x,t)$,显然式(1.1.1) 和式(1.1.2) 分别为

$$-T\cos\alpha + T'\cos\alpha' = 0,$$

$$F\mathrm{d}s - T\sin\alpha + T'\sin\alpha' - \rho g\,\mathrm{d}s = \rho\mathrm{d}s\,\frac{\partial^2 u(x,t)}{\partial t^2}.$$

重复上面的推导,可得到有外力作用时弦的振动方程:

$$\frac{\partial^2 u(x,t)}{\partial t^2} = a^2 \frac{\partial^2 u(x,t)}{\partial x^2} + f(x,t), \tag{1.1.4}$$

其中,$f(x,t) = \frac{1}{\rho}F(x,t)$,表示 t 时刻单位质量的弦在 x 点所受的外力. 式(1.1.4) 称为弦的强迫振动方程.

式(1.1.3) 和式(1.1.4) 的差别在于式(1.1.4) 的右端多了一个与未知函数 u 无关的项 $f(x,t)$,这个项称为自由项. 含有非零自由项的方程称为非齐次方程,自由项恒等于零的方程称为齐次方程. 式(1.1.3) 为一维齐次波动方程,式(1.1.4) 为一维非齐次波动方程.

2. 均匀弹性杆的微小纵振动

一根弹性杆,如果其中任意小段受外界影响发生纵振动,必然使杆上与它相邻的部分发生伸长或缩短,这段杆的伸长或缩短又使与它相邻的部分产生伸长或缩短,依此类推,杆上任意小段的纵振动必然传播到整根杆. 这种振动的传播就是波. 现在推导杆的纵振动方程. 设杆的弹性模量(杆伸长单位长度所需要的力) 为 E,质量密度为 ρ,作用于杆上的外力密度为 $F(x,t)$.

取 x 轴沿杆的轴线方向,以 $u(x,t)$ 表示 x 点 t 时刻的纵向位移. 使用微元法,考虑杆上的一小段$[x, x+\Delta x]$的运动情况. 以 $\sigma(x,t)$ 记杆上 x 点 t 时刻的应力(杆在伸缩过程中各点之间单位截面上的作用力),其方向沿 x 轴,现在求杆上 x 点 t 时刻的应变(相对伸长). 如图1.1.2 所示,$A'B'$ 表 AB 段(平衡位置) 在 t 时刻所处的位置,则 AB 段的相对伸长是

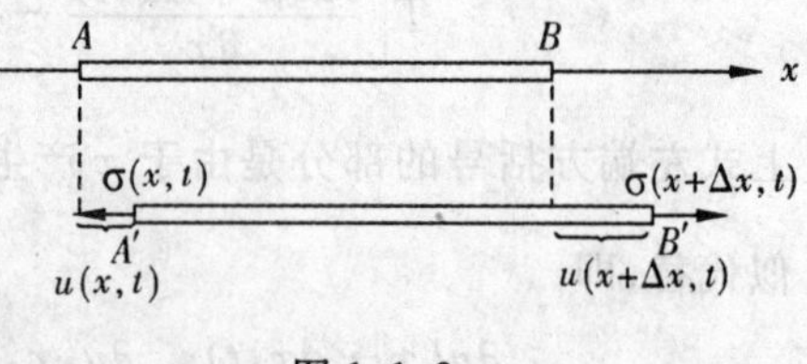

图 1.1.2

$$\frac{\overline{A'B'} - \overline{AB}}{\overline{AB}} = \frac{u(x+\Delta x,t) - u(x,t)}{\Delta x}, \tag{1.1.5}$$

而 x 点的应变则是

$$\lim_{\Delta x\to\infty} \frac{u(x+\Delta x,t) - u(x,t)}{\Delta x} = \frac{\partial u(x,t)}{\partial x},$$

由于振动是微小的(不超过杆的弹性限度)，由胡克定律有

$$\sigma(x,t) = E\frac{\partial u(x,t)}{\partial x}. \tag{1.1.6}$$

设杆的横截面为 S(设为常数)，则由牛顿第二定律，$[x, x+\Delta x]$ 段的运动方程是

$$\begin{aligned} &\rho S\Delta x\frac{\partial^2 u(\xi,t)}{\partial^2 t}\bigg|_{\xi=x+\theta_1\Delta x} \\ &= \sigma(x+\Delta x,t)S - \sigma(x,t)S + F(x+\theta_2\Delta x,t)S\Delta x \\ &= ES\frac{\partial u(\xi,t)}{\partial \xi}\bigg|_{\xi=x+\Delta x} - ES\frac{\partial u(\xi,t)}{\partial \xi}\bigg|_{\xi=x} + F(x+\theta_2\Delta x,t)S\Delta x \\ &\approx ES\frac{\partial^2 u(\xi,t)}{\partial \xi^2}\bigg|_{\xi=x}\Delta x + F(x+\theta_2\Delta x,t)S\Delta x, \end{aligned} \tag{1.1.7}$$

其中，常数 θ_1, θ_2 满足 $0 \leqslant \theta_i \leqslant 1 (i=1,2)$. 利用式(1.1.6)，而且将函数 $\frac{\partial u(\xi,t)}{\partial \xi}\Big|_{\xi=x+\Delta x}$ 在 $\xi = x$ 处展开为泰勒级数并取前两项. 以 $S\Delta x$ 除上式的两端后，令 $\Delta x \to 0$ 取极限，得到

$$\rho u_{tt}(x,t) = Eu_{xx}(x,t) + F(x,t). \tag{1.1.8}$$

记

$$a = \sqrt{\frac{E}{\rho}}, \quad f(x,t) = \frac{F(x,t)}{\rho},$$

则方程最后变为

$$u_{tt}(x,t) = a^2 u_{xx}(x,t) + f(x,t).$$

这就是杆的纵振动方程，也是一维波动方程.

由以上两个例子可见，不同物理过程中的规律可以用同一个数学物理方程来表示，并且这种性质不只是存在于以上两个例子中，在以下的推导中，还可以看到这种现象. 正因为如此，才有可能用一种物理现象去模拟另一种物理现象.

3. 传输线方程

对于直流电或低频的交流电，电路的基尔霍夫(Kirchhoff) 定律指出同一支路中电流相等. 但对于较高频率的电流(指频率还没有高到能显著地辐射电磁波的情况)，电路中导线的自感和电容效应不可忽略，因而同一支路中电流可能不再相等.

现在考虑一来一往的高频传输线，将它抽象成具有分布参数的导体(图 1.1.3)，我们来研究这种导体内电流流动的规律. 在具有分布参数的导体中，电流通过的情况，可以用电流强度 I 与电压 V 来描述，此处 I 与 V 都是 x, t 的函数，记作 $I(x,t)$ 与 $V(x,t)$. 以 R，L，C，G 分别表示下列参数：

R—— 每一回路单位的串联电阻；

L—— 每一回路单位的串联电感；

C—— 每单位长度的分路电容；

G—— 每单位长度的分路电导.

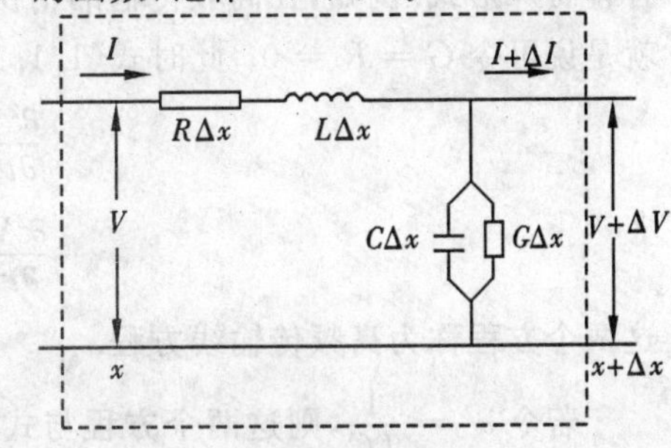

图 1.1.3

采用微元法，根据基尔霍夫第二定律，在长度为 Δx 的传输线中，电压降应等于电动势之和，即

$$V-(V+\Delta V)=R\Delta x\cdot I+L\Delta x\cdot\frac{\partial I}{\partial t},$$

等式两边除以 Δx,并且令 $\Delta x\to 0$ 取极限,得

$$\frac{\partial V}{\partial x}=-RI-L\frac{\partial I}{\partial t}. \tag{1.1.9}$$

另外,由基尔霍夫第一定律,流入节点 x 的电流应等于流出该节点的电流,即

$$I=(I+\Delta I)+C\Delta x\cdot\frac{\partial V}{\partial t}+G\Delta x\cdot(V+\Delta V),$$

等式两边除以 Δx,并且令 $\Delta x\to 0$取极限,并注意 $\Delta x\cdot\Delta V$ 是高阶无穷小,忽略不计,得

$$\frac{\partial I}{\partial x}=-C\frac{\partial V}{\partial t}-GV. \tag{1.1.10}$$

将式(1.1.9) 与式(1.1.10) 合并,即得 I,V 应满足如下方程组:

$$\begin{cases}\dfrac{\partial I}{\partial x}+C\dfrac{\partial V}{\partial t}+GV=0,\\[2mm]\dfrac{\partial V}{\partial x}+L\dfrac{\partial I}{\partial t}+RI=0.\end{cases}$$

从这个方程组消去 V (或 I),即可得到 I (或 V) 所满足的方程. 例如,为了消去 V,将式(1.1.10) 对 x 微分(假定 V 与 I 对 x,t 都是二次连续可微的),同时在式(1.1.9) 两端乘以 C 后再对 t 微分,并把两个结果相减,即得

$$\frac{\partial^2 I}{\partial x^2}+G\frac{\partial V}{\partial x}-LC\frac{\partial^2 I}{\partial t^2}-RC\frac{\partial I}{\partial t}=0,$$

将式(1.1.9) 中的$\dfrac{\partial V}{\partial x}$代入上式,得

$$\frac{\partial^2 I}{\partial x^2}=LC\frac{\partial^2 I}{\partial t^2}+(RC+GL)\frac{\partial I}{\partial t}+GRI. \tag{1.1.11}$$

这就是电流 I 满足的微分方程. 采用类似的方法从式(1.1.9) 与式(1.1.10) 中消去 I 可得电压 V 满足的方程:

$$\frac{\partial^2 V}{\partial x^2}=LC\frac{\partial^2 V}{\partial t^2}+(RC+GL)\frac{\partial V}{\partial t}+GRV. \tag{1.1.12}$$

式(1.1.11) 或式(1.1.12) 称为传输线方程.

根据不同的具体情况,对参数 R,L,C,G 作不同的假定,就可以得到传输线方程的各种特殊形式. 例如,在高频传输的情况下,电导与电阻所产生的效应可以忽略不计,也就是说可令 $G=R=0$,此时式(1.1.11) 与式(1.1.12) 可以简化为

$$\frac{\partial^2 I}{\partial t^2}=\frac{1}{LC}\frac{\partial^2 I}{\partial x^2},$$

$$\frac{\partial^2 V}{\partial t^2}=\frac{1}{LC}\frac{\partial^2 V}{\partial x^2},$$

这两个方程称为高频传输线方程.

若令 $a^2=\dfrac{1}{LC}$,则这两个方程与式(1.1.3) 完全相同,也是一维波动方程. 又一次表明,同一个方程可以用来描述不同的物理现象.

一维波动方程只是波动方程中最简单的情况，在流体力学、声学及电磁场理论中，还要研究高维的波动方程.

4. 电磁场方程

电磁场是电动力学的主要研究对象，内容是研究电磁场的基本属性 —— 运动规律及其与带电物质的相互作用，其基本方程是麦克斯韦方程组，也是一组数学物理方程，下面介绍它们的来源.

19 世纪中叶，麦克斯韦在前人成就的基础上，对整个电磁现象作了系统、全面的研究，凭借其高深的数学造诣和丰富的想象力接连发表了电磁场理论的三篇论文:《论法拉第的力线》(1855 年 12 月 —1856 年 2 月)、《论物理的力线》(1861—1862 年)、《电磁场的动力学理论》(1864 年 12 月 8 日). 对前人和他自己的工作进行了综合概括，将电磁场理论用简洁、对称、完美的数学形式表示出来，经后人整理和改写，成为经典电动力学主要基础的麦克斯韦方程组. 据此，1865 年麦克斯韦预言了电磁波的存在，电磁波只可能是横波，并计算了电磁波的传播速度等于光速，同时得出结论:光是电磁波的一种形式，揭示了光现象和电磁现象之间的联系. 1888 年德国物理学家赫兹用实验验证了电磁波的存在. 麦克斯韦于 1873 年出版了科学名著《电磁理论》，系统、全面、完美地阐述了电磁场理论. 这一理论成为经典物理学的重要支柱之一，有学者认为麦克斯韦的贡献使他在科学史上与牛顿、爱因斯坦齐名.

电场和磁场开始是作为一种描述手段而引入的. 要了解电磁场，就要知道(在坐标系中，比如在直角坐标系中) 电场强度 $\boldsymbol{E}=\{E_x,E_y,E_z\}$ 和磁感应强度 $\boldsymbol{B}=\{B_x,B_y,B_z\}$ 随空间位置$\{x,y,z\}$ 及时间 t 的变化情况. 即掌握了函数 $\boldsymbol{E}(t,x,y,z)$ 和 $\boldsymbol{B}(t,x,y,z)$，就知道了电磁场的分布及变化规律.

麦克斯韦方程组，由描述电磁场运动规律的场的运动方程组成，即由 $\boldsymbol{E}$ 与 $\boldsymbol{B}$ 所满足的一组偏微分方程组成. 根据问题的具体特点，在一些给定的定解条件下求解麦克斯韦方程组，就可以求得相应的 $\boldsymbol{E}=\{E_x,E_y,E_z\}$ 及 $\boldsymbol{B}=\{B_x,B_y,B_z\}$，从而确定所考察的电磁场，并由此得到其一切特性. 像牛顿力学中的 $\boldsymbol{F}=m\boldsymbol{a}$ 一样，麦克斯韦方程组是电动力学的基本方程，是一切有关电磁场讨论的基本出发点.

麦克斯韦方程组是在麦克斯韦全面总结了关于电磁现象的三个最基本的实验定律:库仑定律(1785 年)、安培 - 毕奥 - 萨伐尔定律(1820 年)、法拉第定律的基础上，把数学分析方法带进了电磁学的研究领域而建立起来的. 下面介绍麦克斯韦方程组产生的过程.

(1) 库仑定律　电场强度

库仑定律是一个实验定律，是整个静电理论的基础，其基本内容如下:设在真空中有两个带电量分别为 q 与 q_1 的静止点电荷，记 $\boldsymbol{r}_1$ 为由点电荷 q_1 所在位置到点电荷 q 所在位置的向量(矢径)，其距离 $r_1=|\boldsymbol{r}_1|$，则点电荷 q 所受的力为

$$\boldsymbol{F}=k\frac{qq_1\boldsymbol{r}_1}{r_1^3},\tag{1.1.13}$$

其中，$k>0$ 为常数. 采用国际单位制时，

$$k=\frac{1}{4\pi\varepsilon_0},\tag{1.1.14}$$

其中，ε_0 为真空中的介电常数.

这里要注意的是，库仑定律成立的条件限于真空中的静止电荷.

如果一个点电荷 q 同时受几个点电荷 $q_i(i=1,2,\cdots,n)$ 的作用，则可以应用电荷叠加方式得到 q 所受的力为

$$\boldsymbol{F}=\frac{1}{4\pi\varepsilon_0}\sum_{i=1}^{n}\frac{qq_i\boldsymbol{r}_i}{r_i^3},$$

其中，$\boldsymbol{r}_i$ 为点电荷 q_i 到 q 的矢径，$r_i=|\boldsymbol{r}_i|$.

类似地，如果一个点电荷 q 受到连续分布在空间区域 Ω 中的点电荷的作用，而电荷分布的体积密度为 $\rho(x,y,z)$，则由叠加原理，q 所受的力为

$$\boldsymbol{F}=\frac{1}{4\pi\varepsilon_0}\int_{\Omega}\frac{q\rho\boldsymbol{r}}{r^3}\mathrm{d}V,$$

其中，$\boldsymbol{r}$ 为体积元 $\mathrm{d}V$ 到 q 的矢径，而 $r=|\boldsymbol{r}|$.

由库仑定律，电荷附近的空间有特殊的物理性质，在此空间中的电荷将受到力的作用.具有这种性质的物理对象，称为电场，在数学上可以用反映电荷受力作用的向量场来描述.这里，电场是由于电荷的存在而产生的.但现在我们已经知道，电场是物质存在的一种形式，它可以离开电荷而独立存在(例如，变化的磁场产生电场).由静止电荷产生的电场称为静电场.在电场中的不同点处，电荷所受的力是不相同的，为了描述电荷在电场中各点的受力情况，用一个静止的单位正点电荷(试验电荷)在该点所受的力来衡量电场在该点的强度，称为电场强度，在直角坐标系中记为 $\boldsymbol{E}=\{E_x,E_y,E_z\}$.在静电场中，它只是 $\{x,y,z\}$ 的函数.对于随时间 t 变化的电场，电场强度可以同样定义，这时它也就是 t 的函数.但对于变化的电场而言，为了定义电场强度，试验电荷仍必须是静止的.

由库仑定律，静止的点电荷 q 在强度为 $\boldsymbol{E}$ 的电场中所受的力为

$$\boldsymbol{F}=q\boldsymbol{E}. \tag{1.1.15}$$

在实际测定电场强度时，要注意试验电荷的引进不至于对原先的电场造成大的改变.因此，不一定用单位正点电荷做试验电荷，而可以用一个小的点电荷 q 做试验电荷.由 $\boldsymbol{E}=\boldsymbol{F}/q$ 来确定电场强度 $\boldsymbol{E}$.

由式(1.1.13) ~ 式(1.1.14) 知，点电荷 q_1 产生的电场强度为

$$\boldsymbol{E}=\frac{1}{4\pi\varepsilon_0}\frac{q_1\boldsymbol{r}_1}{r_1^3}. \tag{1.1.16}$$

其中，$\boldsymbol{r}_1$ 为以 q_1 为心的矢径；类似地，若干个点电荷 $q_i(i=1,2,\cdots,n)$ 产生的电场强度为

$$\boldsymbol{E}=\frac{1}{4\pi\varepsilon_0}\sum_{i=1}^{n}\frac{q_i\boldsymbol{r}_i}{r_i^3}. \tag{1.1.17}$$

而体积密度为 ρ，在 Ω 中连续分布的电荷产生的电场强度为

$$\boldsymbol{E}=\frac{1}{4\pi\varepsilon_0}\int_{\Omega}\frac{\rho(p')\boldsymbol{r}_{p'p}}{r_{p'p}^3}\mathrm{d}V_{p'}, \tag{1.1.18}$$

其中，$p(x,y,z)$，$p'(x',y',z')$，$\boldsymbol{r}_{p'p}=\boldsymbol{p'p}=(x-x',y-y',z-z')$，$\mathrm{d}V_{p'}=\mathrm{d}x'\mathrm{d}y'\mathrm{d}z'$.

以上公式只适合于由静电荷产生的电场.

(2) 高斯(Gauss) 定理

首先引入电通量的概念.

有了电场强度$\boldsymbol{E}$就可以定义电场线.电场线是向量场$\boldsymbol{E}$的积分曲线，即处处与电场强度$\boldsymbol{E}$方向相切的曲线，它满足

$$\frac{\mathrm{d}x}{E_x}=\frac{\mathrm{d}y}{E_y}=\frac{\mathrm{d}z}{E_z},\tag{1.1.19}$$

并用$\boldsymbol{E}$的方向给出其定向.电场线应该充满整个空间，但为了用电场线来表示电场的强弱分布情况，习惯上规定，电场强度大的地方，电场线密集；电场强度小的地方，电场线稀疏.为此，规定在电场中一点，沿$\boldsymbol{n}$方向通过一垂直于$\boldsymbol{E}$方向的单位曲面元的电场线数目为$\pm|\boldsymbol{E}|=\boldsymbol{E}\cdot\boldsymbol{n}$，其中$\boldsymbol{n}$为该曲面元的单位法向量，而$\boldsymbol{E}\cdot\boldsymbol{n}$表示$\boldsymbol{E}$与$\boldsymbol{n}$的内积.这样，对于一般的曲面微元$\mathrm{d}S$，设其单位法向量为$\boldsymbol{n}$，在其上沿$\boldsymbol{n}$方向通过的电场线数目为$\boldsymbol{E}\cdot\boldsymbol{n}\mathrm{d}S$，这称为沿$\boldsymbol{n}$方向通过$\mathrm{d}S$的电通量.从而，沿法线$\boldsymbol{n}$方向通过任意给定曲面$S$的电通量应为$\int_S\boldsymbol{E}\cdot\boldsymbol{n}\mathrm{d}S$，其中$\mathrm{d}S$为$S$上的面积微元.由以上的定义知，电通量实际上就是向量场$\boldsymbol{E}$通过相应曲面的流量.

高斯定理指出：在静电场中，通过任一封闭曲面S向外的电通量，等于此曲面内部包含的电荷的代数和除以ε_0.

由高斯定理，若S内部为点电荷，其电量的代数和为Q，则

$$\int_S\boldsymbol{E}\cdot\boldsymbol{n}\mathrm{d}S=\frac{1}{\varepsilon_0}Q.\tag{1.1.20}$$

若S内部是体积密度为ρ的连续分布的电荷，则

$$\int_S\boldsymbol{E}\cdot\boldsymbol{n}\mathrm{d}S=\frac{1}{\varepsilon_0}\int_\Omega\rho\mathrm{d}V,\tag{1.1.21}$$

其中，Ω为S所围区域，$\boldsymbol{n}$为S的单位外法向量.

高斯定理表明，通过一封闭曲线的电通量只与其内部所含电荷的总量有关，与电荷的分布无关，也与外界的电荷无关.

式(1.1.21)是高斯定理的积分形式，下面讨论它的微分形式.利用格林(Green)公式：

$$\int_S\boldsymbol{E}\cdot\boldsymbol{n}\mathrm{d}s=\int_\Omega\mathrm{div}\boldsymbol{E}\mathrm{d}V,$$

由式(1.1.21)得到

$$\int_\Omega\mathrm{div}\boldsymbol{E}\mathrm{d}V=\frac{1}{\varepsilon_0}\int_\Omega\rho\mathrm{d}V.$$

上式应对电场中的任何区域Ω均成立，由此得到高斯公式的微分形式：

$$\mathrm{div}\boldsymbol{E}=\frac{\rho}{\varepsilon_0}.\tag{1.1.22}$$

这是在电荷连续分布情形的高斯定理.

对于点电荷情形，利用δ-函数，也可以将式(1.1.20)写为式(1.1.22)的形式.为简便计，不妨设只有一个点电荷Q位于原点，其电荷密度函数可写为$Q\delta(x,y,z)$，此时由式(1.1.20)和式(1.1.22)，仍有

$$\mathrm{div}\boldsymbol{E}=\frac{1}{\varepsilon_0}Q\delta(x,y,z).\tag{1.1.23}$$

这是高斯定理在点电荷情形的微分形式.

由式(1.1.22)、式(1.1.23)知，静电场是有源场，而电荷是其源. 每个单位正电荷发出$\dfrac{1}{\varepsilon_0}$的电通量，而单位负电荷敛入$\dfrac{1}{\varepsilon_0}$的电通量.

下面说明静电场是无旋的. 首先证明，对静电场中任一封闭曲线 c，有

$$\int_c \boldsymbol{E}\cdot \mathrm{d}\boldsymbol{l}=0. \tag{1.1.24}$$

上式说明，静电场中电场强度 $\boldsymbol{E}$ 沿任一封闭曲线的环量为零，即静电场沿任一封闭环路所做的功为零. 我们只对由在原点处的单位正电荷形成的静电场来证明式(1.1.24). 此时电场强度 $\boldsymbol{E}=\dfrac{\boldsymbol{r}}{4\pi\varepsilon_0 r^3}$，故

$$\int_c \boldsymbol{E}\cdot \mathrm{d}\boldsymbol{l}=\frac{1}{4\pi\varepsilon_0}\oint_c \frac{\boldsymbol{r}}{r^3}\cdot \mathrm{d}\boldsymbol{r},$$

而 $\boldsymbol{r}\cdot \mathrm{d}\boldsymbol{r}=\dfrac{1}{2}\mathrm{d}(\boldsymbol{r}\cdot\boldsymbol{r})=\dfrac{1}{2}\mathrm{d}(r^2)=r\mathrm{d}r$，所以

$$\int_c \boldsymbol{E}\cdot \mathrm{d}\boldsymbol{l}=\frac{1}{4\pi\varepsilon_0}\oint_c \frac{1}{r^2}\mathrm{d}r=-\frac{1}{4\pi\varepsilon_0}\oint_c \mathrm{d}\left(\frac{1}{r}\right)=0.$$

从而式(1.1.24)成立.

下面讨论式(1.1.24)的微分形式. 由斯托克斯公式，式(1.1.24)可以写成

$$\int_S \mathbf{rot}\boldsymbol{E}\cdot \boldsymbol{n}\mathrm{d}S=0,$$

其中，S 是任一以 c 为边缘的曲面. 由 c 和 S 的任意性，由上式立即得出

$$\mathbf{rot}\boldsymbol{E}=\mathbf{0}, \tag{1.1.25}$$

此式表明静电场是无旋的.

现在利用静电场的无旋性，引进静电场的势的概念. 因为向量场 $\boldsymbol{E}$ 无旋，因而存在一个标量函数 $\varphi(x,y,z)$，使

$$\boldsymbol{E}=-\mathbf{grad}\varphi, \tag{1.1.26}$$

其中，φ(可以相差一个任意常数)称为静电场的势. 式(1.1.26)的右端取负号是为使电场强度指向电势降低的方向.

实际上，静电场的势函数 φ 可由下式给出:

$$\varphi(x,y,z)=-\int_{(x_0,y_0,z_0)}^{(x,y,z)}\boldsymbol{E}\cdot \mathrm{d}\boldsymbol{l}+\varphi_0,$$

其中，(x_0,y_0,z_0) 为电场中任一给定点，φ_0 为任一常数. 由式(1.1.25)知，上式右端的积分与路径无关.

容易直接验证，由位于原点，电量为 Q 的点电荷产生的静电场，若取电势在无穷远处为零，则

$$\varphi(x,y,z)=\frac{1}{4\pi\varepsilon_0}\frac{Q}{r},$$

其中，$r=\sqrt{x^2+y^2+z^2}$. 从而对在 Ω 中连续分布，体积密度为 ρ 的电荷产生的静电场的电势为

$$\varphi(p)=\frac{1}{4\pi\varepsilon_0}\int_\Omega\frac{\rho(p')}{r_{p'p}}\mathrm{d}V_{p'}.$$

概括起来,我们得到:静电场是一个有源无旋场,其散度等于$\frac{\rho}{\varepsilon_0}$,旋度为零.这是库仑定律的推论.

(3) 安培 - 毕奥 - 萨伐尔定律　静磁场的散度与旋度

① 电流密度　电荷守恒定律

如果电荷不是静止的,电荷的定向流动就形成了电流.为了描述电流的状态,引入电流密度向量 $\boldsymbol{j}$ 的概念.电流密度向量是(t,x,y,z)的函数,表示导体内一点在某一时刻的电流流动情况,其定义如下:电流密度 $\boldsymbol{j}$ 的方向是该点电流流动的方向,其大小表示单位时间通过垂直于电流方向的单位面积的电荷量.因此,对单位法向量为 $\boldsymbol{n}$ 的曲面微元 $\mathrm{d}S$,沿 $\boldsymbol{n}$ 方向在单位时间内通过 $\mathrm{d}S$ 的电荷量(即电流)为

$$\mathrm{d}I=\boldsymbol{j}\cdot\boldsymbol{n}\mathrm{d}S.$$

电荷守恒定律告诉我们,电荷是守恒的.于是单位时间里任一封闭曲面 S 内电荷的增加应等于这段时间内经过 S 流入的电荷总量,即

$$\frac{\mathrm{d}}{\mathrm{d}t}\int_\Omega\rho\mathrm{d}V=-\int_S\boldsymbol{j}\cdot\boldsymbol{n}\mathrm{d}S,$$

其中,Ω 为 S 所包围的区域;$\boldsymbol{n}$ 是 S 上的单位外法向量.于是,由格林公式可得

$$\int_\Omega\frac{\partial}{\partial t}\rho\mathrm{d}V=-\int_\Omega\mathrm{div}\boldsymbol{j}\mathrm{d}V.$$

由 Ω 的任意性,上式给出

$$\frac{\partial\rho}{\partial t}+\mathrm{div}\boldsymbol{j}=0. \tag{1.1.27}$$

这就是电荷守恒定律的微分形式,称为电流的连续性方程.若计电流的宏观运动速度为 $\boldsymbol{v}$,易知 $\boldsymbol{j}=\rho\boldsymbol{v}$.

在稳定电流的情况下,尽管有电荷流动,但各处电荷分布及电流分布均不随时间而变化.因此有

$$\mathrm{div}\boldsymbol{j}=0,$$

这说明稳定电流是无源的.上式的积分形式为

$$\int_S\boldsymbol{j}\cdot\boldsymbol{n}\mathrm{d}S=0,$$

其中,S 为电场中的任一封闭曲面.

在稳定电流的情况,导体的电荷构成一个不随时间 t 变化的稳定分布.实验表明,稳定电流形成的电场仍服从库仑定律,故仍可作为静电场来处理,其电场强度为

$$\boldsymbol{E}(p)=\frac{1}{4\pi\varepsilon_0}\int_\Omega\frac{\rho(p')\boldsymbol{r}_{p'p}}{r^3_{p'p}}\mathrm{d}V_{p'}.$$

此时 $\boldsymbol{E}$ 仍是一个有源无旋场,且仍成立

$$\mathrm{div}\boldsymbol{E}=\frac{\rho}{\varepsilon_0}, \tag{1.1.28}$$

$$\mathbf{rot}\boldsymbol{E}=\mathbf{0}. \tag{1.1.29}$$

即稳定电流形成的电场仍服从静电场的规律.

② 安培-毕奥-萨伐尔定律　磁感应强度

人们发现,在有电流通过的导线附近的另一通电导线要受到作用力.若电流方向相同,两导线相吸引;电流方向相反,两导线相排斥.一般地说,一个电流元 $j\mathrm{d}V$ 处在其他电流附近时,它会受到作用力,具有这种性质的物理对象称为磁场.它在数学上可以用反应电流元受力作用的向量场来描述.磁场的引入不只是处理问题的手段,而是反映了客观的物理存在.磁场不一定由电流产生,变化的电场也能产生磁场.

考察一个稳定的电流分布 $\boldsymbol{j}(x,y,z)$. 实验结果表明,此分布在 p 点的电流元 $\boldsymbol{j}(p)\mathrm{d}V_p$ 受到 p' 点的电流元 $\boldsymbol{j}(p')\mathrm{d}V_{p'}$ 的作用力为

$$\frac{\mu_0}{4\pi}\boldsymbol{j}(p)\mathrm{d}V_p\times\left(\frac{\boldsymbol{j}(p')\mathrm{d}V_{p'}\times\boldsymbol{r}_{p'p}}{r^3_{p'p}}\right),$$

其中,μ_0 为真空中的磁导率.从而 p 点的电流元 $\boldsymbol{j}(p)\mathrm{d}V_p$ 所受的总的作用力为

$$\mathrm{d}\boldsymbol{F}(p)=\frac{\mu_0}{4\pi}\boldsymbol{j}(p)\mathrm{d}V_p\times\int_\Omega\frac{\boldsymbol{j}(p')\mathrm{d}V_{p'}\times\boldsymbol{r}_{p'p}}{r^3_{p'p}},\tag{1.1.30}$$

其中,Ω 为电流分布的空间,这就是安培-毕奥-萨伐尔定律.

令

$$\boldsymbol{B}(p)=\frac{\mu_0}{4\pi}\int_\Omega\frac{\boldsymbol{j}(p')\mathrm{d}V_{p'}\times\boldsymbol{r}_{p'p}}{r^3_{p'p}},$$

式(1.1.30)可以写成

$$\mathrm{d}\boldsymbol{F}(p)=\boldsymbol{j}(p)\mathrm{d}V_p\times\boldsymbol{B}(p),\tag{1.1.31}$$

其中,$\boldsymbol{B}(p)$ 称为 p 点的磁感应强度.由式(1.1.31)可见,电流元所受的力不仅与 $\boldsymbol{B}$ 的大小有关,而且与其方向有关.此外磁感应强度 $\boldsymbol{B}$ 的大小等于单位电流元在该点所受的最大力,而其方向则为电流元受力为零时所指的方向或其反向.

由稳定电流产生的磁场 $\boldsymbol{B}$ 只是 (x,y,z) 的函数,称为静磁场.

③ 安培定理

对于静磁场,其磁感应强度 $\boldsymbol{B}$ 满足安培定理.

安培定理:对任意的封闭曲线 c,有

$$\oint_c\boldsymbol{B}\cdot\mathrm{d}\boldsymbol{l}=\mu_0\int_S\boldsymbol{j}\cdot\boldsymbol{n}\mathrm{d}S,\tag{1.1.32}$$

其中,S 为任意以 c 为边缘的曲面,其单位外法向量 $\boldsymbol{n}$ 的取向与 c 的回转方向构成右手系.

实际上,安培定律中曲面积分与曲面 S 的选取无关,这是稳定电流连续方程的推论.

下面推导安培定理的微分形式.由斯托克斯公式

$$\oint_c\boldsymbol{B}\cdot\mathrm{d}\boldsymbol{l}=\int_S\mathbf{rot}\boldsymbol{B}\cdot\boldsymbol{n}\mathrm{d}S,$$

利用式(1.1.32),并注意 S 的任意性,得

$$\mathbf{rot}\boldsymbol{B}=\mu_0\boldsymbol{j},\tag{1.1.33}$$

这是安培定理的微分形式,此式说明静磁场是有旋场,其旋度为 $\mu_0\boldsymbol{j}$.

④ 法拉第电磁感应定律

对于静电场或由稳定电流产生的电场,我们已经知道对其中任一闭环路 c 有

$$\oint_c \boldsymbol{E} \cdot \mathrm{d}\boldsymbol{l} = 0,$$

即静电场沿任一闭环路所做的功为零. 但是,产生电场不一定要有电荷,变化的磁场也会产生电场,即产生感应电动势,这时上述的结论就不再成立. 法拉第从实验中总结出电磁感应定律.

电磁感应定律:沿任何封闭曲线 c 的电场环量 $\oint_c \boldsymbol{E} \cdot \mathrm{d}\boldsymbol{l}$ 和通过以此为边缘的任一曲面 S 上的磁感通量 $\int_S \boldsymbol{B} \cdot \boldsymbol{n}\mathrm{d}S$ 的减少率成正比,即

$$\oint_c \boldsymbol{E} \cdot \mathrm{d}\boldsymbol{l} = -\int_S \frac{\partial \boldsymbol{B}}{\partial t} \cdot \boldsymbol{n}\mathrm{d}S,$$

单位外法向量 $\boldsymbol{n}$ 的取向与 c 的回转方向构成右手系.

上式中负号的意义是:若沿 $\boldsymbol{n}$ 方向的磁感通量增加,即

$$\int_S \frac{\partial \boldsymbol{B}}{\partial t} \cdot \boldsymbol{n}\mathrm{d}S > 0,$$

此时产生的感应电动势应抑制这一磁通量的增加趋势,故感应电流的方向总是使其产生的磁场阻碍引起感应电流的磁感通量的变化. 因此对感应电动势而言,$\oint_c \boldsymbol{E} \cdot \mathrm{d}\boldsymbol{l} < 0$,这就是楞次定律.

法拉第定律左端积分中的 $\boldsymbol{E}$ 既包含了由变化的磁场产生的电场,也包含了由静电荷或稳定电流产生的电场,因对后者总成立 $\oint_c \boldsymbol{E} \cdot \mathrm{d}\boldsymbol{l} = 0$.

由斯托克斯公式,并注意到 S 和 c 的任意性,立即可得法拉第定律的微分形式:

$$\mathbf{rot}\boldsymbol{E} = -\frac{\partial \boldsymbol{B}}{\partial t}, \tag{1.1.34}$$

这说明变化的磁场会激发电场.

由法拉第定律可以看出,由静电场或由稳定电流产生的电场情形成立的电场的无旋性 $\mathbf{rot}\boldsymbol{E} = \mathbf{0}$ 在一般情况下不再成立. 必须按法拉第定律的微分形式进行修改.

此外为使法拉第定律的积分形式成立,其右端的积分应与曲面 S 的选取无关,即对任意两个以 c 为边缘的曲面 S_1 和 S_2,应成立

$$\int_{S_1} \frac{\partial \boldsymbol{B}}{\partial t} \cdot \boldsymbol{n}\mathrm{d}S = \int_{S_2} \frac{\partial \boldsymbol{B}}{\partial t} \cdot \boldsymbol{n}\mathrm{d}S.$$

由此立即推出,对任一封闭曲面 S,

$$\frac{\mathrm{d}}{\mathrm{d}t}\int_S \boldsymbol{B} \cdot \boldsymbol{n}\mathrm{d}S = 0,$$

即对任一封闭曲面,其向外的磁感通量不随时间而改变. 化为微分形式,即有

$$\frac{\partial}{\partial t}\mathrm{div}\boldsymbol{B} = 0.$$

因此,如果一开始磁场是无源的,例如没有磁场($\boldsymbol{B} = \mathbf{0}$)或只有由稳定电流产生的磁场($\mathrm{div}\boldsymbol{B} = 0$),那么,尽管磁场以后可以发生变化,但 $\mathrm{div}\boldsymbol{B} = 0$ 恒成立,即沿任意封闭曲面向外的磁感通量恒为零. 这说明,这时仍可假定磁场的无源性,即

$$\mathrm{div}\boldsymbol{B} = 0.$$

(4) 真空中的麦克斯韦方程组

前面叙述了电磁现象的一些实验定律，它们各有不同的适用范围. 我们的目的是建立有关电磁现象的普遍规律，它应该能够完全确定电磁场的运动，适用于一切可能的情形. 这就需要从已知的事实出发，进行从特殊到一般的抽象及推广. 这一推广过程包括了一些假设. 这些假设及其相应结论的正确性要通过实践的检验来加以证实. 而一旦被实验证实以后，就会反过来指导实践，发挥重大的作用.

为了得到麦克斯韦方程组，现将已有的结果列举如下，然后再向一般情形推广，这些结果如下：

$$\mathrm{div}\boldsymbol{E} = \frac{\rho}{\varepsilon_0} \quad 或 \quad \int_S \boldsymbol{E}\cdot\boldsymbol{n}\mathrm{d}S = \frac{1}{\varepsilon_0}\int_\Omega \rho\mathrm{d}V, \tag{1.1.35}$$

$$\mathbf{rot}\boldsymbol{E} = -\frac{\partial \boldsymbol{B}}{\partial t} \quad 或 \quad \oint_c \boldsymbol{E}\cdot\mathrm{d}\boldsymbol{l} = -\int_S \frac{\partial \boldsymbol{B}}{\partial t}\cdot\boldsymbol{n}\mathrm{d}S, \tag{1.1.36}$$

$$\mathrm{div}\boldsymbol{B} = 0 \quad 或 \quad \int_S \boldsymbol{B}\cdot\boldsymbol{n}\mathrm{d}S = 0, \tag{1.1.37}$$

$$\mathbf{rot}\boldsymbol{B} = \mu_0\boldsymbol{j} \quad 或 \quad \oint_c \boldsymbol{B}\cdot\mathrm{d}\boldsymbol{l} = \mu_0\int_S \boldsymbol{j}\cdot\boldsymbol{n}\mathrm{d}S \tag{1.1.38}$$

及

$$\frac{\partial\rho}{\partial t} + \mathrm{div}\boldsymbol{j} = 0 \quad 或 \quad \frac{\mathrm{d}}{\mathrm{d}t}\int_\Omega \rho\mathrm{d}V = -\int_S \boldsymbol{j}\cdot\boldsymbol{n}\mathrm{d}S. \tag{1.1.39}$$

上述五式适用范围各不相同. 式(1.1.35) 是从库仑定律得来，适用于静电场或由稳定电流产生的电场；式(1.1.38) 是从安培 - 毕奥 - 萨伐尔定律得来，适用于静磁场. 式(1.1.36) 是从不稳定情况总结出来的，但当时的实验还只限于变化较慢的范围. 在迅速变化的范围内成立与否还有待于考察；至于式(1.1.37)，它表示磁场无源，即无磁单极存在，至今仍被认为是一个合理的假设；而式(1.1.39) 则在一般情况下成立.

现在考虑如何将上述结果推广到一般情况，用于描述电磁场的一般规律.

式(1.1.35) 虽然是从静电场的库仑定律推导出来的，但以后未发现与实验相冲突，可以认为它适用于一般情况，即尽管库仑定律在一般情况下不成立，但每个正电荷共发出$\frac{1}{\varepsilon_0}$电通量仍然正确. 对法拉第电磁感应定律，假定其在迅速变化的情况下也成立，即假设式(1.1.36) 对一般情形也正确，从而式(1.1.37) 也如此.

以上这些都是不必修改的，但式(1.1.38) 却不能用于不稳定的情况，否则将与电荷守恒定律相矛盾. 事实上，由式(1.1.38) 有

$$\mathrm{div}\boldsymbol{j} = \frac{1}{\mu_0}\mathrm{div}\mathbf{rot}\boldsymbol{B} = 0.$$

再利用式(1.1.39)，立即就有$\frac{\partial\rho}{\partial t} = 0$，即$\rho$和$\boldsymbol{j}$均与$t$无关，这就化为稳定的情况. 由于电荷守恒定律是有实验证实的普遍规律，因此必须修正式(1.1.38). 注意到将式(1.1.35) 对t求导一次可得

$$\frac{\partial\rho}{\partial t} = \varepsilon_0\,\mathrm{div}\,\frac{\partial \boldsymbol{E}}{\partial t}. \tag{1.1.40}$$

因此若将式(1.1.38)改写为

$$\mathbf{rot}\boldsymbol{B}=\mu_0\varepsilon_0\frac{\partial \boldsymbol{E}}{\partial t}+\mu_0\boldsymbol{j},\tag{1.1.41}$$

矛盾就可以得到解决.事实上,将上式两端作用 div,得

$$\mathrm{div}\left(\varepsilon_0\frac{\partial \boldsymbol{E}}{\partial t}+\boldsymbol{j}\right)=0.\tag{1.1.42}$$

式(1.1.40)与式(1.1.42)恰给出电荷守恒定律式(1.1.39).

式(1.1.41)告诉我们,不仅电流能激发磁场,而且变化的电场也能激发磁场,正如变化的磁场也能激发电场一样.比较式(1.1.36)与式(1.1.41)可以看出,$\frac{\partial \boldsymbol{B}}{\partial t}$与$\frac{\partial \boldsymbol{E}}{\partial t}$前的符号相反,这是因为当电场增加时,激发的磁场按右手法则确定;而当磁场增加时,感应电流要阻止此磁场的增加,应按左手法则确定.将式(1.1.35)～式(1.1.37)及式(1.1.41)式联合起来,就得到真空中的麦克斯韦方程组,其微分形式为

$$\mathrm{div}\boldsymbol{E}=\frac{\rho}{\varepsilon_0},\tag{1.1.43}$$

$$\mathbf{rot}\boldsymbol{E}=-\frac{\partial \boldsymbol{B}}{\partial t},\tag{1.1.44}$$

$$\mathrm{div}\boldsymbol{B}=0,\tag{1.1.45}$$

$$\mathbf{rot}\boldsymbol{B}=\mu_0\left(\varepsilon_0\frac{\partial \boldsymbol{E}}{\partial t}+\boldsymbol{j}\right).\tag{1.1.46}$$

与其相伴的还有电荷守恒定律

$$\frac{\partial \rho}{\partial t}+\mathrm{div}\boldsymbol{j}=0.\tag{1.1.47}$$

我们恒假定 ρ 及 $\boldsymbol{j}$ 满足此方程.麦克斯韦方程组的前两式决定了电场的散度与旋度,后两式决定了磁场的散度与旋度,通过第二、第四两式把电场和磁场联系起来.这种联系是电磁场以波动形式运动的根据.

上面得到的麦克斯韦方程组,在最初当然只是一种假定,其正确性是由实验所验证的.1862 年麦克斯韦从这组方程得出电磁场的波动性,预言了电磁波的存在,指出其传播速度为光速,并由此提出了光的电磁学说 —— 光是一种电磁波.20 年后,赫兹用实验方法证明了电磁波的存在,从而证明了麦克斯韦的理论.现在我们知道,不仅各种光波,而且无线电波、热射线、X 射线、γ 射线等都是波长在不同范围中的电磁波.这些都充分证明了麦克斯韦理论的正确性.

这里我们看到,作为物理学科的基本方程组,不仅必须要求在数学上是一个无矛盾的体系(相容性),还应要求和实验及实践结果一致,而且后者是具根本性的.麦克斯韦方程组为我们提供了一个重要例子.

如果已知电荷和电流在电磁场中的分布,则麦克斯韦方程组包含 6 个未知函数,用直角坐标表示就是 $\boldsymbol{E}=(E_x,E_y,E_z)$ 与 $\boldsymbol{B}=(B_x,B_y,B_z)$.而方程组形式上共包含 8 个方程,个数比未知函数多两个,但可以看出,这个方程组中具有本质上重要性的是

$$\varepsilon_0\frac{\partial \boldsymbol{E}}{\partial t}-\frac{1}{\mu_0}\mathbf{rot}\boldsymbol{B}=-\boldsymbol{j},\tag{1.1.48}$$

$$\frac{\partial \boldsymbol{B}}{\partial t}+\mathbf{rot}\boldsymbol{E}=\mathbf{0}, \tag{1.1.49}$$

共 6 个方程. 事实上,只要在 $t=0$ 时 $\mathrm{div}\boldsymbol{B}=0$ 成立,则它对一切 t 必然满足. 这只要在式(1.1.49) 两端作用散度 div 即可证得. 同样地,在使电荷守恒定律式(1.1.47) 成立时,只要在 $t=0$ 时式(1.1.43) 成立,则它对一切 t 必然成立. 为说明这一点,只要在式(1.1.48) 两端作用 div,并注意式(1.1.47) 时,就有

$$\varepsilon_0\frac{\partial}{\partial t}\mathrm{div}\boldsymbol{E}=\frac{\partial \rho}{\partial t},$$

即

$$\frac{\partial}{\partial t}\left(\mathrm{div}\boldsymbol{E}-\frac{\rho}{\varepsilon_0}\right)=0.$$

因此,只要式(1.1.43) 在 $t=0$ 时成立,必然对一切 t 成立. 这样,麦克斯韦方程组中两个不包含对 t 导数的式(1.1.43) 及式(1.1.45) 只化为对初值应满足的附加要求,只需考察由六个方程组成的方程组式(1.1.48) 和式(1.1.49). 下面讨论这个方程组的数学结构.

(5) 电磁场的波动性　自由电磁波

现在从麦克斯韦方程组出发,进一步揭示电磁场的波动性. 这种以波动形式传播的电磁场就称为电磁波. 这一认识标志物理学发展到一个新的阶段,一方面在此基础上,把光和电磁波统一起来,并随后将这种统一扩展到热射线、X 射线和 γ 射线,从而在揭示物质微观结构中起了重要作用. 另一方面,由于电磁波在实践中起着日益广泛的重要作用,也推动了电动力学迅速发展.

将式(1.1.48) 对 t 求导一次,并利用式(1.1.49) 消去 $\boldsymbol{B}$,得到

$$\frac{1}{c^2}\frac{\partial^2 \boldsymbol{E}}{\partial t^2}+\mathbf{rot}\ \mathbf{rot}\boldsymbol{E}=-\mu_0\frac{\partial \boldsymbol{j}}{\partial t}, \tag{1.1.50}$$

其中,$c=\dfrac{1}{\sqrt{\varepsilon_0\mu_0}}$. 由向量分析公式

$$\mathbf{rot}\ \mathbf{rot}\boldsymbol{E}=\mathbf{grad}\ \mathrm{div}\boldsymbol{E}-\nabla^2\boldsymbol{E}, \tag{1.1.51}$$

(其中∇^2称为 Laplace 算子,在直角坐标系中,$\nabla^2=\dfrac{\partial^2}{\partial x^2}+\dfrac{\partial^2}{\partial y^2}+\dfrac{\partial^2}{\partial z^2}$)

以及式(1.1.43),可以将式(1.1.50) 改写为

$$\frac{1}{c^2}\frac{\partial^2 \boldsymbol{E}}{\partial t^2}-\nabla^2\boldsymbol{E}=-\left(\frac{1}{\varepsilon_0}\mathbf{grad}\rho+\mu_0\frac{\partial \boldsymbol{j}}{\partial t}\right). \tag{1.1.52}$$

上式表明,在 ρ 及 $\boldsymbol{j}$ 给定时,$\boldsymbol{E}$ 满足非齐次波动方程.

类似地,代替消去 $\boldsymbol{B}$ 而消去 $\boldsymbol{E}$,可得 $\boldsymbol{B}$ 满足相应的非齐次波动方程:

$$\frac{1}{c^2}\frac{\partial^2 \boldsymbol{B}}{\partial t^2}-\nabla^2\boldsymbol{B}=\mu_0\mathbf{rot}\boldsymbol{j}. \tag{1.1.53}$$

事实上,$\boldsymbol{E}$ 及 $\boldsymbol{B}$ 满足波动方程所描述的性质,说明 $\boldsymbol{E}$ 及 $\boldsymbol{B}$ 以波的形式运动变化. 而电荷和电流作为非齐次项即为它们的源,可以激发或吸收电磁波. 根据波动的性质,已经激发并传播出去的电磁波,即使在激发它的源消失之后,仍将继续存在并传播. 因此我们得出如下结论:电磁场可以脱离电荷与电流而单独存在,并在一般情况下以波的形式运动和传播,它可以与电荷和电流相互作用,但它的存在不以电荷和电流的存在为前提. 此外,从

波动的性质知道，在真空中电磁波的传播速度为光速 c，这是光的电磁理论的重要根据之一.

由上面的论述可知，即使没有电荷和电流，也可能有电磁波存在，这种电磁波称为自由电磁波. 此时 $\boldsymbol{E}$ 和 $\boldsymbol{B}$ 满足（矢量形式的）齐次波动方程：

$$\frac{1}{c^2}\frac{\partial^2 \boldsymbol{E}}{\partial t^2}-\nabla^2 \boldsymbol{E}=0, \tag{1.1.54}$$

$$\frac{1}{c^2}\frac{\partial^2 \boldsymbol{B}}{\partial t^2}-\nabla^2 \boldsymbol{B}=0. \tag{1.1.55}$$

若取 $\boldsymbol{E}$ 或 $\boldsymbol{H}$ 的任一分量为 u，则可将上述三维波动方程以标量函数的形式表示出来，即

$$\frac{\partial^2 u}{\partial t^2}=a^2\nabla^2 u=a^2\left(\frac{\partial^2 u}{\partial x^2}+\frac{\partial^2 u}{\partial y^2}+\frac{\partial^2 u}{\partial z^2}\right) \tag{1.1.56}$$

其中，$a^2=\dfrac{1}{\varepsilon\mu}$，$u$ 是 $\boldsymbol{E}$（或 $\boldsymbol{H}$）的任意一个分量. 式(1.1.56)是（直角坐标系中标量形式的）三维波动方程.

需要指出，在应用时麦克斯韦方程组还必须与下列场的物质方程联立

$$\boldsymbol{D}=\varepsilon_0\boldsymbol{E},$$

$$\boldsymbol{B}=\mu_0\boldsymbol{H},$$

$$\boldsymbol{j}=\sigma_0\boldsymbol{E},$$

其中 $\boldsymbol{D}$ 为电感应强度，$\boldsymbol{H}$ 为磁场强度，σ_0 是介质的导电率.

1.1.2　热传导方程和扩散方程

1. 热传导方程

常识告诉我们，热量具有从温度高的地方向温度低的地方流动的性质，即一块热的物体，如果体内每一点的温度不全一样，则在温度较高的点处的热量就要向温度较低的点处流动，这种现象就是热传导. 由于热量的传导过程总是表现为温度随时间和点的位置的变化，所以，解决热传导问题都要归结为求物体内温度的分布. 现在我们来推导均匀且各向同性的导热体在传热过程中温度所满足的微分方程. 与前面类似，我们不是先讨论一点处的温度，而是先考虑一个区域的温度. 为此，采用微元法，在物体中任取一个闭曲面 S，它所包围的区域记作 V(图 1.1.4). 假设在时刻 t 区域 V 内点 $M(x,y,z)$ 处的温度为 $u(x,y,z,t)$，$\boldsymbol{n}$ 为曲面元素 ΔS 的法向（从 V 内指向 V 外）.

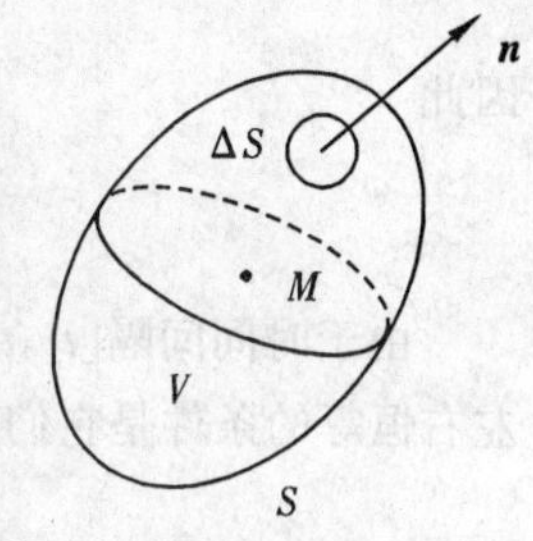

图 1.1.4

由传热学中的傅里叶实验定律可知，物体在无穷小时间段 $\mathrm{d}t$ 内，流过一个无穷小面积 $\mathrm{d}S$ 的热量 $\mathrm{d}Q$ 与时间 $\mathrm{d}t$、曲面面积 $\mathrm{d}S$，以及物体温度 u 沿曲面 $\mathrm{d}S$ 的法线方向的方向导数 $\dfrac{\partial u}{\partial n}$ 三者成正比，即

$$\mathrm{d}Q=-k\frac{\partial u}{\partial n}\mathrm{d}S\mathrm{d}t=-k(\mathbf{grad}u)_n\mathrm{d}S\mathrm{d}t=-k\,\mathbf{grad}u\cdot\mathrm{d}\boldsymbol{S}\mathrm{d}t,$$

其中，$k=k(x,y,z)$ 称为物体的热传导系数，当物体为均匀且各向同性的导热体时，k 为常数；负号是由于热量的流向和温度梯度的正向，即 $\mathbf{grad}u$ 的方向相反. 这就是说 $\frac{\partial u}{\partial n}=\mathbf{grad}u\cdot\boldsymbol{n}>0(<0)$ 时，物体的温度沿 $\boldsymbol{n}$ 的方向增加(减少)，而热流方向却与此相反，故沿 $\boldsymbol{n}$ 的方向通过曲面的热量应该是负(正)的.

利用上面的关系，从时刻 t_1 到时刻 t_2，通过曲面 S 流入区域 V 的全部热量为

$$Q_1=\int_{t_1}^{t_2}\Big(\iint\limits_S k\mathbf{grad}u\cdot\mathrm{d}\boldsymbol{S}\Big)\mathrm{d}t.$$

流入的热量使 V 内温度发生了变化，在时间间隔 $[t_1,t_2]$ 内区域 V 内各点温度从 $u(x,y,z,t_1)$ 变化到 $u(x,y,z,t_2)$，则在时间间隔 $[t_1,t_2]$ 内，区域 V 内温度升高所需要的热量为

$$Q_2=\iiint\limits_V c\rho[u(x,y,z,t_1)-u(x,y,z,t_2)]\mathrm{d}V,$$

其中，c 为物体的比热(即单位质量的物体升高单位温度所需要的热量)；ρ 为物体的密度. 对各向同性的物体来说，它们都是常数.

由于热量守恒，流入的热量应等于物体温度升高所需吸收的热量，即

$$\int_{t_1}^{t_2}\Big(\iint\limits_S k\mathbf{grad}u\cdot\mathrm{d}\boldsymbol{S}\Big)\mathrm{d}t=\iiint\limits_V c\rho[u(x,y,z,t_1)-u(x,y,z,t_2)]\mathrm{d}V.$$

此式左端的曲面积分中 S 是闭曲面，假设函数 u 关于 x,y,z 具有二阶连续偏导数，关于 t 具有一阶连续偏导数，可以利用高斯公式将它化为三重积分，即

$$\iint\limits_S k\mathbf{grad}u\cdot\mathrm{d}\boldsymbol{S}=\iiint\limits_V k\,\mathrm{div}(\mathbf{grad}u)\mathrm{d}V=\iiint\limits_V k\,\nabla^2u\mathrm{d}V,$$

同时，右端的体积积分可以写成

$$\iiint\limits_V c\rho\Big(\int_{t_1}^{t_2}\frac{\partial u}{\partial t}\mathrm{d}t\Big)\mathrm{d}V=\int_{t_1}^{t_2}\Big(\iiint\limits_V c\rho\frac{\partial u}{\partial t}\mathrm{d}V\Big)\mathrm{d}t,$$

因此

$$\int_{t_1}^{t_2}\Big(\iiint\limits_V k\,\nabla^2u\mathrm{d}V\Big)\mathrm{d}t=\int_{t_1}^{t_2}\Big(\iiint\limits_V c\rho\frac{\partial u}{\partial t}\mathrm{d}V\Big)\mathrm{d}t. \tag{1.1.57}$$

由于时间间隔 $[t_1,t_2]$ 及区域 V 都是任意取的，并且被积函数是连续的，所以式(1.1.57)左右恒等的条件是它们的被积函数恒等，即

$$\frac{\partial u}{\partial t}=a^2\,\nabla^2u=a^2\Big(\frac{\partial^2u}{\partial x^2}+\frac{\partial^2u}{\partial y^2}+\frac{\partial^2u}{\partial z^2}\Big), \tag{1.1.58}$$

其中，$a^2=\frac{k}{c\rho}$. 式(1.1.58)称为三维热传导方程.

若物体内有热源，其强度为 $F(x,y,z,t)$，则相应的热传导方程为

$$\frac{\partial u}{\partial t}=a^2\Big(\frac{\partial^2u}{\partial x^2}+\frac{\partial^2u}{\partial y^2}+\frac{\partial^2u}{\partial z^2}\Big)+f(x,y,z,t), \tag{1.1.59}$$

其中，$f=\frac{F}{c\rho}$.

作为特例，如果所考虑的物体是一根细杆(或一块薄板)，或者即使不是细杆(或薄

板)，而其中的温度 u 只与 x,t(或 x,y,t) 有关，则式(1.1.58) 就变成一维热传导方程：

$$\frac{\partial u}{\partial t}=a^2\frac{\partial^2 u}{\partial x^2},\tag{1.1.60}$$

或二维热传导方程

$$\frac{\partial u}{\partial t}=a^2\left(\frac{\partial^2 u}{\partial x^2}+\frac{\partial^2 u}{\partial y^2}\right).\tag{1.1.61}$$

2. 扩散方程

因空间浓度不均匀而使物质从浓度高的地方向浓度低的地方运动，这种现象称为扩散. 选择物质的浓度 $u(x,y,z,t)$ 作为描写扩散现象的特征物理量，浓度的不均匀性用浓度的梯度 $\mathbf{grad}u$ 来表征. 扩散现象的强弱用扩散流强度 $\boldsymbol{q}$（单位时间通过单位截面的物质流量）来描述. 扩散满足如下规律：浓度的不均匀程度和由此引起的扩散现象的强弱之间的关系为

$$\boldsymbol{q}=-k\mathbf{grad}u,\tag{1.1.62}$$

在直角坐标系中写成分量形式就是

$$\begin{cases}q_1=-k\dfrac{\partial u}{\partial x}=-ku_x,\\[2ex] q_2=-k\dfrac{\partial u}{\partial y}=-ku_y,\\[2ex] q_3=-k\dfrac{\partial u}{\partial z}=-ku_z,\end{cases}\tag{1.1.62$'$}$$

其中，q_1,q_2 和 q_3 分别表示 $\boldsymbol{q}$ 沿 x，y 和 z 方向的分量；k 是扩散系数，不同的物质扩散系数不同；负号表示扩散转移的方向(浓度减少的方向) 与浓度梯度(浓度增大的方向) 相反.

现在应用扩散规律式(1.1.62) 或式(1.1.62)$'$ 来研究浓度在空间中的分布和在时间中的变化. 在空间中任取一个微小六面体，位于 x 和 $x+\mathrm{d}x$，y 和 $y+\mathrm{d}y$，以及 $z+\mathrm{d}z$ 之间，如图 1.1.5 所示. 这个平行六面体内浓度的变化取决于扩散流强度 $\boldsymbol{q}$ 是向它汇聚还是从它发散，也就是取决于穿过它的表面的流量.

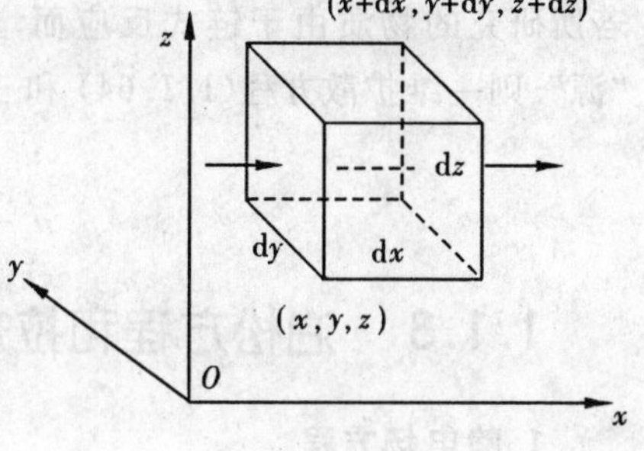

图 1.1.5

现在假设扩散只沿 x 方向进行，扩散流并不穿过前后和上下四面，而只穿过左右两面. 设 $q_1|_x\mathrm{d}y\mathrm{d}z$ 从左面流入，$q_1|_{x+\mathrm{d}x}\mathrm{d}y\mathrm{d}z$ 从右面流出，则通过左右两面的净流量是

$$Q_1=-(q_1|_{x+\mathrm{d}x}-q_1|_x)\mathrm{d}y\mathrm{d}z=-\frac{\partial q_1}{\partial x}\mathrm{d}x\mathrm{d}y\mathrm{d}z,$$

将扩散规律式(1.1.62)$'$ 的第一式代入，得

$$Q_1=\frac{\partial}{\partial x}(ku_x)\mathrm{d}x\mathrm{d}y\mathrm{d}z.$$

如果小六面体中没有源和汇(即这种物质的原子或分子既不从其他物质转化出来，也不转化成其他物质)，则浓度对时间的变化率为

$$\frac{\partial u}{\partial t}=\frac{Q_1(\text{净流量})}{\mathrm{d}x\mathrm{d}y\mathrm{d}z}=\frac{\partial(ku_x)}{\partial x}. \tag{1.1.63}$$

这就是一维扩散方程. 如果扩散系数在空间中是均匀的,则扩散方程(1.1.63)简化成为 $u_t=ku_{xx}$. 如果引入记号 $a^2=k$,则一维扩散方程就成为

$$u_t=a^2u_{xx}. \tag{1.1.64}$$

这和一维热传导方程(1.1.60)是一样的.

如果考虑空间 x, y, z 三个方向都有扩散发生,如同计算通过左右两面的流量一样,计算通过前后和上下四面的流量,而通过小六面体的总流量是通过六个面的流量之和,则方程(1.1.63)成为三维扩散方程

$$u_t-\left[\frac{\partial(ku_x)}{\partial x}+\frac{\partial(ku_y)}{\partial y}+\frac{\partial(ku_z)}{\partial z}\right]=0. \tag{1.1.65}$$

如果扩散系数在空间是均匀的,则方程(1.1.65)变为

$$u_t-a^2(u_{xx}+u_{yy}+u_{zz})=0,\quad \text{即 } u_t-a^2\nabla^2u=0. \tag{1.1.66}$$

这个方程与三维热传导方程(1.1.58)是一样的.

在这里我们简单介绍一下源和汇的问题. 假设所研究的物质具有放射性,退变的半衰期是β,则单纯由退变所导致的浓度的时间变化率为$-\dfrac{\ln2}{\beta}u$,这一项被称为“汇”. 则一维扩散方程(1.1.64)和三维扩散方程(1.1.66)分别为

$$u_t-a^2u_{xx}+\frac{\ln2}{\beta}u=0,$$

$$u_t-a^2\nabla^2u+\frac{\ln2}{\beta}u=0.$$

若所研究的物质由于链式反应而增殖,浓度的增殖时间变化率为 b^2u,这一项被称为“源”. 则一维扩散方程(1.1.64)和三维扩散方程(1.1.66)分别为

$$u_t-a^2u_{xx}-b^2u=0,$$

$$u_t-a^2\nabla^2u-b^2u=0.$$

1.1.3 泊松方程和拉普拉斯方程

1. 静电场方程

现在从麦克斯韦方程组中的式(1.1.43)与式(1.1.44)推导出静电场的电位所满足的微分方程. 对于静电场$\dfrac{\partial \boldsymbol{B}}{\partial t}=0$的情形,由式(1.1.44)有

$$\mathbf{rot}\boldsymbol{E}=0,$$

即静电场的电场强度 $\boldsymbol{E}$ 是无旋场,即保守场,电场强度 $\boldsymbol{E}$ 与电位 u 之间存在关系:

$$\boldsymbol{E}=-\mathbf{grad}u,$$

代入式(1.1.43),有

$$\mathrm{div}(\mathbf{grad}u)=-\frac{\rho}{\varepsilon_0},$$

而 $\mathrm{div}(\mathbf{grad}u)=\nabla^2u$,于是静电场的电位满足

$$\nabla^2 u = -\frac{\rho}{\varepsilon_0}. \tag{1.1.67}$$

这个非齐次方程叫做泊松方程.

如果静电场是无源的,即 $\rho = 0$,则方程(1.1.67) 变成

$$\nabla^2 u = 0. \tag{1.1.68}$$

这个方程叫做拉普拉斯方程,即无源静电场的电势满足拉普拉斯方程.

2. 稳定温度场方程

在热传导问题中,如果物体内部不存在热源,物体周围的环境温度不随时间变化,则经过相当长时间以后,物体内各点处的温度将不随时间变化,趋于稳定状态,这时 $u_t = 0$,热传导方程(1.1.66) 变成拉普拉斯方程

$$\nabla^2 u = 0.$$

即稳定温度场也满足拉普拉斯方程.

1.1.4　亥姆霍茨方程

方程

$$\nabla^2 u + \lambda u = 0$$

称为亥姆霍茨(Helmholtz) 方程. 以后在讨论用分离变量法求解波动方程、热传导方程时就会用到这个方程. 量子力学中的定态薛定谔(Schrödinger) 方程是典型的亥姆霍茨方程:

$$-\frac{h^2}{2m}\nabla^2\varphi(x,y,z) + V(x,y,z)\varphi(x,y,z) = E\varphi(x,y,z), \tag{1.1.69}$$

其中,$V(x,y,z)$ 是粒子势能;$\varphi(x,y,z)$ 是描述微观粒子运动状态的所谓波函数. 如果采用习惯的记号 $u(x,y,z)$ 来代替 $\varphi(x,y,z)$,并加以整理,式(1.1.69) 就成为亥姆霍茨方程的形式:

$$\nabla^2 u + \lambda u = 0, \tag{1.1.70}$$

其中 $\lambda = \frac{2m}{h^2}(E - V)$.

显然,当系数 $\lambda = 0$ 时,亥姆霍茨方程(1.1.70) 就退化为拉普拉斯方程.

应当指出,很多重要的物理、力学学科的基本方程是偏微分方程,由于篇幅和传统学科划分的限制,我们这里只讨论最基本的偏微分方程:波动方程、热传导方程(或称扩散方程) 和拉普拉斯方程等. 它们中都含有拉普拉斯算符∇^2,在前面我们已经给出了它在直角坐标系中的表达式,而在研究具有圆形、圆柱形或球形边界的物理系统时,采用正交曲线坐标系(如平面极坐标系,空间柱坐标系和球坐标系等) 比较合适,这就需要将方程在这类坐标系中写出来,下面列出拉普拉斯算符∇^2在平面极坐标系、空间柱坐标系和球坐标系中的表达式,具体推导见附录 A.

在极坐标系(ρ,φ) 中,$u = u(\rho,\varphi)$ 或 $u = u(\rho,\varphi,t)$,则

$$\nabla^2 u = \frac{\partial^2 u}{\partial\rho^2} + \frac{1}{\rho}\frac{\partial u}{\partial\rho} + \frac{1}{\rho^2}\frac{\partial^2 u}{\partial\varphi^2}. \tag{1.1.71}$$

在柱坐标系(ρ,φ,z) 中,$u = u(\rho,\varphi,z)$ 或 $u = u(\rho,\varphi,z,t)$,则

$$\nabla^2 u=\frac{\partial^2 u}{\partial\rho^2}+\frac{1}{\rho}\frac{\partial u}{\partial\rho}+\frac{1}{\rho^2}\frac{\partial^2 u}{\partial\varphi^2}+\frac{\partial^2 u}{\partial z^2}. \tag{1.1.72}$$

在球坐标系(r,θ,φ)中，$u=u(r,\theta,\varphi)$或$u=u(r,\theta,\varphi,t)$，则

$$\nabla^2 u=\frac{1}{r^2}\frac{\partial}{\partial r}\left(r^2\frac{\partial u}{\partial r}\right)+\frac{1}{r^2\sin\theta}\frac{\partial}{\partial\theta}\left(\sin\theta\frac{\partial u}{\partial\theta}\right)+\frac{1}{r^2\sin^2\theta}\frac{\partial^2 u}{\partial\varphi^2}. \tag{1.1.73}$$

为了后面使用方便，我们在这里介绍了一个重要的符号 —— 哈密顿算子“∇”，它是矢量微分算子，在直角坐标系中的表达式是

$$\nabla\equiv \boldsymbol{i}\frac{\partial}{\partial x}+\boldsymbol{j}\frac{\partial}{\partial y}+\boldsymbol{k}\frac{\partial}{\partial z}.$$

应用这个算子，标量函数$u(x,y,z)$的梯度、矢量函数$\boldsymbol{A}(x,y,z)$的散度和旋度可以分别表示为

$$\mathbf{grad}u=\nabla u;$$
$$\mathrm{div}\boldsymbol{A}=\nabla\cdot\boldsymbol{A};$$
$$\mathbf{rot}\boldsymbol{A}=\nabla\times\boldsymbol{A}.$$

而前面提到的拉普拉斯算符$\nabla^2=\nabla\cdot\nabla$.

1.2 定解条件

1.1 节讨论的是如何将一个具体物理问题所遵从的规律用数学式子表达出来，即得到该物理现象所满足的泛定方程，它们都是偏微分方程，即方程中所含未知函数是二元或二元以上的函数.对于一个偏微分方程来说，如对于一维波动方程(1.1.3)，如果存在一个函数$u(x,t)$，具有方程所需要的各阶偏导数，且将它代入方程时，能使方程两边成为恒等式，就称这个函数为该方程的解.列出微分方程的目的就是要从微分方程中求得解，或研究解的性质.为了将方程在各种状态下的解求出，还需要把相应问题所满足的特定条件用数学式子表达出来，这是因为任何一个具体的物理过程都是处在特定条件之下的.比如上节导出的弦振动方程是一切柔软均匀细弦作微小横向振动的共同规律，但我们知道，一个具体的弦振动在某一时刻的运动状态一定与此时刻之前某个时刻的状态以及对弦两端的约束有关.因此，研究弦的具体运动，除了列出方程外，还必须给出其所处的特定条件，其他物理现象也如此.

各个具体问题所处的特定条件，即研究对象所处的特定“环境”和“历史”，定义为数学物理问题的边界条件和初始条件.

1.2.1 初始条件

对于随着时间变化的问题，必须考虑研究对象特定的“历史”，就是说追溯到运动开始时刻的所谓“初始”时刻的状态，即初始条件.

对热传导问题，初始状态指的是物理量u的初始分布(初始温度分布等)，因此初始条件是

$$u(x,y,z,t)\big|_{t=0}=\varphi(x,y,z), \tag{1.2.1}$$

其中，$\varphi(x,y,z)$ 为已知函数.

对振动过程（弦、膜、较高频率交变电流沿传输线传播，电磁波等）只给出初始"位移"式(1.2.1)是不够的，还需给出初始"速度"：

$$u_t(x,y,z,t)\big|_{t=0} = \psi(x,y,z), \tag{1.2.2}$$

其中，$\psi(x,y,z)$ 也为已知函数.

从数学角度看，就时间 t 这个自变量而言，热传导过程的泛定方程中只出现 t 的一阶导数$\frac{\partial u}{\partial t}$，是一阶微分方程，所以只需一个初始条件式(1.2.1)；振动过程的泛定方程则出现二阶导数 u_{tt}，是二阶微分方程，所以需要两个初始条件式(1.2.1)和式(1.2.2).

在周期性外源引起的传导或周期性外力作用下的振动问题中，经过很多周期后，初始条件引起的自由传导或自由振动衰减到可以认为已经消失，这时的传导或振动可以认为完全是由周期性外源或外力引起的，处理这类问题时，完全可以忽略初始条件的影响，这类问题叫做无初始条件的问题.

另外，稳定场问题（静电场、静磁场及稳定温度分布等）与时间无关，不存在初始条件问题.

1.2.2　边界条件

物理量在它所占"范围"即区域的边界上的分布总比内部的分布直观得多，因为边界上的"情况"总可以通过观察、测量甚至规定得出，通过边界上的条件来探索物理量在区域内部的分布，实际上是解决数学物理问题的重要方法，所以给出边界条件非常重要.

所谓边界，即区域边界点所组成的集合，一维区域（例如弦）的边界，即两个端点 $x=0, x=l$；二维区域的边界为曲线或折线；三维区域 Ω 的边界为曲面 Σ，如图1.2.1所示.

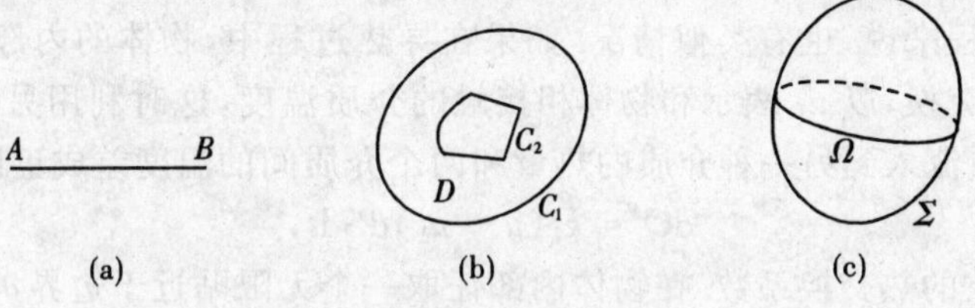

图1.2.1

以下我们将区域通记为 Ω，将其边界记为 $\partial\Omega$，则边界条件主要有以下几种类型，其中第一、第二和第三类条件是常用的.

1. 第一类边界条件　直接给出物理量在边界上的分布

$$u(M,t)\big|_{M\in\partial\Omega} = f_1(M,t). \tag{1.2.3}$$

对于弦振动问题，若两端固定，相应的边界条件为 $u\big|_{x\in\partial\Omega}=0$ 或 $u(x,t)\big|_{x=0}=0$，$u(x,t)\big|_{x=l}=0$，即为第一类边界条件；对热传导问题，如果在导热过程中，物体边界 $\partial\Omega$ 上的温度为已知，则边界条件为

$$u\big|_{\partial\Omega} = u_0, \tag{1.2.4}$$

也为第一类边界条件. 第一类边界条件又称为狄利克雷(Dirichlet)条件.

2. 第二类边界条件　给出物理量的梯度在边界上的分布

$$\left.\frac{\partial u}{\partial n}\right|_{\partial\Omega} = f_2(M,t), \tag{1.2.5}$$

其中，n 为边界 $\partial\Omega$ 的法线方向.

弦振动问题中的自由端属于这类边界条件，这是因为弦在自由端处不受位移方向的外力，从而在这个端点处弦上的张力在位移方向的分量应该为零，由 1.1 节的推导过程可知，此时相应的边界条件为

$$T\left.\frac{\partial u}{\partial x}\right|_{x=l} = 0, \quad 即\left.\frac{\partial u}{\partial x}\right|_{x=l} = 0.$$

对热传导问题，若物体 Ω 与周围介质处于绝热状态，或者说边界 $\partial\Omega$ 上的热量流速始终为零，则由 1.1 节的推导过程可知，在 $\partial\Omega$ 上必满足

$$\left.\frac{\partial u}{\partial n}\right|_{\partial\Omega} = 0,$$

第二类边界条件又称为纽曼(Neuman)条件.

3. 第三类边界条件　给出物理量及其边界上法线方向导数的线性关系

$$\left.\left(u+\sigma\frac{\partial u}{\partial n}\right)\right|_{\partial\Omega} = f_3(M,t), \tag{1.2.6}$$

其中，σ 为常数. 弦振动问题的弹性支承即是这类边界条件. 在弹性支承时，由胡克定律可知，

$$T\left.\frac{\partial u}{\partial x}\right|_{x=l} = -ku\,|_{x=l},$$

即

$$\left.\left(\frac{\partial u}{\partial x}+\sigma u\right)\right|_{x=l} = 0,$$

其中，$\sigma = \frac{k}{T}$，k 为弹性体的弹性系数.

对热传导方程来说，也有类似情况. 如果在导热过程中，物体的内部通过边界 $\partial\Omega$ 与周围介质有热量交换，以 u_1 表示和物体相接触的介质温度，这时利用另一个热传导实验定律：从一种介质流入到另一种介质的热量和两个介质间的温度差成正比：

$$\mathrm{d}Q = k_1(u-u_1)\mathrm{d}S\mathrm{d}t,$$

其中，k_1 是两介质的热交换系数. 在物体内部任取一个无限贴近于边界 $\partial\Omega$ 的闭曲面 Γ，由于在 $\partial\Omega$ 内侧热量不能积累，所在 Γ 上的热量流速应等于边界 $\partial\Omega$ 上的热量流速，而在 Γ 上的热量流速为 $\left.\frac{\mathrm{d}Q}{\mathrm{d}S\mathrm{d}t}\right|_{\Gamma} = -k\left.\frac{\partial u}{\partial n}\right|_{\Gamma}$，所以当物体和外界有热交换时，相应的边界条件为

$$-k\left.\frac{\partial u}{\partial n}\right|_{\partial\Omega} = k_1(u-u_1)\,|_{\partial\Omega},$$

即

$$\left.\left(\frac{\partial u}{\partial n}+\sigma u\right)\right|_{\partial\Omega} = \sigma u_1\,|_{\partial\Omega},$$

其中，$\sigma = k_1/k$. 第三类边界条件又称为混合边界条件.

式(1.2.3)、式(1.2.5)、式(1.2.6) 中的函数 $f_i(i=1,2,3)$ 都是定义在边界 $\partial\Omega$ 上的已知函数(一般来说还依赖 t). 不论哪一种边界条件，当它的数学表达式中的自由项(即不依赖于 u 的项) 恒为零时，这种边界条件称为齐次的，否则称为非齐次的.

当然，边界条件并不只限于以上三类，还有各式各样的边界条件，有时甚至是非线性的边界条件：

$$-\frac{\partial u}{\partial n}\bigg|_{\partial\Omega}=C(u^4\big|_{\partial\Omega}-u_0^4),$$

其中，C 是一个常数；u_0 是外界的温度；u 和 u_0 都是绝对温标.

除了初始条件和边界条件外，有些具体的物理问题还需附加一些其他条件才能确定解.

4. 其他条件

在研究具有不同媒质的问题中，方程的数目增多，除了边界条件外，还需加上不同媒质界面处的衔接条件. 如在静电场问题中，在两种电介质的交界面 S 上电势应当相等(连续)，电位移矢量的法向分量也应当相等(连续)，因而有衔接条件：

$$u_1\big|_{\partial\Omega}=u_2\big|_{\partial\Omega}, \tag{1.2.7}$$

$$\varepsilon_1\frac{\partial u_1}{\partial n}\bigg|_{\partial\Omega}=\varepsilon_2\frac{\partial u_2}{\partial n}\bigg|_{\partial\Omega}, \tag{1.2.8}$$

其中，u_1 和 u_2 分别代表两种介质的电势；ε_1 和 ε_2 分别为两种电介质的介电常数.

在某些情况下，出于物理上的合理性等原因，要求解为单值，有限，提出所谓自然边界条件，这些条件通常都不是由研究的问题直接明确给出的，而是根据解的特殊要求自然加上去的，故称为自然边界条件，如欧拉(Euler) 方程：

$$x^2y''+2xy'-l(l+1)y=0$$

的通解为

$$y=Ax^l+Bx^{-l(l+1)}.$$

在区间$[0,a]$中，由于受物理上要求解有限的条件限制，故有自然条件

$$y\big|_{x=0}\rightarrow 有限,$$

从而在$[0,a]$上其解应表示为 $y=Ax^l$.

所谓“没有边界条件的问题”是一种抽象结果. 实际物理系统都是有限的，必然有边界，可以给出边界条件. 但是，如果着重研究不靠近边界处的情形，在不太长的时间间隔内，边界的影响还没有来得及传到，不妨认为边界在“无穷远处”，将问题抽象成无边界条件的问题.

1.3　定解问题的提法

在前两节中，我们推导出几种不同类型的偏微分方程，并且讨论了与它们相应的初始条件与边界条件的表达式，初始条件和边界条件统称为定解条件. 把某个偏微分方程和相应的定解条件结合在一起，就构成了一个定解问题.

只有初始条件，没有边界条件的定解问题称为初值问题(或称柯西问题)；反之，没有初始条件，只有边界条件的定解问题称为边值问题；既有初始条件也有边界条件的问题称为混合问题.

一个定解问题的提得是否符合实际情况当然必须靠实验来证实. 然而从数学角度来看，可以从以下三方面加以检验，即讨论解的适定性问题：

(1) 解的存在性，即检验所归纳的问题是否有解；

(2) 解的唯一性,即检验是否只有一个解;

(3) 解的稳定性,即检验当定解条件有微小变动时,解是否相应地只有微小的变动,否则所得的解就无实用价值,因为定解条件通常总是通过实验方法获得的,因而所提到的结果总有一定的误差,如果因此而使解的变化很大,那么这种解显然不能符合客观实际的要求.

如果一个定解问题存在唯一且稳定的解,则此问题的解称为适定的.在以后的讨论中,我们把着眼点放在定解问题的解法上,而很少讨论它的适定性,这是因为讨论定解问题的适定性往往十分困难.而本书所讨论的定解问题基本上都是经典的,它们的适定性都是经过证明了的.

1.4 二阶线性偏微分方程的分类与化简 解的叠加原理

1.4.1 含有两个自变量二阶线性偏微分方程的分类与化简

鉴于我们在 1.1 节中导出的偏微分方程都是二阶线性的,并且两个自变量的情形又是最常见的,这里我们对其共性加以进一步的讨论.

含有两个自变量的二阶线性偏微分方程的一般形式是

$$A(x,y)u_{xx}+2B(x,y)u_{xy}+C(x,y)u_{yy}+D(x,y)u_x+E(x,y)u_y+F(x,y)u=f(x,y) \tag{1.4.1}$$

设 $\Delta=B^2-AC=\Delta(x,y),x,y\in D\subset\mathbf{R}^2$. 若 $M(x_0,y_0)\in D$, 使

(1)$\Delta(x_0,y_0)>0$,称式(1.4.1)在 M 点为双曲型方程;如一维波动方程 $u_{tt}-a^2u_{xx}=0$.

(2)$\Delta(x_0,y_0)=0$,称式(1.4.1)在 M 点为抛物型方程;如一维热传导方程 $u_t-a^2u_{xx}=0$.

(3)$\Delta(x_0,y_0)<0$,称式(1.4.1)在 M 点为椭圆型方程;如二维拉普拉斯方程 $u_{xx}+u_{yy}=0$.

定理 1.4.1 设有可逆变换

$$\begin{cases}\xi=\xi(x,y),\\ \eta=\eta(x,y),\end{cases} \tag{1.4.2}$$

其中,ξ,η 有二阶连续偏导数,且行列式

$$J=\begin{vmatrix}\xi_x & \xi_y\\ \eta_x & \eta_y\end{vmatrix}\neq 0,$$

则有如下结论:

(1) 在变换式(1.4.2) 之下,方程(1.4.1) 变为自变量是 ξ,η 的方程,但方程类型不变;

(2) 对三种不同类型的方程,各存在一组特殊的变换,使新方程变为如下标准型:

双曲型 $u_{\xi\eta}=H_1(\xi,\eta,u,u_\xi,u_\eta)$ 或 $u_{\xi\xi}-u_{\eta\eta}=H_2(\xi,\eta,u,u_\xi,u_\eta)$

椭圆型 $u_{\xi\xi}+u_{\eta\eta}=H(\xi,\eta,u,u_\xi,u_\eta)$

抛物线型 $u_{\xi\xi}=K(\xi,\eta,u,u_\xi,u_\eta)$

证明　(1) 由复合函数求导法,有

$$u_x = u_\xi \xi_x + u_\eta \eta_x,$$

$$u_y = u_\xi \xi_y + u_\eta \eta_y,$$

$$\begin{cases} u_{xx} = u_{\xi\xi}\xi_x^2 + u_\xi \xi_{xx} + u_{\xi\eta}\xi_x\eta_x + u_{\xi\eta}\xi_x\eta_x + u_{\eta\eta}\eta_x^2 + u_\eta \eta_{xx} \\ \quad\ = u_{\xi\xi}\xi_x^2 + 2u_{\xi\eta}\xi_x\eta_x + u_{\eta\eta}\eta_x^2 + u_\xi\xi_{xx} + u_\eta\eta_{xx}, \\ u_{xy} = u_{\xi\xi}\xi_x\xi_y + u_{\xi\eta}(\xi_x\eta_y + \xi_y\eta_x) + u_{\eta\eta}\eta_x\eta_y + u_\xi\xi_{xy} + u_\eta\eta_{xy}, \\ u_{yy} = u_{\xi\xi}\xi_y^2 + 2u_{\xi\eta}\xi_y\eta_y + u_{\eta\eta}\eta_y^2 + u_\xi\xi_{yy} + u_\eta\eta_{yy}. \end{cases} \tag{1.4.3}$$

将式(1.4.3)代入式(1.4.1),并整理得

$$\overline{A}u_{\xi\xi} + 2\overline{B}u_{\xi\eta} + \overline{C}u_{\eta\eta} + \overline{D}u_\xi + \overline{E}u_\eta + \overline{F}u = \overline{G}, \tag{1.4.1$'$}$$

其中

$$\begin{cases} \overline{A} = A\xi_x^2 + 2B\xi_x\xi_y + C\xi_y^2, \quad \overline{B} = A\xi_x\eta_x + B(\xi_x\eta_y + \xi_y\eta_x) + C\xi_y\eta_y, \\ \overline{C} = A\eta_x^2 + 2B\eta_x\eta_y + C\eta_y^2, \quad \overline{D} = A\xi_{xx} + 2B\xi_{xy} + C\xi_{yy} + D\xi_x + E\xi_y, \\ \overline{E} = A\eta_{xx} + 2B\eta_{xy} + C\eta_{yy} + D\eta_x + E\eta_y, \quad \overline{F} = F, \quad \overline{G} = f. \end{cases} \tag{1.4.4}$$

以上复合函数的求导过程和系数的化简整理计算起来很繁琐,也容易出错,我们可以借助于应用数学软件,比如 Maple,在计算机上完成,带"〉"的行为直接输入的命令,不带此符号的行为输出行:

```
> d1 :=diff(u(xi(x,y),eta(x,y)),x);
```

$$d1 := D_1(u)(\xi(x,y),\eta(x,y))\left(\frac{\partial}{\partial x}\xi(x,y)\right) + D_2(u)(\xi(x,y),\eta(x,y))\left(\frac{\partial}{\partial x}\eta(x,y)\right)$$

```
> d2 :=diff(u(xi(x,y),eta(x,y)),y);
```

$$d2 := D_1(u)(\xi(x,y),\eta(x,y))\left(\frac{\partial}{\partial y}\xi(x,y)\right) + D_2(u)(\xi(x,y),\eta(x,y))\left(\frac{\partial}{\partial y}\eta(x,y)\right)$$

```
> d11 :=simplify(diff(u(xi(x,y),eta(x,y)),x$2));
```

$$\begin{aligned} d11 := &D_{1,1}(u)(\xi(x,y),\eta(x,y))D_1(\xi)(x,y)^2 + \\ &2D_1(\xi)(x,y)D_{1,2}(u)(\xi(x,y),\eta(x,y))D_1(\eta)(x,y) + \\ &D_1(u)(\xi(x,y),\eta(x,y))D_{1,1}(\xi)(x,y) + D_{2,2}(u)(\xi(x,y),\eta(x,y))D_1(\eta)(x,y)^2 + \\ &D_2(u)(\xi(x,y),\eta(x,y))D_{1,1}(\eta)(x,y) \end{aligned}$$

```
> d22 :=simplify(diff(u(xi(x,y),eta(x,y)),y$2));
```

$$\begin{aligned} d22 := &D_{1,1}(u)(\xi(x,y),\eta(x,y))D_2(\xi)(x,y)^2 + \\ &2D_2(\xi)(x,y)D_{1,2}(u)(\xi(x,y),\eta(x,y))D_2(\eta)(x,y) + \\ &D_1(u)(\xi(x,y),\eta(x,y))D_{2,2}(\xi)(x,y) + D_{2,2}(u)(\xi(x,y),\eta(x,y))D_2(\eta)(x,y)^2 + \\ &D_2(u)(\xi(x,y),\eta(x,y))D_{2,2}(\eta)(x,y) \end{aligned}$$

```
> d12 :=simplify(diff(u(xi(x,y),eta(x,y)),x,y));
```

$$\begin{aligned} d12 := &D_1(\xi)(x,y)D_{1,1}(u)(\xi(x,y),\eta(x,y))D_2(\xi)(x,y) + \\ &D_1(\xi)(x,y)D_{1,2}(u)(\xi(x,y),\eta(x,y))D_2(\eta)(x,y) + \\ &D_1(u)(\xi(x,y),\eta(x,y))D_{1,2}(\xi)(x,y) + \\ &D_1(\eta)(x,y)D_{1,2}(u)(\xi(x,y),\eta(x,y))D_2(\xi)(x,y) + \end{aligned}$$

$D_1(\eta)(x,y)D_{2,2}(u)(\xi(x,y),\eta(x,y))D_2(\eta)(x,y)+$
$D_2(u)(\xi(x,y),\eta(x,y))D_{1,2}(\eta)(x,y)$

```
> new := simplify(A * d11 + 2 * B * d12 + C * d22 + D * d1 + E * d2 + F * u);
```

$$
\begin{aligned}
new := & AD_{1,1}(u)(\xi(x,y),\eta(x,y))D_1(\xi)(x,y)^2+\\
& 2AD_1(\xi)(x,y)D_{1,2}(u)(\xi(x,y),\eta(x,y))D_1(\eta)(x,y)+\\
& AD_1(u)(\xi(x,y),\eta(x,y))D_{1,1}(\xi)(x,y)+AD_{2,2}(u)(\xi(x,y),\eta(x,y))D_1(\eta)(x,y)^2+\\
& AD_2(u)(\xi(x,y),\eta(x,y))D_{1,1}(\eta)(x,y)+\\
& 2BD_1(\xi)(x,y)D_{1,1}(u)(\xi(x,y),\eta(x,y))D_2(\xi)(x,y)+\\
& 2BD_1(\xi)(x,y)D_{1,2}(u)(\xi(x,y),\eta(x,y))D_2(\eta)(x,y)+\\
& 2BD_1(u)(\xi(x,y),\eta(x,y))D_{1,2}(\xi)(x,y)+\\
& 2BD_1(\eta)(x,y)D_{1,2}(u)(\xi(x,y),\eta(x,y))D_2(\xi)(x,y)+\\
& 2BD_1(\eta)(x,y)D_{2,2}(u)(\xi(x,y),\eta(x,y))D_2(\eta)(x,y)+\\
& 2BD_2(u)(\xi(x,y),\eta(x,y))D_{1,2}(\eta)(x,y)+\\
& CD_{1,1}(u)(\xi(x,y),\eta(x,y))D_2(\xi)(x,y)^2+\\
& 2CD_2(\xi)(x,y)D_{1,2}(u)(\xi(x,y),\eta(x,y))D_2(\eta)(x,y)+\\
& CD_1(u)(\xi(x,y),\eta(x,y))D_{2,2}(\xi)(x,y)+CD_{2,2}(u)(\xi(x,y),\eta(x,y))D_2(\eta)(x,y)^2+\\
& CD_2(u)(\xi(x,y),\eta(x,y))D_{2,2}(\eta)(x,y)+DD_1(u)(\xi(x,y),\eta(x,y))D_1(\xi)(x,y)+\\
& DD_2(u)(\xi(x,y),\eta(x,y))D_1(\eta)(x,y)+ED_1(u)(\xi(x,y),\eta(x,y))D_2(\xi)(x,y)+\\
& ED_2(u)(\xi(x,y),\eta(x,y))D_2(\eta)(x,y)+Fu
\end{aligned}
$$

```
>c1 := coeff(new,D[1,1](u)(xi(x,y),eta(x,y)));
```

$$c1 := AD_1(\xi)(x,y)^2+2BD_1(\xi)(x,y)D_2(\xi)(x,y)+CD_2(\xi)(x,y)^2$$

```
>c2 := coeff(new,D[1,2](u)(xi(x,y),eta(x,y)));
```

$$
\begin{aligned}
c2 := & 2AD_1(\xi)(x,y)D_1(\eta)(x,y)+2BD_1(\xi)(x,y)D_2(\eta)(x,y)+\\
& 2BD_1(\eta)(x,y)D_2(\xi)(x,y)+2CD_2(\xi)(x,y)D_2(\eta)(x,y)
\end{aligned}
$$

```
>c3 := coeff(new,D[2,2](u)(xi(x,y),eta(x,y)));
```

$$c3 := AD_1(\eta)(x,y)^2+2BD_1(\eta)(x,y)D_2(\eta)(x,y)+CD_2(\eta)(x,y)^2$$

```
>c4 := coeff(new,D[1](u)(xi(x,y),eta(x,y)));
```

$$
\begin{aligned}
c4 := & AD_{1,1}(\xi)(x,y)+2BD_{1,2}(\xi)(x,y)+CD_{2,2}(\xi)(x,y)+\\
& DD_1(\xi)(x,y)+ED_2(\xi)(x,y)
\end{aligned}
$$

```
>c5 := coeff(new,D[2](u)(xi(x,y),eta(x,y)));
```

$$
\begin{aligned}
c5 := & AD_{1,1}(\eta)(x,y)+2BD_{1,2}(\eta)(x,y)+CD_{2,2}(\eta)(x,y)+\\
& DD_1(\eta)(x,y)+ED_2(\eta)(x,y)
\end{aligned}
$$

其中，d_1,d_2,d_{11},d_{22} 和 d_{12} 依次表示 u_x,u_y,u_{xx},u_{yy} 和 u_{xy}；式子“new”表示变换后用变量 ξ 和 η 表示的方程；c_1,c_2,c_3,c_4 和 c_5 分别表示 $u_{\xi\xi},u_{\xi\eta},u_{\eta\eta},u_\xi$ 和 u_η 的系数.

由式(1.4.4)易证

$$\overline{\Delta}=\overline{B}^2-\overline{A}\,\overline{C}=J^2(B^2-AC)=J^2\Delta.$$

因为 $J \neq 0$，所以 $J^2 > 0$，$\overline{\Delta}$ 与 Δ 同号，式(1.4.1) 与式(1.4.1)′ 同类型.

将式(1.4.1)′ 改写成

$$\overline{A}u_{\xi\xi} + 2\overline{B}u_{\xi\eta} + \overline{C}u_{\eta\eta} = H(\xi, \eta, u, u_\xi, u_\eta),$$

从系数 $\overline{A}$、$\overline{C}$ 的表达式可见，如果取一阶偏微分方程

$$Az_x^2 + 2Bz_xz_y + Cz_y^2 = 0 \tag{1.4.5}$$

的一个特解作为新自变量 ξ，则有

$$A\xi_x^2 + 2B\xi_x\xi_y + C\xi_y^2 = 0,$$

即 $\overline{A} = 0$. 同理，取式(1.4.5) 的另一个特解作为新自变量 η，则 $\overline{C} = 0$，这样可将式(1.4.1) 化成标准型. 式(1.4.5) 的求解可化成常微分方程的求解，将式(1.4.5) 改写为

$$A\left(-\frac{z_x}{z_y}\right)^2 - 2B\left(-\frac{z_x}{z_y}\right) + C = 0. \tag{1.4.6}$$

将 $z(x, y) = C$ 当作定义隐函数 $y = y(x)$ 的方程，则 $\dfrac{\mathrm{d}y}{\mathrm{d}x} = -\dfrac{z_x}{z_y}$，这样式(1.4.6) 就是

$$A\left(\frac{\mathrm{d}y}{\mathrm{d}x}\right)^2 - 2B\left(\frac{\mathrm{d}y}{\mathrm{d}x}\right) + C = 0. \tag{1.4.7}$$

当 $B^2 - AC > 0$ 时，有

$$\frac{\mathrm{d}y}{\mathrm{d}x} = \frac{B + \sqrt{B^2 - AC}}{A}, \quad 及 \frac{\mathrm{d}y}{\mathrm{d}x} = \frac{B - \sqrt{B^2 - AC}}{A}. \tag{1.4.7$'$}$$

求出式(1.4.7)′ 的一个特解 $\xi(x, y) = C_1$ 后，取 $\xi = \xi(x, y)$ 作为新的自变量，则在式(1.4.4) 中有 $\overline{A} = 0$；求得式(1.4.7)′ 的另一个特解 $\eta(x, y) = C_2$ 后，取 $\eta = \eta(x, y)$ 作为新的自变量使 $\overline{C} = 0$；式(1.4.7) 叫式(1.4.1) 的特征方程，特征方程的一般积分 $\xi(x, y) = C_1$，$\eta(x, y) = C_2$，叫做式(1.4.1) 的特征线.

1. 双曲型

当 $B^2 - AC > 0$ 时，式(1.4.7)′ 各给出一组实特征线

$$\begin{cases} \xi(x, y) = C_1, \\ \eta(x, y) = C_2, \end{cases}$$

取 $\xi = \xi(x, y)$，$\eta = \eta(x, y)$，代入式(1.4.1)′，有 $\overline{A} = \overline{C} = 0$，则式(1.4.1)′ 成为

$$u_{\xi\eta} = H_1(\xi, \eta, u, u_\xi, u_\eta). \tag{1.4.8}$$

或再做变换

$$\begin{cases} \xi = \alpha + \beta, \\ \eta = \alpha - \beta, \end{cases} \quad 即 \begin{cases} \alpha = \dfrac{1}{2}(\xi + \eta), \\ \beta = \dfrac{1}{2}(\xi - \eta), \end{cases}$$

则式(1.4.1)′ 变成

$$u_{\alpha\alpha} - u_{\beta\beta} = H_2(\alpha, \beta, u, u_\alpha, u_\beta). \tag{1.4.9}$$

式(1.4.8) 或式(1.4.9) 就是双曲型方程的标准形式.

2. 抛物线型

当 $B^2 - AC = 0$ 时，式(1.4.7) 成为

$$\left(\sqrt{A}\,\frac{\mathrm{d}y}{\mathrm{d}x}-\sqrt{C}\right)^2=0.$$

因此只有一组实特征线 $\xi(x,y)=C_1$，取 $\xi=\xi(x,y)$ 作为新的自变量，有 $\overline{A}=0$；取 $\eta=\eta(x,y)$ 为异于 $\xi(x,y)$ 的任意变量，则有 $\overline{B}=0$，从而式(1.4.1)′变为

$$u_{\eta\eta}=K(\xi,\eta,u,u_\xi,u_\eta). \tag{1.4.10}$$

式(1.4.10)是抛物线方程的标准型.

3. 椭圆型

当 $B^2-AC>0$ 时，特征方程(1.4.7)给出两组复特征线：$\xi(x,y)=$ 常数，$\eta(x,y)=\overline{\xi}(x,y)=$ 常数（η 是 ξ 的复共轭），取 $\xi=\xi(x,y)$，$\eta=\eta(x,y)=\overline{\xi}(x,y)$ 作为新的自变量，则 $\overline{A}=0$，$\overline{C}=0$，代入式(1.4.1)′后，有

$$u_{\xi\eta}=K_1(\xi,\eta,u,u_\xi,u_\eta). \tag{1.4.11}$$

其中，ξ,η 是复变数. 为了使方程中的变量和函数都用实数表示，再设 $\xi=\alpha+\mathrm{i}\beta$，$\eta=\alpha-\mathrm{i}\beta$，即

$$\alpha=\mathrm{Re}\xi=\frac{1}{2}(\xi+\eta),\quad \beta=\mathrm{Im}\xi=\frac{1}{2\mathrm{i}}(\xi-\eta),$$

则式(1.4.11)化成

$$u_{\alpha\alpha}+u_{\beta\beta}=\overline{K}(\alpha,\beta,u,u_\alpha,u_\beta). \tag{1.4.12}$$

式(1.4.12)为椭圆型方程的标准型.

例 1 讨论方程 $y^2u_{xx}-x^2u_{yy}=0$ 的类型，并化为标准型（$x,y\neq 0$）.

解 $A=y^2$，$B=0$，$C=-x^2$，所以

$$B^2-AC=x^2y^2>0,$$

故所给方程为双曲型，其特征方程为

$$y^2\left(\frac{\mathrm{d}y}{\mathrm{d}x}\right)^2-x^2=0,\quad 即\frac{\mathrm{d}y}{\mathrm{d}x}=\pm\frac{x}{y}.$$

解得

$$\frac{y^2}{2}-\frac{x^2}{2}=C_1,\quad \frac{y^2}{2}+\frac{x^2}{2}=C_2,$$

特征曲线为

$$\begin{cases}\xi=\dfrac{y^2}{2}-\dfrac{x^2}{2}=C_1,\\[2mm] \eta=\dfrac{y^2}{2}+\dfrac{x^2}{2}=C_2.\end{cases}$$

令

$$\begin{cases}\xi=\dfrac{y^2}{2}-\dfrac{x^2}{2},\\[2mm] \eta=\dfrac{y^2}{2}+\dfrac{x^2}{2},\end{cases}$$

将新变量代入原方程，用 Maple 计算：

```
> xi(x,y) :=y^2/2-x^2/2;
```

$$\xi(x,y):=\frac{y^2}{2}-\frac{x^2}{2}$$

```
> eta(x,y) :=y^2/2+x^2/2;
```

$$\eta(x,y):=\frac{y^2}{2}+\frac{x^2}{2}$$

```
> simplify(y^2 * diff(u(xi(x,y),eta(x,y)),x $ 2) - x^2 * diff(u(xi(x,y),eta(x,y)),
  y $ 2) = 0);
```

$$-4y^2 D_{1,2}(u)\left(\frac{y^2}{2}-\frac{x^2}{2},\frac{y^2}{2}+\frac{x^2}{2}\right)x^2 - y^2 D_1(u)\left(\frac{y^2}{2}-\frac{x^2}{2},\frac{y^2}{2}+\frac{x^2}{2}\right)$$
$$+y^2 D_2(u)\left(\frac{y^2}{2}-\frac{x^2}{2},\frac{y^2}{2}+\frac{x^2}{2}\right)-x^2 D_1(u)\left(\frac{y^2}{2}-\frac{x^2}{2},\frac{y^2}{2}+\frac{x^2}{2}\right)$$
$$-x^2 D_2(u)\left(\frac{y^2}{2}-\frac{x^2}{2},\frac{y^2}{2}+\frac{x^2}{2}\right)=0$$

整理得

$$u_{\xi\eta} = -\frac{2\eta}{4(\eta^2-\xi^2)}u_\xi + \frac{2\xi}{4(\eta^2-\xi^2)}u_\eta.$$

例 2　将方程 $x^2 u_{xx} + 2xyu_{xy} + y^2 u_{yy} = 0$ 化成标准型,并求其通解.

解　特征方程为

$$x^2\left(\frac{\mathrm{d}y}{\mathrm{d}x}\right)^2 - 2xy\frac{\mathrm{d}y}{\mathrm{d}x} + y^2 = 0.$$

解得 $x\frac{\mathrm{d}y}{\mathrm{d}x} - y = 0, y = C_1 x$,即 $\frac{y}{x} = C_1$. 令

$$\begin{cases}\xi = \dfrac{y}{x},\\ \eta = y.\end{cases}$$

用 Maple 计算:

```
>xi(x,y) :=y/x;
```

$$\xi(x,y) := \frac{y}{x}$$

```
> eta(x,y) :=y;
```

$$\eta(x,y) := y$$

```
>simplify(x^2 * diff(u(xi(x,y),eta(x,y)),x$ 2)+2 * x * y * diff(u(xi(x,y),eta(x,y)),
x,y) + y^2 * diff(u(xi(x,y),eta(x,y)),y $ 2) = 0);
```

$$y^2 D_{2,2}(u)\left(\frac{y}{x},y\right)=0$$

原方程化为

$$u_{\eta\eta} = 0 \quad 或 \quad \frac{\partial}{\partial\eta}\left(\frac{\partial u}{\partial\eta}\right)=0.$$

将上述方程积分两次,得其通解为

$$u = f_1(\xi)\eta + f_2(\xi),$$

其中,f_1, f_2 是两个任意函数,带回原变量得

$$u = f_1\left(\frac{y}{x}\right)\eta + f_2\left(\frac{y}{x}\right).$$

例 3　将 $u_{xx} + u_{xy} + u_{yy} + u_x = 0$ 化为标准型.

解　$B^2 - AC = \frac{1}{4} - 1 < 0$,所给方程为椭圆型,特征方程为

$$\left(\frac{\mathrm{d}y}{\mathrm{d}x}\right)^2-\frac{\mathrm{d}y}{\mathrm{d}x}+1=0,$$

即$\frac{\mathrm{d}y}{\mathrm{d}x}=\frac{1}{2}\pm\mathrm{i}\frac{\sqrt{3}}{2}$,解为

$$\begin{cases} y-\frac{x}{2}-\mathrm{i}\frac{\sqrt{3}}{2}x=C_1, \\ y-\frac{x}{2}+\mathrm{i}\frac{\sqrt{3}}{2}x=C_2. \end{cases}$$

令 $\alpha=y-\frac{1}{2}x,\beta=-\frac{\sqrt{3}}{2}x$, 用 Maple 计算：

```
> alpha(x,y) :=y-1/2*x;
```

$$\alpha(x,y):=y-\frac{x}{2}$$

```
> beta(x,y) :=-sqrt(3)/2*x;
```

$$\beta(x,y):=-\frac{\sqrt{3}}{2}x$$

```
> simplify(diff(u(alpha(x,y),beta(x,y)),x $ 2) + diff(u(alpha(x,y),beta(x,y)),x,y) +
diff(u(alpha(x,y),beta(x,y)),y $ 2) + diff(u(alpha(x,y),beta(x,y)),x) = 0);
```

$$\frac{3}{4}D_{1,1}(u)\left(y-\frac{x}{2},-\frac{\sqrt{3}x}{2}\right)+\frac{3}{4}D_{2,2}(u)\left(y-\frac{x}{2},-\frac{\sqrt{3}x}{2}\right)$$

$$-\frac{1}{2}D_1(u)\left(y-\frac{x}{2},-\frac{\sqrt{3}x}{2}\right)-\frac{1}{2}D_2(u)\left(y-\frac{x}{2},-\frac{\sqrt{3}x}{2}\right)\sqrt{3}=0$$

即将所给方程化为

$$u_{\alpha\alpha}+u_{\beta\beta}=\frac{2}{3}u_\alpha+\frac{2\sqrt{3}}{3}u_\beta.$$

1.4.2 线性偏微分方程的叠加原理

最后需要指出线性偏微分方程(1.4.1)具有一个非常重要的特性,称为叠加原理,记 L 为微分算子,即

$$L\equiv A(x,y)\frac{\partial^2}{\partial x^2}+2B(x,y)\frac{\partial^2}{\partial x\partial y}+C(x,y)\frac{\partial^2}{\partial y^2}+$$

$$D(x,y)\frac{\partial}{\partial x}+E(x,y)\frac{\partial}{\partial y}+F(x,y),$$

则方程(1.4.1)可以简记为

$$Lu=f.$$

叠加原理内容如下：

若 u_i 是方程

$$Lu_i=f_i\quad(i=1,2,\cdots)$$

的解,而且级数

$$u = \sum_{i=1}^{\infty} c_i u_i$$

收敛，并且能够逐项微分两次，其中 $c_i(i = 1,2,\cdots)$ 为任意常数，则 u 一定是方程

$$Lu = \sum_{i=1}^{\infty} c_i f_i$$

的解（当然要假定这个方程右端的级数是收敛的）．特别地，如果 $u_i(i = 1,2,\cdots)$ 是二阶齐次方程

$$Lu = 0$$

的解，则只要 $u = \sum_{i=1}^{\infty} c_i u_i$ 收敛，并且可以逐项微分两次，u 一定也是这个方程的解．这个结论的证明非常容易（留作练习），但它却是下一章要讲的分离变量法的出发点．

1.5 历史注记——数学物理学家：达朗贝尔

达朗贝尔（1717—1783）

达朗贝尔(D'Alembert Jean Le Rond)1717 年 11 月 17 日生于法国巴黎，1783 年 10 月 29 日卒于巴黎．著名数学物理学家．

达朗贝尔没有受过正规的大学教育，靠自学掌握了牛顿(Newton) 和当时著名数理科学家们的著作．1739 年 7 月，他完成第一篇学术论文，内容是批评 C • 雷诺(Reyneau) 神父的数学教程．以后两年内又向巴黎科学院提交了 5 篇学术报告，内容是研究微分方程的积分方法和物体在介质内的阻尼运动．1741 年 5 月，达朗贝尔正式进入巴黎科学院，成为天文学助理院士，1746 年提为数学副院士，1754 年提为终身院士．

1741 ~ 1743 年，达朗贝尔对理论力学的大量课题进行了研究，并在 1743 年底出版了历史性名著《动力学》(*Traité dedynamique*)，1744 年又出版《流体的平衡和运动》(*Traité delequilibre et du mouvement des fluides*)．1747 年发表了两篇重要论文，其中一篇关于喷流反射的文章获普鲁士科学院奖金，文中首先在数学物理中应用偏微分方程；另一篇是关于弦振动的，其中第一次正式采用波动方程．1749 年又发表了有关春分点、岁差和章动的论文，对天体力学发展作出重要贡献．

1750 ~ 1760 年，达朗贝尔中断了数理研究工作，加入了"百科全书派"，与启蒙运动成员一起编辑出版宣传启蒙思想的《百科全书》．

1760 年以后，达朗贝尔继续从事数理研究，主要专著是 8 卷巨著《数学手册》(*Opuscules mathematiques*)，到 1780 年才出齐．

达朗贝尔是多产科学家，他对力学、数学和天文学的大量课题进行了研究，论文和专著很多，还有大量学术通信．仅 1805 年到 1821 年在巴黎出版的达朗贝尔《文集》(Oeuvres) 就有 23 卷．

达朗贝尔作为数学家，同 18 世纪其他数学家一样，认为求解物理（主要是力学，包括

天体力学）问题是数学的目标. 正如他在《百科全书》序言中所说：科学处于从 17 世纪的数学时代到 18 世纪的力学时代的转变，力学应该是数学家的主要兴趣. 他对力学的发展作出了重大贡献，也是数学分析中一些重要分支的开拓者.

达朗贝尔在力学方面的贡献有三方面：

(1) 在动力学基础的建立方面，达朗贝尔的贡献集中反映在他的科学工作中最有名的著作《动力学》中. 在著作的第一部分，达朗贝尔提出了自己的运动三大定律，在第二部分阐述了著名的达朗贝尔原理，对牛顿力学体系的建立产生了重要影响；

(2) 在流体力学研究方面，"是达朗贝尔第一次引入了流体速度和加速度分量概念"（H・劳斯(Rouse) 和 S・英斯(Ince) 语)，他与当时的欧拉、克莱洛、伯努利等人齐名；

(3) 作为天体力学的奠基者之一，其贡献主要集中在两部著作中：一是 1749 年出版的《分点岁差和地球章动的研究》(*Recherches sur la précession des equinoxes et sur la nutationde la terre*)，在此书中采用了与克莱洛相似的方法，但在运动方程的积分过程中，用了更多的摄动项，使得结果更符合观测；二是《宇宙体系的几个要点研究》(*Recherches sur differénspoints importants du système du monde*)，其中贡献最大的是关于月球运动理论和关于地球形状和自转的理论.

作为数学分析的开拓者之一，达朗贝尔在极限概念、无穷级数理论和微分方程理论研究方面都有丰硕成果. 值得一提的是达朗贝尔为偏微分方程的诞生作出了重大贡献. 早在 1743 年出版的《动力学》中，已出现偏微分方程的提法. 1746 年发表的《张紧的弦振动时形成的曲线研究》(*Recherches des courbes formé parvibration de la corde tendue*)中，首先提出了波动方程：

$$\frac{\partial^2 y(t,x)}{\partial t^2} = a^2 \frac{\partial^2 y(t,x)}{\partial x^2}, \tag{1.5.1}$$

其中，a 为常数，与弦的密度和张力有关. 达朗贝尔证明了它的解为 $at+x$ 的函数与 $at-x$ 的函数之和，并讨论了这两个函数在初始条件下的关系（这就是第 6 章将要介绍的达朗贝尔公式）.

1750 年，达朗贝尔引入分离变量的方法，把式(1.5.1) 的解表示为

$$y(t,x) = g(t)h(x), \tag{1.5.2}$$

代入式(1.5.1) 后，可化为 $g(t)$ 和 $h(x)$ 的两个常微分方程，并证明在弦振动的初始条件下，$g(t)$，$h(x)$ 分别为 t 和 x 的周期函数. 这是现在仍采用的一种解偏微分方程的基本方法（将在第 2 章介绍）.

1763 年，达朗贝尔进一步讨论了不均匀弦的振动，得出广义的波动方程：

$$\frac{\partial^2 y(t,x)}{\partial t^2} = A(x) \frac{\partial^2 y(t,x)}{\partial x^2}. \tag{1.5.3}$$

在用分离变量求解过程中，出现了常微分方程的边值和特征值问题，但未深入下去.

达朗贝尔坚持偏微分方程的解是自变量的解析函数，这就局限了他取得更多的成果. 他首先区别了偏微分方程的特解和通解，但认为通解更重要，没有认识到在解决实际问题（如弦振动）时，满足初始和边界条件的特解才有用.

达朗贝尔在数学上还有很多其他成果. 他早期研究复数性质，还是证明代数学基本定理的最早数学家之一（虽然证明不完全），他对概率论也有研究.

1.6 例题分析

例 1　导出无旋流体中声波的传播方程.

解　直接从现有的理想流体动力学方程和热力学的物态方程出发导出声波方程.

设流体密度为 $\rho(x,y,z,t)$，空间中一点 (x,y,z) 的流体元的速度为 $\boldsymbol{v}(x,y,z,t)=v_x\boldsymbol{i}+v_y\boldsymbol{j}+v_z\boldsymbol{k}$，压强为 $p(x,y,z,t)$，而连续性方程是

$$\frac{\partial\rho}{\partial t}+\nabla\cdot(\rho\boldsymbol{v})=0;\tag{1}$$

理想流体的动力学方程是

$$\rho\frac{\mathrm{d}\boldsymbol{v}}{\mathrm{d}t}=\rho\left[\frac{\partial\boldsymbol{v}}{\partial t}+(\boldsymbol{v}\cdot\nabla)\boldsymbol{v}\right]=-\nabla p;\tag{2}$$

此外，声波传播过程是绝热过程，它的物态方程是

$$p=k\rho^{\gamma},\tag{3}$$

其中，k 和 γ 是常数，它们由流体的性质决定.

原则上五个方程(1)～(3)((1)是矢量方程，它相当于三个标量方程)可以确定五个未知函数 ρ,v_x,v_y,v_z 和 p，然而它们是非线性的，其求解已超出本课程的范围. 这里我们设法将它们线性化.

设平衡时流体的密度为 ρ_0，引入稠密度 $s(x,y,z,t)=\dfrac{\rho(x,y,z,t)-\rho_0}{\rho_0}$ 代替 ρ. 因为在声波传播过程中，$s,\nabla s,|\boldsymbol{v}|,|\nabla v_x|,|\nabla v_y|,|\nabla v_z|,\left|\dfrac{\partial\boldsymbol{v}}{\partial t}\right|$ 都是小量，略去高阶小量后，方程(1)～(3)成为

$$\frac{\partial s(x,y,z,t)}{\partial t}+\nabla\cdot\boldsymbol{v}(x,y,z,t)=0,\tag{4}$$

$$\rho_0\frac{\partial\boldsymbol{v}(x,y,z,t)}{\partial t}=-\nabla p,\tag{5}$$

$$\nabla p=k\gamma\rho_0^{\gamma}\nabla s.\tag{6}$$

由方程(5)、(6)消去 p 后所得方程再与方程(4)联立消去 $\boldsymbol{v}$，即得

$$s_{tt}(x,y,z,t)=a^2\nabla^2 s(x,y,z,t),\tag{7}$$

其中，$a=\sqrt{k\gamma\rho_0^{\gamma-1}}$. 由方程(3)、(7)和 $\rho=\rho_0(1+s)$ 得到

$$p_{tt}(x,y,z,t)=a^2\nabla^2 p(x,y,z,t),\tag{8}$$

由于流体是无旋的，即 $\nabla\times\boldsymbol{v}(x,y,z,t)=0$，必存在速度势 $u(x,y,z,t)$，使得

$$\boldsymbol{v}(x,y,z,t)=-\nabla u(x,y,z,t).\tag{9}$$

这样，求三个未知函数 v_x,v_y,v_z 归结为求一个未知函数 u. 方程(5)和(6)联立消去 p 后，将式(9)代入，有

$$\nabla\left(\frac{\partial u}{\partial t}-a^2 s\right)=0,$$

所以

$$\frac{\partial u}{\partial t}-a^2 s=c. \tag{10}$$

方程(4)与(10)联立消去 s 后，将式(9)代入，得到

$$u_{tt}(x,y,z,t)=a^2\nabla^2 u(x,y,z,t) \tag{11}$$

方程(7)、(8)和(11)都是声波的传播方程. 如果 $\rho(x,y,z,t)$, $v(x,y,z,t)$, $p(x,y,z,t)$ 都不随 t 变化，则方程(7)、(8)和(11)都变成拉普拉斯方程：

$$\nabla^2 s(x,y,z,t)=0, \tag{12}$$

$$\nabla^2 p(x,y,z,t)=0, \tag{13}$$

$$\nabla^2 u(x,y,z,t)=0, \tag{14}$$

这些方程给出的是稳定场方程.

例 2 均匀、各向同性的弹性圆膜，沿圆周固定，试列出膜的横振动方程和边界条件.

解 设圆膜的质量面密度为 ρ(ρ 是常数，因为圆模是均匀的)，又因为圆膜是弹性各向同性的，故可设任何方向单位长度上所受的张力 T 也是常数. 在非边界的膜上任取一小块 r 到 $r+\Delta r$，φ 到 $\varphi+\Delta\varphi$，现在来分析此小块横向上的受力和运动情况：

沿平行于 r 的方向，设张力与平衡位置的夹角为 α，有

在 r 边上受力　　$Tr\Delta\varphi\sin\alpha\,|_r$,

在 $r+\Delta r$ 边上受力　　$T(r+\Delta r)\Delta\varphi\sin\alpha\,|_{r+\Delta r}$,

沿平行于 φ 的方向，设张力与平衡位置的夹角为 β，有

在 φ 边上受力　　$T\Delta r\sin\beta\,|_\varphi$,

在 $\varphi+\Delta\varphi$ 边上受力　　$T\Delta r\sin\beta\,|_{\varphi+\Delta\varphi}$,

在小振动近似下，$\sin\alpha\approx\tan\alpha\approx\dfrac{\Delta u}{\Delta r}$，$\sin\beta\approx\tan\beta\approx\dfrac{\Delta u}{r\Delta\varphi}$，由此并根据牛顿第二定律可得

$$T(r+\Delta r)\Delta\varphi\frac{\Delta u}{\Delta r}\bigg|_{r+\Delta r}-Tr\Delta\varphi\frac{\Delta u}{\Delta r}\bigg|_r+T\Delta r\frac{\Delta u}{r\Delta\varphi}\bigg|_{\varphi+\Delta\varphi}-T\Delta r\frac{\Delta u}{r\Delta\varphi}\bigg|_\varphi=\rho r\Delta r\Delta\varphi\frac{\partial^2 u}{\partial t^2},$$

用 $\Delta r\Delta\varphi$ 除方程两边，并且令 $\Delta r\to 0$，$\Delta\varphi\to 0$ 取极限，得

$$T\frac{\partial}{\partial r}\left(r\frac{\partial u}{\partial r}\right)+T\frac{1}{r}\frac{\partial^2 u}{\partial\varphi^2}=\rho r\frac{\partial^2 u}{\partial t^2},$$

或

$$\frac{\partial^2 u}{\partial t^2}-a^2\left\{\frac{1}{r}\frac{\partial}{\partial r}\left(r\frac{\partial u}{\partial r}\right)+\frac{1}{r^2}\frac{\partial^2 u}{\partial\varphi^2}\right\}=0,$$

其中，$a=\sqrt{T/\rho}$.

边界条件为　　$u\,|_{r=R}=0$.

例 3 均质材料制成的细圆锥杆如图 1.6.1 所示，试推导它的纵振动方程.

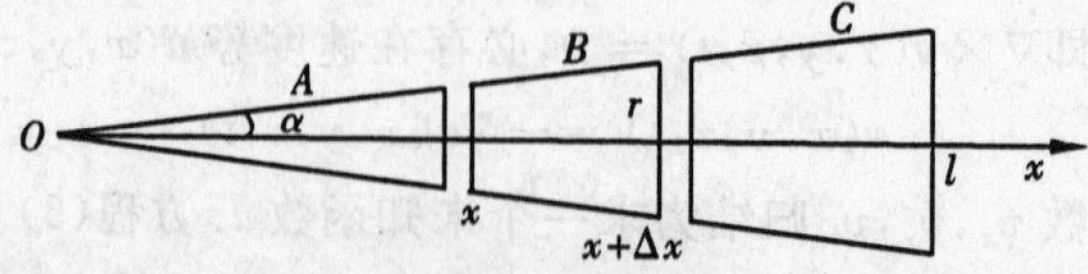

图 1.6.1

解 设想在圆锥杆上截取一小段 B，C 段对 B 的拉力是 $ESu_x\,|_x$，合力是

$$ESu_x\mid_{x+dx}-ESu_x\mid_x=E\frac{\partial}{\partial x}(Su_x)dx,$$

由牛顿第二定律，有

$$(\rho S dx)u_{tt}=E\frac{\partial}{\partial x}(Su_x)dx,$$

其中 $S=\pi r^2=\pi(x\tan\alpha)^2$ 为 x 点处的截面积，故上式又可写成

$$(\rho\pi x^2\tan^2\alpha)dx u_{tt}=E\frac{\partial}{\partial x}(u_x\pi x^2\tan^2\alpha)dx,$$

即

$$x^2u_{tt}=\frac{E}{\rho}\frac{\partial}{\partial x}(x^2u_x),$$

令 $a^2=\dfrac{E}{\rho}$，则圆锥杆的纵振动方程可以写成

$$u_{tt}=\frac{a^2}{x^2}\frac{\partial}{\partial x}(x^2u_x).$$

例 4　推导无旋稳恒电流场的方程.

解　设在导电物质中有稳恒电流分布. 稳恒是指电流密度 $\boldsymbol{j}$ 不随时间而变. 由散度的定义，

$$\nabla\cdot\boldsymbol{j}=\lim_{\Omega\to 0}\left[\frac{1}{\Omega}\oiint_S\boldsymbol{j}\cdot d\boldsymbol{s}\right],$$

其中，S 是闭合曲面；Ω 是 S 所围的体积. 上式右边的曲面积分是单位时间内从 Ω 流出的总电量，从而上式右边的极限表示单位时间内从单位体积里流出的电量，正是电流源的强度. 把电流源的强度分布记作 $f(x,y,z)$，有

$$\nabla\cdot\boldsymbol{j}=f,\tag{1}$$

既然电流是无旋的，必定存在势函数 φ，使得

$$\boldsymbol{j}=-\nabla\varphi,\tag{2}$$

把式(2) 代入式(1)，得到无旋电流势满足泊松方程

$$\nabla^2\varphi=-f.\tag{3}$$

如果在某一区域没有电流源，则方程(3) 在该区域上满足拉普拉斯方程：

$$\nabla^2\varphi=0.\tag{4}$$

例 5　在弦的横振动问题中，若弦受到一个与速度成正比的阻力，试导出弦的阻尼振动方程.

解　设 $u(x,t)$ 是弦上 x 点在 t 时刻的位移，考虑弦上任意一小段 Δx 的受力情况. 由题意，设单位长弦线所受阻力为 bu_t（b 为常数），则在振动过程中，Δx 段所受纵向力为

$$T_2\cos\alpha_2-T_1\cos\alpha_1,$$

所受横向力为

$$T_2\sin\alpha_2-T_1\sin\alpha_1-bu_t(x+\theta\Delta x,t)\Delta x.$$

其中，$0<\theta\leqslant 1$；T_1 和 T_2 为 Δx 段两端所受张力(图 1.6.2).

由于弦仅作横向振动，而无纵向振动，于是，由牛顿第二定律，有

$$T_2\cos\alpha_2-T_1\cos\alpha_1=0,\tag{1}$$

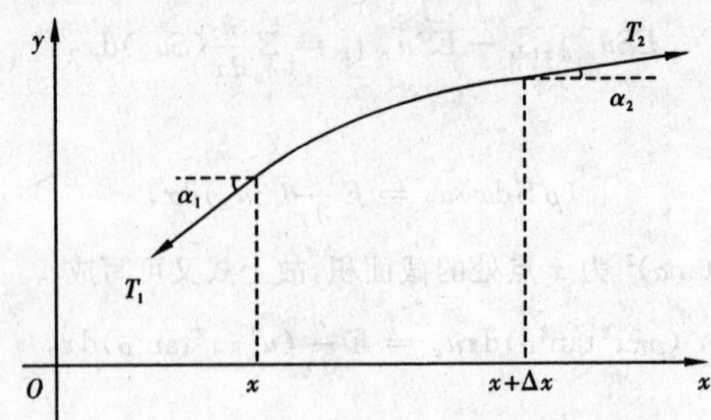

图 1.6.2

$$T_2\sin\alpha_2 - T_1\sin\alpha_1 - bu_t(x+\theta\Delta x,t)\Delta x = \rho u_{tt}(x+\theta\Delta x,t)\Delta x, \tag{2}$$

其中,ρ 为弦的线密度.

注意,在小振动情况下有

$$\sin\alpha_1 \approx \tan\alpha_1 = u_x(x,t),\quad \sin\alpha_2 \approx \tan\alpha_2 = u_x(x+\Delta x,t),\quad \cos\alpha_1 \approx \cos\alpha_2 = 1,$$

于是,运动方程化为

$$\begin{cases} T_1 = T_2 = T, \\ T_2 u_x(x+\Delta x,t) - T_1 u_x(x,t) - bu_t(x+\theta\Delta x,t)\Delta x = \rho u_{tt}(x+\theta\Delta x)\Delta x, \end{cases}$$

即

$$\frac{T}{\rho}\,\frac{u_x(x+\Delta x,t)-u_x(x,t)}{\Delta x} - \frac{b}{\rho}u_t(x+\theta\Delta x,t) = u_{tt}(x+\theta\Delta x).$$

令 $\Delta x \to 0$ 取极限,得

$$u_{tt} + cu_t = a^2 u_{xx},$$

其中,$a^2 = \dfrac{T}{\rho}, c = \dfrac{b}{\rho}$. 这就是弦的阻尼振动方程.

例 6 对弦的横振动问题导出下列情况下的初始条件:

(1) 弦的两端点 $x=0$ 和 $x=l$ 固定,用手将弦上的点 $x=c\ (0<c<l)$ 拉开使之与平衡位置的偏离为 h(图 1.6.3(a),并设 $h \ll l$),然后放手;

(2) 弦的两端点 $x=0$ 和 $x=l$ 固定,用横向力 $F_0(F_0 \ll T)$ 拉弦上的点 $x=c\ (0<c<l)$,达到平衡后放手(图 1.6.3(b));

(3) 弦的两端点 $x=0$ 和 $x=l$ 固定,以槌击弦上的点 $x=c(0<c<l)$ 使之获得冲量 I.

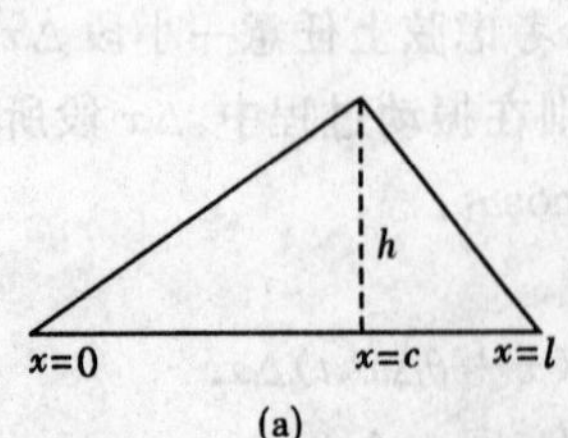

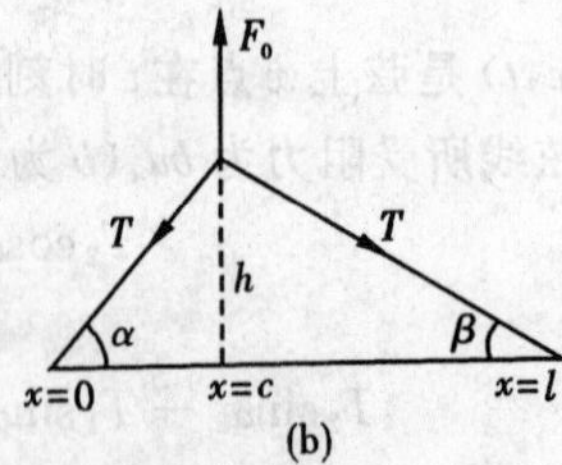

图 1.6.3

解 (1) 由 $x=c$ 点的初始位移,求出其他点的初始位移. 设 $u|_{t=0}=\varphi(x)$. 由于 $[0,c]$

段 $\varphi(x)$ 是直线，设 $\varphi(x)=Ax+B$，由 $x=0$ 时，$\varphi(x)=0$ 和 $x=c$ 时，$\varphi(x)=h$，求出 $A=h/c$ 和 $B=0$. 同样，$[c,l]$ 段 $\varphi(x)$ 也是直线，设 $\varphi(x)=Cx+D$，由 $x=c$ 时，$\varphi(x)=h$ 和 $x=l$ 时，$\varphi(x)=0$，求出 $C=-\dfrac{h}{l-c}$ 和 $D=\dfrac{hl}{l-c}$. 综上得

$$u\big|_{t=0}=\varphi(x)=\begin{cases}\dfrac{h}{c}x, & 0\leqslant x<c,\\ \dfrac{h(l-x)}{l-c}, & c\leqslant x\leqslant l.\end{cases}$$

另外，由题意，显然 $u_t\big|_{t=0}=0$.

(2) 先求初始位移 $u\big|_{t=0}=\varphi(x)$. 设拉力 F_0 与张力 T 平衡时点 $x=c$ 的位移为 h，由于 $\sin\alpha\approx\tan\alpha=\dfrac{h}{c}$，$\sin\beta\approx\tan\beta=\dfrac{h}{l-c}$，所以

$$F_0=T\sin\alpha+T\sin\beta=T\left(\frac{h}{c}+\frac{h}{l-c}\right)=\frac{hlT}{c(l-c)},$$

由此得 $h=\dfrac{F_0c(l-c)}{Tl}$. 利用(1) 的结果，得到

$$u\big|_{t=0}=\varphi(x)=\begin{cases}\dfrac{F_0(l-c)}{Tl}x, & 0\leqslant x<c,\\ \dfrac{F_0c}{Tl}(l-x), & c\leqslant x\leqslant l.\end{cases}$$

同样有 $u_t\big|_{t=0}=0$.

(3) 由题意有 $u\big|_{t=0}=0$. 在点 $x=c$，由冲量定理，有 $I=\rho u_t\big|_{t=0}$，即 $u_t\big|_{t=0}=\dfrac{I}{\rho}$($\rho$ 是弦的质量密度)；在其他点处 $u_t\big|_{t=0}=0$. 因此 $u_t\big|_{t=0}=\psi(x)=\dfrac{I}{\rho}\delta(x-c)$.

说明　$u_t\big|_{t=0}$ 也可以用极限的形式写出. 将冲量 I 看成均匀分布在小段 $c-\dfrac{\varepsilon}{2}<x<c+\dfrac{\varepsilon}{2}$ 内(ε 为小量)，则在此小段上单位长度受到的冲量是 $\dfrac{I}{\varepsilon}$，于是，由冲量定理得

$$u_t\big|_{t=0}=\psi(x)=\begin{cases}\dfrac{I}{\varepsilon\rho}, & |x-c|<\dfrac{\varepsilon}{2},\\ 0, & |x-c|>\dfrac{\varepsilon}{2},\end{cases}$$

在计算结果最后取 $\varepsilon\to0$.

例 7　导出长为 l 的杆的一维热传导问题下的边界条件：(1) $x=0$ 端保持恒温 T_0，$x=l$ 端为绝热(即热流为零)；(2) 两端均有热流流入；(3) 两端以牛顿冷却定律与周围介质(其温度恒为 u_0) 进行热交换.

解　(1) 显然 $u\big|_{x=0}=T_0$. 设热流强度为 $\boldsymbol{q}(x,y,z,t)$，由热学中的傅里叶定律，热流强度 $\boldsymbol{q}(x,y,z,t)$ 与介质的温度 $u(x,y,z,t)$ 的关系是

$$\boldsymbol{q}=-k\nabla u,\tag{1}$$

利用 $\boldsymbol{q}\cdot\boldsymbol{i}=0$($\boldsymbol{i}$ 是 x 方向的单位矢量)，将式(1) 代入，得

$$u_x\big|_{x=l}=0.\tag{2}$$

(2) 设 $x=0$ 处的热流强度为 $q_1(t)$，$x=i$ 处的热流强度为 $q_2(t)$. 考虑杆的小段 $[0,\Delta x]$ 的热量守恒问题(设杆的侧面是绝热的)，有

$$c\rho S\Delta x\frac{\partial u(\xi,t)}{\partial t}\bigg|_{\xi=\theta x}=q_1(t)S-\boldsymbol{q}\cdot\boldsymbol{i}\,|_{x=\Delta x}\cdot S,$$

其中，S 为杆的截面积；常数 θ 满足 $0\leqslant\theta\leqslant 1$. 将式(1) 代入，并令 $\varepsilon\to 0$ 取极限，得到

$$u_x\,|_{x=0}=-\frac{1}{k}q_1(t).\tag{3}$$

类似地，对于小段$[l-\Delta x,l]$，有

$$c\rho S\Delta x\frac{\partial u(\xi,t)}{\partial t}\bigg|_{\xi=l-\theta\Delta x}=\boldsymbol{q}\cdot\boldsymbol{i}\,|_{x=l-\Delta x}\cdot S+q_2(t)S,$$

其中，θ 满足 $0\leqslant\theta\leqslant 1$. 将式(1) 代入，并令 $\varepsilon\to 0$ 取极限，得到

$$u_x\,|_{x=l}=\frac{1}{k}q_2(t).\tag{4}$$

(3) 所谓牛顿冷却定律是指，在介质边界面 S 上，热流强度 $\boldsymbol{q}$ 的外法向分量与同介质温度 $u|_S$ 与周围介质温度 u_0 之差成正比，即

$$\boldsymbol{q}\cdot\boldsymbol{n}\,|_S=-k\frac{\partial u}{\partial n}\bigg|_S=b(u\,|_S-u_0),\tag{5}$$

其中，比例常数 $b>0$，称为热交换系数. 在 $x=l$ 处，$\boldsymbol{n}$ 的方向就是 x 的正方向，所以式(5) 成为

$$(u_x+hu)\,|_{x=l}=hu_0,$$

其中，$h=\dfrac{b}{k}$. 在 $x=0$ 段，$\boldsymbol{n}$ 的方向与 x 的正方向相反，所以

$$(u_x-hu)\,|_{x=0}=-hu_0.$$

习题 1

1. 一均匀杆的原长为 l，一端固定，另一端沿杆的轴线方向拉长 e 而静止，突然放手任其振动，试建立振动方程与定解条件.

2. 长为 l 的弦两端固定，开始时在 $x=c$ 受冲量 k 的作用，试写出相应的定解问题.

3. 长为 l 的均匀杆，侧面绝缘，一端温度为零，另一端有恒定热流 q 进入(即单位时间内通过单位截面积流入的热量为 q)，杆的初始温度分布是 $\dfrac{x(l-x)}{2}$，试写出相应的定解问题.

4. 半径为 R、表面熏黑的金属长圆柱体，受到阳光照射，阳光方向垂直于柱轴，热流强度为 M，写出这个圆柱的热传导问题的边界条件.

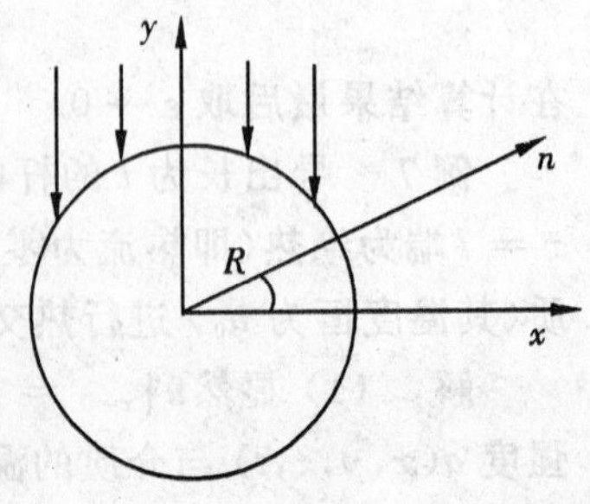

题 4 图

5. 若 $F(z)$,$G(z)$ 是两个任意二次连续可微函数,验证

$$u = F(x+at) + G(x-at)$$

满足方程

$$\frac{\partial^2 u}{\partial t^2} = a^2 \frac{\partial^2 u}{\partial x^2}.$$

6. 验证线性齐次方程的叠加原理. 即若 $u_1(x,y), u_2(x,y), \cdots, u_n(x,y), \cdots$ 均是线性二阶齐次方程

$$A\frac{\partial^2 u}{\partial x^2} + 2B\frac{\partial^2 u}{\partial x \partial y} + C\frac{\partial^2 u}{\partial y^2} + D\frac{\partial u}{\partial x} + E\frac{\partial u}{\partial y} + Fu = 0$$

的解,其中 A、B、C、D、E、F 都只是 x,y 的函数,而且级数 $u = \sum_{i=1}^{\infty} c_i u_i$ 收敛,其中 $c_i (i=1, 2, \cdots)$ 为任意常数,并对 x,y 可以逐次微分两次,求证 $u = \sum_{i=1}^{\infty} c_i u_i(x,y)$ 仍是原方程的解.

7. 把下列方程化为标准型:

(1) $u_{xx} + 4u_{xy} + 5u_{yy} + u_x + 2u_y = 0$;　　(2) $u_{xx} + yu_{yy} = 0$;

(3) $u_{xx} + xu_{yy} = 0$;　　(4) $y^2 u_{xx} + x^2 u_{yy} = 0$.

第 2 章　分离变量法

第 1 章中我们讨论了怎样将一个物理问题表达为定解问题，这一章以及以下几章的任务是怎样去求解这些定解问题，也就是说，在已经列出方程和定解条件之后，怎样去求既满足方程又满足定解条件的解.

从微积分学得知，在计算诸如多元函数的微分和积分（重积分等）时，总是把它们转化为一元函数的相应问题来解决. 与此类似，求解偏微分方程的定解问题也可以设法把它们转化为常微分方程的定解问题来求解. 分离变量法就是这样一种常用的转化方法. 在这一章中，我们将通过一些实例，讨论分离变量法及其应用.

2.1　(1+1) 维齐次方程的分离变量法

我们将函数 $u(x,t)$ 满足的偏微分方程称为(1+1) 维偏微分方程，表示空间 1 维和时间 1 维之意，下面我们来讨论求解这类方程的分离变量方法.

2.1.1　有界弦的自由振动

由第 1 章的讨论可知，两端固定弦的自由振动规律问题可以归结为求解下列定解问题：

$$\begin{cases}\dfrac{\partial^2 u}{\partial t^2}=a^2\dfrac{\partial^2 u}{\partial x^2} \quad (0<x<l,t>0), & (2.1.1)\\ u\big|_{x=0}=0,u\big|_{x=l}=0 \quad (t>0), & (2.1.2)\\ u\big|_{t=0}=\varphi(x),\left.\dfrac{\partial u}{\partial t}\right|_{t=0}=\psi(x) \quad (0<x<l). & (2.1.3)\end{cases}$$

这个问题的特点是偏微分方程是线性齐次的，边界条件也是齐次的. 求解这样的问题可以运用叠加原理. 我们知道，在求解常系数齐次常微分方程的初值问题时，是在先不考虑初始条件的情况下，求出满足方程的足够多的特解；再利用叠加原理做出这些特解的线性组合，构成方程的通解；然后利用初始条件来确定通解中的任意常数，得到初值问题的特解. 这就启发我们要求解定解问题(2.1.1) ~ (2.1.3)，须首先寻求齐次方程(2.1.1) 满足边界条件(2.1.2) 的足够多的具有简单形式（变量被分离的形式）的特解，再利用它们做线性组合，得到方程满足边界条件的一般解，再使这个一般解满足初始条件(2.1.3).

这种思想方法，还可以从物理模型中得到启示. 从物理学知道，乐器发出的声音可以分解成各种不同频率的单音，每种频率的单音，振动时形成正弦曲线，其振幅依赖于时间

t，每个单音可以表示为

$$u(x,t)=A(t)\sin\omega x$$

的形式，这种形式的特点是 $u(x,t)$ 中的变量 x 和 t 被分离出来了.

根据上面的分析，我们来求方程(2.1.1) 的具有变量分离形式

$$u(x,t)=X(x)T(t) \tag{2.1.4}$$

的非零解，并要求它满足齐次边界条件(2.1.2)，式中 $X(x)$、$T(t)$ 分别表示只与 x 有关和只与 t 有关的待定函数. 将式(2.1.4) 代入方程(2.1.1)，由

$$\frac{\partial^2 u}{\partial x^2}=X''(x)T(t),\quad \frac{\partial^2 u}{\partial t^2}=X(x)T''(t),$$

得

$$X(x)T''(t)=a^2X''(x)T(t),$$

用 $a^2z(x)T(t)$ 除方程的两边，得

$$\frac{X''(x)}{X(x)}=\frac{T''(t)}{a^2T(t)}.$$

这个式子的左端仅是 x 的函数，右端仅是 t 的函数，一般情况下两者不可能相等，只有当它们均为常数时才能相等. 令此常数为 $-\lambda$，则有

$$\frac{X''(x)}{X(x)}=\frac{T''(t)}{a^2T(t)}=-\lambda,$$

这样，我们得到两个常微分方程

$$T''(t)+\lambda a^2T(t)=0, \tag{2.1.5}$$

$$X''(x)+\lambda X(x)=0. \tag{2.1.6}$$

利用边界条件(2.1.2)，由 $u(x,t)=X(x)T(t)$，有

$$X(0)T(t)=0,\quad X(l)T(t)=0,$$

但 $T(t)\neq 0$，因为如果 $T(t)=0$，则 $u(x,t)\equiv 0$，与要求非零解矛盾，所以

$$X(0)=X(l)=0. \tag{2.1.7}$$

因此，要求方程(2.1.1) 满足边界条件(2.1.2) 的变量分离形式的解，就先要从下列常微分方程的边值问题

$$\begin{cases}X''(x)+\lambda X(x)=0,\\ X(0)=X(l)=0\end{cases}$$

中解出 $X(x)$.

现在我们来求非零解 $X(x)$. 但要求出 $X(x)$ 并不是一个简单问题，因为方程(2.1.6) 包含一个待定任意常数 λ. 因此我们的任务是要确定 λ 取何值时方程(2.1.6) 才有满足条件(2.1.7) 的非零解，又要求出这个非零解 $X(x)$. 这样的问题称为常微分方程(2.1.6) 在条件(2.1.7) 下的本征值问题(也称固有值问题或特征值问题). 使问题(2.1.6)、(2.1.7) 有非零解的 λ 称为该问题的本征值(也称固有值或特征值)，相应的非零解 $X(x)$ 称为本征函数(也称固有函数或特征函数). 下面我们对 λ 取值的三种情况进行讨论.

1. 当 $\lambda<0$ 时，设 $\lambda=-k^2$，这时方程(2.1.6) 是一个二阶线性常系数常微分方程，容易求出其通解为

$$X(x)=Ae^{-kx}+Be^{kx},$$

也可以用数学软件 Maple 求解：

```
>ode := diff(X(x),x$2) - k^2*X(x) = 0;
```

$$ode := \left(\frac{d^2}{dx^2}X(x)\right) - k^2 X(x) = 0$$

```
>dsolve(ode);
```

$$X(x) = \_C1e^{(kx)} + \_C2e^{(-kx)}$$

结果是一样的. 式中 A,B(或 $\_C1,\_C2$) 为积分常数，由条件(2.1.7) 得

$$\begin{cases} A + B = 0, \\ Ae^{-kl} + Be^{kl} = 0. \end{cases}$$

由此解得 $A = B = 0$，即 $X(x) = 0$，为平凡解，不符合非零解的要求，故不可能有 $\lambda < 0$.

2. 当 $\lambda = 0$ 时，方程(2.1.6) 的通解是

$$X(x) = Ax + B.$$

由边界条件(2.1.7) 仍得 $A = B = 0$，即 $X(x) = 0$，为平凡解，故也不可能有 $\lambda = 0$.

3. 当 $\lambda = \beta^2 > 0$ 时，此时方程(2.1.6) 的通解可由 Maple 求出

```
>ode: = diff(X(x),x$2) + beta^2*X(x) = 0;
```

$$ode := \left(\frac{d^2}{dx^2}X(x)\right) + \beta^2 X(x) = 0$$

```
>dsolve(ode);
```

$$X(x) = \_C1\sin(\beta x) + \_C2\cos(\beta x)$$

即方程(2.1.6) 的通解为

$$X(x) = A\cos\beta x + B\sin\beta x.$$

代入条件(2.1.7)，得

$$A = 0, \quad B\sin\beta l = 0.$$

由于 $B \neq 0$(否则 $X(x) \equiv 0$)，故 $\sin\beta l = 0$，即

$$\beta = \frac{n\pi}{l} \quad (n = 1,2,\cdots).$$

(n 为负整数的情况可以不必考虑，因为例如 $n = -2$ 时，$B\sin\frac{-2\pi}{l}x = -B\sin\frac{2\pi}{l}x$，仍是 $B\sin\frac{2\pi}{l}x$ 的形式). 从而得到一系列固有值与固有函数

$$\lambda_n = \frac{n^2\pi^2}{l^2} \quad (n = 1,2,\cdots), \tag{2.1.8}$$

$$X_n(x) = B_n\sin\frac{n\pi}{l}x \quad (n = 1,2,\cdots). \tag{2.1.9}$$

确定了固有值 λ 之后，将它代入到常微分方程(2.1.5)，用 Maple 得其通解为

```
>ode: = diff(T(t),t$2) + a^2*n^2*Pi^2/l^2*T(t) = 0;
```

$$ode := \left(\frac{d^2}{dt^2}T(t)\right) + \frac{a^2n^2\pi^2T(t)}{l^2} = 0$$

```
>dsolve(ode);
```

$$T(t) = \_C1\sin\left(\frac{\pi nat}{l}\right) + \_C2\cos\left(\frac{\pi nat}{l}\right)$$

即

$$T_n(t) = C'_n\cos\frac{n\pi a}{l}t + D'_n\sin\frac{n\pi a}{l}t \quad (n = 1,2,\cdots). \tag{2.1.10}$$

于是由式(2.1.9)和(2.1.10)得到满足方程(2.1.1)和边界条件(2.1.2)的一组变量分离形式的特解

$$u_n(x,t) = \left(C_n\cos\frac{n\pi a}{l}t + D_n\sin\frac{n\pi a}{l}t\right)\sin\frac{n\pi x}{l} \quad (n = 1,2,\cdots), \tag{2.1.11}$$

其中 $C_n = B_nC'_n, D_n = B_nD'_n$ 是任意常数.至此我们的第一步工作完成了,求出了既满足方程(2.1.1)又满足边界条件(2.1.2)的无穷多个非零特解(2.1.11).为了求出原问题的解,还须满足初始条件(2.1.3).为此将(2.1.11)中的所有函数 $u_n(x,t)$ 叠加起来,得

$$u(x,t) = \sum_{n=1}^{\infty}u_n(x,t) = \sum_{n=1}^{\infty}\left(C_n\cos\frac{n\pi a}{l}t + D_n\sin\frac{n\pi a}{l}t\right)\sin\frac{n\pi}{l}x. \tag{2.1.12}$$

由叠加原理可知,如果式(2.1.12)右端的无穷级数是收敛的,而且关于 x 和 t 都能逐项微分两次,则它的和 $u(x,t)$ 也满足方程(2.1.1)和边界条件(2.1.2).现在要适当选择 C_n, D_n,使函数 $u(x,t)$ 也满足初始条件(2.1.3).为此必须有

$$\begin{aligned} u(x,t)\big|_{t=0} &= u(x,0) = \sum_{n=1}^{\infty}C_n\sin\frac{n\pi}{l}x = \varphi(x), \\ \left.\frac{\partial u}{\partial t}\right|_{t=0} &= u_t(x,0) = \sum_{n=1}^{\infty}D_n\frac{n\pi a}{l}\sin\frac{n\pi}{l}x = \psi(x). \end{aligned} \tag{2.1.13}$$

因为 $\varphi(x)$ 和 $\psi(x)$ 是定义在 $[0,l]$ 上的函数,所以只要选取 C_n 为 $\varphi(x)$ 的 Fourier 正弦级数展开式的系数, $\frac{n\pi a}{l}D_n$ 为 $\psi(x)$ 的 Fourier 正弦级数展开式的系数即可,也就是取

$$C_n = \frac{2}{l}\int_0^l\varphi(x)\sin\frac{n\pi}{l}x\,\mathrm{d}x, \quad D_n = \frac{2}{n\pi a}\int_0^l\psi(x)\sin\frac{n\pi}{l}x\,\mathrm{d}x, \tag{2.1.14}$$

初始条件(2.1.3)就能满足.将式(2.1.14)所确定的 C_n, D_n 代入到式(2.1.12),就得到了原定解问题的解.

当然,如上所述,要使式(2.1.12)所确定的函数 $u(x,t)$ 满足方程(2.1.1)~(2.1.3),除了其中的系数 C_n, D_n 必须由式(2.1.14)确定外,还要求其中的级数收敛,并且能够对 x 和 t 逐项微分两次.这些要求只要对 $\varphi(x)$ 和 $\psi(x)$ 加上一些条件就能满足.可以证明(参阅谷超豪、李大潜等编的《数学物理方法》,2002年,第2版,第1章 §3),如果 $\varphi(x)$ 三次连续可微, $\psi(x)$ 二次连续可微,且 $\varphi(0) = \varphi(l) = \varphi''(0) = \varphi''(l) = \psi(0) = \psi(l) = 0$,则问题(2.1.1)~(2.1.3)的解存在,并且这个解可以由式(2.1.12)给出,其中 C_n, D_n 由式(2.1.14)确定.这样的解称为古典解.

以上方法的特点就是利用具有变量分离形式的特解(2.1.4)来构造定解问题(2.1.1)~(2.1.3)的解,故这一方法称为分离变量法.18世纪初,Fourier首先利用这种方法求解偏微分方程,这种求解过程显示了Fourier级数的作用与威力,因此分离变量法又称为Fourier级数方法.

需要指出的是，当 $\varphi(x)$ 和 $\psi(x)$ 不满足这里所述的条件时，由式(2.1.12) 和(2.1.14) 确定的函数 $u(x,t)$ 不具备古典解的要求，它只能是原定解问题的一个形式解. 根据实变函数的理论，只要 $\varphi(x)$ 和 $\psi(x)$ 在$[0,l]$上是 L^2 可积的，函数列

$$\varphi_n(x)=\sum_{k=1}^{n}C_k\sin\frac{k\pi}{l}x,\quad \psi_n(x)=\sum_{k=1}^{n}\frac{k\pi a}{l}D_k\sin\frac{k\pi}{l}x$$

分别平均收敛于 $\varphi(x)$ 和 $\psi(x)$，(设 f_n,f 都是平方可积的，如对任给 $\varepsilon>0$，存在 N，当 $n>N$ 时，有 $\left\{\int_E(f_n-f)^2\mathrm{d}x\right\}^{\frac{1}{2}}<\varepsilon$ 成立，则称 f_n 平均收敛于 f.) 其中 C_k,D_k 由式(2.1.14)确定.

如果将初始条件代之以

$$u(x,t)\big|_{t=0}=\varphi_n(x),\quad \left.\frac{\partial u(x,t)}{\partial t}\right|_{t=0}=\psi_n(x),$$

则相应的定解问题的解为

$$S_n(x,t)=\sum_{k=1}^{n}\left(C_k\cos\frac{k\pi a}{l}t+D_k\sin\frac{k\pi a}{l}t\right)\sin\frac{k\pi}{l}x,$$

当 $n\to\infty$ 时，它平均收敛于式(2.1.12) 所给的形式解 $u(x,t)$. 由于 $S_n(x,t)$ 既满足方程(2.1.1) 及边界条件(2.1.2)，又近似地满足初始条件(2.1.3)，所以当 n 很大时，可以把 $S_n(x,t)$ 看成是原定解问题的近似解. 作为近似解平均收敛的极限 $u(x,t)$，当然也是很有意义的.

此外，从上述求解偏微分方程的方法来看，在大多数情况下，也都是先求形式解，然后在一定条件下验证这个形式解就是古典解. 这个验证的过程称为综合工作，鉴于篇幅和讲授时间的限制，也因为本书中所讨论的问题都是经典问题，在今后的叙述中，都不去做这个综合工作. 也不去讨论所得的形式解成为古典解时需要附加的条件，只要求得了形式解，就认为问题得到了解决.

从前面的运算过程可以看出，用分离变量法求解定解问题的关键步骤是确定固有函数和运用叠加原理. 这些运算之所以能够进行，是因为所讨论的偏微分方程和边界条件都是线性齐次的，这是使用分离变量法的基础，希望读者注意.

例 1　解下列定解问题：

$$\begin{cases}\dfrac{\partial^2 u}{\partial t^2}=a^2\dfrac{\partial^2 u}{\partial x^2}(0<x<l,t>0),\\ u\big|_{x=0}=0,\left.\dfrac{\partial u}{\partial x}\right|_{x=l}=0(t>0),\\ u\big|_{t=0}=x^2-2lx,\left.\dfrac{\partial u}{\partial t}\right|_{t=0}=0(0<x<l).\end{cases}$$

解　这里所考虑的方程仍是式 (2.1.1)，所不同的只是在 $x=l$ 这一端的边界条件不是第一类齐次边界条件 $u\big|_{x=l}=0$，而是第二类齐次边界条件 $\left.\dfrac{\partial u}{\partial x}\right|_{x=l}=0$. 因此，通过分离变量(即令 $u(x,t)=X(x)T(t)$) 的步骤后，仍得到方程(2.1.5) 与(2.1.6)

$$T''(t)+\lambda a^2T(t)=0, \tag{2.1.5}$$

$$X''(x)+\lambda X(x)=0. \tag{2.1.6}$$

但条件(2.1.7)应代之以

$$X(0)=X'(l)=0, \tag{2.1.7$'$}$$

相应的固有值问题为求

$$\begin{cases}X''(x)+\lambda X(x)=0,\\ X(0)=X'(l)=0\end{cases}$$

的非零解.

重复前面的讨论可知,只有当 $\lambda=\beta^2>0$ 时,上述固有值问题才有非零解.此时式(2.1.6)的通解仍为

$$X(x)=A\cos\beta x+B\sin\beta x.$$

代入条件(2.1.7)′,得

$$A=0,\quad B\cos\beta l=0,$$

由于 $B\neq 0$,故 $\cos\beta l=0$,即

$$\beta=\frac{2n+1}{2l}\pi\quad(n=0,1,2,\cdots),$$

从而得到一系列固有值与固有函数

$$\lambda_n=\frac{(2n+1)^2\pi^2}{4l^2},\quad X_n(x)=B_n\sin\frac{(2n+1)\pi}{2l}x\quad(n=0,1,2,\cdots).$$

与这些固有值相对应的方程(2.1.5)的通解为

$$T_n(t)=C'_n\cos\frac{(2n+1)\pi a}{2l}t+D'_n\sin\frac{(2n+1)\pi a}{2l}t\quad(n=0,1,2,\cdots).$$

于是,所求定解问题的解可表示为

$$u(x,t)=\sum_{n=0}^{\infty}\left(C_n\cos\frac{(2n+1)\pi a}{2l}t+D_n\sin\frac{(2n+1)\pi a}{2l}t\right)\sin\frac{(2n+1)\pi}{2l}x.$$

其中 $C_n=B_nC'_n, D_n=B_nD'_n$ 为任意常数,现在利用初始条件确定它们,得到

$$D_n=0,$$

$$C_n=\frac{2}{l}\int_0^l(x^2-2lx)\sin\frac{(2n+1)\pi}{2l}x\,\mathrm{d}x.$$

这个积分可用 Maple 计算

```
>c[n]:=2/l*int((x^2-2*l*x)*sin((2*n+1)*Pi*x/(2*l)),x=0..l);
```

$$c_n:=-\frac{4l^2(8+4\sin(\pi n)n\pi^2+4\sin(\pi n)n^2\pi^2+\sin(\pi n)\pi^2+8\sin(\pi n))}{\pi^3(8n^3+12n^2+6n+1)}$$

```
>factor(8*n^3+12*n^2+6*n+1);
```

$$(2n+1)^3$$

因为,$\sin n\pi=0$,故可知

$$C_n=-\frac{32l^2}{(2n+1)^3\pi^3}.$$

因此,所求定解问题的解为

$$u(x,t)=-\frac{32l^2}{\pi^3}\sum_{n=0}^{\infty}\frac{1}{(2n+1)^3}\cos\frac{(2n+1)\pi a}{2l}t\sin\frac{(2n+1)\pi}{2l}x.$$

在上面定解问题的求解过程中,我们看到求解本征值问题和确定形式解中的任意常

数是关键，本征值问题与所给的边界条件有关，而确定常数主要是计算初始函数的Fourier展开系数，这两个关键步骤可以借助于数学软件，比如Maple进行. 例如在上述积分结果中令 $\sin(n\pi)=0$，和使 $8n^3+12n^2+6n+1=(2n+1)^3$ 的过程，也可以在Maple中完成：只要在Maple中输入命令

```
>res1 := int((x^2 - 2 * l * x) * sin((2 * n + 1) * Pi * x/(2 * l)), x = 0..l);
```

$$res1 := -\frac{2l^3(8+4\sin(\pi n)n\pi^2+4\sin(\pi n)n^2\pi^2+\sin(\pi n)\pi^2+8\sin(\pi n))}{\pi^3(8n^3+12n^2+6n+1)}$$

```
>res2 := subs(sin(Pi * n) = 0, res1);
```

$$res2 := -\frac{16l^3}{\pi^3(8n^3+12n^2+6n+1)}$$

```
>factor(8 * n^3 + 12 * n^2 + 6 * n + 1);
```

$$(2n+1)^3.$$

这样，借助于计算机的帮助，就可以避开原来的难点或繁琐的推导与计算，读者就可以节省大量原来用来计算的时间来思考问题本身.

为了加深理解，我们来分析一下级数形式解(2.1.12)的物理意义. 先分析级数的每一项

$$u_n(x,t)=\left(C_n\cos\frac{n\pi a}{l}t+D_n\sin\frac{n\pi a}{l}t\right)\sin\frac{n\pi}{l}x \quad (n=1,2,\cdots) \tag{2.1.11}$$

的物理意义. 分析的方法是：先固定时间 t，看看在任意指定时刻波形是什么形状；再固定弦上一点，看看该点的振动规律.

把式(2.1.11)括号内的式子改变形式，得到

$$u_n(x,t)=A_n\cos(\omega_n t-\theta_n)\sin\frac{n\pi}{l}x,$$

其中 $A_n=\sqrt{C_n+D_n}$，$\omega_n=\frac{n\pi a}{l}$，$\theta_n=\arctan\frac{C_n}{D_n}$. 当时间 t 取固定值 t_0 时，得

$$u_n(x,t_0)=A_n'\sin\frac{n\pi}{l}x,$$

其中 $A_n'=A_n\cos(\omega_n t_0-\theta_n)$ 是一个固定值. 这表示在任意时刻，波形 $u_n(x,t_0)$ 的形状都是一些正弦曲线，只是它们的振幅随着时间的改变而改变.

当弦上任意一点的横坐标 x 取定值 x_0 时，得

$$u_n(x_0,t)=B_n\cos(\omega_n t-\theta_n),$$

其中 $B_n=A_n\sin\frac{n\pi}{l}x_0$ 是一个定值. 这说明弦上以 x_0 点为横坐标的点作简谐振动，其振幅为 B_n，角频率为 ω_n，初位相为 θ_n. 若 x 取另外一个定值，情况也一样. 只是振幅 B_n 不同而已. 所以 $u_n(x,t)$ 表示这样一些振动波：弦上各点以同样的角频率 ω_n 作简谐振动，各点的初位相也相同，而各点的振幅则随位置的改变而改变；此振动波在任意时刻的外形是一条正弦曲线.

这种振动还有一个特点，在 $[0,l]$ 范围内还有 $n+1$ 个点(包括两个端点)永远保持不动. 这是因为在 $x_m=\frac{ml}{n}(m=0,1,2,\cdots,n)$ 这些点上，$\sin\frac{n\pi}{l}x_m=\sin m\pi=0$ 的缘故. 这

些点在物理上称为节点.这也说明 $u_n(x,t)$ 的振动是在$[0,l]$范围内的分段振动,其中有 $n+1$ 个节点.人们把这种包含节点的振动波叫做驻波.另外驻波还有 n 点达到最大值(读者可以自己讨论),这种使振动达到最大值的点叫做腹点.图 2.1.1 是用 Maple 画出的在某一时刻 t,$n=1,2,3$ 时的驻波形状.而在时间段 $t\in[0,10]$ 内,$n=1,2,3$ 时,立体形式的驻波如图 2.1.2(a)、(b)、(c) 所示.

综上所述,可知 $u_1(x,t),u_2(x,t),\cdots,u_n(x,t),\cdots$ 是一系列驻波,它们的频率、位相与振幅都随 n 不同而不同.因此我们可以说,一维波动方程用分离变量法解出的解 $u(x,t)$ 是由一系列驻波叠加而成的,而每一个驻波的波形由固有函数确定,它的频率由固有值确定.这完全符合实际情况.因为人们在考察弦的振动时就发现许多驻波,它们的叠加又可以构成各种各样的波形.因此很自然地会想到用驻波的叠加表示弦振动方程的解.这就是分离变量法的物理背景,所以分离变量法又称驻波法.

```
>plot([sin(Pi * x),sin(2 * Pi * x),sin(3 * Pi * x)],x = 0..1);
```

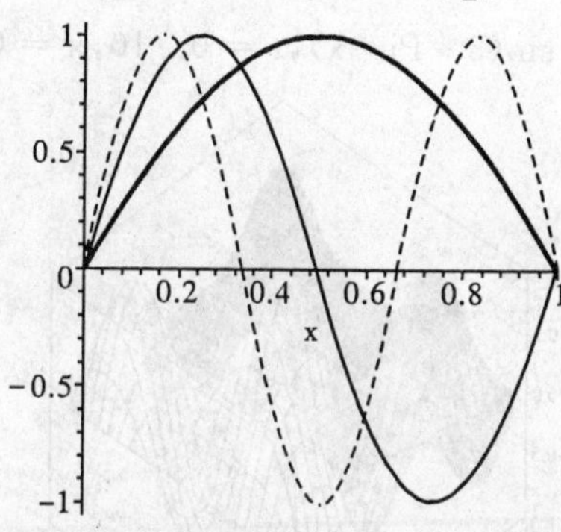

图 2.1.1

```
>plot3d(cos(t - Pi/2) * sin(Pi * x),t = 0..10,x = 0..1);
```

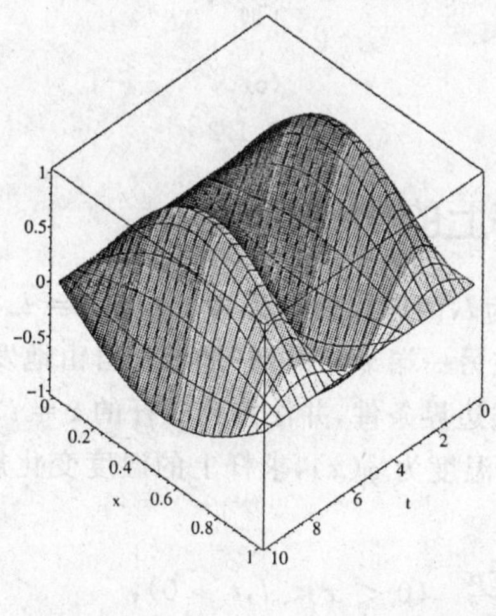

(a)

```
>plot3d(cos(t - Pi/2) * sin(2 * Pi * x),t = 0..10,x = 0..1);
```

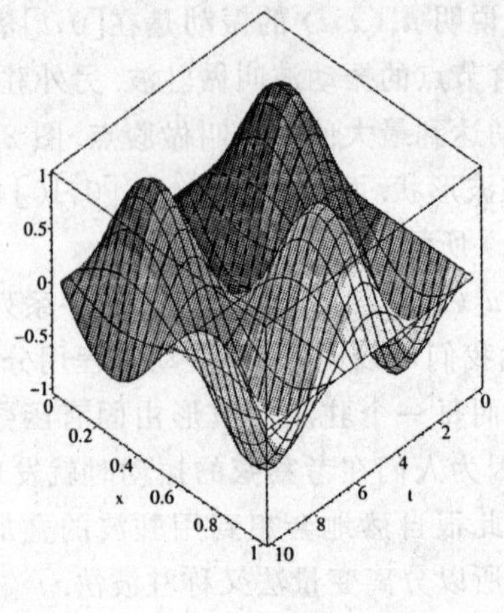

(b)

```
>plot3d(cos(t - Pi/2) * sin(3 * Pi * x), t = 0..10, x = 0..1);
```

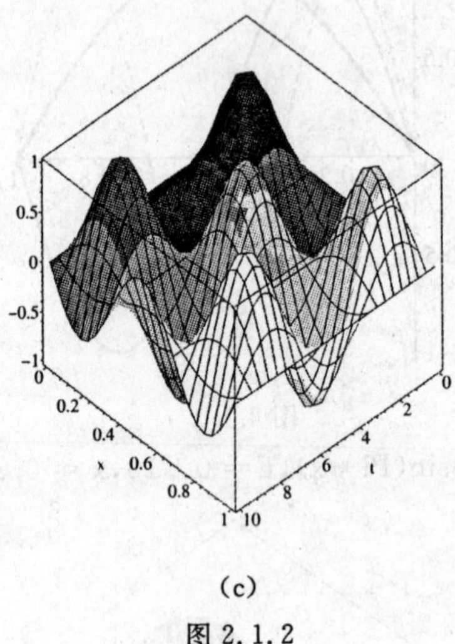

(c)

图 2.1.2

2.1.2 有限长杆上的热传导

设有一个均匀细杆,长为 l,两端点的坐标为 $x=0$,$x=l$. 杆的侧面是绝热的,且在端点 $x=0$ 处温度为零度,而在另一端 $x=l$ 处杆的热量自由地发散到周围温度是零度的介质中去(参考 §1.2 中第三类边界条件,并注意到在杆的 $x=l$ 端的截面上,外法线方向就是 x 轴的正方向). 已知初始温度为 $\varphi(x)$,求杆上的温度变化规律. 问题可以化为求解下列定解问题:

$$
\begin{cases}
\dfrac{\partial u}{\partial t}=a^2\,\dfrac{\partial^2 u}{\partial x^2} \quad (0<x<l, t>0), & (2.1.15)\\
u(0,t)=0, \dfrac{\partial u(l,t)}{\partial x}+hu(l,t)=0 \quad (t>0), & (2.1.16)\\
u(x,0)=\varphi(x) \quad (0<x<l). & (2.1.17)
\end{cases}
$$

其中 h 为常数.我们仍用分离变量法来求解这个问题.首先求出满足边界条件而且是变量被分离形式的特解,为此设

$$u(x,t)=X(x)T(t), \tag{2.1.18}$$

代入到方程(2.1.15),得

$$X''(x)+\lambda X(x)=0, \tag{2.1.19}$$

和

$$T'(t)+a^2\lambda T(t)=0, \tag{2.1.20}$$

其中 $\lambda>0$(对 $\lambda<0$ 和 $\lambda=0$ 的情况,可以像§2.1.1那样进行讨论,得知当 $\lambda<0$ 和 $\lambda=0$ 时,方程没有满足边界条件的非零解)为待定常数.由边界条件得

$$X(0)=0,\quad X'(l)+hX(l)=0. \tag{2.1.21}$$

式(2.1.19)和(2.1.21)构成本征值问题.现求解之.

式(2.1.19)的通解为

$$X(x)=A\cos\sqrt{\lambda}x+B\sin\sqrt{\lambda}x, \tag{2.1.22}$$

考虑边界条件(2.1.21),由 $X(0)=0$ 得 $A=0$,由 $X'(l)+hX(l)=0$ 得 $B\sqrt{\lambda}\cos\sqrt{\lambda}l+hB\sin\sqrt{\lambda}l=0$,因为 $B\neq 0$,有

$$\sqrt{\lambda}\cos\sqrt{\lambda}l+h\sin\sqrt{\lambda}l=0. \tag{2.1.23}$$

为了求出 λ,令 $\lambda=\beta^2$,并将式(2.1.23)写成

$$\tan\gamma=\alpha\gamma, \tag{2.1.24}$$

其中 $\gamma=\beta l=\sqrt{\lambda}l$,$\alpha=-\dfrac{1}{hl}$.方程(2.1.24)的解可以看作曲线 $y_1=\tan\gamma$ 与直线 $y_2=\alpha\gamma$ 交点的横坐标(图2.1.3).显然,由于函数 $\tan x$ 为周期函数,故这样的交点有无穷多个,即方程(2.1.24)有无穷多个根.由这些根可以确定出固有值 $\lambda=\beta^2$.设方程(2.1.24)的无穷多个正根(不取负根是由于负根与正根只差一个符号(图2.1.3),再根据§2.1.1中所述的同样理由)依次为

$$\gamma_1,\gamma_2,\cdots,\gamma_n,\cdots.$$

于是得到固有值问题(2.1.19)和(2.1.21)的无穷多个固有值

$$\lambda_1=\beta_1^2=\frac{\gamma_1^2}{l^2},\quad \lambda_2=\beta_2^2=\frac{\gamma_2^2}{l^2},\cdots,\quad \lambda_n=\beta_n^2=\frac{\gamma_n^2}{l^2},\cdots$$

和相应的固有函数

$$X_n(x)=B_n\sin\beta_n x\quad(n=1,2,\cdots).$$

```
>plot({tan(x),-1/2*x},x=-10..10,y=-10..10);
```

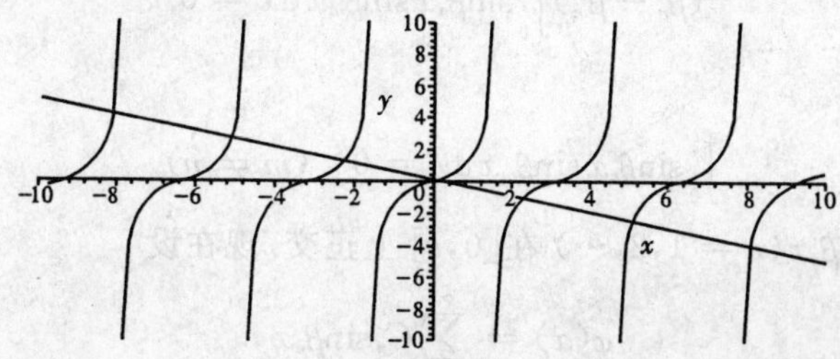

图2.1.3

将得到的固有值代入到方程(2.1.20)，用 Maple 求解

```
>dsolve(diff(T(t),t) + a^2 * lambda[n] * T(t) = 0);
```

$$T(t) = \_C1e^{(-a^2\lambda_n t)}$$

即

$$T_n(t) = C_n' e^{-a^2\lambda_n t} = C_n' e^{-a^2\beta_n^2 t} \quad (n = 1,2,\cdots).$$

代入式(2.1.18)，得到方程(2.1.15)满足边界条件(2.1.16)的一组特解

$$u_n(x,t) = X_n(x)T_n(t) = C_n e^{-a^2\beta_n^2 t}\sin\beta_n x \quad (n = 1,2,\cdots), \tag{2.1.25}$$

其中 $C_n = B_n C_n'$ 是待定常数.由于方程(2.1.15)和边界条件(2.1.16)都是线性齐次的，所以上述解的叠加

$$u(x,t) = \sum_{n=1}^{\infty} C_n e^{-a^2\beta_n^2 t}\sin\beta_n x \tag{2.1.26}$$

仍然满足方程和边界条件.最后考虑 $u(x,t)$ 能否满足初始条件(2.1.17).由式(2.1.26)得

$$u(x,0) = \sum_{n=1}^{\infty} C_n \sin\beta_n x,$$

现在希望它等于已知函数 $\varphi(x)$.那么首先要问在$[0,l]$上 $\varphi(x)$ 能否展开为 $\sum\limits_{n=1}^{\infty} C_n\sin\beta_n x$ 的级数形式，其次要问系数 C_n 如何确定.关于前者只要 $\varphi(x)$ 在$[0,l]$上满足 Dirichlet 条件即可.关于求系数的问题，回忆 Fourier 展开系数的得来是根据三角函数系 $\sin\dfrac{n\pi x}{l}(n=1,2,\cdots)$ 在$[0,l]$上的正交性，所以现在要考虑三角函数系 $\sin\beta_n x(n=1,2,\cdots)$ 在$[0,l]$上的正交性.因为对于不同的 β_n 和 β_m，$\sin\beta_n x$ 及 $\sin\beta_m x$ 是微分方程(2.1.19)的解，故有

$$(\sin\beta_n x)'' + \beta_n^2\sin\beta_n x = 0,$$
$$(\sin\beta_m x)'' + \beta_m^2\sin\beta_m x = 0.$$

上面第一式乘以 $\sin\beta_m x$，第二式乘以 $\sin\beta_n x$，两式相减，并在$[0,l]$上积分得

$$\int_0^l [\sin\beta_m x(\sin\beta_n x)'' - \sin\beta_n x(\sin\beta_m x)'']dx + (\beta_n^2 - \beta_m^2)\int_0^l \sin\beta_n x\sin\beta_m x\,dx = 0,$$

对上式第一个积分应用分部积分法，并应用边界条件(2.1.21)，可得

$$\int_0^l [\sin\beta_m x(\sin\beta_n x)'' - \sin\beta_n x(\sin\beta_m x)'']dx = 0,$$

于是

$$(\beta_n^2 - \beta_m^2)\int_0^l \sin\beta_n x\sin\beta_m x\,dx = 0.$$

由于 $\beta_n \neq \beta_m$，故有

$$\int_0^l \sin\beta_n x\sin\beta_m x\,dx = 0 \quad (m \neq n). \tag{2.1.27}$$

说明三角函数系 $\sin\beta_n x(n=1,2,\cdots)$ 在$[0,l]$上正交.现在设

$$\varphi(x) = \sum_{n=1}^{\infty} C_n\sin\beta_n x,$$

来求系数 C_n.用 $\sin\beta_m x$ 乘上式两边，并在$[0,l]$上积分，设右边的级数收敛并可以逐项积

分，得

$$\int_0^l \varphi(x)\sin\beta_m x\,\mathrm{d}x = \sum_{n=1}^{\infty} C_n \int_0^l \sin\beta_m x \sin\beta_n x\,\mathrm{d}x,$$

由三角函数系 $\sin\beta_n x(n=1,2,\cdots)$ 在 $[0,l]$ 上的正交性，并记

$$L_n = \int_0^l \sin\beta_n x \sin\beta_n x\,\mathrm{d}x = \int_0^l \sin^2(\beta_n x)\,\mathrm{d}x \quad (m=n), \tag{2.1.28}$$

得

$$C_n = \frac{1}{L_n}\int_0^l \varphi(x)\sin\beta_n x\,\mathrm{d}x. \tag{2.1.29}$$

将式(2.1.29)代入到式(2.1.26)，即得到定解问题(2.1.15)～(2.1.17)的解.

例 2　求解一维热传导方程，其初始条件及边界条件为

$$u\big|_{t=0} = x,\quad u_x\big|_{x=0} = 0,\quad u_x\big|_{x=l} = 0.$$

解　由题意即求定解问题

$$\begin{cases} \dfrac{\partial u}{\partial t} = a^2\dfrac{\partial^2 u}{\partial x^2} \quad (0<x<l, t>0), \\ u_x\big|_{x=0} = 0, u_x\big|_{x=l} = 0 \quad (t>0), \\ u\big|_{t=0} = x \quad (0<x<l). \end{cases}$$

设 $u(x,t)=X(x)T(t)$，代入方程，分离变量得

$$\begin{cases} T'(t) + a^2\lambda T(t) = 0, & (2.1.30) \\ X''(t) + \lambda X(t) = 0, & (2.1.31) \end{cases}$$

其中 λ 为分离常数. 由边界条件得

$$X'(0) = X'(l) = 0. \tag{2.1.32}$$

式(2.1.31)和式(2.1.32)构成本征值问题. 分三种情况讨论：

(1) 当 $\lambda<0$ 时，方程(2.1.31)的通解为

$$X(x) = A\mathrm{e}^{-\sqrt{-\lambda}x} + B\mathrm{e}^{\sqrt{-\lambda}x},$$

代入式(2.1.32)得

$$-A+B=0,\quad -A\mathrm{e}^{-\sqrt{-\lambda}l} + B\mathrm{e}^{\sqrt{-\lambda}l} = 0,$$

解得 $A=B=0$，故不可能有 $\lambda<0$.

(2) 当 $\lambda=0$ 时，方程(2.1.31)的通解为

$$X(x) = Ax + B,$$

代入(2.1.32)得 $A=0$，得特解 $X_0(x)=B$.

由此可见，当边界条件为第二类边界条件时，$\lambda=0$ 是一个本征值. 相应的本征函数是 $X_0(x)=B$(常数).

(3) 当 $\lambda>0$ 时，方程(2.1.31)的通解是

$$X(x) = C\cos\sqrt{\lambda}x + D\sin\sqrt{\lambda}x,$$

代入式(2.1.32)得 $D=0$，$-C\sqrt{\lambda}\sin\sqrt{\lambda}l=0$，即

$$\sqrt{\lambda} = \frac{n\pi}{l},\quad \lambda = \left(\frac{n\pi}{l}\right)^2 \quad (n=1,2,3,\cdots),$$

相应的本征函数为

$$X_n(x) = C_n' \cos\frac{n\pi}{l}x \quad (n = 1,2,3,\cdots).$$

综合(2)、(3) 两种情况，得到本定解问题的本征值和本征函数分别为

$$\lambda = \left(\frac{n\pi}{l}\right)^2 \quad (n = 0,1,2,\cdots), \tag{2.1.33}$$

$$X_n(x) = C_n' \cos\frac{n\pi}{l}x \quad (n = 0,1,2,\cdots). \tag{2.1.34}$$

注意 n 从 0 开始计.

将式(2.1.33) 代入式(2.1.31)，解得

$$T_0 = E_0 \quad (n = 0), \quad T_n(t) = E_n e^{-\lambda a^2 t} = E_n e^{-\frac{n^2\pi^2}{l^2}a^2 t} \quad (n = 1,2,\cdots).$$

于是，原方程满足边界条件的一般解为

$$u_n(x,t) = C_n e^{-\frac{n^2\pi^2}{l^2}a^2 t}\cos\frac{n\pi x}{l} \quad (n = 0,1,2,\cdots),$$

其中 $C_n = C_n' E_n$. 将这些解叠加起来，得到

$$u(x,t) = X_0 T_0 + \sum_{n=1}^{\infty} C_n e^{-\frac{n^2\pi^2}{l^2}a^2 t}\cos\frac{n\pi x}{l} = C_0 + \sum_{n=1}^{\infty} C_n e^{-\frac{n^2\pi^2}{l^2}a^2 t}\cos\frac{n\pi x}{l}.$$

根据初始条件 $u|_{t=0} = x$，有 $u(x,0) = C_0 + \sum_{n=1}^{\infty} C_n \cos\frac{n\pi x}{l} = x$，由 Fourier 余弦展开定理，有

$$C_0 = \frac{1}{2}\left(\frac{2}{l}\int_0^l x\,dx\right) = \frac{l}{2}, \quad C_n = \frac{2}{l}\int_0^l x\cos\frac{n\pi}{l}x\,dx = \frac{2l}{n^2\pi^2}[(-1)^n - 1],$$

故得原定解问题的解为

$$u(x,t) = \frac{l}{2} + \sum_{n=1}^{\infty}\frac{2l}{n^2\pi^2}[(-1)^n - 1]e^{-\frac{n^2\pi^2}{l^2}a^2 t}\cos\frac{n\pi x}{l}.$$

由此可见，本征函数和定解问题解的形式与边界条件密切相关，读者可以自己讨论一维波动方程和一维热传导方程在其他边界条件下的本征函数和解的形式.

下面我们列出用分离变量法求解定解问题的基本步骤：

(1) 首先将问题中的偏微分方程通过分离变量化成常微分方程的定解问题. 这对于线性齐次常微分方程来说是可以办到的；

(2) 确定本征值与本征函数. 由于本征函数是要经过叠加的，所以用来确定本征函数的方程和边界条件，在函数经过叠加之后，仍要满足. 当边界条件是齐次时，求本征函数就是求一个常微分方程(其通解可用 Maple 来求) 满足零边界条件的非零解.

(3) 定出本征值、本征函数后，再解其他常微分方程(也可以用 Maple 来求)，把得到的解与本征函数乘起来成为本征解 $u_n(x,t)$，这时 $u_n(x,t)$ 中还包含有任意常数.

(4) 最后，为了使解满足其余的定解条件，需要把所有的 $u_n(x,t)$ 叠加起来成为级数形式，这时级数中的一系列任意常数就由其余的定解条件来确定. 在这最后的一步工作中，需要把已知的函数展开成固有函数系的级数，这种展开的合理性将在第 4 章中论述，而其中的展开式系数可以用 Maple 来计算.

2.2　二维 Laplace 方程的定解问题

例1　在矩形域 $0 \leqslant x \leqslant a, 0 \leqslant y \leqslant b$ 内求 Laplace 方程

$$\nabla^2 u = \frac{\partial^2 u}{\partial x^2} + \frac{\partial^2 u}{\partial y^2} = 0 \tag{2.2.1}$$

的解，使其满足边界条件

$$\begin{cases} u\big|_{x=0} = 0, \quad u\big|_{x=a} = Ay, & (2.2.2) \\ u_y\big|_{y=0} = 0, \quad u_y\big|_{y=b} = 0. & (2.2.3) \end{cases}$$

注意，与§2.1讨论的问题不同的是这里的定解条件是两组边界条件，而不是一组边界条件，一组初始条件. 但从数学上讲，边界条件与初始条件并无区别，都是可以用来作为确定积分常数的代数公式.

解　令 $u(x,y) = X(x)Y(y)$，代入式(2.2.1)，得

$$X''(x) - \lambda X(x) = 0, \tag{2.2.4}$$

$$Y''(y) + \lambda Y(y) = 0. \tag{2.2.5}$$

又由边界条件(2.2.3)得

$$Y'(0) = Y'(b) = 0. \tag{2.2.6}$$

式(2.2.5)和(2.2.6)构成本征值问题，注意是应用具有齐次边界条件的问题作为本征值问题. 采用与§2.1同样的方法可以得到：

(1) 当 $\lambda < 0$ 时，式(2.2.5)的通解为

$$Y(y) = C_1 e^{-\sqrt{-\lambda}y} + C_2 e^{\sqrt{-\lambda}y},$$

由式(2.2.6)有

$$-C_1 + C_2 = 0,$$

$$-C_1 e^{-\sqrt{-\lambda}b} + C_2 e^{-\sqrt{-\lambda}b} = 0,$$

由此得 $C_1 = C_2 = 0$，即式(2.2.5)、(2.2.6)无非零解.

(2) 当 $\lambda = 0$ 时，式(2.2.5)的通解为

$$Y(y) = A_1 y + A_0,$$

从而

$$Y'(y) = A_1.$$

由 $Y'(0) = Y'(b) = 0$ 推出 $A_1 = 0$，故得 $Y_0(y) = A_0$（常数）.

(3) 当 $\lambda > 0$ 时，式(2.2.5)的通解为

$$Y(y) = A\cos\sqrt{\lambda}y + B\sin\sqrt{\lambda}y.$$

从而

$$Y'(y) = -A\sqrt{\lambda}\sin\sqrt{\lambda}y + \sqrt{\lambda}B\cos\sqrt{\lambda}y,$$

由 $Y'(0) = 0$ 得 $B = 0$，由 $Y'(b) = 0$ 得 $A\sqrt{\lambda}\sin\sqrt{\lambda}b = 0$，故得 $\lambda = 0$ 或 $\sqrt{\lambda}b = n\pi$，即 $\lambda = \dfrac{n^2\pi^2}{b^2}(n = 1,2,\cdots)$.

综合 $\lambda = 0$ 和 $\lambda > 0$ 两种情况，可知本征值为

$$\lambda = \frac{n^2\pi^2}{b^2}(n = 0,1,2,\cdots),$$

本征函数为

$$Y_n(y) = A_n\cos\frac{n\pi}{b}y \quad (n = 0,1,2,\cdots).$$

注意本征值和本征函数中的 n 是从 0 开始，即包含了零本征值和常数特解的情况. 将 λ 的值代入式(2.2.4)，解得

$$X_0 = C_0 + D_0 x \quad (\lambda = 0),$$

$$X_n(x) = C_n e^{\frac{n\pi x}{b}} + D_n e^{-\frac{n\pi x}{b}} \quad (n = 1,2,\cdots).$$

故问题的一般解是

$$u(x,y) = X_0(x)Y_0(y) + \sum_{n=1}^{\infty} X_n(x)Y_n(y)$$

$$= C_0 + D_0 x + \sum_{n=1}^{\infty}(C_n e^{\frac{n\pi x}{b}} + D_n e^{-\frac{n\pi x}{b}})\cos\frac{n\pi}{b}y. \quad (2.2.7)$$

注意，这里的任意常数已经做了合并处理.

由边界条件 $u|_{x=0} = 0$ 得到

$$C_0 + \sum_{n=1}^{\infty}(C_n + D_n)\cos\frac{n\pi y}{b} = 0.$$

一个无穷级数等于零，说明各项系数均为零，因此

$$C_0 = 0, \quad C_n + D_n = 0 \quad (n = 1,2,\cdots). \quad (2.2.8)$$

又由 $u|_{x=a} = Ay$，得

$$D_0 a + \sum_{n=1}^{\infty}(C_n e^{\frac{n\pi a}{b}} + D_n e^{-\frac{n\pi a}{b}})\cos\frac{n\pi}{b}y = Ay,$$

将 Ay 展开成 Fourier 余弦级数，并比较系数有

$$D_0 a = \frac{1}{2}\left(\frac{2}{b}\int_0^b Ay\,dy\right) = \frac{A}{b}\cdot\frac{1}{2}\cdot b^2 = \frac{Ab}{2},$$

由此得

$$D_0 = \frac{Ab}{2a}.$$

$$C_n e^{\frac{n\pi a}{b}} + D_n e^{-\frac{n\pi a}{b}} = \frac{2}{b}\int_0^b Ay\cos\frac{n\pi y}{b}dy = \frac{2Ab}{n^2\pi^2}(\cos n\pi - 1). \quad (2.2.9)$$

我们已经知道，上面两式的积分可以用 Maple 来计算. 从式(2.2.8)和(2.2.9)中解出 C_n 和 D_n 也可用 Maple 来完成：

```
>solve({C[n]+D[n]=0,C[n]*exp(n*Pi*a/b)+D[n]*exp(-n*Pi*a/b)=
2*A*b/(n^2*Pi^2)*(cos(n*Pi)-1)},[C[n],D[n]]);
```

$$\left[\left[C_n = \frac{2Ab(\cos(n\pi)-1)}{n^2\pi^2(e^{(\frac{n\pi a}{b})} - e^{(-\frac{n\pi a}{b})})}, D_n = -\frac{2Ab(\cos(n\pi)-1)}{n^2\pi^2(e^{(\frac{n\pi a}{b})} - e^{(-\frac{n\pi a}{b})})}\right]\right]$$

整理一下，得

$$C_n = \frac{Ab(\cos n\pi - 1)}{n^2\pi^2 \operatorname{sh}\frac{n\pi a}{b}}, D_n = \frac{-Ab(\cos n\pi - 1)}{n^2\pi^2 \operatorname{sh}\frac{n\pi a}{b}} \quad (n = 1,2,\cdots).$$

其中 $\mathrm{sh}x$ 是双曲正弦函数，$\mathrm{sh}x=\dfrac{\mathrm{e}^x-\mathrm{e}^{-x}}{2}$，$\mathrm{sh}x$ 在有些书中也记为 $\sinh x$. 将上式代入式(2.2.7)得问题的解为

$$u(x,y)=\frac{Ab}{2a}x+\frac{2Ab}{\pi^2}\sum_{n=1}^{\infty}\frac{\cos n\pi-1}{n^2\,\mathrm{sh}\,\dfrac{n\pi a}{b}}\mathrm{sh}\,\frac{n\pi x}{b}\cos\frac{n\pi y}{b}. \tag{2.2.10}$$

有些问题中的边界条件在极坐标下的表达式较为简单，所以常常需要在极坐标下求解定解问题，见下面的例题.

例2　带电云与大地之间的静电场近似匀强静电场，其电场强度 $\boldsymbol{E}_0$ 是铅垂的. 水平架设的输电线处在这个静电场中. 输电线是导体圆柱. 柱面由于静电感应出现感应电荷，圆柱附近的静电场也就不再是匀强的了. 不过，离圆柱“无限远”处的静电场仍保持匀强，现研究导体圆柱怎样改变了匀强静电场(即讨论导线附近的电场分布).

解　化成定解问题. 取柱轴为 z 轴，设导线“无限长”，那么场强和电势都与 z 无关，只需在 x,y 平面上讨论. 如图2.2.1所示，圆柱在 x,y 平面上的截面圆周 $x^2+y^2=a^2$(a 为半径) 作为静电场的边界，所以我们采用极坐标. 柱外空间无电荷，电势满足二维 Laplace 方程 $\dfrac{\partial^2 u}{\partial x^2}+\dfrac{\partial^2 u}{\partial y^2}=0$，化成极坐标即为

$$\frac{\partial^2 u}{\partial\rho^2}+\frac{1}{\rho}\frac{\partial u}{\partial\rho}+\frac{1}{\rho^2}\frac{\partial^2 u}{\partial\varphi^2}=0\quad(\rho>a). \tag{2.2.11}$$

现在给出边界条件：导体中的电荷不再移动，说明导体中电势相同. 又因为电势具有相对意义，可以把导体的电势当作零，故

$$u\big|_{\rho=a}=0. \tag{2.2.12}$$

“无穷远”处也为一个边界(圆内则考虑圆心点)，“无穷远”处静电场仍为匀强静电场 $\boldsymbol{E}_0$，由于选取了 x 轴平行 $\boldsymbol{E}_0$，故有

$$E_y=0,\quad E_x=E_0.$$

由电势与场强的关系 $\boldsymbol{E}=-\nabla u$，有 $-\dfrac{\partial u}{\partial x}=E_0$，积分得 $u=-E_0x=-E_0\rho\cos\varphi$，因此有

$$u\big|_{\rho\to\infty}=-E_0\rho\cos\varphi. \tag{2.2.13}$$

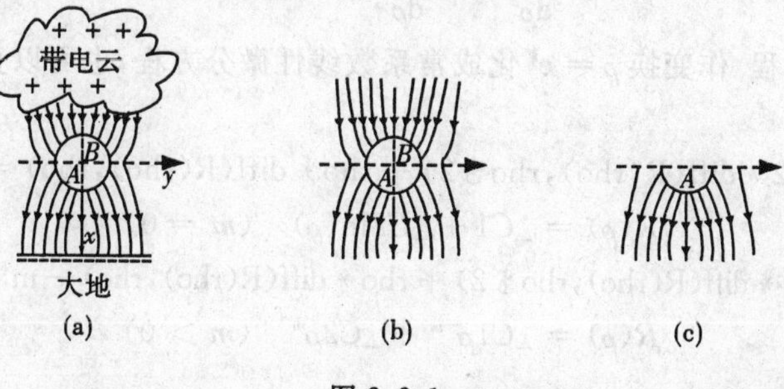

图2.2.1

式(2.2.11)～(2.2.13)为带电云与大地之间匀强电场中输电线问题的定解问题，下面求解这个定解问题. 首先分离变量，令

$$u = u(\rho,\varphi) = R(\rho)\Phi(\varphi),$$

代入方程(2.2.11)，得到两个常微分方程

$$\Phi'' + \lambda\Phi = 0, \tag{2.2.14}$$

$$\rho^2 \frac{\mathrm{d}^2 R}{\mathrm{d}\rho^2} + \rho \frac{\mathrm{d}R}{\mathrm{d}\rho} - \lambda R = 0, \tag{2.2.15}$$

其中 λ 为分离常数. 因为极角具有周期性，(ρ,φ) 和 $(\rho,\varphi+2\pi)$ 应表示一个点，同一点处的 u 值应该相同，故应有

$$u(\rho,\varphi+2\pi) = u(\rho,\varphi),$$

即

$$R(\rho)\Phi(\varphi+2\pi) = R(\rho)\Phi(\varphi),$$

所以有

$$\Phi(\varphi+2\pi) = \Phi(\varphi). \tag{2.2.16}$$

方程(2.2.16) 称为自然周期条件.

方程(2.2.14)、(2.2.16) 构成本征值问题，现解之.

当 $\lambda < 0$ 时，令 $\lambda = -k^2$，解得方程(2.2.14) 的通解为 $\Phi(\varphi) = A\mathrm{e}^{k\varphi} + B\mathrm{e}^{-k\varphi}$，只要 A、B 不全为零，就不可能满足周期条件(2.2.16)，所以不能有 $\lambda < 0$；

当 $\lambda = 0$ 时，方程(2.2.14) 的通解为 $\Phi(\varphi) = A\varphi + B$，当 $A = 0$ 时，有满足周期条件(2.2.16) 的特解 $\Phi_0(\varphi) = B$；

当 $\lambda = \beta^2 > 0$ 时，解得方程(2.2.14) 的通解为 $\Phi(\varphi) = A\cos\beta\varphi + B\sin\beta\varphi$，代入周期条件(2.2.16)，应有

$$A\cos\beta(\varphi+2\pi) + B\sin\beta(\varphi+2\pi) = A\cos\beta\varphi + B\sin\beta\varphi.$$

要使上式成立，应有 $\beta = m$ 为整数，取 $m = 1,2,\cdots$，不取负整数的原因与第 2.1 节例 1 解释的原因相同. 综合以上几种情况，我们得到本征值问题(2.2.14) 和(2.2.16) 的本征值和本征函数分别为

$$\lambda = m^2 \quad (m = 0,1,2,\cdots), \tag{2.2.17}$$

$$\Phi(\varphi) = A\cos m\varphi + B\sin m\varphi \quad (m = 0,1,2,\cdots). \tag{2.2.18}$$

将 $\lambda = m^2$ 代入方程(2.2.15)，得到

$$\rho^2 \frac{\mathrm{d}^2 R}{\mathrm{d}\rho^2} + \rho \frac{\mathrm{d}R}{\mathrm{d}\rho} - m^2 R = 0, \tag{2.2.19}$$

这是一个 Euler 方程. 作变换 $\rho = \mathrm{e}^t$ 化成常系数线性微分方程，也可以直接用 Maple 求解其通解：

```
>dsolve(rho^2 * diff(R(rho),rho $ 2) + rho * diff(R(rho),rho) = 0);
```

$$R(\rho) = \_C1 + \_C2\ln(\rho) \quad (m = 0)$$

```
>dsolve(rho^2 * diff(R(rho),rho $ 2) + rho * diff(R(rho),rho) - m^2 * R(rho) = 0);
```

$$R(\rho) = \_C1\rho^{-m} + \_C2\rho^{m} \quad (m > 0)$$

即

$$R_0 = C + D\ln\rho \quad (m = 0).$$

$$R = C\rho^m + D\frac{1}{\rho^m} \quad (m > 0).$$

于是得到极坐标系中 Laplace 方程的本征解

$$u_0(\rho,\varphi) = C_0 + D_0\ln\rho,$$

$$u_m(\rho,\varphi) = (A_m\cos m\varphi + B_m\sin m\varphi)\left(C_m\rho^m + D_m\frac{1}{\rho^m}\right).$$

一般解应叠加得到

$$u(\rho,\varphi) = C_0 + D_0\ln\rho + \sum_{m=1}^{\infty}(A_m\cos m\varphi + B_m\sin m\varphi)\left(C_m\rho^m + D_m\frac{1}{\rho^m}\right). \tag{2.2.20}$$

由边界条件(2.2.12),有

$$C_0 + D_0\ln a + \sum_{m=1}^{\infty}(A_m\cos m\varphi + B_m\sin m\varphi)\left(C_m a^m + D_m\frac{1}{a^m}\right) = 0,$$

一个 Fourier 级数为零,各系数应为零,即

$$C_0 + D_0\ln a = 0,\quad C_m a^m + D_m\frac{1}{a^m} = 0.$$

由此,得

$$C_0 = -D_0\ln a,\quad D_m = -C_m a^{2m}.$$

代入式(2.2.20),并将 C_m 合并到 A_m、B_m 中,有

$$u(\rho,\varphi) = D_0\ln\frac{\rho}{a} + \sum_{m=1}^{\infty}(A_m\cos m\varphi + B_m\sin m\varphi)\left(\rho^m - a^{2m}\frac{1}{\rho^m}\right). \tag{2.2.21}$$

再由边界条件(2.2.13),令 $\rho\to\infty$,略去 $\ln\frac{\rho}{a}$ 及 $\frac{1}{\rho^m}$ 项,即

$$\lim_{\rho\to\infty}\sum_{m=1}^{\infty}\rho^m(A_m\cos m\varphi + B_m\sin m\varphi) = -E_0\rho\cos\varphi.$$

比较等式两边的系数,有

$$A_1 = -E_0,\quad A_m = 0\quad(m\neq 1),$$

$$B_m = 0\quad(m = 1,2,\cdots).$$

代入式 (2.2.21),得导体周围的电势分布

$$u(\rho,\varphi) = D_0\ln\frac{\rho}{a} - E_0\rho\cos\varphi + E_0\frac{a^2}{\rho}\cos\varphi. \tag{2.2.22}$$

式(2.2.22) 中间项为原来静电场的电势分布,最后一项当 $\rho\to\infty$ 时可以忽略,所以它代表在导体圆柱附近对匀强电场的修正,这自然是柱面感应电荷的影响. 前面的一项与导体原来的带电量有关,如果导体不带电,则 $D_0 = 0$,这时圆柱周围的电势是

$$u(\rho,\varphi) = -E_0\rho\cos\varphi + E_0\frac{a^2}{\rho}\cos\varphi.$$

由此计算出图 2.2.1(a) 中 A、B 两点的电场强度

$$E = -\frac{\partial u}{\partial\rho}\bigg|_{\substack{\rho=a\\ \varphi=0,\pi}} = \left(E_0\cos\varphi + E_0\frac{a^2}{\rho^2}\cos\varphi\right)\bigg|_{\substack{\rho=a\\ \varphi=0,\pi}} = \pm 2E_0$$

是原来匀强电场的两倍. 所以在这两点处特别容易击穿,而且场强的大小与圆柱的半径无关.

图 2.2.1(a) 中 y 轴上的电势是

$$u\big|_{\varphi=\pm\frac{\pi}{2}} = \left(-E_0\rho\cos\varphi + E_0\frac{a^2}{\rho}\cos\varphi\right)\bigg|_{\varphi=\pm\frac{\pi}{2}} = 0,$$

跟导体圆柱的电势相同. 图 2.2.1(a) 中 y 轴实际上代表三维空间中的 yz 平面,因此 yz 平面上的电势跟导体圆柱上的电势相同. 既然导体圆柱跟 yz 平面电势相同,如果让导体圆柱的两侧沿 yz 平面延伸出两翼(图 2.2.1(b)),静电场并不改变,电势分布仍然是(2.2.22).

要是只看带翼圆柱体的下方(图 2.2.1(c)),可以看成平板电容器两极板间的静电场,A 点突起,则其电场强度可以达到 $2E_0$,极易击穿. 因此高压电容器的极板必须刨得特别平滑.

下面举一个所谓无初始条件的例子.

例 3 长为 l 的理想传输线,一端接于电动势为 $v_0\sin\omega t$ 的交流电源,另一端开路,求解线上的稳恒电振荡.

解 经历交流电的许多周期后,初始条件所引起的自由振荡衰减到可以认为已经消失,这时的电振荡完全是由交流电源引起的,所以叫稳恒电振荡. 因此是没有初始条件的问题:

$$\begin{cases} u_{tt} - a^2 u_{xx} = 0 \quad \left(a = \dfrac{1}{\sqrt{LC}}\right), \\ u\big|_{x=0} = v_0 \mathrm{e}^{\mathrm{i}\omega t}, u\big|_{x=l} = 0. \end{cases}$$

为了计算方便,将电动势 $v_0\sin\omega t$ 写成 $v_0\mathrm{e}^{\mathrm{i}\omega t}$(其中 $\mathrm{i}=\sqrt{-1}$),最后将得到的解取虚部.

由于振荡完全由交流电源引起,当然可以认为振荡的周期与交流电源相同,即令

$$u(x,t) = X(x)\mathrm{e}^{\mathrm{i}\omega t},$$

代入方程得

$$(\mathrm{i}\omega)^2 \mathrm{e}^{\mathrm{i}\omega t} X(x) - a^2 X''(x)\mathrm{e}^{\mathrm{i}\omega t} = 0,$$

即

$$X''(x) + \left(\frac{\omega}{a}\right)^2 X(x) = 0.$$

其通解为

$$X(x) = A\mathrm{e}^{\mathrm{i}\frac{\omega}{a}x} + B\mathrm{e}^{-\mathrm{i}\frac{\omega}{a}x}.$$

故有

$$u(x,t) = (A\mathrm{e}^{\mathrm{i}\frac{\omega}{a}x} + B\mathrm{e}^{-\mathrm{i}\frac{\omega}{a}x})\mathrm{e}^{\mathrm{i}\omega t}.$$

由 $u\big|_{x=0} = v_0\mathrm{e}^{\mathrm{i}\omega t}$ 得

$$A + B = v_0, \tag{2.2.23}$$

及

$$u\big|_{x=l} = 0,$$

得

$$A\mathrm{e}^{\mathrm{i}\frac{\omega}{a}l} + B\mathrm{e}^{-\mathrm{i}\frac{\omega}{a}l} = 0. \tag{2.2.24}$$

从式(2.2.23)和(2.2.24)中解出

$$A = \frac{v_0}{1-\mathrm{e}^{2\mathrm{i}\frac{\omega}{a}l}} = \frac{\mathrm{i}v_0\,\mathrm{e}^{-\mathrm{i}\frac{\omega}{a}l}}{2\sin\left(\dfrac{\omega}{a}l\right)}, \quad B = \frac{v_0}{1-\mathrm{e}^{-2\mathrm{i}\frac{\omega}{a}l}} = -\frac{\mathrm{i}v_0\,\mathrm{e}^{\mathrm{i}\frac{\omega}{a}l}}{2\sin\left(\dfrac{\omega}{a}l\right)}.$$

代入解的表达式,得

$$u(x,t)=\frac{v_0\left[\mathrm{e}^{\mathrm{i}\frac{\omega}{a}(x-l)}-\mathrm{e}^{-\mathrm{i}\frac{\omega}{a}(x-l)}\right]\mathrm{e}^{\mathrm{i}\omega t}}{-2\mathrm{i}\sin\left(\frac{\omega}{a}l\right)}=\frac{v_0\left[\mathrm{e}^{\mathrm{i}\frac{\omega}{a}(l-x)}-\mathrm{e}^{-\mathrm{i}\frac{\omega}{a}(l-x)}\right]\mathrm{e}^{\mathrm{i}\omega t}}{2\mathrm{i}\sin\left(\frac{\omega}{a}l\right)}$$

$$=\frac{v_0\sin\frac{\omega}{a}(l-x)}{\sin\left(\frac{\omega l}{a}\right)}\mathrm{e}^{\mathrm{i}\omega t}.$$

取虚部,并以 $a=\sqrt{\frac{1}{LC}}$ 代入,得传输线内稳恒电振荡为

$$u(x,t)=\frac{v_0\sin\omega\sqrt{LC}(l-x)}{\sin\omega l\sqrt{LC}}\sin\omega t.$$

2.3 非齐次方程的解法

前面所讨论的问题中的偏微分方程都是齐次的,现在来讨论非齐次偏微分方程的解法.为方便起见,以弦的强迫振动为例,所用方法对其他类型的方程也适合.

我们所研究的问题是一根弦在两端固定的情况下,受强迫力作用所产生的振动现象,即考虑定解问题

$$\begin{cases}\dfrac{\partial^2 u}{\partial t^2}=a^2\dfrac{\partial^2 u}{\partial x^2}+f(x,t)\quad(0<x<l,t>0), & (2.3.1)\\ u\big|_{x=0}=0,u\big|_{x=l}=0\quad(t>0), & (2.3.2)\\ u\big|_{t=0}=\varphi(x),\dfrac{\partial u}{\partial t}\Big|_{t=0}=\psi(x)\quad(0<x<l). & (2.3.3)\end{cases}$$

在上述定解问题中,弦的振动是由两部分干扰引起的:一是强迫力 $f(x,t)$;一是初始函数 $\varphi(x)$ 和 $\psi(x)$. 由问题的物理意义可知,此时的振动可以看作仅由强迫力引起的振动和仅由初始函数引起的振动的合成.

由此得到启发,我们设定解问题(2.3.1)～(2.3.3)的解为

$$u(x,t)=v(x,t)+w(x,t)\tag{2.3.4}$$

其中 $v(x,t)$ 表示仅由初始状态引起弦的位移,它满足

$$\begin{cases}\dfrac{\partial^2 v}{\partial t^2}=a^2\dfrac{\partial^2 v}{\partial x^2}\quad(0<x<l,t>0),\\ v\big|_{x=0}=0,v\big|_{x=l}=0\quad(t>0),\\ v\big|_{t=0}=\varphi(x),\dfrac{\partial v}{\partial t}\Big|_{t=0}=\psi(x)\quad(0<x<l).\end{cases}\tag{2.3.5}$$

而 $w(x,t)$ 表示仅由强迫力引起弦的位移,它满足

$$\begin{cases}\dfrac{\partial^2 w}{\partial t^2}=a^2\dfrac{\partial^2 w}{\partial x^2}+f(x,t)\quad(0<x<l,t>0),\\ w\big|_{x=0}=0,w\big|_{x=l}=0\quad(t>0),\\ w\big|_{t=0}=0,\dfrac{\partial w}{\partial t}\Big|_{t=0}=0\quad(0<x<l).\end{cases}\tag{2.3.6}$$

不难验证,如果 v 是问题(2.3.5)的解,w 是问题(2.3.6)的解,则 $u=v+w$ 一定是原定

解问题的解.问题(2.3.5)可以直接用分离变量法求解,因此现在的问题是讨论如何求解问题(2.3.6).

关于求解问题(2.3.6),我们采用类似于线性非齐次常微分方程中所常用的参数变易法,并保持如下设想:即这个定解问题的解可以分解成无穷多个驻波的叠加,而每个驻波的波形仍然是由相应齐次方程通过分离变量所得到的固有值问题的固有函数所决定.这就是说,我们假设定解问题(2.3.6)的解具有形式

$$w(x,t)=\sum_{n=1}^{\infty}w_n(t)\sin\frac{n\pi}{l}x,\tag{2.3.7}$$

其中 $w_n(t)$ 为待定函数.为了确定 $w_n(t)$,将自由项 $f(x,t)$ 也按固有函数系展开成下列级数

$$f(x,t)=\sum_{n=1}^{\infty}f_n(t)\sin\frac{n\pi}{l}x,\tag{2.3.8}$$

其中 $$f_n(t)=\frac{2}{l}\int_0^l f(x,t)\sin\frac{n\pi}{l}x\,\mathrm{d}x.$$

将式(2.3.7)和式(2.3.8)代入到式(2.3.6)的第一式,得到

$$\sum_{n=1}^{\infty}\left[w_n''(t)+\frac{a^2n^2\pi^2}{l^2}w_n(t)-f_n(t)\right]\sin\frac{n\pi}{l}x=0,$$

由此可得

$$w_n''(t)+\frac{a^2n^2\pi^2}{l^2}w_n(t)=f_n(t).\tag{2.3.9}$$

再将式(2.3.7)代入式(2.3.6)的初始条件得

$$w_n(0)=0,\quad w_n'(0)=0.\tag{2.3.10}$$

这样一来,确定函数 $w_n(t)$ 的问题就成为求解常微分方程的初值问题(2.3.9)和(2.3.10).

用 Laplace 变换法(或特解法,或参数变易法),利用 Maple 求解(2.3.9)和(2.3.10)得到

```
>ode := diff(w(t),t $ 2) + a^2 * n^2 * Pi^2/l^2 * w(t) = f(t);
```

$$ode:=\left(\frac{\mathrm{d}^2}{\mathrm{d}t^2}w(t)\right)+\frac{a^2n^2\pi^2w(t)}{l^2}=f(t)$$

```
>ics := w(0) = 0,D(w)(0) = 0;
```

$$ics:=w(0)=0,D(w)(0)=0$$

```
>dsolve({ode,ics},w(t),method = laplace);
```

$$w(t)=-\left(\frac{\sqrt{-l^2a^2n^2}}{\pi n^2a^2}\int_0^t f(\_U1)\sinh\left(\frac{\pi\sqrt{-l^2a^2n^2}\,(t-\_U1)}{l^2}\right)\mathrm{d}\_U1\right)$$

整理一下,即有

$$w_n(t)=\frac{l}{n\pi a}\int_0^t f_n(\tau)\sin\frac{n\pi a(t-\tau)}{l}\mathrm{d}\tau.$$

将其代入到式(2.3.7)得到(2.3.6)的解

$$w(x,t)=\sum_{n=1}^{\infty}\left[\frac{l}{n\pi a}\int_0^t f_n(\tau)\sin\frac{n\pi a(t-\tau)}{l}\mathrm{d}\tau\right]\sin\frac{n\pi x}{l}. \tag{2.3.11}$$

将这个解与问题(2.3.5) 的解加起来，就得到原定解问题(2.3.1) ～ (2.3.3) 的解.

这里所给的求解定解问题(2.3.6) 的方法，实质是将方程的自由项和方程的解都按齐次方程所对应的一组本征函数展开. 随着方程和边界条件不同，本征函数也不同，但总是把非齐次方程的解按照与其相应的本征函数展开，这种方法叫作本征函数法.

以上的方法中是将问题分成两部分来求解，从第一部分的求解中可以得到本征函数. 对于本征函数已知的问题也可以不必将问题分成两部分，而是将初始条件也按固有函数系展开，然后求解常微分方程的非齐次初始值问题. 看下面的例子.

例 1 求解具有放射衰变的热传导方程

$$\frac{\partial^2 u}{\partial x^2}-a^2\frac{\partial u}{\partial t}+A\mathrm{e}^{-\beta x}=0,$$

已知边界条件为

$$u\big|_{x=0}=0,\quad u\big|_{x=l}=0;$$

初始条件为

$$u\big|_{t=0}=T_0(\text{常数}).$$

解 首先令 $\frac{1}{a^2}=b^2,\frac{A}{a^2}=B$，将定解问题化为如下更整齐的形式

$$\begin{cases}\dfrac{\partial u}{\partial t}=b^2\dfrac{\partial^2 u}{\partial x^2}+B\mathrm{e}^{-\beta x},\\ u\big|_{x=0}=u\big|_{x=l}=0,\\ u\big|_{t=0}=T_0.\end{cases}$$

(1) 分成两部分来处理，令

$$u(x,t)=v(x,t)+w(x,t),$$

其中 $v(x,t)$ 和 $w(x,t)$ 分别满足

$$\begin{cases}\dfrac{\partial v}{\partial t}=b^2\dfrac{\partial^2 v}{\partial x^2},\\ v\big|_{x=0}=v\big|_{x=l}=0,\\ v\big|_{t=0}=T_0.\end{cases}\text{(Ⅰ)}\qquad \begin{cases}\dfrac{\partial w}{\partial t}=b^2\dfrac{\partial^2 w}{\partial x^2}+B\mathrm{e}^{-\beta x},\\ w\big|_{x=0}=w\big|_{x=l}=0,\\ w\big|_{t=0}=0.\end{cases}\text{(Ⅱ)}$$

用分离变量法求解问题(I). 令 $v(x,t)=X(x)T(t)$，代入到方程和边界条件得本征值问题

$$\begin{cases}X''(x)+\lambda X(x)=0,\\ X(0)=X(l)=0.\end{cases}$$

和 $T(t)$ 所满足的方程

$$T'(t)+\lambda b^2T(t)=0.$$

求解本征值问题，得本征值和本征函数分别为

$$\lambda_n=\frac{n^2\pi^2}{l^2},\quad X_n=B_n\sin\frac{n\pi}{l}x\quad(n=1,2,\cdots).$$

而

$$T_n(t)=C_n e^{-\left(\frac{n\pi b}{l}\right)^2 t}.$$

于是问题(I) 的一般解为(注意,这里的任意常数已做了合并处理)

$$v(x,t)=\sum_{n=1}^{\infty}B_n e^{-\left(\frac{n\pi b}{l}\right)^2 t}\sin\frac{n\pi x}{l}.$$

由初始条件定得 $B_n=\dfrac{2T_0}{n\pi}[1-(-1)^n]$,从而问题(I) 的解为

$$\begin{aligned}v(x,t)&=\sum_{n=1}^{\infty}\frac{2T_0}{n\pi}[1-(-1)^n]e^{-\left(\frac{n\pi b}{l}\right)^2 t}\sin\frac{n\pi x}{l}\\&=\sum_{n=1}^{\infty}\frac{2T_0}{n\pi}[1-(-1)^n]e^{-\left(\frac{n\pi}{al}\right)^2 t}\sin\frac{n\pi x}{l}.\end{aligned}$$

再用本征函数法求解问题(II).

将未知函数 $w(x,t)$ 和自由项 $Be^{-\beta x}$ 按固有函数系展开

$$w(x,t)=\sum_{n=1}^{\infty}w_n(t)\sin\frac{n\pi}{l}x,\quad Be^{-\beta x}=\sum_{n=1}^{\infty}f_n(t)\sin\frac{n\pi}{l}x,$$

其中

$$f_n(x)=\frac{2}{l}\int_0^l Be^{-\beta\xi}\sin\frac{n\pi}{l}\xi d\xi=\frac{2n\pi B}{l^2}\frac{[1-(-1)^n e^{-\beta l}]}{\beta^2+\left(\frac{n\pi}{l}\right)^2}=\frac{2n\pi B[1-(-1)^n e^{-\beta l}]}{\beta^2 l^2+n^2\pi^2}.$$

代入到问题(II) 的方程,得

$$\sum_{n=1}^{\infty}w_n'(t)\sin\frac{n\pi}{l}x+b^2\sum_{n=1}^{\infty}w_n(t)\left(\frac{n\pi}{l}\right)^2\sin\frac{n\pi}{l}x-\sum_{n=1}^{\infty}f_n(t)\sin\frac{n\pi}{l}x=0.$$

比较等式两边系数,并由齐次初始条件有

$$\begin{cases}w_n'(t)+\left(\dfrac{n\pi b}{l}\right)^2 w_n(t)=f_n(t),\\ w_n(0)=0.\end{cases}$$

用 Maple 解之,有

```
>ode := diff(w[n](t),t) + n^2 * Pi^2 * b^2/l^2 * w[n](t) = f[n];
```

$$ode:=\left(\frac{d}{dt}w_n(t)\right)+\frac{n^2\pi^2b^2w_n(t)}{l^2}=f_n$$

```
>ics := w[n](0) = 0;
```

$$ics:=w_n(0)=0$$

```
>dsolve({ode,ics});
```

$$w_n(t)=\frac{l^2f_n}{n^2\pi^2b^2}-\frac{e^{\left(-\frac{n^2\pi^2b^2t}{l^2}\right)}l^2f_n}{n^2\pi^2b^2}$$

于是

$$w(x,t)=\sum_{n=1}^{\infty}\frac{l^2f_n}{n^2\pi^2b^2}\left(1-e^{-\left(\frac{n\pi b}{l}\right)^2 t}\right)\sin\frac{n\pi}{l}x=\sum_{n=1}^{\infty}\frac{l^2f_na^2}{n^2\pi^2}\left(1-e^{-\left(\frac{n\pi}{al}\right)^2 t}\right)\sin\frac{n\pi}{l}x.$$

最后

$$u(x,t)=v(x,t)+w(x,t)$$

$$=\sum_{n=1}^{\infty}\frac{2T_0}{n\pi}[1-(-1)^n]\mathrm{e}^{-\left(\frac{n\pi}{la}\right)^2t}\sin\frac{n\pi x}{l}+\sum_{n=1}^{\infty}\frac{l^2f_na^2}{n^2\pi^2}(1-\mathrm{e}^{\left(\frac{n\pi}{al}\right)^2t})\sin\frac{n\pi}{l}x$$

$$=\sum_{n=1}^{\infty}\left\{\frac{2T_0}{n\pi}[1-(-1)^n]\mathrm{e}^{-\left(\frac{n\pi}{al}\right)^2t}+\frac{2Al^2}{n\pi}\frac{[1-(-1)^n\mathrm{e}^{-\beta l}]}{\beta^2l^2+(n\pi)^2}[1-\mathrm{e}^{-\left(\frac{n\pi}{al}\right)^2t}]\right\}\sin\frac{n\pi}{l}x.$$

(2) 直接利用本征函数展开

在本征函数已知的条件下,可以直接将原问题中的未知函数、非齐次项和初始条件中的函数直接按本征函数展开,通过待定函数求问题的解. 比如例 1,由于对应的齐次问题具有第一类齐次边界条件,故本征函数已知,于是可直接令

$$u(x,t)=\sum_{n=1}^{\infty}T_n(t)\sin\frac{n\pi}{l}x,\quad B\mathrm{e}^{-\beta x}=\sum_{n=1}^{\infty}f_n(t)\sin\frac{n\pi}{l}x \text{ 及 } T_0=\sum_{n=1}^{\infty}C_n\sin\frac{n\pi}{l}x,$$

代入到原方程和初始条件得

$$\begin{cases}\displaystyle\sum_{n=1}^{\infty}\left[T_n'(t)+\left(\frac{n\pi b}{l}\right)^2T_n(t)\right]\sin\frac{n\pi}{l}x=\sum_{n=1}^{\infty}f_n(t)\sin\frac{n\pi}{l}x,\\ \displaystyle\sum_{n=1}^{\infty}T_n(0)\sin\frac{n\pi}{l}x=\sum_{n=1}^{\infty}C_n\sin\frac{n\pi}{l}x.\end{cases}$$

比较上式两边系数,得

$$\begin{cases}T_n'(t)+\left(\frac{n\pi b}{l}\right)^2T_n(t)=f_n(t),\\ T_n(0)=C_n,\end{cases}\tag{2.3.12}$$

其中

$$f_n(t)=\frac{2}{l}\int_0^lB\mathrm{e}^{-\beta\xi}\sin\frac{n\pi}{l}\xi\,\mathrm{d}\xi=\frac{2n\pi B}{l^2}\frac{[1-(-1)^n\mathrm{e}^{-\beta l}]}{\beta^2+\left(\frac{n\pi}{l}\right)^2}=\frac{2n\pi B[1-(-1)^n\mathrm{e}^{-\beta l}]}{\beta^2l^2+(n\pi)^2},$$

$$C_n=\frac{2}{l}\int_0^lT_0\sin\frac{n\pi}{l}\xi\,\mathrm{d}\xi=\frac{2T_0}{n\pi}[1-(-1)^n].\tag{2.3.13}$$

用 Maple 求解方程(2.3.12),过程和结果如下:

```
>ode := diff(T(t),t) + (n*Pi*b/l)^2*T(t) = f;
```

$$ode:=\left(\frac{\mathrm{d}}{\mathrm{d}t}T(t)\right)+\frac{n^2\pi^2b^2T(t)}{l^2}=f$$

```
>ics := T(0) = 2*T[0]/(n*Pi)*(1-(-1)^n);
```

$$ics:=T(0)=\frac{2T_0(1-(-1)^n)}{n\pi}$$

```
>res := dsolve({ode,ics});
```

$$res:=T(t)=\frac{l^2f}{n^2\pi^2b^2}+\mathrm{e}^{\left(-\frac{n^2\pi^2b^2t}{l^2}\right)}\left(-\frac{2T_0(-1+(-1)^n)}{n\pi}-\frac{l^2f}{n^2\pi^2b^2}\right)$$

```
>f: = 2*n*Pi*B/l^2*((1-(-1)^n*e^(-β*l))/(β^2+(n*Pi/l)^2));
```

$$f:=\frac{2n\pi B(1-(-1)^n\mathrm{e}^{-\beta l})}{l^2\left(\beta^2+\frac{n^2\pi^2}{l^2}\right)}$$

```
>res;
```

$$T(t)=\frac{2B(1-(-1)^n\mathrm{e}^{-\beta l})}{n\pi b^2\left(\beta^2+\frac{n^2\pi^2}{l^2}\right)}+\mathrm{e}^{\left(-\frac{n^2\pi^2b^2t}{l^2}\right)}\left(-\frac{2T_0(-1+(-1)^n)}{n\pi}-\frac{2B(1-(-1)^n\mathrm{e}^{-\beta l})}{n\pi b^2\left(\beta^2+\frac{n^2\pi^2}{l^2}\right)}\right)$$

整理一下，并将 $T(t)$ 写成 $T_n(t)$，即有

$$T_n(t)=\frac{2T_0}{n\pi}[1-(-1)^n]\mathrm{e}^{-(\frac{n\pi b}{l})^2t}-\frac{2B}{b^2n\pi}\frac{[1-(-1)^n\mathrm{e}^{-\beta l}]}{\beta^2+\left(\frac{n\pi}{l}\right)^2}[\mathrm{e}^{-(\frac{n\pi b}{l})^2t}-1]$$

$$=\frac{2T_0}{n\pi}[1-(-1)^n]\mathrm{e}^{-(\frac{n\pi}{al})^2t}+\frac{2Al^2}{n\pi}\frac{[1-(-1)^n\mathrm{e}^{-\beta l}]}{\beta^2l^2+(n\pi)^2}[1-\mathrm{e}^{-(\frac{n\pi}{al})^2t}].$$

于是原定解问题的解为

$$u(x,t)=\sum_{n=1}^{\infty}\left\{\frac{2T_0}{n\pi}[1-(-1)^n]\mathrm{e}^{-(\frac{n\pi}{al})^2t}+\frac{2Al^2}{n\pi}\frac{[1-(-1)^n\mathrm{e}^{-\beta l}]}{\beta^2l^2+(n\pi)^2}[1-\mathrm{e}^{-(\frac{n\pi}{al})^2t}]\right\}\sin\frac{n\pi}{l}x.$$

(2.3.14)

显然，直接展开法简单，但前提是本征函数已知，在不知道本征函数的情况下，还是要先求本征函数.

例 2 在环形域 $a\leqslant\sqrt{x^2+y^2}\leqslant b(0<a<b)$ 内求解下列定解问题.

$$\begin{cases}\dfrac{\partial^2u}{\partial x^2}+\dfrac{\partial^2u}{\partial y^2}=12(x^2-y^2) \quad (a<\sqrt{x^2+y^2}<b),\\ u\big|_{\sqrt{x^2+y^2}=a}=0,\quad \dfrac{\partial u}{\partial n}\Big|_{\sqrt{x^2+y^2}=b}=0.\end{cases}$$

解 由于求解区域是环形区域，所以我们选用平面极坐标系，利用直角坐标系与极坐标系之间的关系

$$\begin{cases}x=\rho\cos\varphi,\\ y=\rho\sin\varphi.\end{cases}$$

可将上述定解问题用极坐标 ρ,φ 表示：

$$\begin{cases}\dfrac{1}{\rho}\dfrac{\partial}{\partial\rho}\left(\rho\dfrac{\partial u}{\partial\rho}\right)+\dfrac{1}{\rho^2}\dfrac{\partial^2u}{\partial\varphi^2}=12\rho^2\cos2\varphi, \quad (a<\rho<b), & (2.3.15)\\ u\big|_{\rho=a}=0,\dfrac{\partial u}{\partial\rho}\Big|_{\rho=b}=0. & (2.3.16)\end{cases}$$

这是一个非齐次方程带有齐次边界条件的定解问题. 采用本征函数法，并注意到圆域 Laplace 方程所对应的本征函数（见第 2.2 节例 2）为

$$\Phi(\varphi)=A\cos m\varphi+B\sin m\varphi \quad (m=0,1,2,\cdots) \tag{2.2.17}$$

可令问题(2.3.15) ~ (2.3.16) 的解的形式为

$$u(\rho,\varphi)=\sum_{n=0}^{\infty}[A_n(\rho)\cos n\varphi+B_n(\rho)\sin n\varphi],$$

代入式(2.3.15) 并整理得到

$$\sum_{n=0}^{\infty}\left\{\left[A_n''(\rho)+\frac{1}{\rho}A_n'(\rho)-\frac{n^2}{\rho^2}A_n(\rho)\right]\cos n\varphi+\left[B_n''(\rho)+\frac{1}{\rho}B_n'(\rho)-\frac{n^2}{\rho^2}B_n(\rho)\right]\sin n\varphi\right\}$$
$$=12\rho^2\cos2\varphi.$$

比较两端关于 $\cos n\varphi,\sin n\varphi$ 的系数，可得

$$A_2''(\rho)+\frac{1}{\rho}A_2'(\rho)-\frac{4}{\rho^2}A_2(\rho)=12\rho^2, \tag{2.3.17}$$

$$A_n''(\rho)+\frac{1}{\rho}A_n'(\rho)-\frac{n^2}{\rho^2}A_n(\rho)=0 \quad (n\neq2), \tag{2.3.18}$$

$$B_n''(\rho) + \frac{1}{\rho}B_n'(\rho) - \frac{n^2}{\rho^2}B_n(\rho) = 0. \tag{2.3.19}$$

再由条件(2.3.16)得

$$A_n(a) = A_n'(b) = 0, \tag{2.3.20}$$

$$B_n(a) = B_n'(b) = 0. \tag{2.3.21}$$

用 Maple 求解方程(2.3.17)、(2.3.18)和(2.3.19)：

```
>ode1 := diff(A[2](x),x $ 2) + (1/x) * diff(A[2](x),x) - 4/x^2 * A[2](x)
    = 12 * x^2;
```

$$ode1 := \left(\frac{d^2}{dx^2}A_2(x)\right) + \frac{\frac{d}{dx}A_2(x)}{x} - \frac{4A_2(x)}{x^2} = 12x^2$$

```
>dsolve(ode1);
```

$$A_2(x) = \frac{\_C2}{x^2} + x^2\_C1 + x^4$$

```
>ode2 := diff(A[n](x),x $ 2) + (1/x) * diff(A[n](x),x) - n^2/x^2 * A[n](x) = 0;
```

$$ode2 := \left(\frac{d^2}{dx^2}A_n(x)\right) + \frac{\frac{d}{dx}A_n(x)}{x} - \frac{n^2A_n(x)}{x^2} = 0$$

```
>dsolve(ode2);
```

$$A_n(x) = \_C1x^{(-n)} + \_C2x^n$$

即方程(2.3.17)的通解为

$$A_2(x) = \frac{\_C2}{x^2} + x^2\_C1 + x^4,$$

其中 $\_C_1$ 和 $\_C_2$ 表示两个任意常数. 注意这里的 x 对应(2.3.17)、(2.3.18)和(2.3.19)中的 ρ，于是方程(2.3.18)和(2.3.19)的通解就是

$$A_n(\rho) = c_n\rho^n + d_n\rho^{-n},$$

$$B_n(\rho) = c_n'\rho^n + d_n'\rho^{-n}.$$

其中 c_n, d_n, c_n', d_n' 是任意常数. 由条件(2.3.20)与(2.3.21)可得

$$A_n(\rho) \equiv 0 \quad (n \neq 2),$$

$$B_n(\rho) \equiv 0 \quad (n = 1,2,\cdots).$$

由条件(2.3.20)确定 $\_C_1$ 和 $\_C_2$，这一步可用 Maple 完成：

```
>T(a) := subs(x = a,1/x^2 * _C2 + x^2 * _C1 + x^4);
```

$$T(a) := \frac{\_C2}{a^2} + a^2\_C1 + a^4$$

```
>T(b) := subs(x = b,diff((1/x^2 * _C2 + x^2 * _C1 + x^4),x));
```

$$T(b) := -\frac{2\_C2}{b^3} + 2b\_C1 + 4b^3$$

```
>solve({T(a),T(b)},[_C1,_C2]);
```

$$\left[\left[\_C1 = -\frac{2b^6 + a^6}{b^4 + a^4}, \_C2 = \frac{b^4a^4(-a^2 + 2b^2)}{b^4 + a^4}\right]\right]$$

因此

$$A_2(\rho)=-\frac{a^6+2b^6}{a^4+b^4}\rho^2-\frac{a^4b^4(a^2-2b^2)}{a^4+b^4}\rho^{-2}+\rho^4,$$

原定解问题的解为

$$u(\rho,\varphi)=-\frac{1}{a^4+b^4}[(a^6+2b^6)\rho^2+a^4b^4(a^2-2b^2)\rho^{-2}-(a^4+b^4)\rho^4]\cos2\varphi.$$

2.4 非齐次边界条件的处理

前面所讨论的定解问题，无论方程是齐次的还是非齐次的，边界条件都是齐次的. 如果遇到非齐次边界条件的情况，应该如何处理？总的原则是设法将边界条件化成齐次的. 具体地说，就是取一个适当的函数代换，使对新的未知函数，边界条件是齐次的. 现在仍以一维波动方程的定解问题为例，说明选取代换的方法.

设有定解问题

$$\begin{cases}\dfrac{\partial^2 u}{\partial t^2}=a^2\dfrac{\partial^2 u}{\partial x^2}+f(x,t)\quad(0<x<l,t>0), & (2.4.1)\\ u\big|_{x=0}=\alpha_1(t),\quad u\big|_{x=l}=\alpha_2(t)\quad(t>0), & (2.4.2)\\ u\big|_{t=0}=\varphi(x),\quad \dfrac{\partial u}{\partial t}\Big|_{t=0}=\psi(x)\quad(0<x<l). & (2.4.3)\end{cases}$$

我们设法做一个代换，将边界条件化成齐次的. 为此令

$$u(x,t)=V(x,t)+W(x,t), \tag{2.4.4}$$

选取 $W(x,t)$，使 $V(x,t)$ 的边界条件化成齐次的，即

$$V\big|_{x=0}=V\big|_{x=l}=0. \tag{2.4.5}$$

由式(2.4.2)和(2.4.4)容易看出，要使式(2.4.5)成立，只要

$$W\big|_{x=0}=\alpha_1(t),\quad W\big|_{x=l}=\alpha_2(t). \tag{2.4.6}$$

也就是说，只要选取 W 满足式(2.4.6)，就能达到我们的目的. 而满足式(2.4.6)的函数是容易找到的，例如取 W 为 x 的一次函数，即设

$$W(x,t)=A(t)x+B(t).$$

用式(2.4.6)确定 A 和 B，分别为

$$A(t)=\frac{1}{l}[\alpha_2(t)-\alpha_1(t)],\quad B(t)=\alpha_1(t).$$

显然，函数 $W(x,t)=\alpha_1(t)+\frac{1}{l}[\alpha_2(t)-\alpha_1(t)]x$ 满足式(2.4.6)，因此只要做代换

$$u=V+\alpha_1(t)+\frac{1}{l}[\alpha_2(t)-\alpha_1(t)]x \tag{2.4.7}$$

就能使新的未知函数 V 满足齐次边界条件，即经过这个代换后，得到关于 V 的定解问题为

$$\begin{cases}\dfrac{\partial^2 V}{\partial t^2}=a^2\dfrac{\partial^2 V}{\partial x^2}+f_1(x,t)\quad(0<x<l,t>0),\\ V\big|_{x=0}=0,\quad V\big|_{x=l}=0\quad(t>0),\\ V\big|_{t=0}=\varphi_1(x),\dfrac{\partial V}{\partial t}\Big|_{t=0}=\psi_1(x)\quad(0<x<l).\end{cases} \tag{2.4.8}$$

其中

$$f_1(x,t) = f(x,t) - \left[\alpha_1''(t) + \frac{\alpha_2''(t) - \alpha_1''(t)}{l}x\right],$$

$$\varphi_1(x) = \varphi(x) - \left[\alpha_1(0) + \frac{\alpha_2(0) - \alpha_1(0)}{l}x\right], \tag{2.4.9}$$

$$\psi_1(x) = \psi(x) - \left[\alpha_1'(0) + \frac{\alpha_2'(0) - \alpha_1'(0)}{l}x\right].$$

问题(2.4.8)可以用上一节介绍的方法求解，将式(2.4.8)的解代入式(2.4.7)即得原定解问题的解.

上面的例子中由式(2.4.6)确定 $W(x,t)$ 时，取 $W(x,t)$ 为 x 的一次式是为了使式(2.4.9)中的几个式子简单些，并且 $W(x,t)$ 本身也容易确定. 其实只要满足式(2.4.6)的任何函数都行. 比如当 f,α_1 和 α_2 都与 t 无关时，可取适当的 $W(x)$(也与 t 无关)，使 $V(x,t)$ 的方程与边界条件同时都化成齐次的. 这样就可以省掉对 $V(x,t)$ 的求解要进行解非齐次偏微分方程的繁重工作. 如何找到 $W(x)$，将在后面的例题中说明.

如边界条件不全是第一类的，本节的方法仍适用，不同的只是函数 $W(x,t)$ 的形式. 读者可以就下列几种边界条件的情况写出相应的 $W(x,t)$ 来：

(1) $u\big|_{x=0} = \alpha_1(t)$，$\left.\dfrac{\partial u}{\partial x}\right|_{x=l} = \alpha_2(t)$；

(2) $\left.\dfrac{\partial u}{\partial x}\right|_{x=0} = \alpha_1(t)$，$u\big|_{x=l} = \alpha_2(t)$；

(3) $\left.\dfrac{\partial u}{\partial x}\right|_{x=0} = \alpha_1(t)$，$\left.\dfrac{\partial u}{\partial x}\right|_{x=l} = \alpha_2(t)$.

例 1　求解一端固定，一端作周期运动 $\sin\omega t$ 的弦的振动问题：

$$\begin{cases} u_{tt} = a^2 u_{xx} \quad (0 < x < l, t > 0), \\ u\big|_{x=0} = 0, \quad u\big|_{x=l} = \sin\omega t \quad (t > 0), \\ u\big|_{t=0} = 0, \quad u_t\big|_{t=0} = 0 \quad (0 \leqslant x \leqslant l). \end{cases} \tag{2.4.10}$$

解法 1　令

$$u(x,t) = V(x,t) + W(x,t),$$

取

$$W(x,t) = \frac{\alpha_2(t) - \alpha_1(t)}{l}x + \alpha_1(t) = \frac{x}{l}\sin\omega t, \tag{2.4.11}$$

则定解问题转化为

$$\begin{cases} V_{tt} - a^2 V_{xx} = \dfrac{\omega^2}{l}x\sin\omega t, \\ V(0,t) = V(l,t) = 0, \\ V(x,0) = 0, \quad V_t(x,0) = -\dfrac{\omega}{l}x. \end{cases} \tag{2.4.12}$$

为了解出满足非齐次方程的 V，又令

$$V(x,t) = V^{\mathrm{I}}(x,t) + V^{\mathrm{II}}(x,t),$$

其中 $V^{\mathrm{I}}(x,t)$，$V^{\mathrm{II}}(x,t)$ 分别满足

$$\begin{cases} V_{tt}^{\mathrm{I}} = a^2 V_{xx}^{\mathrm{I}}, \\ V^{\mathrm{I}}(0,t) = V^{\mathrm{I}}(l,t) = 0, \\ V^{\mathrm{I}}(x,0) = 0, \quad V_t^{\mathrm{I}}(x,0) = -\dfrac{\omega}{l}x. \end{cases} \tag{2.4.13}$$

$$\begin{cases} V_{tt}^{\mathrm{II}} = a^2 V_{xx}^{\mathrm{II}} + \dfrac{\omega^2}{l}x\sin\omega t, \\ V^{\mathrm{II}}(0,t) = V^{\mathrm{II}}(l,t) = 0, \\ V^{\mathrm{II}}(x,0) = V_t^{\mathrm{II}}(x,0) = 0. \end{cases} \tag{2.4.14}$$

用分离变量法求解式(2.4.13),得

$$V^{\mathrm{I}}(x,t) = \sum_{n=1}^{\infty}(-1)^n \frac{2\omega l}{an^2\pi^2}\sin\frac{n\pi at}{l}\sin\frac{n\pi}{l}x. \tag{2.4.15}$$

用固有函数法求解问题(2.4.14),即设

$$V^{\mathrm{II}}(x,t) = \sum_{n=1}^{\infty}V_n(t)\sin\frac{n\pi x}{l},$$

$$\frac{\omega^2}{l}x\sin\omega t = \sum_{n=1}^{\infty}f_n(t)\sin\frac{n\pi x}{l}.$$

其中 $f_n(t)$ 可以用 Maple 计算如下:

```
>hs :=omega^2/l * x * sin(omega * t) * sin(n * Pi * x/l);
```

$$hs := \frac{\omega^2 x\sin(\omega t)\sin\left(\dfrac{n\pi x}{l}\right)}{l}$$

```
>T :=int(hs,x = 0..l);
```

$$T := -\frac{\omega^2\sin(\omega t)l(-\sin(n\pi)+n\pi\cos(n\pi))}{n^2\pi^2}$$

```
>f[n](t): = 2/l * T;
```

$$f_n(t) := -\frac{2\omega^2\sin(\omega t)(-\sin(n\pi)+n\pi\cos(n\pi))}{n^2\pi^2}$$

即

$$f_n(t) = \frac{2}{l}\int_0^l \frac{\omega^2}{l}x\sin\omega t\sin\frac{n\pi x}{l}\mathrm{d}x = (-1)^{n+1}\frac{2\omega^2}{n\pi}\sin\omega t,$$

代入方程(2.4.14),得

$$\begin{cases} V_n''(t) + \dfrac{a^2n^2\pi^2}{l}V_n(t) = f_n(t), \\ V_n(0) = 0, \quad V_n'(0) = 0 \quad (n = 1,2,\cdots). \end{cases}$$

用 Maple 求解以上定解问题:

```
>ode :=diff(V[n](t),t $ 2) + a^2 * n^2 * Pi^2/l * V[n](t)
      = (-1)^(n+1) * 2 * omega^2/(n * Pi) * sin(omega * t);
```

$$ode := \left(\frac{\mathrm{d}^2}{\mathrm{d}t^2}V_n(t)\right) + \frac{a^2n^2\pi^2V_n(t)}{l} = \frac{2(-1)^{n+1}\omega^2\sin(\omega t)}{n\pi}$$

```
>ics: = V[n](0) = 0,D(V[n])(0) = 0;
```

$$ics := V_n(0) = 0, D(V_n)(0) = 0$$

```
>dsolve({ode,ics},V[n](t),method = laplace);
```

$$V_n(t) = \frac{2\left(\dfrac{\omega^2\sin(\omega t)}{\pi n} + \dfrac{\omega^3\sqrt{-a^2n^2l}\sinh\left(\dfrac{\pi\sqrt{-a^2n^2l}\,t}{l}\right)}{\pi^2a^2n^3}\right)(-1)^n l}{-a^2n^2\pi^2 + \omega^2 l}$$

代入 $V^{\mathrm{II}}(x,t)$，并整理，得

$$V^{\mathrm{II}}(x,t) = \sum_{n=1}^{\infty}(-1)^{n+1}\frac{\omega^2 l}{(n\pi)^2 a}\left[\frac{\sin\omega t + \sin\omega_n t}{\omega + \omega_n} - \frac{\sin\omega_n t - \sin\omega t}{\omega_n - \omega}\right]\sin\frac{n\pi}{l}x, \tag{2.4.16}$$

其中，

$$\omega_n = \frac{n\pi a}{l}.$$

因此，原定解问题的解为

$$u(x,t) = V^{\mathrm{I}}(x,t) + V^{\mathrm{II}}(x,t) + \frac{x}{l}\sin\omega t.$$

解法 2　令 $u(x,t) = V(x,t) + W(x,t)$. 取

$$W(x,t) = \frac{\sin\dfrac{\omega}{a}x}{\sin\dfrac{l}{a}\omega}\sin\omega t.$$

则原问题化为

$$\begin{cases} V''_{tt} = a^2 V''_{xx}, \\ V|_{x=0} = 0, \quad V|_{x=l} = 0, \\ V|_{t=0} = 0, \quad V_t|_{t=0} = -\omega\sin\dfrac{\omega}{a}x\Big/\sin\dfrac{l}{a}\omega. \end{cases} \tag{2.4.17}$$

方程和边界条件同时齐次化了.

用分离变量法解方程(2.4.17)，得

$$V(x,t) = \frac{\omega}{\pi a\sin\dfrac{l}{a}\omega}\sum_{n=1}^{\infty}\frac{1}{n}\left(\frac{1}{\alpha_n}\sin\alpha_n l - \frac{1}{\beta_n}\sin\beta_n l\right)\sin\frac{n\pi at}{l}\sin\frac{n\pi x}{l},$$

其中

$$\alpha_n = \left(\frac{\omega}{a} + \frac{n\pi}{l}\right), \quad \beta_n = \left(\frac{\omega}{a} - \frac{n\pi}{l}\right).$$

原定解问题的解为

$$u(x,t) = V(x,t) + \frac{\sin\dfrac{\omega}{a}x}{\sin\dfrac{l}{a}\omega}\sin\omega t.$$

应当指出，同两种方法得到的定解问题的解在形式上不一样，但可以证明它们是等价的，这是由定解问题解的唯一性决定的.

例 2　求下列定解问题

$$\begin{cases}\dfrac{\partial^2 u}{\partial t^2}=a^2\dfrac{\partial^2 u}{\partial x^2}+A\quad(0<x<l,t>0), & (2.4.18)\\ u\big|_{x=0}=0,\quad u\big|_{x=l}=B\quad(t>0), & (2.4.19)\\ u\big|_{t=0}=\dfrac{\partial u}{\partial t}\Big|_{t=0}=0\quad(0<x<l) & (2.4.20)\end{cases}$$

的形式解,其中 A,B 均为常数.

解 这个定解问题的特点是:方程及边界条件都是非齐次的.根据上述原则,首先应将边界条件化成齐次的.由于方程(2.4.18)的自由项及边界条件都与 t 无关,所以我们有可能通过一次代换将方程及边界条件都变成齐次的.具体做法如下.

令

$$u(x,t)=V(x,t)+W(x),$$

代入方程(2.4.18),得

$$\frac{\partial^2 V}{\partial t^2}=a^2\left[\frac{\partial^2 V}{\partial x^2}+W''(x)\right]+A.$$

为了使这个方程及边界条件同时化成齐次的,选 $W(x)$ 满足

$$\begin{cases}a^2W''(x)+A=0,\\ W\big|_{x=0}=0,\quad W\big|_{x=l}=B.\end{cases}\tag{2.4.21}$$

方程(2.4.21)是一个二阶常系数线性非齐次常微分方程的边值问题,它的解可以通过两次积分求得:

$$W(x)=-\frac{A}{2a^2}x^2+\left(\frac{Al}{2a^2}+\frac{B}{l}\right)x.$$

求出函数 $W(x)$ 之后,再由式(2.4.20)可知函数 $V(x,t)$ 为下列定解问题

$$\begin{cases}\dfrac{\partial^2 V}{\partial t^2}=a^2\dfrac{\partial^2 V}{\partial x^2}\quad(0<x<l,t>0), & (2.4.22)\\ V\big|_{x=0}=V\big|_{x=l}=0\quad(t>0), & (2.4.23)\\ V\big|_{t=0}=-W(x),\quad \dfrac{\partial V}{\partial t}\Big|_{t=0}=0\quad(0<x<l). & (2.4.24)\end{cases}$$

的解.

应用分离变量法,可得式(2.4.22)满足齐次边界条件(2.4.23)的解为

$$V(x,t)=\sum_{n=1}^{\infty}\left(C_n\cos\frac{n\pi a}{l}t+D_n\sin\frac{n\pi a}{l}t\right)\sin\frac{n\pi}{l}x.\tag{2.4.25}$$

利用式(2.4.24)中第二个条件可得 $D_n=0$.

于是定解问题(2.4.22)、(2.4.23)、(2.4.24)的解可表示为

$$V(x,t)=\sum_{n=1}^{\infty}C_n\cos\frac{n\pi a}{l}t\sin\frac{n\pi}{l}x,$$

代入式(2.4.24)中第一个条件,得

$$-W(x)=\sum_{n=1}^{\infty}C_n\sin\frac{n\pi}{l}x,$$

即

$$\frac{A}{2a^2}x^2-\left(\frac{Al}{2a^2}+\frac{B}{l}\right)x=\sum_{n=1}^{\infty}C_n\sin\frac{n\pi}{l}x.$$

由 Fourier 级数的系数公式可得

$$\begin{aligned}C_n&=\frac{2}{l}\int_0^l\left[\frac{A}{2a^2}x^2-\left(\frac{Al}{2a^2}+\frac{B}{l}\right)x\right]\sin\frac{n\pi}{l}x\,\mathrm{d}x\\&=\frac{A}{a^2l}\int_0^l x^2\sin\frac{n\pi}{l}x\,\mathrm{d}x-\left(\frac{A}{a^2}+\frac{2B}{l^2}\right)\int_0^l x\sin\frac{n\pi}{l}x\,\mathrm{d}x\\&=-\frac{2Al^2}{a^2n^3\pi^3}+\frac{2}{n\pi}\left(\frac{Al^2}{a^2n^2\pi^2}+B\right)\cos n\pi.\end{aligned}\tag{2.4.26}$$

因此,原定解问题的解为

$$u(x,t)=-\frac{A}{2a^2}x^2+\left(\frac{Al}{2a^2}+\frac{B}{l}\right)x+\sum_{n=1}^{\infty}C_n\cos\frac{n\pi a}{l}t\sin\frac{n\pi}{l}x,$$

其中 C_n 由式(2.4.26) 确定.

2.5 历史注记 —— 数学物理学家:傅里叶

傅里叶(Fourier,Jean Baptiste Joseph)1768 年 3 月 21 日生于法国奥塞尔;1830 年 5 月 16 日卒于巴黎. 著名数学物理家.

傅里叶出身平民,父亲是位裁缝. 9 岁时双亲亡故,后来由教会送入镇上的军校就读,表现出对数学的特殊爱好. 他还有志于参加炮兵或工程兵,但因家庭地位低而遭到拒绝. 后来希望到巴黎在更优越的环境下追求他有兴趣的研究. 可是法国大革命中断了他的计划,于是于 1789 年回到家乡奥塞尔的母校执教.

傅里叶(1768—1830)

1795 年,当巴黎综合工科学校成立时,傅里叶被任命为助教,协助 J. L. 拉格朗日(Lagrange) 和 G. 蒙日(Monge) 从事数学教学.

1816 年,傅里叶被提名为法国科学院的成员,于 1817 年就职科学院. 1822 年,他被选为科学院的终身秘书,这是极有权力的职位. 1827 年,他又被选为法兰西学院院士,还被英国皇家学会选为外国会员.

傅里叶的科学成就主要在于他对热传导问题的研究,以及他为推进这一方面的研究所引入的数学方法. 早在 1898 年蒙日选派他跟随拿破仑(Napoleon) 远征埃及时,他就对热传导问题产生了浓厚的兴趣,不过主要的研究工作是在格勒诺布尔任职期间进行的. 1807 年,他向科学院呈交了一篇很长的论文,题为"热的传播"(*Mémoire sur la propagation de la chaleur*),内容是关于不连结的物质和特殊形状的连续体(矩形的、环状的、球状的、柱状的、棱柱形的) 中的热扩散(即热传导) 问题. 他研究的主要是吸热或放热物体内部任何点处的温度随空间和时间的变化规律. 在对物体的物理性状作出一定的限制(如均匀、各向同性) 后,他根据物理原理推导出了三维空间的热传导方程

$$\frac{\partial^2 T}{\partial x^2}+\frac{\partial^2 T}{\partial y^2}+\frac{\partial^2 T}{\partial z^2}=k^2\frac{\partial T}{\partial t},$$

其中 k 是一个参数，其值依赖于物体的质料. 傅里叶当时解决的是如下特殊的热传导问题：设所考虑的物体为两端保持在温度 0 度、表面绝热且无热流通过的柱轴，在此情形下求解上述热传导方程. 因为柱轴只涉及一维空间，所以这个问题也就是求解偏微分方程

$$\begin{cases}\dfrac{\partial^2 T}{\partial x^2}=k^2\dfrac{\partial T}{\partial t},\\ T(0,t)=0,\ \ T(l,t)=0\quad(t>0),\\ T(x,0)=f(x)\quad(0<x<l),\end{cases}$$

其中后面两项分别是边界条件和初始条件. 傅里叶为解这个方程用了分离变量法，他得到满足方程和边界条件的级数解为

$$T(x,t)=\sum_{n=1}^{\infty}b_n\mathrm{e}^{-(n^2\pi^2/k^2l^2)t}\sin\frac{n\pi x}{l}.$$

为了满足初始条件，必须有

$$f(x)=\sum_{n=1}^{\infty}b_n\sin\frac{n\pi x}{l}.$$

这就促使傅里叶不得不考虑任给一个函数，能否将它表示成三角级数的问题. 傅里叶得出的结论是：每个函数都可以表示成

$$f(x)=\sum_{n=1}^{\infty}b_n\sin nx,0<x<\pi.$$

这样，每个 b_n 可由上式乘以 $\sin nx(n=1,2,\cdots)$，再从 0 到 π 积分而得到. 他还指出这个程序可以应用于表达式

$$f(x)=\frac{a_0}{2}+\sum_{n=1}^{\infty}a_n\cos nx,0<x<\pi.$$

接着，他考虑了任何函数 $f(x)$ 在区间 $(-\pi,\pi)$ 的表达式. 利用对称区间上的任何函数可以表示成一个奇函数和一个偶函数之和这一事实，傅里叶可以将区间 $(-\pi,\pi)$ 上的任何函数 $f(x)$ 表示为

$$f(x)=\frac{a_0}{2}+\sum_{n=1}^{\infty}(a_n\cos nx+b_n\sin nx),$$

其系数由

$$a_n=\frac{1}{\pi}\int_{-\pi}^{\pi}f(x)\cos nx\,\mathrm{d}x,$$

$$b_n=\frac{1}{\pi}\int_{-\pi}^{\pi}f(x)\sin nx\,\mathrm{d}x,n\geqslant 1$$

确定，这就是我们通常所称的傅里叶级数.

为了处理无穷区域上的热传导问题，傅里叶同时还导出了现在所谓的“傅里叶积分”：

$$f(x)=\frac{1}{\pi}\int_0^{+\infty}\mathrm{d}u\int_{-\infty}^{+\infty}f(t)\cos u(x-t)\mathrm{d}t.$$

需要指出的是，傅里叶从没有对“任意”函数可以展成傅里叶级数这一断言给出过任

何完全的证明,也没有说出一个函数可以展开为三角级数必须满足的条件.然而傅里叶本人对此充满信心,因为他的信念有几何上的根据.傅里叶的工作不仅发展了偏微分方程的理论,而且使函数概念得以改进,同时也标志着人们从解析函数或可展成泰勒级数的函数中解放出来.傅里叶的前辈都曾坚持一个函数必须是可用单个式子表示的,而傅里叶级数却可以表示那些在区间$(0,\pi)$或$(-\pi,\pi)$的不同部分有不同解析式的函数,不论这些表示式相互是否连续地接合着.特别是,一个傅里叶级数是在一整段区间上表示一个函数的,而一个泰勒级数仅在函数的解析点附近表示该函数.

事实上,傅里叶的主要思想早在 1807 年他提交巴黎科学院的一篇关于热传导的论文中就出现了,但是这篇论文在拉格朗日等人评审后被拒绝.1811 年,他又提交了经过修改的论文,以争取科学院为热传导问题所设立的高额奖金.这次他虽然获了奖,但仍因受到缺乏严格性的批评而未能将论文发表在当时科学院的《报告》里.1824 年,傅里叶成为科学院的秘书,这回他终于能够把他 1811 年的论文原封不动地发表在《报告》里,而这已经是在他的名著《热的解析理论》出版两年以后的事情了.

《热的解析理论》是记载傅里叶级数与傅里叶积分的诞生经过的重要历史文献,在数学史,乃至科学史上公认是一部划时代的经典性著作.然而,对于傅里叶在数学上和数学物理上工作的具体评价,历来众说纷坛.有些人只注意了傅里叶级数和傅里叶积分本身的推导,从非时代的严格性标准来要求他.实际上,要全面地理解傅里叶的成就,还应该注意到以下两个方面:一是他把物理问题表述为线性偏微分方程的边值问题来处理.这一点,连同他在单位和量纲方面的工作,使分析力学超出了 I. 牛顿(Newton)在《原理》(*Principia*)中所规定的范畴.二是他所发明的解方程的强有力的数学工具产生了一系列派生学科,在数学分析中提出了许多研究课题,极大地推动了 19 世纪及以后的数学领域中的第一流的工作,并且开拓了一些新的领域(如泛函分析和集合论的建立等等).况且,傅里叶的理论和方法几乎渗透到近代物理的所有部门.

和傅里叶的著名的热传导问题的成就相比,他在数学的其他方面的工作就鲜为人知了.首先是他对方程论有着长时间的浓厚兴趣.早在 16 岁时他就作出了对笛卡儿正负号法则的一个新证明.傅里叶还把笛卡儿法则推广到估计在一给定区间$[a,b]$内$f(x)$的实根数,并于 1789 年向科学院递交了一篇文章,其中有他对自己的定理的证明,可惜文章在巴黎革命动荡的年代里丢失了.大约 30 年后这篇文章才得以发表.直到傅里叶逝世之前,他始终没有中断过方程论方面的研究,并且计划写出一部七卷本的专著:《方程判定之分析》(*Analyse des équations déterminées*).他已写出头两卷,但他预感到生前大概不可能完成这部著作,于是写了一个全书提要.1831 年,即他逝世的第二年,由他的友人纳维(Navier)将这部未完成的著作编辑出版.从全书提要中,可以看出傅里叶对方程论有过十分广泛的研究.其中最重要的是各种区分实根和虚根的方法,对牛顿-拉夫逊(Raphson)求根近似法的改进,对 D·伯努利求循环级数中相继项之比的极限值的法则的推广,等等.由于还有线性不等式的求解法和应用方面的工作以及他对这一问题的出众的理解,傅里叶也被后人称为线性规划的先驱.傅里叶对力学问题也作过相当多的探讨,他曾发表过关于虚功原理的文章.

纵观傅里叶一生的学术成就,他最突出的贡献就是他对热传导问题的研究和新的普遍性数学方法的创造,这就为数学物理学的前进开辟了康庄大道,极大地推动了应用数学的发展,从而也有力地推动了物理学的发展.

傅里叶大胆地断言:"任意"函数(实际上是在有限区间上只有有限个间断点的函数)都可以展成三角级数.并且列举大量函数和运用图形来说明函数的三角级数展开的普遍性.虽然他没有给出明确的条件和严格的证明,但是毕竟由此开创出"傅里叶分析"这一重要的数学分支,拓广了传统的函数概念.1837年,狄利克雷正是研究了傅里叶级数理论之后才提出了现代数学中通用的函数定义.1854年,G·F·B·黎曼(Riemann)在讨论傅里叶级数的文章中第一次阐述了现代数学通用的积分定义.1861年,魏尔斯特拉斯运用三角级数构造出处处连续而处处不可微的特殊函数.正是从傅里叶级数提出来的许多问题直接引导了狄利克雷、黎曼、G·G·斯托克斯(Stokes)、H·E·海涅(Heine)以及G·康托尔(Cantor)、H·L·勒贝格(Lebesgue)、F·里斯(Riesz)和E·费希(Fisch)等人在实变分析的各个方面的研究工作,并获得了卓越的研究成果,而且导致一些重要的数学分支,如泛函分析、集合论等的建立.傅里叶的工作对纯数学的发展也产生了如此深远的影响,这是傅里叶本人及其同时代人都没有预料到的,而且,这种影响至今还在发展之中.

从傅里叶的著作中,我们看到:他坚信数学是解决实际问题的最卓越的工具,并且认为"对自然界的深刻研究是数学发现的最富饶的源泉".这一见解是傅里叶一生从事学术研究的指导性观点,而且已经成为数学史上强调通过研究实际问题发展数学(包括应用数学和纯粹数学)的一派数学家的代表性格言.

2.6 例题分析

例1 演奏琵琶是把弦的某一点向旁边拨开一小段距离,然后放手任其自由振动.设弦长为 l,被拨开的点在弦长的$\dfrac{1}{n_0}$(n_0 为正整数)处,拨开距离为 h,试求解弦的振动,即求解定解问题

$$\begin{cases} u_{tt}-a^2u_{xx}=0 \quad (0<x<l), \\ u\big|_{x=0}=u\big|_{x=l}=0, \\ u\big|_{t=0}=\begin{cases} \dfrac{n_0hx}{l} & \left(0\leqslant x\leqslant \dfrac{1}{n_0}\right), \\ \dfrac{h(l-x)}{l-\dfrac{l}{n_0}} & \left(\dfrac{1}{n_0}<x\leqslant l\right), \end{cases} \\ u_t\big|_{t=0}=0. \end{cases}$$

解 将 $u(x,t)=X(x)T(t)$ 代入原方程及边界条件得

$$T''+\mu a^2T=0. \tag{1}$$

$$\begin{cases} X''+\mu X=0, \\ X(0)=X(l)=0. \end{cases} \tag{2}$$

其中 μ 是分离常数.解(2)的第1式可得

$$X(x)=C\cos\sqrt{\mu}x+D\sin\sqrt{\mu}x.$$

由(2) 的第 2 式得

$$\mu_n = \frac{n^2\pi^2}{l^2},$$

$$X_n(x) = D_n \sin\frac{n\pi x}{l} \quad (n = 1,2,3,\cdots).$$

将 μ_n 代入式(1) 解得

$$T_n(t) = A_n \cos\frac{n\pi at}{l} + B_n \sin\frac{n\pi at}{l},$$

于是得问题的一般解是

$$u(x,t) = \sum_{n=1}^{\infty}\left(A_n \cos\frac{n\pi at}{l} + B_n \sin\frac{n\pi at}{l}\right)\sin\frac{n\pi x}{l}.$$

由初始条件得

$$\sum_{n=1}^{\infty} A_n \cos\frac{n\pi at}{l} = \begin{cases} \dfrac{n_0 hx}{l} & \left(0 \leqslant x \leqslant \dfrac{1}{n_0}\right), \\ \dfrac{h(l-x)}{l-\dfrac{l}{n_0}} & \left(\dfrac{1}{n_0} < x \leqslant l\right). \end{cases}$$

$$\frac{n\pi a}{l}\sum_{n=1}^{\infty} B_n \cos\frac{n\pi at}{l}\sin\frac{n\pi x}{l} = 0.$$

所以

$$B_n = 0,$$

$$A_n = \frac{2}{l}\int_0^{\frac{1}{n_0}} \frac{n_0 hx}{l}\sin\frac{n\pi x}{l}\mathrm{d}x + \int_{\frac{1}{n_0}}^{l} \frac{h(l-x)}{l-\dfrac{l}{n_0}}\mathrm{d}x = \frac{2n_0^2 h}{n^2\pi^2(n_0-1)}\sin\frac{n\pi}{n_0}.$$

从而

$$u(x,t) = \frac{2n_0^2 h}{\pi^2(n_0-1)}\sum_{n=1}^{\infty}\frac{1}{n^2}\sin\frac{n\pi}{n_0}\cos\frac{n\pi at}{l}\sin\frac{n\pi x}{l}.$$

例 2　求解细杆的导热问题，杆长 l，两端保持零度，初始温度分布 $u|_{t=0} = bx(l-x)/l^2$.

解　该问题的定解问题为

$$\begin{cases} u_t = a^2 u_{xx}, \\ u|_{t=0} = \dfrac{bx(l-x)}{l^2}, \\ u|_{x=0} = u|_{x=l} = 0. \end{cases} \tag{1}$$

令 $u(x,t) = X(x)T(t)$，代入(1) 的第 1 式可得，

$$X''(x) + \lambda X(x) = 0, \tag{2}$$

$$T'(t) + a^2\lambda T(t) = 0, \tag{3}$$

其中 λ 为分离常数. 由(2) 得

$$X(x) = A\cos\sqrt{\lambda}x + B\sin\sqrt{\lambda}x. \tag{4}$$

由(1) 的第 3 式可得

$$X(0)T(t)=0,\quad X(l)T(t)=0.$$

因为 $T(t)\neq 0$,所以 $X(0)=X(l)=0$. 由 $X(0)=0$,得 $A=0$.

由 $X(l)=B\sin\sqrt{\lambda}l=0$,由 $B\neq 0$,得 $\lambda_n=\frac{n^2\pi^2}{l^2}(n=1,2,3,\cdots)$, 于是有

$$X_n=B_n\sin\frac{n\pi x}{l},\quad T_n(t)=C_n\mathrm{e}^{-a^2\lambda_n t}=C_n\mathrm{e}^{-\frac{n^2\pi^2a^2t}{l^2}}\quad(n=1,2,3,\cdots),$$

因此

$$u_n(x,t)=C_n\mathrm{e}^{-\frac{n^2\pi^2a^2t}{l^2}}\sin\frac{n\pi x}{l},$$

$$u(x,t)=\sum_{n=1}^{\infty}C_n\mathrm{e}^{-\frac{n^2\pi^2a^2t}{l^2}}\sin\frac{n\pi x}{l}.$$

将 $\frac{bx(l-x)}{l^2}$ 作 Fourier 展开得

$$\frac{bx(l-x)}{l^2}=\sum_{n=1}^{\infty}B_n\sin\frac{n\pi x}{l},$$

其中

$$B_n=\frac{2}{l}\int_0^l\frac{bx(l-x)}{l^2}\sin\frac{n\pi x}{l}\mathrm{d}x=\frac{4b}{n^3\pi^3}[1-\cos n\pi]\quad(n=1,2,3,\cdots),$$

于是

$$C_n=B_n=\frac{4b}{n^3\pi^3}[1-\cos n\pi]\quad(n=1,2,3,\cdots).$$

因此

$$\begin{aligned}u(x,t)&=\sum_{n=1}^{\infty}\frac{4b}{n^3\pi^3}[1-\cos n\pi]\mathrm{e}^{-\frac{n^2\pi^2a^2t}{l^2}}\sin\frac{n\pi x}{l}\\&=\sum_{k=1}^{\infty}\frac{8b}{(2k-1)^3\pi^3}\mathrm{e}^{-\frac{(2k-1)^2\pi^2a^2t}{l^2}}\sin\frac{2k-1}{l}\pi x.\end{aligned}$$

例 3 在铀块中,除了中子的扩散运动之外,还进行着中子的增殖过程,每秒钟在单位体积中产生的中子数正比于该处的中子浓度 u,从而可表为 βu(β 是表示增殖快慢的常数). 设铀块厚度 $0<x<l$,在两端浓度为零,求证临界厚度为 $l=\frac{\pi a}{\sqrt{\beta}}$(铀块厚度超过临界,则中子浓度将随时间而增长,以致铀块爆炸 —— 核爆炸),该问题写成定解问题即为

$$\begin{cases}\frac{\partial u}{\partial t}=D\frac{\partial^2 u}{\partial x^2}+\beta u\quad(D=a^2),\\ u\big|_{x=0}=u\big|_{x=l}=0.\end{cases}$$

解 令 $u(x,t)=X(x)T(t)$,代入原方程可得

$$\frac{T'(t)-\beta T(t)}{a^2T(t)}=\frac{X''(x)}{X(x)}=-\lambda,$$

其中 λ 为分离常数. 由此得

$$X''(x)+\lambda X(x)=0,\tag{1}$$

$$T'(t)+(\lambda a^2-\beta)T(t)=0.\tag{2}$$

由式(1)得

$$X(x)=A\cos\sqrt{\lambda}x+B\sin\sqrt{\lambda}x.$$

由 $u|_{x=0}=u|_{x=l}=0$，得 $X(0)=X(l)=0$. 从而 $A=0, B\sin\sqrt{\lambda}l=0$，于是得本征值和本征函数分别为

$$\lambda_n=\frac{n^2\pi^2}{l^2}\quad(n=1,2,3,\cdots),\quad X_n(x)=B_n\sin\frac{n\pi x}{l}.$$

代入式(2)，并解得

$$T_n(t)=C_n\mathrm{e}^{\left(\beta-\frac{n^2\pi^2a^2}{l^2}\right)t},$$

于是

$$u_n(x,t)=C_n\mathrm{e}^{\left(\beta-\frac{n^2\pi^2a^2}{l^2}\right)t}\sin\frac{n\pi x}{l},$$

及

$$u(x,t)=\sum_{n=1}^{\infty}C_n\mathrm{e}^{\left(\beta-\frac{n^2\pi^2a^2}{l^2}\right)t}\sin\frac{n\pi x}{l}.$$

当 $n=1$ 时，

若 $\beta-\frac{\pi^2a^2}{l^2}>0$，则浓度 u 将随时间而增长，可能产生爆破；

若 $\beta-\frac{\pi^2a^2}{l^2}<0$，则浓度 u 将随时间而减小，反应堆可能熄火；

若 $\beta-\frac{\pi^2a^2}{l^2}=0$，即 $l=\frac{a\pi}{\sqrt{\beta}}$ 时，浓度 u 将不随时间而变化，这时 l 就是临界厚度.

例 4　矩形区域 $0<x<a, 0<y<b$ 上，电位满足 $\nabla^2u=0$，并满足边界条件：

$$u|_{x=0}=Ay(b-y), u|_{x=a}=0, u|_{y=0}=B\sin\frac{\pi x}{a}, u|_{y=b}=0.$$

求此矩形区域内的电势 u.

解　定解问题为

$$\begin{cases}\nabla^2u=u_{xx}+u_{yy}=0,\\ u|_{x=0}=Ay(b-y),\quad u|_{x=a}=0,\\ u|_{y=0}=B\sin\frac{\pi x}{a},\quad u|_{y=b}=0.\end{cases}\tag{1}$$

令 $u(x,y)=w(x,y)+v(x,y)$，使得 $w(x,y)$ 和 $v(x,y)$ 分别满足

$$\begin{cases}w_{xx}+w_{yy}=0,\\ w|_{x=0}=Ay(b-y),\quad w|_{x=a}=0,\\ w|_{y=0}=0,\quad w|_{y=b}=0.\end{cases}\tag{2}$$

$$\begin{cases}v_{xx}+v_{yy}=0,\\ v|_{x=0}=0,\quad v|_{x=a}=0,\\ v|_{y=0}=B\sin\frac{\pi x}{a},\quad v|_{y=b}=0.\end{cases}\tag{3}$$

先解定解问题(2). 令 $w(x,y)=X(x)Y(y)$，则有 $\frac{X''(x)}{X(x)}=-\frac{Y''(y)}{Y(y)}=\lambda$，即

$$Y''(y)+\lambda Y(y)=0, \tag{4}$$
$$X''(x)-\lambda X(x)=0, \tag{5}$$

式(4) 的通解为

$$Y(y)=A\cos\sqrt{\lambda}y+B\sin\sqrt{\lambda}y. \tag{6}$$

由$w|_{y=0}=w|_{y=b}=0$,得$Y(0)=Y(b)=0$,代入式(6) 得$A=0,\sin\sqrt{\lambda}b=0$,因此得本征值和本征函数为

$$\lambda_n=\frac{n^2\pi^2}{b^2}\quad(n=1,2,3,\cdots),\quad Y_n(y)=B_n\sin\frac{n\pi y}{b}.$$

从而

$$X_n=C_n\mathrm{e}^{\frac{n\pi x}{b}}+D_n\mathrm{e}^{-\frac{n\pi x}{b}},$$

$$w(x,y)=\sum_{n=1}^{\infty}(C_n\mathrm{e}^{\frac{n\pi x}{b}}+D_n\mathrm{e}^{-\frac{n\pi x}{b}})\sin\frac{n\pi y}{b}.$$

由 $w(a,y)=0$ 得 $\sum\limits_{n=1}^{\infty}(C_n\mathrm{e}^{\frac{n\pi a}{b}}+D_n\mathrm{e}^{-\frac{n\pi a}{b}})\sin\frac{n\pi y}{b}=0$,即

$$C_n\mathrm{e}^{\frac{n\pi a}{b}}+D_n\mathrm{e}^{-\frac{n\pi a}{b}}=0. \tag{7}$$

由 $w(0,y)=Ay(b-y)$ 得

$$\sum_{n=1}^{\infty}(C_n+D_n)\sin\frac{n\pi y}{b}=Ay(b-y).$$

将 $Ay(b-y)$ 展开成 Fourier 正弦级数,可以得到

$$C_n+D_n=\frac{2}{b}\int_0^b Ay(b-y)\sin\frac{n\pi y}{b}\mathrm{d}y=\frac{4Ab^2}{n^3\pi}. \tag{8}$$

由式(7)、(8) 可得

$$C_n=\frac{4Ab^2(1-\cos n\pi)}{n^3\pi^3(1-\mathrm{e}^{\frac{2n\pi}{b}})}=\frac{-2Ab^2(1-\cos n\pi)\mathrm{e}^{-\frac{2n\pi}{b}}}{n^3\pi^3\,\mathrm{sh}\,\frac{n\pi a}{b}},$$

$$D_n=\frac{4Ab^2(1-\cos n\pi)}{n^3\pi^3(1-\mathrm{e}^{-\frac{2n\pi}{b}})}=\frac{2Ab^2(1-\cos n\pi)\mathrm{e}^{\frac{2n\pi}{b}}}{n^3\pi^3\,\mathrm{sh}\,\frac{n\pi a}{b}},$$

于是

$$w(x,y)=\sum_{k=1}^{\infty}\frac{8Ab^2\,\mathrm{sh}\,\frac{(2k-1)\pi(a-x)}{b}}{(2k-1)^3\pi^3\,\mathrm{sh}\,\frac{(2k-1)\pi a}{b}}\sin\frac{n\pi y}{b}.$$

再解方程(3). 令 $v(x,y)=X_1(x)Y_1(y)$, 则有$\frac{X''_1(x)}{X_1(x)}=-\frac{Y''_1(x)}{Y_1(x)}=-\lambda$,即

$$X''_1(x)+\lambda X_1(x)=0,$$
$$Y''_1(y)-\lambda Y_1(y)=0.$$

上面第一个方程的通解为

$$X(x)=A'\cos\sqrt{\lambda}x+B'\sin\sqrt{\lambda}x.$$

由边界条件,有

$$X_{1n}=B'_n\sin\frac{n\pi x}{a}\quad(n=1,2,3,\cdots),$$

第二个方程的通解为

$$Y_{1n} = C_n' \mathrm{e}^{\frac{n\pi y}{a}} + D_n' \mathrm{e}^{-\frac{n\pi y}{a}} \quad (n = 1,2,3,\cdots).$$

于是

$$v(x,y) = \sum_{n=1}^{\infty} (A_n \mathrm{e}^{\frac{n\pi y}{a}} + B_n \mathrm{e}^{-\frac{n\pi y}{a}}) \sin \frac{n\pi x}{a}.$$

再由 $v|_{y=b} = 0$ 得

$$\sum_{n=1}^{\infty} (A_n \mathrm{e}^{\frac{n\pi b}{a}} + B_n \mathrm{e}^{-\frac{n\pi b}{a}}) \sin \frac{n\pi x}{a} = 0,$$

从而

$$A_n \mathrm{e}^{\frac{n\pi b}{a}} + B_n \mathrm{e}^{-\frac{n\pi b}{a}} = 0. \tag{9}$$

又由 $v|_{y=0} = B\sin \frac{\pi x}{a}$ 得

$$\sum_{n=1}^{\infty} (A_n + B_n) \sin \frac{n\pi x}{a} = B\sin \frac{\pi x}{a},$$

将 $B\sin \frac{\pi x}{a}$ 展开成 Fourier 正弦级数，可以得到

$$B\sin \frac{\pi x}{a} = \sum_{n=1}^{\infty} f_n B \sin \frac{\pi x}{a} \sin \frac{n\pi x}{a}.$$

当 $n = 1$ 时，有　$A_1 + B_1 = f_1 B = \frac{2B}{a}\int_0^a \sin^2 \frac{\pi x}{a} \mathrm{d}x = B.$

当 $n \neq 1$ 时，有 $A_n + B_n = f_n B = \frac{2B}{a}\int_0^a \sin \frac{\pi x}{a} \sin \frac{n\pi x}{a} \mathrm{d}x = 0.$

由式(9) 及以上两式得

$$\begin{cases} A_1 = \dfrac{B}{1 - \mathrm{e}^{\frac{2\pi b}{a}}} = -\dfrac{B\mathrm{e}^{-\frac{\pi b}{a}}}{2\mathrm{sh}\,\dfrac{\pi b}{a}}, \\ B_1 = \dfrac{B}{1 - \mathrm{e}^{-\frac{2\pi b}{a}}} = \dfrac{B\mathrm{e}^{\frac{\pi b}{a}}}{2\mathrm{sh}\,\dfrac{\pi b}{a}}. \end{cases}$$

当 $n \neq 1$ 时，$A_n = B_n = 0$. 于是

$$v(x,y) = \frac{B}{2\mathrm{sh}\,\frac{\pi b}{a}} [\mathrm{e}^{\frac{\pi(b-y)}{a}} - \mathrm{e}^{-\frac{\pi(b-y)}{a}}] \sin \frac{\pi x}{a} = \frac{B\mathrm{sh}\,\frac{\pi(b-y)}{a}}{\mathrm{sh}\,\frac{\pi b}{a}} \sin \frac{\pi x}{a}.$$

最后得矩形区域内的电势分布为

$$\begin{aligned} u(x,y) &= w(x,y) + v(x,y) \\ &= \sum_{k=1}^{\infty} \frac{8Ab^2 \mathrm{sh}\,\frac{(2k-1)\pi(a-x)}{b}}{(2k-1)^3 \pi^3 \mathrm{sh}\,\frac{(2k-1)\pi a}{b}} \sin \frac{n\pi y}{b} + \frac{B\mathrm{sh}\,\frac{\pi(b-y)}{a}}{\mathrm{sh}\,\frac{\pi b}{a}} \sin \frac{\pi x}{a}. \end{aligned}$$

例 5　在带形区域($0 \leqslant x \leqslant a, 0 \leqslant y < +\infty$) 上求解 Laplace 方程 $\nabla^2 u = 0$，使 $u|_{x=0} =$

$u\big|_{x=a}=0, u\big|_{y=0}=A\left(1-\frac{x}{a}\right), \lim\limits_{y\to+\infty} u=0.$

解 定解问题为

$$\begin{cases} u_{xx}+u_{yy}=0, \\ u\big|_{x=0}=u\big|_{x=a}=0, \\ u\big|_{y=0}=A\left(1-\frac{x}{a}\right), \lim\limits_{y\to+\infty} u=0. \end{cases} \tag{1}$$

令 $u(x,y)=X(x)Y(y)$，代入原方程得

$$X''(x)+\mu X(x)=0, \tag{2}$$

$$Y''(y)-\mu Y(y)=0. \tag{3}$$

由问题(1)的第2式得

$$X(0)=X(a)=0. \tag{4}$$

解本征值问题(2)、(4)，得

$$\mu=\frac{n^2\pi^2}{a^2}, \quad X_n(x)=C_n\sin\frac{n\pi x}{a}.$$

解关于 $Y(y)$ 的方程(3)，得

$$Y_n(y)=A_n e^{\frac{n\pi y}{a}}+B_n e^{-\frac{n\pi y}{a}}.$$

从而有

$$u_n(x,y)=\left(A_n e^{\frac{n\pi y}{a}}+B_n e^{-\frac{n\pi y}{a}}\right)\sin\frac{n\pi x}{a}, \tag{5}$$

$$u(x,y)=\sum_{n=1}^{\infty}\left(A_n e^{\frac{n\pi y}{a}}+B_n e^{-\frac{n\pi y}{a}}\right)\sin\frac{n\pi x}{a}. \tag{6}$$

将式(6)代入边界条件(1)的第3式，得

$$\sum_{n=1}^{\infty}(A_n+B_n)\sin\frac{n\pi x}{a}=A\left(1-\frac{x}{a}\right), \tag{7}$$

$$\sum_{n=1}^{\infty}(A_n e^{\infty}+B_n e^{-\infty})\sin\frac{n\pi x}{a}=0. \tag{8}$$

由式(8)取

$$A_n=0 \quad (n=1,2,3,\cdots).$$

代入式(7)得

$$\sum_{n=1}^{\infty}B_n\sin\frac{n\pi x}{a}=A\left(1-\frac{x}{a}\right).$$

由此得

$$B_n=\frac{2}{a}\int_0^a A\left(1-\frac{x}{a}\right)\sin\frac{n\pi x}{a}\mathrm{d}x=\frac{2A}{n\pi} \quad (n=1,2,3,\cdots).$$

所以
$$u(x,y)=\frac{2A}{\pi}\sum_{n=1}^{\infty}\frac{1}{n}e^{-\frac{n\pi y}{a}}\sin\frac{n\pi x}{a}.$$

例6 写出求解下列定解问题的方法和步骤：

$$\begin{cases}\dfrac{\partial^2 u}{\partial t^2} = a^2 \dfrac{\partial^2 u}{\partial x^2} + f(x), \\ u\big|_{x=0} = M_1, \quad u\big|_{x=l} = M_2, \\ u\big|_{t=0} = \varphi(x), \quad u_t\big|_{t=0} = \psi(x).\end{cases}$$

解　设 $u(x,t) = v(x,t) + w(x,t)$ ，取 $w(x,t) = M_1 + \dfrac{M_2 - M_1}{l}x = w(x)$，则 $v(x,t)$ 满足

$$\begin{cases}\dfrac{\partial^2 v}{\partial t^2} = a^2 \dfrac{\partial^2 v}{\partial x^2} + f(x), \\ v\big|_{x=0} = v\big|_{x=l} = 0, \\ v\big|_{t=0} = \varphi(x) - M_1 - \dfrac{M_2 - M_1}{l}x, \quad v_t\big|_{t=0} = \psi(x).\end{cases}$$

设 $v(x,t) = v_1(x,t) + v_2(x,t)$，使

$$\begin{cases}\dfrac{\partial^2 v_1}{\partial t^2} = a^2 \dfrac{\partial^2 v_1}{\partial x^2} + f(x), \\ v_1\big|_{x=0} = v_1\big|_{x=l} = 0, \\ v_1\big|_{t=0} = v_{1t}\big|_{t=0} = 0.\end{cases} \quad (1) \text{ 和 } \begin{cases}\dfrac{\partial^2 v_2}{\partial t^2} = a^2 \dfrac{\partial^2 v_2}{\partial x^2} \\ v_2\big|_{x=0} = v_2\big|_{x=l} = 0, \\ v_2\big|_{t=0} = \varphi(x) - M_1 - \dfrac{M_2 - M_1}{l}x, \\ v_{2t}\big|_{t=0} = \psi(x).\end{cases} \quad (2)$$

求解定解问题(1)，由于是第一类齐次边界条件，故可令

$$v_1(x,t) = \sum_{n=1}^{\infty} v_{1n}(t) \sin \frac{n\pi}{l}x,$$

$$f(x) = \sum_{n=1}^{\infty} f_n(t) \sin \frac{n\pi}{l}x,$$

其中 $f_n(x) = \dfrac{2}{l}\displaystyle\int_0^l f(x) \sin \frac{n\pi}{l}x \, dx$.

代入式(1) 中的方程，有

$$\sum_{n=1}^{\infty} v''_{1n}(t) \sin \frac{n\pi x}{l} = \sum_{n=1}^{\infty} \left[-\frac{a^2 n^2 \pi^2}{l^2} v_{1n}(t) \sin \frac{n\pi x}{l}\right] + \sum_{n=1}^{\infty} f_n(x) \sin \frac{n\pi x}{l},$$

于是

$$v''_{1n}(t) = -\frac{a^2 n^2 \pi^2}{l^2} v_{1n}(t) + f_n(x).$$

上式对应齐次方程得的通解为 $\bar{v}_{1n}(t) = A_n \sin \dfrac{an\pi}{l}t + B_n \cos \dfrac{an\pi}{l}t$，特解为 $v_{1n}^*(t) = \dfrac{l^2 f_n(x)}{a^2 n^2 \pi^2}$.

从而 $$v_{1n}(t) = A_n \sin \frac{an\pi}{l}t + B_n \cos \frac{an\pi}{l}t + \frac{l^2 f_n(x)}{a^2 n^2 \pi^2}.$$

$$v_1(x,t) = \sum_{n=1}^{\infty} v_{1n}(t) \sin \frac{n\pi x}{l} = \sum_{n=1}^{\infty} \left[A_n \sin \frac{an\pi}{l}t + B_n \cos \frac{an\pi}{l}t + \frac{l^2 f_n(x)}{a^2 n^2 \pi^2}\right] \sin \frac{n\pi x}{l}. \quad (3)$$

由于 $v_{1n}(0) = \dfrac{\partial v}{\partial t}\Big|_{t=0} = 0$，故 $B_n = -\dfrac{l^2 f_n(x)}{a^2 n^2 \pi^2}$，$A_n = -\dfrac{l^3 f_n(x)}{a^3 n^3 \pi^3}$.

又令 $v_2(x,t) = X(x)T(t)$，可解得

$$\begin{cases} X_n(x) = B_n \sin \dfrac{n\pi}{l} x, \\ T_n(t) = C_n \cos \dfrac{n\pi a t}{l} + D_n \sin \dfrac{n\pi a t}{l}. \end{cases}$$

叠加得到

$$v_2(x,t) = \sum_{n=1}^{\infty} \left(C_n \cos \frac{n\pi a t}{l} + D_n \sin \frac{n\pi a t}{l} \right) \sin \frac{n\pi}{l} x,$$

且有

$$\sum_{n=1}^{\infty} C_n \sin \frac{n\pi}{l} x = \varphi(x) - M_1 - \frac{M_2 - M_1}{l} x,$$

及

$$\left. \frac{\partial v_2}{\partial t} \right|_{t=0} = \sum_{n=1}^{\infty} D_n \frac{n\pi}{l} \sin \frac{n\pi}{l} x = \psi(x) - \frac{M_2 - M_1}{l},$$

即

$$C_n = \frac{2}{l} \int_0^l \left[\varphi(x) - M_1 - \frac{M_2 - M_1}{l} x \right] \sin \frac{n\pi}{l} x \, dx,$$

$$D_n = \frac{2}{l} \int_0^l \left[\psi(x) - \frac{M_2 - M_1}{l} \right] \frac{l}{n\pi a} \sin \frac{n\pi}{l} x \, dx = \frac{2}{n\pi a} \int_0^l \left[\psi(x) - \frac{M_2 - M_1}{l} \right] \sin \frac{n\pi}{l} x \, dx.$$

最后

$$u(x,t) = v_1(x,t) + v_2(x,t) + w(x,t).$$

习题 2

1. 就下列初始条件及边界条件求解弦振动方程：

$$u(x,0) = 0, \quad \frac{\partial u(x,0)}{\partial t} = x(l-x); \quad u(0,t) = u(l,t) = 0.$$

2. 两端固定的弦的长度为 l，用细棒敲击弦上 $x = x_0$ 点，即在 $x = x_0$ 处施加冲力，设其冲量为 I，求解弦的振动，即求解定解问题

$$\begin{cases} u_{tt} - a^2 u_{xx} = 0 \quad (0 \leqslant x \leqslant l, t > 0), \\ u|_{x=0} = u|_{x=l} = 0 \quad (t > 0), \\ u|_{t=0} = 0, \quad u_t|_{t=0} = \dfrac{I}{\rho} \delta(x - x_0) \quad (0 \leqslant x \leqslant l). \end{cases}$$

3. 长为 l 的杆，一段固定，另一端因受力 F_0 而伸长，其定解问题为

$$\begin{cases} u_{tt} - a^2 u_{xx} = 0 \quad (0 \leqslant x \leqslant l, t > 0), \\ u|_{x=0} = 0, u_x|_{x=0} = 0 \quad (t > 0), \\ u(x,0) = \displaystyle\int_0^x \frac{\partial u}{\partial x} dx = \int_0^x \frac{F_0}{YS} dx = \frac{F_0 x}{YS}, \quad u_t(x,0) = 0 \quad (0 \leqslant x \leqslant l). \end{cases}$$

4. 长为 l 的理想传输线远端开路，先把传输线充电到电位差 v_0，然后把近端短路. 求

线上的电压 $V(x,t)$,其定解问题为

$$\begin{cases} V_{tt}-a^2V_{xx}=0 \quad (a^2=LC, 0<x<l), \\ V(0,t)=0, V_x(l,t)=-\left(R+L\dfrac{\partial}{\partial t}\right)i\big|_{x=l}=0, \\ V(x,0)=v_0, V_t(x,0)=\dfrac{-1}{C}i_x\big|_{t=0}=0. \end{cases}$$

5. 设弦的两端固定于 $x=0$ 及 $x=l$,弦的初始位移如图所示,初速度为零,又没有外力作用,求弦作横向振动时的位移函数 $u(x,t)$.

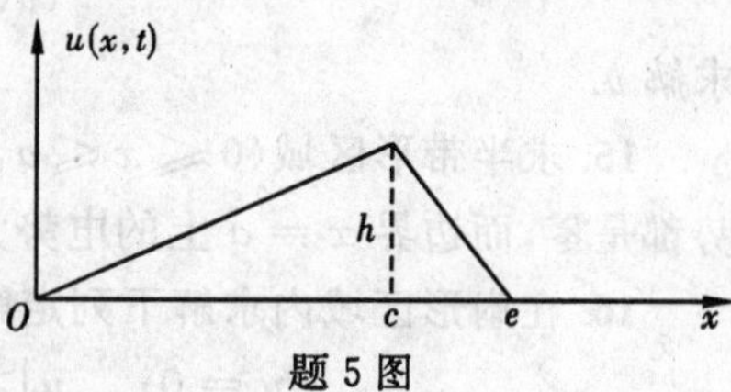

题 5 图

6. 试求适合于下列初始条件及边界条件的一维热传导方程的解

$$u\big|_{t=0}=x(l-x), \quad u\big|_{x=0}=u\big|_{x=l}=0.$$

7. 求解一维热传导方程,其初始条件及边界条件为

$$u\big|_{t=0}=x, \quad u_x\big|_{x=0}=0, \quad u_x\big|_{x=l}=0.$$

8. 在圆形区域内求解 $\nabla^2 u=0$,使满足边界条件

(1)$u\big|_{\rho=a}=A\cos\varphi$,　(2)$u\big|_{\rho=a}=A+B\sin\varphi$.

9. 就下列初始条件和边界条件求解弦振动方程

$$u\big|_{t=0}=\begin{cases} x, & 0<x\leqslant\dfrac{1}{2}; \\ 1-x, & \dfrac{1}{2}<x<1. \end{cases}$$

$$\left.\frac{\partial u}{\partial t}\right|_{t=0}=x(x-1),$$

$$u\big|_{x=0}=u\big|_{x=l}=0.$$

10. 求下列定解问题:

$$\begin{cases} \dfrac{\partial u}{\partial t}=a^2\dfrac{\partial^2 u}{\partial x^2}+A, \\ u\big|_{x=0}=u\big|_{x=l}=0, \\ u\big|_{t=0}=0. \end{cases}$$

11. 求满足下列定解条件的一维热传导方程的解:

$$u\big|_{x=0}=10, \quad u\big|_{x=l}=5,$$

$$u\big|_{t=0}=kx, \quad \text{其中 } k \text{ 为常数}.$$

12. 试确定下列定解问题的解的一般形式:

$$\begin{cases} \dfrac{\partial u}{\partial t}=a^2\dfrac{\partial^2 u}{\partial x^2}+f(x), \\ u\big|_{x=0}=A, \quad u\big|_{x=l}=B, \\ u\big|_{t=0}=g(x). \end{cases}$$

13. 在矩形域 $0\leqslant x\leqslant a, 0\leqslant y\leqslant b$ 内求拉普拉斯方程的解,使满足边界条件

$$\begin{cases} u\big|_{x=0}=0, \quad u\big|_{x=a}=Ay, \\ \left.\dfrac{\partial u}{\partial y}\right|_{y=0}=0, \quad \left.\dfrac{\partial u}{\partial y}\right|_{y=b}=0. \end{cases}$$

14. 求解薄膜的恒定表面浓度扩散问题. 薄膜厚度为 l,杂质从两面进入薄膜,由于薄膜周围气体中含有充分的杂质,薄膜表面上的杂质浓度得以保持为恒定的 N_0,其定解问题为

$$\begin{cases} u_t - a^2 u_{xx} = 0, \\ u(0,t) = u(l,t) = N_0, \\ u(x,0) = 0. \end{cases}$$

求解 u.

15. 求半带形区域($0 \leqslant x \leqslant a, y \geqslant 0$)内的静电势,已知边界 $x = 0$ 和 $y = 0$ 上的电势都是零,而边界 $x = a$ 上的电势为 u_0(常数).

16. 在扇形区域内求解下列定解问题:

$$\nabla^2 u = 0; \quad u\big|_{\theta=0} = u\big|_{\theta=\alpha} = 0; \quad u\big|_{\rho=R} = f(\theta).$$

第3章　二阶常微分方程的级数解法 本征值问题

在应用分离变量法求解数学物理定解问题时，我们需要求解二阶常微分方程的本征值问题，在上一章中涉及的微分方程是二阶线性常系数常微分方程（或可化为常系数的常微分方程，如 Euler 方程）. 在进一步的讨论中，比如在正交曲线坐标系（如球坐标系或柱坐标系）下用分离变量法求解数学物理定解问题时，要遇到更一般的，即二阶线性变系数常微分方程的本征值问题. 为此，我们在这一章中讨论形如

$$y''(x)+p(x)y'+q(x)y=0 \tag{3.1.1}$$

的方程的解法，并给出相应本征值问题的一些共性.

3.1　二阶常微分方程的级数解法

3.1.1　常点邻域内的级数解法

我们将应用复变函数理论求形如方程(3.1.1)的二阶线性齐次常微分方程的级数形式的解，设 $p(z)$，$q(z)$ 和 $y(z)$ 是分别由 $p(x)$，$q(x)$ 和 $y(x)$ 所唯一确定的、复变量 z 的函数，代替方程(3.1.1)，我们考虑方程

$$y''(z)+p(z)y'+q(z)y=0.$$

不过为了讨论方便，我们仍从方程(3.1.1)出发，而将 x 直接理解成复变量.

方程(3.1.1)的解在指定点 x_0 邻域内的局部性质与其系数 $p(x)$ 和 $q(x)$ 在 x_0 点的解析性有关. 如果 $p(x)$ 和 $q(x)$ 在 x_0 点是解析的，则称 x_0 点是方程(3.1.1)的常点. 如果 $p(x)$ 和 $q(x)$ 中至少有一个在 x_0 点是不解析的，这样的 x_0 点称为方程(3.1.1)的奇点. 我们先来讨论常点的情形，有下面的定理：

定理 3.1.1（Cauchy 定理）　如果 $p(x)$，$q(x)$ 在 $|x-x_0|<R$ 内解析，即 x_0 为方程(3.1.1)的常点，此时初值问题

$$\begin{cases} y''(x)+p(x)y'+q(x)y=0 \\ y(x_0)=c_0, y'(x_0)=c_1 \end{cases} \tag{3.1.2}$$

在 $|x-x_0|<R$ 内有唯一的解析解

$$y(x)=\sum_{n=0}^{\infty}c_n(x-x_0)^n, \tag{3.1.3}$$

其中系数 c_n 可由初始条件和方程唯一确定，进一步还可证明所得幂级数的收敛半径至少是 R. 下面给出具体解法：

令解为 $y(x)=\sum_{n=0}^{\infty}c_n(x-x_0)^n$，将 $p(x)$ 和 $q(x)$ 也展开成 Taylor 级数，有

$$p(x)=\sum_{k=0}^{\infty}a_k(x-x_0)^k, q(x)=\sum_{l=0}^{\infty}b_l(x-x_0)^l.$$

代入方程(3.1.1)，有

$$\sum_{n=0}^{\infty}c_n n(n-1)(x-x_0)^{n-2}+\sum_{k=0}^{\infty}a_k(x-x_0)^k\cdot\sum_{n=0}^{\infty}c_n n(x-x_0)^{n-1}+$$

$$\sum_{l=0}^{\infty}b_l(x-x_0)^l\cdot\sum_{n=0}^{\infty}c_n(x-x_0)^n=0. \tag{3.1.4}$$

由幂级数的乘法：

$$\sum_{k=0}^{\infty}\alpha_k(x-x_0)^k\cdot\sum_{l=0}^{\infty}\beta_l(x-x_0)^l=\sum_{n=0}^{\infty}\sum_{k=0}^{n}(\alpha_{n-k}\beta_k)(x-x_0)^n,$$

及

$$\begin{aligned}\sum_{n=0}^{\infty}c_n n(n-1)(x-x_0)^{n-2}&=\sum_{n=2}^{\infty}c_n n(n-1)(x-x_0)^{n-2}\\&=\sum_{n=0}^{\infty}c_{n+2}(n+2)(n+1)(x-x_0)^n,\end{aligned}$$

$$\begin{aligned}\sum_{n=0}^{\infty}c_n n(x-x_0)^{n-1}&=\sum_{n=1}^{\infty}c_n n(x-x_0)^{n-1}\\&=\sum_{n=0}^{\infty}c_{n+1}(n+1)(x-x_0)^n,\end{aligned}$$

可将式(3.1.4)写成

$$\begin{aligned}\sum_{n=0}^{\infty}c_{n+2}(n+2)(n+1)(x-x_0)^n&+\sum_{n=0}^{\infty}\left[\sum_{k=0}^{n}(k+1)a_{n-k}c_{k+1}\right](x-x_0)^n\\&+\sum_{n=0}^{\infty}\left[\sum_{k=0}^{n}b_{n-k}c_k\right](x-x_0)^n=0.\end{aligned}$$

比较等式两边 $(x-x_0)$ 同次幂的系数有

$$(n+2)(n+1)c_{n+2}+\sum_{k=0}^{n}(k+1)a_{n-k}c_{k+1}+\sum_{k=0}^{n}b_{n-k}c_k=0\quad(n=0,1,2,\cdots). \tag{3.1.5}$$

根据式(3.1.5)，c_n 完全可由初值 c_0，c_1 和 a_k，b_k 表示出来，如：

令　$n=0$　有　$c_2=-\frac{1}{2}(a_0c_1+b_0c_0)$，

$n=1$　有　$c_3=-\frac{1}{6}(a_1c_1+2a_0c_2+b_1c_0+b_0c_1)$

$$=-\frac{1}{6}(a_0{}^2-a_1-b_0)c_1+2a_0c_2+(a_0b_0-b_1)c_0,$$

$$\vdots$$

以此类推，可求出全部系数 c_n，得到式(3.1.1)的级数解. 它包含两个常数 c_0，c_1(由初始条件确定)，于是可将级数(3.1.3)分成两个级数 $y_0(x)$ 和 $y_1(x)$，它们各含 c_0 和 c_1，这两个

级数的第一项分别为 c_0 和 $c_1(x-x_0)$，故 $y_0(x)$ 和 $y_1(x)$ 线性无关，于是构成式(3.1.1)的基础解系.

例 1　在 $x_0=0$ 的邻域内求解常微分方程 $y''+\omega^2 y=0$(ω 为常数).

解　这里 $p(x)\equiv 0, q(x)=\omega^2$，设方程的解为

$$y(x)=a_0+a_1x+a_2x^2+\cdots+a_kx^k+\cdots,$$

则

$$y'(x)=1a_1+2a_2x+\cdots+(k+1)a_{k+1}x^k+\cdots,$$

$$y''(x)=2\times 1a_2+3\times 2a_3x+\cdots+(k+2)(k+1)a_{k+2}x^k+\cdots.$$

把以上结果代入方程(因为 $p(x)\equiv 0$ 和 $q(x)=\omega^2$ 都已是 Taylor 级数)，比较系数有

$$2\times 1a_2+\omega^2a_0=0,\qquad 3\times 2a_3+\omega^2a_1=0,$$

$$4\times 3a_4+\omega^2a_2=0,\qquad 5\times 4a_5+\omega^2a_3=0,$$

由此得递推公式

$$(k+1)(k+2)a_{k+2}+\omega^2a_k=0,$$

及

$$a_2=-\frac{\omega^2}{2!}a_0,\qquad a_3=-\frac{\omega^2}{3!}a_1,$$

$$a_4=-\frac{\omega^4}{4!}a_0,\qquad a_5=\frac{\omega^4}{5!}a_1,$$

$$\vdots\qquad\qquad\vdots$$

$$a_{2k}=(-1)^k\frac{\omega^{2k}}{(2k)!}a_0.\qquad a_{2k+1}=(-1)^k\frac{\omega^{2k}}{(2k+1)!}a_1.$$

于是方程的级数解为

$$\begin{aligned}y(x)&=a_0\left[1-\frac{1}{2!}(\omega x)^2+\frac{1}{4!}(\omega x)^4+\cdots+(-1)^k\frac{1}{(2k)!}(\omega x)^{2k}+\cdots\right]+\\&\quad\frac{a_1}{\omega}\left[\omega x-\frac{1}{3!}(\omega x)^3+\frac{1}{5!}(\omega x)^5-\cdots+(-1)^k\frac{(\omega x)^{2k+1}}{(2k+1)!}+\cdots\right]\\&=a_0\cos\omega x+\frac{a_1}{\omega}\sin\omega x,\end{aligned}$$

或

$$y(x)=a_0\cos\omega x+a_1\sin\omega x,$$

其中 a_0, a_1 为任意常数. 这个解是我们熟知的，现在主要是熟悉幂级数解法.

3.1.2　正则奇点附近的级数解法

如果 $p(x)$ 以 x_0 为不高于一阶的极点，$q(x)$ 以 x_0 为不高于二阶的极点，即

$$p(x)=\frac{p_1(x)}{x-x_0},\quad q(x)=\frac{q_1(x)}{(x-x_0)^2},$$

其中 $p_1(x)$ 和 $q_1(x)$ 在 x_0 点是解析的，则称 x_0 点是方程(3.1.1)的正则奇点.

定理 3.1.2(Fuchs 定理)　设 x_0 为方程(3.1.1)的正则奇点，即方程(3.1.1)可以写成

$$y''(x)+\frac{P(x)}{(x-x_0)}y'(x)+\frac{Q(x)}{(x-x_0)^2}y(x)=0,\tag{3.1.6}$$

其中 $P(x)$，$Q(x)$ 在 $|x-x_0|<R$ 内解析，则在 $0<|x-x_0|<R$ 内方程(3.1.6)的基础解系为

$$y_1(x)=(x-x_0)^{\rho_1}\sum_{n=0}^{\infty}a_n(x-x_0)^n, \tag{3.1.7}$$

$$y_2(x)=(x-x_0)^{\rho_2}\sum_{n=0}^{\infty}b_n(x-x_0)^n, \tag{3.1.8}$$

或

$$y_2(x)=c_0y_1(x)\ln(x-x_0)+(x-x_0)^{\rho_2}\sum_{n=0}^{\infty}b_n(x-x_0)^n, \tag{3.1.9}$$

其中 $a_0\neq 0, b_0\neq 0$. $y_2(x)$ 也可以是由其他方法确定的与 $y_1(x)$ 线性无关的解.

下面给出具体解法.

设方程(3.1.6)的解为 $\quad y(x)=(x-x_0)^{\rho}\sum_{n=0}^{\infty}a_n(x-x_0)^n \quad a_0\neq 0.$

将 $P(x)$、$Q(x)$ 在 x_0 点展开成 Talor 级数，有

$$P(x)=\sum_{i=0}^{\infty}P_i(x-x_0)^i,\quad Q(x)=\sum_{j=0}^{\infty}Q_j(x-x_0)^j,$$

将这些关系代入方程(3.1.6)，比较 $x^0, x^1, \cdots, x^n$ 的系数可得

$$\begin{cases} f_0(\rho)a_0=0, \\ f_0(\rho+1)a_1+a_0f_1(\rho)=0, \\ \vdots \\ f_0(\rho+n)a_n+f_1(\rho+n-1)a_{n-1}+\cdots+a_0f_n(\rho)=0 \quad (n\geqslant 1). \end{cases} \tag{3.1.10}$$

其中

$$\begin{cases} f_0(\rho)=\rho(\rho-1)+\rho P_0+Q_0, \\ f_k(\rho)=\rho P_k+Q_k \quad (k=1,2,\cdots). \end{cases} \tag{3.1.11}$$

由于 $a_0\neq 0$，必有

$$f_0(\rho)=\rho(\rho-1)+\rho P_0+Q_0=0. \tag{3.1.12}$$

称方程(3.1.12)为方程(3.1.6)关于正则奇点 x_0 的指标方程，它的两个根 ρ_1,ρ_2 称为正则奇点 x_0 的指标数.

当两个指标数都是实数时，记 $\rho_1\geqslant\rho_2$；否则它们为一对共轭复根. 在解的级数表达式中首先取 $\rho=\rho_1$，由于 $f_0(\rho)=0, f_0(\rho+n)\neq 0 (n=1,2,\cdots)$，所以对任选 $a_0\neq 0$，则可从递推关系(3.1.10)中唯一确定 $a_n(n\geqslant 1)$，从而得到方程(3.1.6)的一个解

$$y_1(x)=(x-x_0)^{\rho_1}\sum_{n=0}^{\infty}a_n(x-x_0)^n \quad (a_0\neq 0). \tag{3.1.13}$$

可以证明，此幂级数在 $|x-x_0|<R$ 内必收敛，称级数(3.1.13)为方程(3.1.6)的广义幂级数解.

再求方程(3.1.6)的第二个特解.

(1) 若 $\rho_1-\rho_2$ 不是整数或零，则在所设解式中取 $\rho=\rho_2$，这时 $f_0(\rho_2)=0, f_0(\rho_2+n)\neq 0 (n=1,2,\cdots)$，所以，对任意 $a_0\neq 0$，又可得到方程(3.1.6)的另一个解

$$y_2(x)=(x-x_0)^{\rho_2}\sum_{n=0}^{\infty}b_n(x-x_0)^n. \tag{3.1.14}$$

不难证明，$y_1(x)$，$y_2(x)$ 线性无关，它们构成方程(3.1.6) 在 $0<|x-x_0|<R$ 内的基础解系.

(2) 若 $\rho_1-\rho_2=k$(整数)，由于 $f_0(\rho_2)=0$，$f_0(\rho_2+k)=0$，则递推关系到了第 k 步，再不能进行. 这时可令 $b_0=b_1=\cdots=b_{k-1}=0$，$b_k\neq 0$，则对任取 $b_k\neq 0$，又可由递推关系(3.1.10) 唯一地确定 $b_n(n>k)$，从而得到方程的另一个解

$$y_2(x)=(x-x_0)^{\rho_2}\sum_{n=k}^{\infty}b_n(x-x_0)^n.$$

若 $y_1(x)$，$y_2(x)$ 线性无关，则它们构成方程(3.1.6) 的基础解系；若 $y_1(x)$，$y_2(x)$ 线性相关，则另一个解可由 Liouville 公式得到

$$y_2(x)=c_0y_1(x)\ln(x-x_0)+(x-x_0)^{\rho_2}\sum_{n=k}^{\infty}b_n(x-x_0)^n. \tag{3.1.15}$$

最后指出，当指标数 ρ_1 和 ρ_2 是一对共轭复数时，求出的解式(3.1.13) 是一个复的广义幂级数解. 如果方程(3.1.6) 是实系数的，用分开实部和虚部的方法，可以从式(3.1.13) 得到两个实的级数解.

定理 3.1.3(Gauss 定理)　设 $y''(x)+P(x)y'+Q(x)y=0$，其中 $P(x)$，$Q(x)$ 在 $0<|x-x_0|<R$ 内解析，但 x_0 是 $P(x)$ 的阶数高于一阶的极点，或 x_0 是 $Q(x)$ 的阶数高于二阶的奇点，这时称 x_0 为方程的非正则极点，则在 $0<|x-x_0|<R$ 内方程的基础解系为

$$y_1(x)=(x-x_0)^{\rho_1}\sum_{n=-\infty}^{+\infty}a_n(x-x_0)^n, \tag{3.1.16}$$

$$y_2(x)=(x-x_0)^{\rho_2}\sum_{n=-\infty}^{+\infty}b_n(x-x_0)^n, \tag{3.1.17}$$

或

$$y_2(x)=c_0y_1(x)\ln(x-x_0)+(x-x_0)^{\rho_2}\sum_{n=-\infty}^{+\infty}b_n(x-x_0)^n. \tag{3.1.18}$$

而且可以证明，方程(3.1.16) 与方程(3.1.17) 中的 Laurent 级数一定有无穷多个负幂项. $y_2(x)$ 也可以是由其他方法确定的与 $y_1(x)$ 线性无关的解.

证明从略.

3.2　Legendre 方程的级数解

现在，我们用级数解法来求解重要的特殊函数微分方程 ——Legendre(勒让德) 方程：

$$(1-x^2)y''-2xy'+l(l+1)y=0, \tag{3.2.1}$$

其中 l 为参数，称为 Legendre 方程的阶数. 下面我们来求方程(3.2.1) 在 $x=0$ 的邻域内的级数解.

由方程(3.2.1) 可知

$$p(x)=-\frac{2x}{1-x^2},\quad q(x)=\frac{l(l+1)}{1-x^2}.$$

因为 $p(x)$ 和 $q(x)$ 在 $x=0$ 解析，所以 $x=0$ 是 $p(x)$，$q(x)$ 的常点，也是方程(3.2.1)的常点，由定理3.1.1，设方程(3.2.1)的解为

$$y(x)=\sum_{n=0}^{\infty}a_n x^n. \tag{3.2.2}$$

由此可以求出

$$y'(x)=\sum_{n=1}^{\infty}na_n x^{n-1}=\sum_{n=0}^{\infty}(n+1)a_{n+1}x^n,$$

$$y''(x)=\sum_{n=2}^{\infty}n(n-1)a_n x^{n-2}=\sum_{n=0}^{\infty}(n+2)(n+1)a_{n+2}x^n,$$

$$\begin{aligned}(1-x^2)y''&=\sum_{n=0}^{\infty}(n+2)(n+1)a_{n+2}x^n-\sum_{n=0}^{\infty}(n+2)(n+1)a_{n+2}x^{n+2}\\&=\sum_{n=0}^{\infty}(n+2)(n+1)a_{n+2}x^n-\sum_{n=2}^{\infty}n(n-1)a_n x^n,\end{aligned}$$

$$-2xy'=-\sum_{n=0}^{\infty}2(n+1)a_{n+1}x^{n+1}=-\sum_{n=1}^{\infty}2na_n x^n,$$

$$l(l+1)y=\sum_{n=0}^{\infty}l(l+1)a_n x^n.$$

将这些结果代入方程(3.2.1)中，并令 x^n 项系数为零，可得

$$(n+2)(n+1)a_{n+2}-n(n-1)a_n-2na_n+l(l+1)a_n=0,$$

即

$$a_{n+2}=\frac{n(n+1)-l(l+1)}{(n+2)(n+1)}a_n=-\frac{(l-n)(l+n+1)}{(n+2)(n+1)}a_n, \tag{3.2.3}$$

这就是系数的递推公式，$a_{2n}(n=1,2,\cdots)$ 可由 a_0 表示，$a_{2n+1}(n=1,2,\cdots)$ 可由 a_1 表示：

$$a_2=\frac{(-l)(l+1)}{2!}a_0, \qquad a_3=\frac{(1-l)(l+2)}{3!}a_1,$$

$$a_4=\frac{(2-l)(l+3)}{4\cdot 3}a_2 \qquad a_5=\frac{(3-l)(l+4)}{5!}a_3$$

$$=\frac{(2-l)(-l)(l+1)(l+3)}{4!}a_0, \qquad =\frac{(3-l)(1-l)(l+2)(l+4)}{5!}a_1,$$

$$\vdots \qquad\qquad \vdots$$

$$a_{2n}=\frac{(2n-2-l)(2n-4-l)\cdots(2-l)(-l)(l+1)(l+3)\cdots(l+2n-1)a_0}{(2n)!}; \tag{3.2.4}$$

$$a_{2n+1}=\frac{(2n-1-l)(2n-3-l)\cdots(1-l)(l+2)(l+4)\cdots(l+2n)a_1}{(2n+1)!}. \tag{3.2.5}$$

这样得到 l 阶 Legendre 方程的级数解

$$y=a_0y_0(x)+a_1y_1(x), \tag{3.2.6}$$

其中

$$y_0(x)=1+\frac{(-l)(l+1)}{2!}x^2+\frac{(2-l)(-l)(l+1)(l+3)}{4!}x^4+\cdots+$$

$$\frac{(2n-2-l)(2n-4-l)\cdots(2-l)(-l)(l+1)(l+3)\cdots(l+2n-1)}{(2n)!}x^{2n}+\cdots;$$

$$(3.2.7)_1$$

$$y_1(x)=x+\frac{(1-l)(l+2)}{3!}x^3+\frac{(3-l)(1-l)(l+2)(l+4)}{5!}x^5+\cdots+$$

$$\frac{(2n-1-l)(2n-3-l)\cdots(1-l)(l+2)(l+4)\cdots(l+2n)}{(2n+1)!}x^{2n+1}+\cdots. \qquad (3.2.7)_2$$

而 a_0,a_1 是任意常数,可由初始条件确定.

现在确定 $y_0(x)$ 和 $y_1(x)$ 的收敛半径:

$$R=\lim_{n\to\infty}\left|\frac{a_n}{a_{n+2}}\right|=\lim_{n\to\infty}\left|\frac{(n+2)(n+1)}{(n-l)(n+l+1)}\right|=\lim_{n\to\infty}\left|\frac{(1+\frac{2}{n})(1+\frac{1}{n})}{(1-\frac{l}{n})(1+\frac{l+1}{n})}\right|=1.$$

这说明 $y_0(x)$ 和 $y_1(x)$ 在 $|x|<1$ 内收敛,在 $|x|>1$ 处发散. 在 $x=\pm 1$ 时,$y_0(x)$ 和 $y_1(x)$ 可表示成常数项级数

$$y_0(x)=\pm a_0\sum_{n=0}^{\infty}u_n \quad (x=\pm 1),$$

$$y_1(x)=\pm a_1\sum_{n=0}^{\infty}v_n \quad (x=\pm 1),$$

由 Gauss 判别法,对 $y_0(x)$,有

$$\frac{u_0}{u_{n+1}}=\frac{(2n+2)(2n+1)}{(2n-l)(2n+1+l)}=1+\frac{1}{n}+o\left(\frac{1}{n^2}\right),$$

对 $y_1(x)$,有

$$\frac{v_n}{v_{n+1}}=\frac{(2n+3)(2n+2)}{(2n+1-l)(2n+2-l)}=1+\frac{1}{n}+o\left(\frac{1}{n^2}\right).$$

可知级数 $y_0(\pm 1)$ 与 $y_1(\pm 1)$ 均发散. 即 Legendre 方程的级数解在 $x=1,x=-1$ 为无限值. 但在实际问题中变量 x 常常代表 $\cos\theta$,其中 θ 是球坐标系中的天顶角,所以 $x=1$ 和 $x=-1$ 分别对应 $\theta=0$ 和 $\theta=\pi$,即代表 z 轴的正半轴和负半轴. 一般实际问题要求物理量在一切方向 $0\leqslant\theta\leqslant\pi$(即 x 的闭区间$[-1,1]$) 上有界,就需要引入自然边界条件 $|y(\pm 1)|<+\infty$. 那么如何才能满足这个条件呢?我们从方程中的参数 l 入手.

由 $y_0(x)$ 和 $y_1(x)$ 的系数可以看出,如果常数 l 是某个偶数,比方说 $2n(n=0,1,2,\cdots)$,则 $y_0(x)$ 只到 x^{2n} 项为止,以后各项的系数都含因子$(2n-l)$,因而为零,于是 $y_0(x)$ 就不再是无穷级数,而是 $2n$ 次多项式,并且只含偶次幂项,$y_1(x)$ 仍是无穷级数. 这时

$$y_0(x)=1+\sum_{k=1}^{n}\frac{(2k-2-2n)(2k-4-2n)\cdots(-2n)(2n+1)(2n+3)\cdots(2n+2k-1)}{(2k)!}x^{2k}$$

$$=\frac{(n!)^2}{(2n)!}\sum_{k=0}^{n}(-1)^k\frac{(2n+2k)!}{(2k)!(n+k)!(n-k)!}x^{2k}. \qquad (3.2.8)$$

如果在通解(3.2.6) 中取 $a_1=0$,则解成为 $y(x)=a_0y_0(x)$ 也是 $2n$ 次多项式. 这时对任何实数 x,$y(x)$ 当然都是有界的,因而满足物理问题的要求. 再取 a_0,使

$$y(1)=a_0y_0(1)=1, \qquad (3.2.9)$$

这样确定的 $y(x)$ 称为 $2n$ 阶 Legendre 多项式，记为 $P_{2n}(x)$. 由式(3.2.8)和式(3.2.9)并作一些运算后可得

$$a_0 = (-1)^n \frac{(2n-1)!!}{(2n)!!}. \tag{3.2.10}$$

这样，由式(3.2.8)、式(3.2.9)和式(3.2.10)可得 $2n$ 阶 Legendre 多项式的具体表达式：

$$\begin{aligned} P_{2n}(x) &= (-1)^n \frac{(2n-1)!!}{(2n)!!} \cdot \frac{(n!)^2}{(2n)!} \sum_{m=0}^{n} (-1)^m \frac{(2n+2m)!}{(2m)!(n+m)!(n-m)!} x^{2m} \\ &= \frac{(-1)^n}{2^{2n}} \sum_{m=0}^{n} (-1)^m \frac{(2n+2m)!}{(2m)!(n+m)!(n-m)!} x^{2m} \\ &= \sum_{k=0}^{n} (-1)^k \frac{(4n-2k)!}{2^{2n} k!(2n-k)!(2n-2k)!} x^{2n-2k}. \end{aligned} \tag{3.2.11}$$

上式的最后一步作了指标代换 $k = n - m$. 式(3.2.11)还可以表示成

$$P_l(x) = \sum_{k=0}^{l/2} (-1)^k \frac{(2l-2k)!}{2^l k!(l-k)!(l-2k)!} x^{l-2k} \quad (l = 0,2,4,\cdots).$$

同理，当取 l 为奇数，比如 $l = 2n+1 (n = 0,1,2,\cdots)$ 时，由系数公式(3.2.5)，可知 $a_{2n+3} = a_{2n+5} = \cdots = 0$. 这时 $y_1(x)$ 是 $2n+1$ 次多项式，并且只含奇次项，$y_0(x)$ 仍是无穷级数. $y_1(x)$ 可以表示为

$$\begin{aligned} y_1(x) &= x + \sum_{k=1}^{n} \frac{(2k-1-l)(2k-3-l)\cdots(1-l)(l+2)(l+4)\cdots(l+2k)}{(2k+1)!} x^{2k+1} \\ &= \frac{n!(n+1)!}{(2n+2)!} \sum_{k=0}^{n} (-1)^k \frac{(2n+2k+2)!}{(2k+1)!(n+k+1)!(n-k)!} x^{2k+1}. \end{aligned} \tag{3.2.12}$$

如果在通解(3.2.6)中取 $a_0 = 0$，则解成为 $y(x) = a_1 y_1(x)$ 也是 $2n+1$ 次多项式. 再取 a_1 使

$$y(1) = a_1 y_1(1) = 1, \tag{3.2.13}$$

这样确定的 $y(x)$ 称为 $2n+1$ 阶 Legendre 多项式，记为 $P_{2n+1}(x)$. 由式(3.2.12)和式(3.2.13)可得

$$a_1 = (-1)^n \frac{(2n+1)!!}{(2n)!!}. \tag{3.2.14}$$

于是由式(3.2.12)和式(3.2.14)得到

$$\begin{aligned} P_{2n+1}(x) &= (-1)^n \frac{(2n+1)!!}{(2n)!!} \cdot \frac{n!(n+1)!}{(2n+2)!} \sum_{m=0}^{n} (-1)^m \frac{(2n+2m+2)!}{(2m+1)!(n+m+1)!(n-m)!} x^{2m+1} \\ &= \frac{(-1)^n}{2^{2n+1}} \sum_{m=0}^{n} (-1)^m \frac{(2n+2m+2)!}{(2m+1)!(n+m+1)!(n-m)!} x^{2m+1} \\ &= \sum_{k=0}^{n} (-1)^k \frac{(4n+2-2k)!}{2^{2n+1} k!(2n+1-k)!(2n+1-2k)!} x^{2n+1-2k}. \end{aligned} \tag{3.2.15}$$

最后一步仍然作了指标代换 $k = n - m$. $P_{2n+1}(x)$ 还可以表示成

$$P_l(x) = \sum_{k=0}^{\frac{l-1}{2}} (-1)^k \frac{(2l-2k)!}{2^l k!(l-k)!(l-2k)!} x^{l-2k} \quad (l = 1,3,5,\cdots). \tag{3.2.16}$$

综上所述，Legendre 方程(3.2.1)只有当 l 取整数 $n(n = 0,1,2,\cdots)$ 时，才能在

$x=\pm 1$ 有有界解，这个解就是 Legendre 多项式 $P_n(x)$，它前面的任意常数已经被选取满足条件

$$P_n(1)=1.$$

因此定解问题

$$\begin{cases}(1-x^2)y''-2xy'+l(l+1)y=0,\\ |y(\pm 1)|<+\infty,\end{cases}\tag{3.2.17}$$

构成本征值问题，本征值就是为 $l=n(n=0,1,2,\cdots)$，相应的本征解就是 n 阶 Legendre 多项式 $P_n(x)$，也称为第一类 Legendre 函数. $P_n(x)$ 可以统一表示如下

$$P_n(x)=\sum_{m=0}^{M}(-1)^m\frac{(2n-2m)!}{2^n m!(n-m)!(n-2m)!}x^{n-2m},\tag{3.2.18}$$

其中
$$M=\begin{cases}\dfrac{n}{2} & n=2k\\ \dfrac{n-1}{2} & n=2k-1\end{cases}\quad k=0,\pm 1,\pm 2,\cdots.$$

关于 Legendre 多项式的性质及其在数学物理定解问题中的应用，将在第 5 章中较详细地讨论.

由以上的讨论，可得出如下结论：当 l 不是整数时，方程(3.2.1) 的通解为

$$y=a_0y_0+a_1y_1,$$

其中 y_0，y_1 由式(3.2.7)$_1$ 和方程(3.2.7)$_2$ 确定，而且它们在闭区间$[-1,1]$的端点上是无界的，所以此时方程(3.2.1) 在$[-1,1]$无有界解；当 l 为整数时，在积分常数适当选定之后，y_0，y_1 中有一个是 Legendre 多项式 $P_n(x)$，另一个仍为无穷级数，记为 $Q_n(x)$，此时方程(3.2.1) 的通解为

$$y=a_0P_n(x)+a_1Q_n(x),$$

其中 $Q_n(x)$ 称为第二类 Legendre 函数，它在$[-1,1]$上仍是无界的.

3.3 Bessel 方程的级数解

现在我们用级数法求解另一个重要的特殊函数方程 ——Bessel(贝塞尔) 方程

$$x^2y''+xy'+(x^2-\mu^2)y=0.\tag{3.3.1}$$

其中参数 μ 称为 Bessel 方程的阶数.

将方程(3.3.1) 改写成

$$y''+\frac{1}{x}y'+\left(\frac{x^2-\mu^2}{x^2}\right)y=0\tag{3.3.2}$$

的形式，则可知 $x=0$ 是方程的正则奇点. 由 Fuchs 定理(§3.1 定理 3.1.2) 知这个方程的两个线性无关解应为式(3.1.7) 和式(3.1.8)[或式(3.1.9] 的形式，即

$$y_1(x)=x^{\rho_1}\sum_{n=0}^{\infty}a_nx^n,\tag{3.3.3}$$

$$y_2(x)=x^{\rho_2}\sum_{n=0}^{\infty}b_nx^n,\tag{3.3.4}$$

或

$$y_2(x) = c_0 y_1(x)\ln x + x^{\rho_2}\sum_{n=0}^{\infty} b_n x^n.$$

注意这里 $x_0 = 0$，而

$$P(x) = 1,\quad Q(x) = -\mu^2 + x^2.$$

这两个系数函数已经是 Taylor 级数的形式了，其中系数 $P_0 = 1, P_n = 0(n \geqslant 1); Q_0 = -\mu^2, Q_2 = 1, Q_n = 0(n \neq 0,2)$.

由 Fuchs 定理(§3.1 定理 3.1.2) 知，方程(3.3.1)[或方程(3.3.2)] 的指标方程为

$$\rho(\rho-1) + P_0\rho + Q_0 = \rho(\rho-1) + \rho - \mu^2 = \rho^2 - \mu^2 = 0,$$

它的两个根分别是 $\begin{cases}\rho_1 = \mu \\ \rho_2 = -\mu\end{cases}$，两者之差为

$$\rho_1 - \rho_2 = 2\mu.$$

由此可见，指标方程两根(即指标数)之差取决于方程的参数 μ，它将决定方程两个线性无关解(3.3.3) 和(3.3.4) 的具体形式，下面我们就来求出它们.

将广义幂级数解的一般形式

$$y(x) = x^{\rho}\sum_{k=0}^{\infty} c_k x^k$$

代入方程(3.3.1) 中，得到级数形式的 Bessel 方程，消去公共因子 x^{ρ} 后，有

$$\sum_{k=0}^{\infty}(\rho+k)(\rho+k-1)c_k x^k + \sum_{k=0}^{\infty}(\rho+k)c_k x^k + (-\mu^2 + x^2)\sum_{k=0}^{\infty} c_k x^k = 0.$$

比较 x 各幂次的系数有

$$\begin{cases}[\rho(\rho-1) + \rho - \mu^2]c_0 = 0, \\ [(\rho+1)\rho + (\rho+1) - \mu^2]c_1 = 0, \\ \vdots \\ (\rho+k)(\rho+k-1)c_k + (\rho+k)c_k - \mu^2 c_k + c_{k-2} = 0.\end{cases} \tag{3.3.5}$$

其中第一式即为指标方程，由第三式得系数的递推公式

$$c_k = -\frac{1}{(\rho+k)^2 - \mu^2}c_{k-2}. \tag{3.3.6}$$

下面，我们根据指标方程两根之差的不同情况，分别讨论 Bessel 方程的解.

1. $\mu \neq$ 整数、半整数时的解

当 μ 不是整数或半整数(即 $\frac{1}{2}, \frac{3}{2}, \cdots$) 时，$\rho_1 - \rho_2 = 2\mu$ 就不为整数. 这时，两个线性无关的解取方程(3.3.3) 和方程(3.3.4) 的形式. 现在先对指标数 $\rho_1 = \mu$ 求出 $y_1(x)$.

将 $\rho = \rho_1 = \mu$ 代入系数递推公式(3.3.6) 中，可得

$$c_k = -\frac{1}{k(2\mu+k)}c_{k-2}. \tag{3.3.7}$$

可见，待定系数 c_{2k} 将可以以此类推，用 c_0 表示出来；类似地，c_{2k+1} 可用 c_1 表示出来，但由方程(3.3.5) 的第二式，当 $\rho = \mu$ 时有 $c_1 = 0$，故 $c_{2k+1} = 0$.

为了用 c_0 表示 c_{2k}，由方程(3.3.6) 有

$$c_2 = -\frac{1}{2(2\mu+2)}c_0,$$

$$c_4 = -\frac{1}{4(2\mu+4)}c_2,$$

$$\vdots$$

$$c_{2k-2} = -\frac{1}{(2k-2)(2\mu+2k-2)} c_{2k-4},$$

$$c_{2k} = -\frac{1}{2k(2\mu+2k)} c_{2k-2}.$$

将以上等式的左右两边分别相乘，消去相同因子，立即可得

$$c_{2k} = (-1)^k \frac{1}{2^{2k} k!(\mu+1)(\mu+2)\cdots(\mu+k)} c_0.$$

这样就得到了相应于指标数 $\rho = \mu$ 的一个特解

$$y_1(x) = c_0 x^{\mu} \sum_{k=0}^{\infty} (-1)^k \frac{1}{k!(\mu+1)(\mu+2)\cdots(\mu+k)} \left(\frac{x}{2}\right)^{2k}.$$

若将 c_0 取为

$$c_0 = \frac{1}{2^{\mu} \Gamma(\mu+1)},$$

这样选取 c_0 可使一般项系数中 2 的次数与 x 的次数相同，并可以运用恒等式

$$(\mu+k)(\mu+k-1)\cdots(\mu+2)(\mu+1)\Gamma(\mu+1) = \Gamma(\mu+k+1),$$

使分母简化，这样的 $y_1(x)$ 的形式就比较整齐、简单了：

$$y_1(x) = \sum_{k=0}^{\infty} \frac{(-1)^k}{k!\Gamma(\mu+k+1)} \left(\frac{x}{2}\right)^{\mu+2k}.$$

用级数收敛的比值判别法（或称达朗贝尔（D′Alembert）判别法）可以判定这个级数在整个数轴上收敛. 这个无穷级数所确定的函数，称为 $+\mu$ 阶第一类 Bessel 函数，记作 $J_{\mu}(x)$，即

$$J_{\mu}(x) = y_1(x) = \sum_{k=0}^{\infty} \frac{(-1)^k}{k!\Gamma(\mu+k+1)} \left(\frac{x}{2}\right)^{\mu+2k}, \tag{3.3.8}$$

其中 $\Gamma(\mu+1)$ 是 Γ 函数，它也是一种特殊函数，且具有性质

$$\Gamma(\mu+1) = \mu\Gamma(\mu) = \mu(\mu-1)\Gamma(\mu-1) = \cdots.$$

显然，当 $\mu = n$（n 为整数）时，Γ 函数便退化为普通的阶乘，即

$$\Gamma(n+1) = n!.$$

附录 B 列出了 Γ 函数的定义和一些基本性质，若要再深入了解 Γ 函数的性质，可参见《特殊函数概论》（王竹溪等著，北京大学出版社，2000 年）.

类似地，对应于 $\rho_2 = -\mu$，重复以上步骤，可得另一个与 $y_1(x)$ 线性无关的解为

$$y_2(x) = c_0 x^{-\mu} \sum_{k=0}^{\infty} \frac{(-1)^k}{k!(-\mu+1)(-\mu+2)\cdots(-\mu+k)} \left(\frac{x}{2}\right)^{2k},$$

通常，也将 c_0 取为

$$c_0 = \frac{1}{2^{-\mu} \Gamma(-\mu+1)}.$$

这样，便得到 $-\mu$ 阶第一类 Bessel 函数

$$J_{-\mu}(x) = y_2(x) = \sum_{k=0}^{\infty} \frac{(-1)^k}{k!\Gamma(-\mu+k+1)} \left(\frac{x}{2}\right)^{-\mu+2k}. \tag{3.3.9}$$

比较式(3.3.8)、式(3.3.9)可知，只要在式(3.3.8)的右端把 μ 换成 $-\mu$，即得式(3.3.9).

因此,无论 μ 是正数还是负数,总可以用式(3.3.8)统一地表示第一类 Bessel 函数.

当 μ 不为整数、半整数时,这两个解 $J_\mu(x)$ 与 $J_{-\mu}(x)$ 是线性无关的,于是非整阶、非半整阶的 Bessel 方程的通解就是 $J_\mu(x)$ 和 $J_{-\mu}(x)$ 的线性组合,即

$$y(x) = a_1 J_\mu(x) + a_2 J_{-\mu}(x), \tag{3.3.10}$$

其中 a_1 和 a_2 为任意常数.

若在式(3.3.10)中取 $a_1 = \cot\mu\pi, a_2 = -\csc\mu\pi$,则得到式(3.3.1)的一个特解

$$Y_\mu(x) = \cot\mu\pi J_\mu(x) - \csc\mu\pi J_{-\mu}(x) = \frac{J_\mu(x)\cos\mu\pi - J_{-\mu}(x)}{\sin\mu\pi} \quad (\mu \neq 整数). \tag{3.3.11}$$

显然 $Y_\mu(x)$ 与 $J_\mu(x)$ 线性无关,因此式(3.3.1)的通解也可写成

$$y(x) = a_1 J_\mu(x) + a_2 Y_\mu(x). \tag{3.3.12}$$

式(3.3.11)所确定的 $Y_\mu(x)$ 称为第二类 Bessel 函数,或称 Neumann 函数. 用 Maple 求解 Bessel 方程(3.3.1),得到的就是这个结果:

```
>ode:= x^2*diff(y(x),x$2)+x*diff(y(x),x)+(x^2-mu^2)*y(x)=0;
```

$$\text{ode} := x^2\left(\frac{d^2}{dx^2}y(x)\right) + x\left(\frac{d}{dx}y(x)\right) + (x^2-\mu^2)y(x) = 0,$$

```
>dsolve(ode);
```

$$y(x) = \_C1\text{Bessel}J(\mu,x) + \_C2\text{Bessel}Y(\mu,x).$$

2. μ = 整数时的解

当方程(3.3.1)中的参数为整数时,即 $\mu = n(n = 0,1,2,\cdots)$ 时,指标方程的两根之差为整数

$$\rho_1 - \rho_2 = n - (-n) = 2n.$$

方程(3.3.1)的一个特解可取

$$J_n(x) = \sum_{k=0}^{\infty}(-1)^k \frac{1}{k!\Gamma(n+k+1)}\left(\frac{x}{2}\right)^{n+2k},$$

其中 n 为正整数,由于 $\Gamma(n+k+1) = (n+k)!$,故正整数阶的第一类 Bessel 函数 $J_n(x)$ 可以写成

$$J_n(x) = \sum_{k=0}^{\infty}(-1)^k \frac{1}{k!(n+k)!}\left(\frac{x}{2}\right)^{n+2k}.$$

但 $y_2(x)$ 不能取 $J_{-n}(x)$,因为

$$J_{-n}(x) = \sum_{k=0}^{\infty}(-1)^k \frac{1}{k!\Gamma(-n+k+1)}\left(\frac{x}{2}\right)^{-n+2k}.$$

由于 n 为整数,只要 $k < n$,就有 $-n+k+1$ 为负数,这时 Γ 函数为无穷大,$J_{-n}(x)$ 为零,因此对 k 求和实际上是从 $k = n$ 开始,即

$$J_{-n}(x) = \sum_{k=n}^{\infty}(-1)^k \frac{1}{k!\Gamma(-n+k+1)}\left(\frac{x}{2}\right)^{-n+2k}.$$

如果作一个变换,令 $m = k - n$,将求和指标从 k 换成 $m(m = 0,1,2,\cdots)$,则有

$$J_{-n}(x) = \sum_{m=0}^{\infty}(-1)^{m+n} \frac{1}{(m+n)!\Gamma(m+1)}\left(\frac{x}{2}\right)^{n+2m}.$$

$$= (-1)^n \sum_{m=0}^{\infty} (-1)^m \frac{1}{m!(m+n)!} \left(\frac{x}{2}\right)^{n+2m}$$
$$= (-1)^n J_n(x).$$

可见 $J_n(x)$ 与 $J_{-n}(x)$ 线性相关，因此 $J_n(x)$ 与 $J_{-n}(x)$ 已不能构成 Bessel 方程的通解. 为了求出 Bessel 方程(3.3.1)的通解，修改第二类 Bessel 函数的定义，当 n 为整数时，我们定义第二类 Bessel 函数为

$$Y_n(x) = \lim_{\alpha \to n} \frac{J_\alpha(x)\cos\alpha\pi - J_{-\alpha}(x)}{\sin\alpha\pi} \quad (n \text{ 为整数}). \tag{3.3.13}$$

由于当 n 为整数时，$J_{-n}(x) = (-1)^n J_n(x) = \cos n\pi J_n(x)$，所以式(3.3.13)右端的极限是"$\frac{0}{0}$"形的不定式极限，应用 L'Hospital 法则并经过冗长的推导(可参阅 A. H. 萨波洛夫斯基著《特殊函数》，魏执权等译，中国工业出版社出版，1966 年)，可以得到

$$Y_0(x) = \frac{2}{\pi} J_0(x)\left(\ln\frac{x}{2} + c\right) - \frac{2}{\pi} \sum_{m=0}^{\infty} \frac{(-1)^m \left(\frac{x}{2}\right)^{2m}}{(m!)^2} \sum_{k=0}^{m-1} \frac{1}{k+1},$$

$$Y_n(x) = \frac{2}{\pi} J_n(x)\left(\ln\frac{x}{2} + c\right) - \frac{1}{\pi} \sum_{m=0}^{n-1} \frac{(n-m-1)!}{m!} \left(\frac{x}{2}\right)^{-n+2m} -$$
$$\frac{1}{\pi} \sum_{m=0}^{\infty} \frac{(-1)^m \left(\frac{x}{2}\right)^{n+2m}}{m!(n+m)!} \left(\sum_{k=0}^{n+m-1} \frac{1}{k+1} + \sum_{k=0}^{m-1} \frac{1}{k+1}\right) \quad (n = 1,2,3,\cdots),$$

其中

$$c = \lim_{n \to \infty}\left(1 + \frac{1}{2} + \frac{1}{3} + \cdots + \frac{1}{n} - \ln n\right) = 0.5772\cdots,$$

称为欧拉常数.

根据这个函数的定义，它确实是 Bessel 方程的一个特解，而且与 $J_n(x)$ 线性无关(因为当 $x = 0$ 时，$J_n(x)$ 为有限值，而 $Y_n(x)$ 为无穷大).

综上所述，不论 μ 是否为整数，Bessel 方程(3.3.1)的通解都可表示为

$$y(x) = AJ_\mu(x) + BY_\mu(x), \tag{3.3.14}$$

其中 A、B 为任意常数，μ 为任意实数，而

$$Y_\mu(x) = \begin{cases} \dfrac{J_\mu(x)\cos\mu\pi - J_{-\mu}(x)}{\sin\mu\pi} & \mu \neq \text{整数}, \\ \lim\limits_{\alpha \to \mu} \dfrac{J_\alpha(x)\cos\alpha\pi - J_{-\alpha}(x)}{\sin\alpha\pi} & \mu = \text{整数}. \end{cases} \tag{3.3.15}$$

统称为第二类 Bessel 函数或 Neumann 函数.

3. μ = 半整数时的解

当方程(3.3.1)中的参数为半整数时，指标方程的两根 ρ_1, ρ_2 之差为 $\rho_1 - \rho_2 = 2\mu$，也是整数. 在此我们研究 $\mu = 1/2$ 的特例，在以后讨论 Bessel 函数的性质时，再给出一般半整数 μ 阶 Bessel 方程的解. 事实上，当 $\mu = 1/2$ 时，式(3.3.1)的解可用初等函数表示. 当 $\mu = 1/2$ 时，方程(3.3.1)成为

$$x^2 y'' + xy' + \left[x^2 - \left(\frac{1}{2}\right)^2\right] y = 0, \tag{3.3.16}$$

作变量代换

$$y(x)=\left(\frac{2}{\pi x}\right)^{\frac{1}{2}}u(x),$$

则 $u(x)$ 满足

$$u''(x)+u(x)=0.$$

这个方程的基础解系是我们熟知的,即

$$\sin x,\quad \cos x.$$

于是原方程的两个线性无关的解为

$$y_1(x)=\left(\frac{2}{\pi x}\right)^{\frac{1}{2}}\sin x,\quad y_2(x)=\left(\frac{2}{\pi x}\right)^{\frac{1}{2}}\cos x.$$

用 Maple 直接求解方程(3.3.16) 的结果是

```
>ode := x^2 * diff(y(x),x $ 2) + x * diff(y(x),x) + (x^2 - 1/4) * y(x) = 0;
```

$$\text{ode} := x^2\left(\frac{d}{dx^2}y(x)\right)+x\left(\frac{d}{dx}y(x)\right)+\left(x^2-\frac{1}{4}\right)y(x)=0$$

```
>dsolve(ode);
```

$$y(x)=\frac{\_C1\sin(x)}{\sqrt{x}}+\frac{\_C2\cos(x)}{\sqrt{x}}$$

其中 $\_C1$ 和 $\_C2$ 为任意常数.这样,方程(3.3.16) 的通解可表示成

$$\begin{aligned}y(x)&=Ay_1(x)+By_2(x)\\&=A\left(\frac{2}{\pi x}\right)^{\frac{1}{2}}\sin x+B\left(\frac{2}{\pi x}\right)^{\frac{1}{2}}\cos x=AJ_{\frac{1}{2}}(x)+BJ_{-\frac{1}{2}}(x).\end{aligned}$$

即半整阶 Bessel 函数为初等函数,记为

$$J_{\frac{1}{2}}(x)=\sqrt{\frac{2}{\pi x}}\sin x,\quad J_{-\frac{1}{2}}(x)=\sqrt{\frac{2}{\pi x}}\cos x. \tag{3.3.17}$$

事实上,式(3.3.17) 也可以直接从

$$J_\mu(x)=\sum_{m=0}^{\infty}(-1)^m\frac{1}{m!\Gamma(\mu+m+1)}\left(\frac{x}{2}\right)^{\mu+2m}$$

中得到,因为

$$J_{\frac{1}{2}}(x)=\sum_{m=0}^{\infty}(-1)^m\frac{1}{m!\Gamma\left(\frac{3}{2}+m\right)}\left(\frac{x}{2}\right)^{\frac{1}{2}+2m},$$

而

$$\Gamma\left(\frac{3}{2}+m\right)=\frac{1\cdot3\cdot5\cdots(2m+1)}{2^{m+1}}\Gamma\left(\frac{1}{2}\right)=\frac{1\cdot3\cdot5\cdots(2m+1)}{2^{m+1}}\sqrt{\pi},$$

从而

$$J_{\frac{1}{2}}(x)=\sqrt{\frac{2}{\pi x}}\sum_{m=0}^{\infty}\frac{(-1)^m}{(2m+1)!}x^{2m+1}=\sqrt{\frac{2}{\pi x}}\sin x.$$

同理,可求得

$$J_{-\frac{1}{2}}(x)=\sqrt{\frac{2}{\pi x}}\cos x.$$

由此可见，$J_{\frac{1}{2}}(x)$ 和 $J_{-\frac{1}{2}}(x)$ 确系初等函数. 由我们将在第 5 章中讨论的 Bessel 函数的递推公式可以证明，所有半整阶 Bessel 函数都是初等函数.

3.4 Sturm-Liouville 本征值问题

从第 2 章可知，分离变量法的重要过程之一是求解固有值(或称本征值、特征值) 问题. 在上一节中，我们讨论了一般二阶线性常微分方程的级数解法，即给出了方程通解的一般形式. 这一节，我们讨论一般二阶线性常微分方程固有值问题，并给出固有值问题的共性.

3.4.1 Sturm-Liouville 方程

事实上任意二阶线性常微分方程

$$y''(x) + p(x)y'(x) + q(x)y(x) = 0, \tag{3.4.1}$$

都可化为所谓的 Sturm-Liouville 方程

$$\frac{\mathrm{d}}{\mathrm{d}x}\left[k(x)\frac{\mathrm{d}y}{\mathrm{d}x}\right] - \gamma(x)y + \lambda\rho(x)y = 0 \tag{3.4.2}$$

的形式. 以函数 $k(x) = \exp\left[\int p(x)\mathrm{d}x\right]$ 乘以式(3.4.1)，两端整理后即得式(3.4.2). 式(3.4.2) 中 $a \leqslant x \leqslant b$，$k(x)$，$\gamma(x)$，$\rho(x)$ 是 (a,b) 上给定的实函数，$k(x)$ 及其导数，$\gamma(x)$ 和 $\rho(x)$ 在 (a,b) 内连续；在 (a,b) 内，$k(x) > 0$，$\rho(x) > 0$，$\gamma(x) \geqslant 0$；λ 为参数，$k(x)$ 称为核函数，$\rho(x)$ 称为权函数.

如 Bessel 方程

$$x^2y'' + xy' + (k^2x^2 - \mu^2)y = 0,$$

可以写为

$$\frac{\mathrm{d}}{\mathrm{d}x}\left[x\frac{\mathrm{d}y}{\mathrm{d}x}\right] - \frac{\mu^2}{x}y + k^2xy = 0,$$

其中

$$k(x) = x,\quad \gamma(x) = \frac{\mu^2}{x},\quad \rho(x) = x,\quad \lambda = k^2(\text{为参数}).$$

又如 Legendre 方程

$$(1 - x^2)y'' - 2xy' + l(l+1)y = 0,$$

可以写为

$$\frac{\mathrm{d}}{\mathrm{d}x}\left[(1 - x^2)\frac{\mathrm{d}y}{\mathrm{d}x}\right] + l(l+1)y = 0,$$

其中

$$k(x) = 1 - x^2,\quad \gamma(x) = 0,\quad \rho(x) = 1,\quad \lambda = l(l+1)(\text{为参数}).$$

而 Hermite 方程

$$y'' - 2xy' + 2ny = 0,$$

可以化为

$$\frac{\mathrm{d}}{\mathrm{d}x}\left(\mathrm{e}^{-x^2}\frac{\mathrm{d}y}{\mathrm{d}x}\right)+2n\mathrm{e}^{-x^2}y=0.$$

其中

$$k(x)=\mathrm{e}^{-x^2},\quad \gamma(x)=0,\quad \rho(x)=\mathrm{e}^{-x^2}.$$

对于 Laguerre 方程

$$xy''+(1-x)y'+\alpha y=0$$

的 Sturm-Liouville 形式为

$$\frac{\mathrm{d}}{\mathrm{d}x}\left(x\mathrm{e}^{-x}\frac{\mathrm{d}y}{\mathrm{d}x}\right)+\lambda\mathrm{e}^{-x}y.$$

其中

$$k(x)=x\mathrm{e}^{-x},\quad \gamma(x)=0,\quad \rho(x)=\mathrm{e}^{-x}.$$

引进 Sturm-Liouville 算符

$$L[y]=-\frac{\mathrm{d}}{\mathrm{d}x}\left[k(x)\frac{\mathrm{d}y}{\mathrm{d}x}\right]+\gamma(x)y,$$

则式(3.4.2)可以写成

$$L[y]=\lambda\rho(x)y \tag{3.4.2$'$}$$

的形式.

Sturm-Liouville 方程是在用分离变量法求解数学物理方程过程中概括出来的,它的主要特色在于方程(3.4.2)中含有待定常数 λ(当然也可以用 μ、υ 等其他符号表示),以及将方程的一阶和二阶导数写在一起的形式.

3.4.2 本征值问题的一般提法

方程(3.4.2)中含有参数 λ,在一定的边界条件下,只有当 λ 取某些特定的值时,才有满足边界条件的非零解,这种 λ 值称为问题的本征值(固有值、特征值),而相应的方程的解称为本征解或本征函数.那么,要使方程(3.4.2)构成本征问题需要附加什么样的边界条件呢?

边界条件通常有如下三种提法:

(1) 以端点 $x=a$ 为例,如果 $k(a)\neq 0$,则要附加齐次边界条件,例如第三类边界条件

$$[\alpha y'(x)+\beta y(x)]\big|_{x=a}=0, \tag{3.4.3}$$

其中 α、β 为常数,第一类和第二类的齐次边界条件可以看成当 $\alpha=0$ 和 $\beta=0$ 时的特例.

比如

$$\begin{cases} y''(x)+\lambda y(x)=0 \quad (0\leqslant x\leqslant l), \\ y(0)=0, \quad y(l)=0, \end{cases}$$

及

$$\begin{cases} y''(x)+\lambda y(x)=0 \quad (0\leqslant x\leqslant l), \\ y(0)=0, \quad y'(l)+hy(l)=0, \end{cases}$$

都属于这种情况.

(2) 以端点 $x=a$ 为例,如果 $k(a)=0$,而且 $x=a$ 是 $k(x)$ 的一阶零点(即 $k'(a)\neq 0$,

$k(x)=(x-a)\varphi(x)$，$\varphi(x)$ 是连续函数，且 $\varphi(x)\neq 0$)，在这种情况下，如果方程(3.4.2)存在一个解 $y_1(x)$，它满足条件 $y_1(a)\neq\infty$，则由 Liouville 求解公式

$$y_2(x)=y_1(x)\left\{\int_{x_0}^{x}\exp\left[-\int p(\xi)\mathrm{d}\xi\right]\frac{1}{y_1^2(\xi)}\mathrm{d}\xi+C\right\}$$
$$=y_1(x)\left[\int_{x_0}^{x}\frac{\mathrm{d}\xi}{k(\xi)y_1^2(\xi)}+C\right].$$

(其中 x_0 是一个定点，C 为积分常数)可见，该方程与 $y_1(x)$ 线性无关的解 $y_2(x)$ 必定满足 $y_2(a)=\infty$(由于 $k(a)=0$)，这时应该附加边界条件

$$y(a)\neq\infty. \tag{3.4.4}$$

这种边界条件称为一种自然边界条件.

例如 Legendre 方程的本征值问题

$$\begin{cases}(1-x^2)y''(x)-2xy'(x)+\lambda y(x)=0 \quad (-1\leqslant x\leqslant 1),\\ |y(\pm 1)|<+\infty,\end{cases}$$

就属于这种情况.

(3) 如果 $k(a)=k(b)$，这时可以提周期性边界条件：

$$y(a)=y(b),\quad y'(a)=y'(b). \tag{3.4.5}$$

这也是一种自然边界条件. 例如，本征值问题

$$\begin{cases}y''(x)+\lambda y(x)=0 \quad (0\leqslant x\leqslant 2\pi),\\ y(0)=y(2\pi),\quad y'(0)=y'(2\pi),\end{cases}$$

就属于这种情况，它的本征值和本征函数分别是

$$\lambda_m=m^2,\quad y_m(x)=\begin{cases}\cos mx\\ \sin mx\end{cases}\quad (m=0,1,2,\cdots).$$

方程(3.4.2)附加两端点如式(3.4.3)或式(3.4.4)或式(3.4.5)的边界条件就构成了 Sturm-Liouville 本征值问题.

其实，n 阶 Bessel 方程也构成本征值问题，其提法是

$$\begin{cases}x^2y''(x)+xy'(x)+(\lambda x^2-n^2)y(x)=0 \quad (0\leqslant x\leqslant a),\\ y(0)\neq\infty,\quad [\alpha y'(x)+\beta y(x)]\big|_{x=a}=0.\end{cases}$$

其中 α 和 β 为常数.

Sturm-Liouville 本征值问题具有许多重要的性质，有些性质的证明超出了本教程的范围，因此这里只列出几个基本性质，而不给出全部证明.

3.4.3　本征值问题的一般性质

性质1　如果 $k(x)$ 及其一阶导数连续，$\gamma(x)$ 或连续或在边界上有一阶奇点，则 Sturm-Liouville 本征值问题有无穷多个本征值

$$\lambda_0\leqslant\lambda_1\leqslant\lambda_2\leqslant\cdots\leqslant\lambda_n\leqslant\cdots,$$

若 λ_0 不存在，则从 λ_1 开始，相应地有本征函数

$$y_1(x),y_2(x),\cdots,y_n(x),\cdots.$$

性质2　所有本征值 $\lambda_i\geqslant 0$.

性质3 对应于不同本征值λ_m和λ_n的本征函数$y_m(x)$与$y_n(x)$在区间$[a,b]$上加权正交,即

$$\int_a^b y_m(x)y_n(x)\rho(x)\mathrm{d}x=0\quad(m\neq n).\tag{3.4.6}$$

证明 由于$y_m(x)$与$y_n(x)$都是Sturm-Liouville方程(3.4.2)的解,所以有

$$\frac{\mathrm{d}}{\mathrm{d}x}\left[k(x)\frac{\mathrm{d}y_m(x)}{\mathrm{d}x}\right]-\gamma(x)y_m(x)+\lambda_m\rho(x)y_m(x)=0,\tag{3.4.7}$$

$$\frac{\mathrm{d}}{\mathrm{d}x}\left[k(x)\frac{\mathrm{d}y_n(x)}{\mathrm{d}x}\right]-\gamma(x)y_n(x)+\lambda_n\rho(x)y_n(x)=0,\tag{3.4.8}$$

式(3.4.7)乘以y_n,式(3.4.8)乘以y_m,两式相减并在$[a,b]$上对x积分,得

$$\int_a^b\left[y_n\frac{\mathrm{d}}{\mathrm{d}x}\left(k\frac{\mathrm{d}y_m}{\mathrm{d}x}\right)-y_m\frac{\mathrm{d}}{\mathrm{d}x}\left(k\frac{\mathrm{d}y_n}{\mathrm{d}x}\right)\right]\mathrm{d}x+(\lambda_m-\lambda_n)\int_a^b y_my_n\rho\mathrm{d}x=0.\tag{3.4.9}$$

对第一项积分进行分部积分,有

$$\begin{aligned}&\int_a^b\left[y_n\frac{\mathrm{d}}{\mathrm{d}x}\left(k\frac{\mathrm{d}y_m}{\mathrm{d}x}\right)-y_m\frac{\mathrm{d}}{\mathrm{d}x}\left(k\frac{\mathrm{d}y_n}{\mathrm{d}x}\right)\right]\mathrm{d}x\\&=ky_n\frac{\mathrm{d}y_m}{\mathrm{d}x}\bigg|_a^b-\int_a^b k\frac{\mathrm{d}y_m}{\mathrm{d}x}\frac{\mathrm{d}y_n}{\mathrm{d}x}\mathrm{d}x-ky_m\frac{\mathrm{d}y_n}{\mathrm{d}x}\bigg|_a^b+\int_a^b k\frac{\mathrm{d}y_n}{\mathrm{d}x}\frac{\mathrm{d}y_m}{\mathrm{d}x}\mathrm{d}x\\&=k(b)[y_n(b)y_m'(b)-y_m(b)y_n'(b)]-k(a)[y_n(a)y_m'(a)-y_m(a)y_n'(a)].\end{aligned}\tag{3.4.10}$$

上式的结果有两项,一项与端点$x=a$有关,另一项与端点$x=b$有关.下面以与端点$x=a$有关的一项为例,证明在三种齐次边界条件下,它的值都是零(与端点$x=b$有关的一项也如此).

(1) 若边界条件为自然边界条件,则$k(a)=0$,从而该项为零.

(2) 若边界条件为第三类边界条件,则

$$\alpha y_m'(a)+\beta y_m(a)=0,$$

$$\alpha y_n'(a)+\beta y_n(a)=0,$$

由α和β不同时为零,可得

$$y_n(a)y_m'(a)-y_m(a)y_n'(a)=0.$$

从而也有(3.4.10)中的第2项为0.

(3) 如边界条件为周期条件

$$y(a)=y(b),\quad y'(a)=y'(b).$$

则显然有式(3.4.10)的右端为零.因此由(3.4.9)有

$$(\lambda_m-\lambda_n)\int_a^b y_my_n\rho\mathrm{d}x=0,$$

因为$\lambda_m\neq\lambda_n$,所以

$$\int_a^b y_m(x)y_n(x)\rho(x)\mathrm{d}x=0.\tag{3.4.11}$$

在函数空间中,式(3.4.11)左边的积分可以表示成两函数内积:

$$(y_m,y_n)=\int_a^b y_my_n\rho\mathrm{d}x,$$

内积为零,表示"正交".

当 $m = n$ 时,则有

$$N_m^2 = \int_a^b [y_m(x)]^2 \rho(x) \mathrm{d}x, \tag{3.4.12}$$

N_m 称为本征函数 $y_m(x)$ 的模,式(3.4.12) 称为 $y_m(x)$ 的模方公式. 如果 $N_m \equiv 1$,说明 $y_m(x)$ 是归一化的. 正交归一化的本征函数可以统一写成

$$\int_a^b y_m(x) y_n(x) \rho(x) \mathrm{d}x = \delta_{mn} = \begin{cases} 0 & m \neq n, \\ 1 & m = n. \end{cases}$$

性质 4　本征函数系列 $y_n(x)(n = 0,1,2,3,\cdots)$ 是完备系列,即任一个有(分段) 连续二阶导数和连续一阶导数的函数 $f(x)$,可按此本征函数系列展开为一个绝对且一致收敛的级数:

$$f(x) = \sum_{n=1}^{\infty} f_n y_n(x), \tag{3.4.13}$$

其中

$$f_n = \frac{\int_a^b y_n(x) f(x) \rho(x) \mathrm{d}x}{\int_a^b [y_n(x)]^2 \rho(x) \mathrm{d}x} = \frac{1}{N_n^2} \int_a^b y_n(x) f(x) \rho(x) \mathrm{d}x. \tag{3.4.14}$$

证明　设式(3.4.13) 成立,两边乘以 $\rho(x) y_m(x)$,并在$[a,b]$上对 x 积分,应用正交性(3.4.11) 和模方公式(3.4.12),立即可得式(3.4.14).

将函数 $f(x)$ 按本征函数系展开成级数的问题,称为 $f(x)$ 的广义 Fourier 展开.

3.5　历史注记——数学物理学家:刘维尔

刘维尔(Joseph Liouville),法国数学物理学家. 1809 年 3 月 24 日生于法国加来海峡省圣奥梅尔,1882 年 9 月 8 日卒于巴黎.

刘维尔 1831 年毕业于法国道路与桥梁工程学校. 1833 年以后,先后任巴黎综合工科学校、索邦大学和法兰西学院、巴黎大学理学院的教授. 1839 年当选为法国科学院院士. 1850 年被选为英国皇家学会会员. 他还是彼得堡科学院的名誉院士.

刘维尔(1809—1882)

刘维尔对复变函数、椭圆函数、微分方程、积分方程、代数几何、超越数、数论都做出了贡献,发表了约 400 篇论文,其中有 200 多篇是数论方面的.

刘维尔 1836 年创办了《纯粹与应用数学》杂志,并担任该杂志编辑达 40 年之久. 此杂志不但以迅速传播数学的新成就著称于世,而且哺育了不少数学英才,很多著名数学家,如普吕克(Plücker)、施图姆、雅可比、狄利克雷、勒贝格(Lebesgue) 等都从这个杂志受益匪浅,有的人就是从这个杂志上开始崭露头角而迈进数学家行列的. 特别是 1846 年该杂志率先发表被冷落多年的伽罗瓦的论文《论方程的根式可解性条件》,刘维尔为这篇论文作序并向数学界推荐,这表明了刘维尔的远见卓识. 刘维尔创办的这个

杂志为促进数学的发展做出了卓越贡献，在国际上享有很好的声誉，被数学家们亲切地称为《刘维尔杂志》.

刘维尔是一位优秀的教师，他一生乐于对青年人热心指导，给予帮助，从而使他的不少学生都在学术上很有成就，例如埃尔米特就是由他发现、培养起来的一位著名数学家. 下面我们着重列举刘维尔在微分方程和积分方程方面的贡献.

19 世纪，随着各种曲线坐标系的引入和新的函数类如贝塞尔函数、勒让德多项式等作为常微分方程的特征函数而兴起，确定带边界条件的常微分方程的特征值与特征函数，便成为日益突出的重要问题. 刘维尔和他的朋友、力学教授 C・斯图姆(Sturm) 在 19 世纪 30 年代同时钻研了这类问题. 他们考虑由变密度棒的热传导过程引出的二阶常微分方程：

$$[k(x)V'(x)]' + [g(x)r - l(x)]V(x) = 0 \quad x \in (a,b),$$
$$k(a)V'(a) - hV(a) = 0, \quad k(b)V'(b) + HV(b) = 0.$$

其中 $k(x)$、$g(x)$、$l(x)$ 是正值函数，h 与 H 为非负常数，r 为参数.

刘维尔采用逐次逼近法表达其解：

$$P_0(x) = A\left(1 + hk(a)\int_a^x \frac{\mathrm{d}t}{k(t)}\right),$$
$$\vdots$$
$$P_{n+1}(x) = \int_a^x \frac{\mathrm{d}t}{k(t)}\int_a^t [l(s) - g(s)r]P_n(s)\mathrm{d}s.$$

并用两种不同的方法证明了 $\sum_{n=0}^{\infty} P_n(x)$ 收敛到原方程的解 $V(x)$.

这样，就得到了关于微分方程解的存在性的第一条定理，它发表在 1838 年第 3 卷第 1 期的《纯粹与应用数学杂志》上. 逐次逼近法成为求解常微分方程的一种典型方法，上述边值问题则被称为斯图姆 - 刘维尔问题.

随后，两人着眼于更一般的二阶微分方程

$$Ly'' + My' + \lambda Ny = 0,$$

其中 L,M,N 是 x 的连续函数，λ 是参数，它可以改写成

$$\frac{\mathrm{d}}{\mathrm{d}x}(p(x)y'(x)) + \lambda\rho(x)y(x) = 0, \quad p(x) > 0, \rho(x) > 0$$

的形式. 他们证明了下列基本结果：

(1) 仅当 λ 取递增到 $+\infty$ 的正数序列 $\{\lambda_n\}$ 的任一值时，原问题才有解；

(2) 对每一个 λ_n，解是一个函数 $V_n(x)$ 的倍数，而 $V_n(x)$ 可以用 $\int_a^b V_n^2(x)\rho(x)\mathrm{d}x = 1$ 加以规范化；

(3) $\{V_n(x)\}$ 在 $a \leqslant x \leqslant b$ 上组成具有权函数 $\rho(x)$ 的一个正交函数系：

$$\int_a^b V_m(x)V_n(x)\rho(x)\mathrm{d}x = 0 \quad (m \neq n).$$

后来，在法兰西学院的教学中，刘维尔又引入了伴随边值条件(adjoint boundary values) 的概念，将斯图姆 - 刘维尔理论尤其是斯图姆关于特征函数的有关结论推广到非自伴随高阶方程上. 刘维尔在扩展导数定义时，除了将被导函数先展开为指数级数，还利

用过拉普拉斯积分展开式的方法：

$$f(x)=\int g(t)\mathrm{e}^{-xt}\mathrm{d}t.$$

在证明了

$$\int_0^\mu F(x)\mathrm{d}x^\mu=\frac{\mathrm{d}^{-\mu}}{\mathrm{d}x^{-\mu}}F(x)=\frac{1}{(-1)^\mu\Gamma(\mu)}\int_0^\infty F(x-s)s^{\mu-1}\mathrm{d}s$$

等几个重要公式后，刘维尔展开了如何用其解决几何、力学问题中产生的积分方程：把积分方程变成求导问题，最后得到的微分方程是可解的. 在这里，刘维尔所处理的主要是形如 $F(x)=\int_a^\infty k(x,t)\varphi(t)\mathrm{d}t$ 的积分方程，被 D・希尔伯特(Hilbert) 称为第一类积分方程.

在斯图姆 - 刘维尔理论中还涉及另一种不同类型的方程，即希尔伯特第二类积分方程. 它有如下形式：

$$F(x)=\varphi(x)+\int_a^\infty k(x,t)\varphi(t)\mathrm{d}t.$$

通过解积分方程得到微分方程的解，这是斯图姆 - 刘维尔理论最有意义的一点. 而微分方程与积分方程之间的内在联系通过刘维尔的上述努力也愈加清晰了.

1845 年底，刘维尔在《纯粹与应用数学杂志》上发表短篇注记"一类函数的一种一般性质"(Sur une propriété génerale d'uneclasse de fonctions)，研究了特征值方程

$$\int_D l(x)T(x,x')\lambda(x')\mathrm{d}x'=m\lambda(x),$$

其中 $l(x)$ 为定义于 $\mathbf{R}^n$ 子集 D 上的实值函数，T 为 $D\times D$ 上的对称多项式. 注记中证明了两条定理：

(1) λ_1,λ_2 是对应于互异特征值 m_1、m_2 的特征函数(即原方程的解)，则成立正交关系：

$$\int_D l(x)\lambda_1(x)\lambda_2(x)\mathrm{d}x=0;$$

(2) 若 $l(x)$ 恒正，则所有特征值均为实数.

进一步，刘维尔还指出了利用正交关系将任意函数展成傅里叶级数的可能性. 虽然这些结论不如后来希尔伯特、E・施密特(Schmidt) 等人的结果那样深刻，却表明了刘维尔最早意识到这类积分方程的重要性，并在积分方程理论研究工作由特殊走向一般的过程中迈出了第一步.

除了在数学各个分支中做出的突出贡献外，刘维尔还有一些文章涉及热理论、电学、天体力学和理论力学等问题.

3.6　例题分析

例 1　在 $x=0$ 的邻域上求解方程 $y''-2xy'+(\lambda-1)y=0$，当 λ 取什么数值时可使级数退化为多项式？

解　由 $p(x)=-2x,q(x)=\lambda-1$ 知道 $x_0=0$ 是原方程的常点.

设方程的解为 $y=\sum\limits_{n=0}^{\infty}a_nx^n$，则

$$(\lambda-1)y=\sum_{k=0}^{\infty}(\lambda-1)a_kx^k,$$

$$-2xy'=\sum_{n=1}^{\infty}-2na_nx^n=\sum_{k=1}^{\infty}-2ka_kx^k,$$

$$y''=\sum_{n=2}^{\infty}n(n-1)a_nx^{n-2}=\sum_{k=0}^{\infty}(k+2)(k+1)a_{k+2}x^k.$$

将以上各式代入到原方程,合并同幂次项,令各幂次的系数为零,得到系数递推公式:

$$a_{k+2}=\frac{2k+1-\lambda}{(k+1)(k+2)}a_k.$$

由此式可推得

$$a_2=\frac{1-\lambda}{1\cdot 2}a_0\quad(a_0\neq 0,\text{待定}),\quad a_4=\frac{5-\lambda}{3\cdot 4}a_2=\frac{(1-\lambda)(5-\lambda)}{4!}a_0,\cdots\cdots$$

$$a_3=\frac{3-\lambda}{2\cdot 3}a_1\quad(a_1\neq 0,\text{待定}),\quad a_5=\frac{7-\lambda}{4\cdot 5}a_3=\frac{(3-\lambda)(7-\lambda)}{5!}a_1,\cdots\cdots$$

$$a_{2k}=\frac{(1-\lambda)(5-\lambda)\cdots(4k-3-\lambda)}{(2k)!}a_0,\quad a_{2k+1}=\frac{(3-\lambda)(7-\lambda)\cdots(4k-1-\lambda)}{(2k+1)!}a_1.$$

于是原方程的通解可以写成

$$y(x)=a_0y_0(x)+a_1y_1(x),$$

其中 a_0,a_1 为任意常数,而

$$y_0(x)=1+\frac{(1-\lambda)}{2!}x^2+\frac{(1-\lambda)(5-\lambda)}{4!}x^4+\cdots+\frac{(1-\lambda)(5-\lambda)\cdots(4k-3-\lambda)}{(2k)!}x^{2k}+\cdots,$$

$$y_1(x)=x+\frac{(3-\lambda)}{3!}x^3+\frac{(3-\lambda)(7-\lambda)}{5!}x^5+\cdots+\frac{(3-\lambda)(7-\lambda)\cdots(4k-1-\lambda)}{(2k+1)!}x^{(2k+1)}+\cdots.$$

可以证明这两个级数的收敛半径都是无限大. 从级数的系数可以知道:当 $\lambda=4k-3$ $(k=1,2,\cdots)$ 时,$y_0(x)$ 退化为多项式. 当 $\lambda=4k-1(k=1,2,\cdots)$ 时,$y_1(x)$ 退化为多项式.

例 2 在 $x=0$ 的邻域内,求解超几何方程:

$$x(1-x)y''+[\gamma-(\alpha+\beta+1)x]y'-\alpha\beta y=0.$$

其中 α、β、$\gamma(\neq$ 整数$)$ 是常数.

解 易知 $x=0$ 是方程的正则奇点.

令 $$y(x)=\sum_{n=0}^{\infty}a_nx^{n+\rho},\quad \text{且 } a_0\neq 0,$$

代入原方程可得

$$(x-x^2)\sum_{n=0}^{\infty}a_n(n+\rho)(n+\rho-1)x^{n+\rho-2}+$$

$$[\gamma-(\alpha+\beta+1)x]\sum_{n=0}^{\infty}a_n(n+\rho)x^{n+\rho-1}-\alpha\beta\sum_{n=0}^{\infty}a_nx^{n+\rho}=0,$$

即

$$\sum_{n=0}^{\infty}a_n(n+\rho)(n+\rho-1+\gamma)x^{n-1}-\sum_{n=0}^{\infty}a_n(n+\rho+\alpha)(n+\rho+\beta)x^n=0,$$

由最低次幂 x^{-1} 的系数可得

$$a_0[\rho(\rho-1+\gamma)]=0,$$

因为 $a_0\neq 0$,得到指标方程

$$\rho(\rho-1+\gamma)=0,$$

解得两个指标数

$$\rho_1=0,\quad \rho_2=1-\gamma.$$

继续比较 x 的同次幂系数,得

x^0:
$$a_1(1+\rho)(1+\rho-1+\gamma)-a_0(\alpha+\rho)(\beta+\rho)=0$$

$$a_1=\frac{(\alpha+\rho)(\beta+\rho)}{(1+\rho)(1+\rho-1+\gamma)}a_0,$$

x^1:
$$a_2(2+\rho)(2+\rho-1+\gamma)-a_1(\alpha+1+\rho)(\beta+1+\rho)=0,$$

$$a_2=\frac{(\alpha+1+\rho)(\beta+1+\rho)}{(2+\rho)(2+\rho-1+\gamma)}a_1,$$

$$\vdots$$

当 $k\geqslant 1$ 时,x^{k-1} 的系数为

$$a_k(k+\rho)(k+\rho-1+\gamma)-a_{k-1}(\alpha+k-1+\rho)(\beta+k-1+\rho)=0.$$

于是得到递推关系

$$a_k=\frac{(\alpha+k-1+\rho)(\beta+k-1+\rho)}{(k+\rho)(k+\rho-1+\gamma)}a_{k-1}.$$

当 $\rho=\rho_1=0$ 时,则有

$$a_1=\frac{\alpha\beta}{1\cdot\gamma}a_0,\quad a_2=\frac{(\alpha+1)(\beta+1)}{2(\gamma+1)}a_1,\quad \cdots,$$

$$\begin{aligned}a_k&=\frac{(\alpha+k-1)(\beta+k-1)}{k(\gamma+k-1)}a_{k-1}\\&=\frac{(\alpha+k-1)(\beta+k-1)}{k(\gamma+k-1)}\frac{(\alpha+k-2)(\beta+k-2)}{(k-1)(\gamma+k-2)}\cdots\frac{\alpha\beta}{1\cdot\gamma}a_0\\&=\frac{(\alpha)_k(\beta)_k}{k!(\gamma)_k}a_0,\end{aligned}$$

这里 $(\alpha)_0=1$. 当 $k\geqslant 1$ 时,$(\alpha)_k=\alpha(\alpha+1)(\alpha+2)\cdots(\alpha+k-1)$,$(\beta)_k$,$(\gamma)_k$ 的定义相同.

若取 $a_0=1$,得到原方程的第一个解

$$y_1(x)=\sum_{n=0}^{\infty}\frac{(\alpha)_n(\beta)_n}{n!(\gamma)_n}x^n=F(\alpha,\beta,\gamma,x),$$

$F(\alpha,\beta,\gamma,x)$ 就是所谓的超几何级数或超几何函数.

当 $\rho=\rho_2=1-\gamma$ 时,则有

$$a_1=\frac{(\alpha+1-\gamma)(\beta+1-\gamma)}{1\cdot(2-\gamma)}a_0,\quad a_2=\frac{(\alpha+2-\gamma)(\beta+2-\gamma)}{1\cdot 2\cdot(3-\gamma)(2-\gamma)}a_1,\quad \cdots,$$

$$\begin{aligned}a_k&=\frac{(\alpha+k-\gamma)(\beta+k-\gamma)}{k(k+1-\gamma)}\frac{(\alpha+k-1-\gamma)(\beta+k-1-\gamma)}{(k-1)(k-\gamma)}\cdots\\&\quad\frac{(\alpha+1-\gamma)(\beta+1-\gamma)}{1\cdot(2-\gamma)}a_0\\&=\frac{(\alpha+1-\gamma)_k(\beta+1-\gamma)_k}{k!(2-\gamma)_k}a_0.\end{aligned}$$

若取 $a_0 = 1$，得到原方程的第二个解

$$y_2(x) = \sum_{n=0}^{\infty} \frac{(\alpha+1-\gamma)_n(\beta+1-\gamma)_n}{n!(2-\gamma)_n} x^{n+1-\gamma}$$
$$= x^{1-\gamma}F(\alpha+1-\gamma, \beta+1-\gamma, 2-\gamma, x),$$

因为 $\gamma \neq$ 整数，所以第二个解是一个多值函数，0 和 ∞ 为其支点. 而第一个解在 $x = 0$ 的邻域内是解析函数，因此这两个解是线性无关的. 因此，超几何方程的通解为

$$y(x) = c_1 y_1(x) + c_2 y_2(x),$$

其中 c_1、c_2 为任意常数.

注意 若 α,β 中有一个是负整数，例如 $\alpha = -m$（m 为整数），则第一个解断成一个多项式，这是因为当 $n = m+1$ 时 $(-m)_n = (-m)(-m+1)(-m+2)\cdots(-m+n-1) = 0$，这时第一个解变为

$$y_1(x) = \sum_{n=0}^{m} \frac{(-1)^n m!(\beta)_n}{n!(m-n)!(\gamma)_n} x^n.$$

同理，当 $\alpha+1-\gamma, \beta+1-\gamma$ 中有一个是负整数时，第二个解断成一个多项式.

例 3 求合流超几何方程 $xy''(x) + (\gamma - x)y'(x) - \alpha y(x) = 0$ 在 $x = 0$ 附近的通解，其中 α,γ 为常数，且 $\alpha > 0, 1-\gamma \neq 0$ 及整数.

解 因为 $p(x) = \dfrac{\gamma}{x} - 1, q(x) = -\dfrac{\alpha}{x}$，所以指标方程和指标数分别为

$$\rho(\rho-1) + \gamma\rho = 0, \quad \rho_1 = 0, \quad \rho_2 = 1-\gamma.$$

因为 $1-\gamma \neq 0$ 及整数，所以可设两个线性无关的解为

$$y_1(x) = \sum_{n=0}^{\infty} c_n x^n, \quad y_2(x) = x^{1-\gamma}\sum_{n=0}^{\infty} d_n x^n.$$

将第一个解代入方程，可得

$$\sum_{n=2}^{\infty} c_n n(n-1)x^{n-1} + (\gamma - x)\sum_{n=1}^{\infty} c_n n x^{n-1} - \alpha\sum_{n=0}^{\infty} c_n x^n = 0,$$

即

$$\sum_{n=1}^{\infty} c_n n(n+\gamma-1)x^{n-1} - \sum_{n=0}^{\infty} c_n(n+\alpha)x^n = 0.$$

比较 x 的同次幂系数：

x^0：$\quad c_1 \cdot 1 \cdot \gamma - c_0\alpha = 0, \quad c_1 = \dfrac{\alpha}{1\cdot\gamma}c_0,$

x^1：$\quad c_2 \cdot 2 \cdot (1+\gamma) - c_1(1+\alpha) = 0, \quad c_2 = \dfrac{1+\alpha}{2\cdot(1+\gamma)}c_1 = \dfrac{1+\alpha}{2\cdot(1+\gamma)}\dfrac{\alpha}{1\cdot\gamma}c_0,$

$$\vdots$$

当 $n \geqslant 1$ 时，x^{n-1} 的系数为

$$c_n n(n+\gamma-1) - c_{n-1}(n-1+\alpha) = 0,$$

于是得到递推关系为

$$c_n = \frac{n-1+\alpha}{n(n-1+\gamma)}c_{n-1} = \frac{n-1+\alpha}{n(n-1+\gamma)}\frac{n-2+\alpha}{(n-1)(n-2+\gamma)}\cdots\frac{1+\alpha}{2(1+\gamma)}\frac{\alpha}{1\cdot\gamma}c_0$$

$$= \frac{\Gamma(n+\alpha)\Gamma(\gamma)}{n!\Gamma(n+\gamma)\Gamma(\alpha)} c_0.$$

若取 $c_0 = 1$，则得到方程的第一个解为

$$y_1(x) = \sum_{n=0}^{\infty} \frac{\Gamma(n+\alpha)\Gamma(\gamma)}{n!\Gamma(n+\gamma)\Gamma(\alpha)} x^n = \sum_{n=0}^{\infty} \frac{(\alpha)_n}{n!(\gamma)_n} x^n = F(\alpha,\gamma,x).$$

其中

$$(\alpha)_n = \frac{\Gamma(n+\alpha)}{\Gamma(\alpha)}, \quad (\gamma)_n = \frac{\Gamma(n+\gamma)}{\Gamma(\gamma)}.$$

函数 $F(\alpha,\gamma,x)$ 称为合流超几何级数或者合流超几何函数.

将第二个解代入原方程，可得

$$\sum_{n=2}^{\infty} d_n(n+1-\gamma)(n-\gamma)x^{n-\gamma} + (\gamma - x)\sum_{n=1}^{\infty} d_n(n+1-\gamma)x^{n-\gamma} - \alpha\sum_{n=0}^{\infty} d_n x^{n+1-\gamma} = 0,$$

即

$$\sum_{n=0}^{\infty} d_n n(n+1-\gamma)x^n - \sum_{n=0}^{\infty} d_n(n+1+\alpha-\gamma)x^{n+1} = 0.$$

比较 x 的同次幂系数：

x^0：　　$d_0 \cdot 0 = 0$，　d_0 任意，

x^1：　　$d_1 \cdot 1 \cdot (2-\gamma) - d_0(1+\alpha-\gamma) = 0$，　$d_1 = \dfrac{1+\alpha-\gamma}{1\cdot(2-\gamma)} d_0$，

$$\vdots$$

当 $n \geqslant 1$ 时，x^n 的系数为

$$d_n(n+1-\gamma) - d_{n-1}(n+\alpha-\gamma) = 0,$$

于是得到递推关系为

$$d_n = \frac{n+\alpha-\gamma}{n(n+1-\gamma)} d_{n-1} = \frac{n+\alpha-\gamma}{n(n+1-\gamma)} \frac{n-1+\alpha-\gamma}{(n-1)(n-\gamma)} \cdots \frac{1+\alpha-\gamma}{1\cdot(2-\gamma)} d_0$$

$$= \frac{\Gamma(n+1+\alpha-\gamma)\Gamma(2-\gamma)}{n!\Gamma(n+2-\gamma)\Gamma(1+\alpha-\gamma)} d_0.$$

若取 $d_0 = 1$，则得到方程的第二个解为

$$y_2(x) = x^{1-\gamma}\sum_{n=0}^{\infty} \frac{\Gamma(n+1+\alpha-\gamma)\Gamma(2-\gamma)}{n!\Gamma(n+2-\gamma)\Gamma(1+\alpha-\gamma)} x^n = x^{1-\gamma}\sum_{n=0}^{\infty} \frac{(\alpha+1-\gamma)_n}{n!(2-\gamma)_n} x^n$$

$$= x^{1-\gamma} F(\alpha+1-\gamma, 2-\gamma, x).$$

于是合流超几何方程的通解可以写成

$$y(x) = c_1 F(\alpha,\gamma,x) + c_2 x^{1-\gamma} F(\alpha+1-\gamma, 2-\gamma, x),$$

其中 c_1、c_2 为任意常数.

注意　若 α 等于负整数，例如 $\alpha = -m$（m 为正整数），则第一个解退化为多项式，这是因为当 $n = m+1$ 时

$$(-m)_n = (-m)(-m+1)(-m+2)\cdots(-m+n-1) = 0,$$

这时第一个解变成

$$y_1(x) = \sum_{n=0}^{m} \frac{(-1)^n m!}{n!(m-n)!(\gamma)_n} x^n.$$

同理，当 $\alpha + 1 - \gamma = -m$（m 为正整数）时，第二个解的级数部分将退化成为一个多项式：

$$y_2(x)=x^{1-\gamma}\sum_{n=0}^{\infty}\frac{(-1)^n m!}{n!(m-n)!(2-\gamma)_n}x^n.$$

例 4 将超球方程

$$(1-x^2)y''-2(m+1)xy'+[\lambda-m(m+1)]y=0$$

化成 Sturm-Liouville 型方程的标准形式.

解 将超球方程与 Sturm-Liouville 型方程的标准形式

$$\frac{\mathrm{d}}{\mathrm{d}x}\left[k(x)\frac{\mathrm{d}y}{\mathrm{d}x}\right]+[\lambda\rho(x)-\gamma(x)]y=0$$

进行比较，得

$$\frac{k'(x)}{k(x)}=-\frac{2(m+1)x}{1-x^2},$$

解得

$$k(x)=(1-x^2)^{m+1},$$

因此，将超球方程两边同乘以$(1-x^2)^m$，即可将超球方程化为

$$\frac{\mathrm{d}}{\mathrm{d}x}\left[(1-x^2)^{m+1}\frac{\mathrm{d}y}{\mathrm{d}x}\right]+[\lambda(1-x^2)^m-m(m+1)(1-x^2)^m]y=0,$$

此即为 Sturm-Liouville 型方程的标准形式.

例 5 求关联 Legendre 方程的本征值和本征函数.

$$\begin{cases}(1-x^2)z''-2xz'+\left(\mu-\dfrac{m^2}{1-x^2}\right)z=0 \quad (-1\leqslant x\leqslant 1),\\ |z(\pm 1)|<\infty.\end{cases}$$

解 将关联 Legendre 方程写成 Sturm-Liouville 型：

$$\frac{\mathrm{d}}{\mathrm{d}x}\left[(1-x^2)\frac{\mathrm{d}z}{\mathrm{d}x}\right]+\left(\mu-\frac{m^2}{1-x^2}\right)z=0,$$

对应有 $k(x)=(1-x^2)$，$\rho(x)=1$.

可以证明(见§5.1)，关联 Legendre 方程的解 z 与 Legendre 方程的解 y 之间有关系

$$z(x)=(1-x^2)^{\frac{m}{2}}\frac{\mathrm{d}^m y(x)}{\mathrm{d}x^m}\quad (m=0,1,2,\cdots),$$

而且，当 $m=0$ 时，关联 Legendre 方程退化为 Legendre 方程.

当 $\mu\neq l(l+1)$ 时，关联 Legendre 方程的通解可以写成

$$z(x)=Az_0(x)+Bz_1(x),$$

其中

$$z_0(x)=(1-x^2)^{\frac{m}{2}}y_0^{(m)},\quad z_1(x)=(1-x^2)^{\frac{m}{2}}y_1^{(m)},$$

而 $y_0(x)$ 和 $y_1(x)$ 是 Legendre 方程的解[见式$(3.2.7)_1$、式$(3.2.7)_2$]，因 $y_0(x)$ 和 $y_1(x)$ 在 $x=\pm 1$ 发散，所以 $z_0(x)$ 和 $z_1(x)$ 也在 $x=\pm 1$ 发散，将上述解代入到自然边界条件得

$$\begin{cases}Az_0(-1)+Bz_1(-1)<\infty,\\ Az_0(1)+Bz_1(1)<\infty.\end{cases}$$

由 $z_0(x)$ 和 $z_1(x)$ 在 $x=\pm 1$ 发散知上式成立只有 $A=B=0$，因而

$$z(x)=0.$$

所以 $\mu\neq l(l+1)$ 的那些值都不是本征值.

当 $\mu = l(l+1)$ 时,关联 Legendre 方程的通解可以写成

$$z(x) = A(1-x^2)^{\frac{m}{2}} P_l^{(m)} + B(1-x^2)^{\frac{m}{2}} Q_l^{(m)},$$

其中 $P_l(x)$、$Q_l(x)$ 分别为第一类和第二类 Legendre 函数,$Q_l(x)$ 在 $x=\pm 1$ 有奇性,上述解代入到自然边界条件有

$$\begin{cases} A(1-x^2)^{\frac{m}{2}} P_l^{(m)}(-1) + B(1-x^2)^{\frac{m}{2}} Q_l^{(m)}(-1) < \infty, \\ A(1-x^2)^{\frac{m}{2}} P_l^{(m)}(1) + B(1-x^2)^{\frac{m}{2}} Q_l^{(m)}(1) < \infty. \end{cases}$$

上式成立只需 $B=0$,而 A 可以不为零. 于是本问题中关联 Legendre 方程的本征值是 $\mu = l(l+1)(l = m, m+1, m+2, \cdots, m$ 为非负整数);相应的本征函数为

$$z_l^m(x) = A(1-x^2)^{\frac{m}{2}} P_l^{(m)},$$

记为 $P_l^m(x)$,称为第一类关联 Legendre 函数,或关联 Legendre 多项式,即

$$P_l^m(x) = A(1-x^2)^{\frac{m}{2}} P_l^{(m)}(x),$$

其中 $P_l^{(m)}(x)$ 是 l 阶 Legendre 多项式 $P_l(x)$ 的 m 阶导数,并且 $m \leqslant l$.

例 6 求解微分方程

$$\frac{\partial}{\partial t}\nabla_s^2\psi + \frac{1}{a^2\cos\varphi}\left[\frac{\partial\psi}{\partial\lambda}\frac{\partial}{\partial\varphi}(\nabla_s^2\psi + f) - \frac{\partial\psi}{\partial\varphi}\frac{\partial}{\partial\lambda}(\nabla_s^2\psi + f)\right] = 0,$$

这个方程表示在球坐标系中,球面上无辐散涡度的方程,其中 t 为时间;λ 和 φ 分别表示经度和纬度;ψ 称为流函数,$f \equiv 2\Omega\sin\varphi$ (Ω 为地球自转角度)为 Coriolis 参数;a 为地球平均半径,且

$$\nabla_s^2 = \frac{1}{a^2}\left[\frac{1}{\cos^2\varphi}\frac{\partial^2}{\partial\lambda^2} + \frac{1}{\cos\varphi}\frac{\partial}{\partial\varphi}\left(\cos\varphi\frac{\partial}{\partial\varphi}\right)\right]$$

为球面上的 Laplace 算符.

解 令 $\theta = \frac{\pi}{2} - \varphi$ 称为余纬,并引进变量

$$\eta = \sin\varphi = \cos\theta,$$

则题设涡度方程化为

$$a^2\frac{\partial}{\partial t}\nabla_s^2\psi + \frac{\partial\psi}{\partial\lambda}\frac{\partial\nabla_s^2\psi}{\partial\eta} - \frac{\partial\psi}{\partial\eta}\frac{\partial\nabla_s^2\psi}{\partial\lambda} + 2\Omega\frac{\partial\psi}{\partial\lambda} = 0,$$

而 Laplace 算符改写为

$$\nabla_s^2 = \frac{1}{a^2}\left[\frac{1}{1-\eta^2}\frac{\partial^2}{\partial\lambda^2} + \frac{\partial}{\partial\eta}(1-\eta^2)\frac{\partial}{\partial\eta}\right].$$

设基本气流的角速度为 ω 令

$$\psi = -a^2\omega\sin\varphi + \psi' = -\omega a^2\eta + \psi',$$

代入涡度方程,忽略扰动的二次乘积项则得

$$a^2\left(\frac{\partial}{\partial t} + \omega\frac{\partial}{\partial\lambda}\right)\nabla_s^2\psi' + 2(\Omega + \omega)\frac{\partial\psi'}{\partial\lambda} = 0.$$

设上述方程的特解为

$$\psi' = \Psi(\eta)e^{i(m\lambda - \beta t)},$$

其中 m 为维圈方向波的数目,β 为圆频率. 把上述特解代入到方程中,得

$$\frac{d}{d\eta}\left[(1-\eta^2)\frac{d\Psi}{d\eta}\right] + \left(\mu - \frac{m^2}{1-\eta^2}\right)\Psi = 0,$$

其中

$$\mu=\frac{2m(\Omega+\omega)}{m\omega-\beta}.$$

易见 Ψ 满足关联 Legendre 方程，由例题 5 知它满足 $|\Psi|_{\eta=\pm 1}|<\infty$ 的本征值是

$$\mu=l(l+1)\quad(l=0,1,2,\cdots);$$

相应的本征函数是

$$\Psi(\eta)=P_l^m(\eta)\quad(l=m,m+1,m+2,\cdots).$$

由 $\mu=l(l+1)$ 求得

$$\beta=m\omega-\frac{2m(\Omega+\omega)}{l(l+1)},$$

这就是球面上的 Rossby 波，即 Haurwitz 的圆频率，是大气动力学中的重要概念.

例 7 求下列本征值问题的本征值和本征函数.

$$\begin{cases}\dfrac{\mathrm{d}}{r\mathrm{d}r}\left(r\dfrac{\mathrm{d}R}{\mathrm{d}r}\right)+\dfrac{\lambda}{r^2}R=0\quad(0<a<b),\\ R(a)=0,\quad R(b)=0.\end{cases}$$

解 由 $\frac{\mathrm{d}^2R}{\mathrm{d}r^2}+\frac{1}{r}\frac{\mathrm{d}R}{\mathrm{d}r}+\frac{\lambda}{r^2}R=0$，两边同乘 r^2，得 $r^2\frac{\mathrm{d}^2R}{\mathrm{d}r^2}+r\frac{\mathrm{d}R}{\mathrm{d}r}+\lambda R=0$，这是 Euler 方程.

作代换 $r=\mathrm{e}^t$，即 $t=\ln r$. 当 $r=a$ 时，则 $t=\ln a$；当 $r=b$ 时，则 $t=\ln b$，得到

$$\frac{\mathrm{d}^2R}{\mathrm{d}t^2}+\lambda R=0,$$

其通解为

$$R=A\cos(\beta t)+B\sin(\beta t),$$

其中

$$\beta=\sqrt{\lambda}.$$

代回原变量，并由边界条件，有

$$\begin{cases}A\cos(\beta\ln a)+B\sin(\beta\ln a)=0,\\ A\cos(\beta\ln b)+B\sin(\beta\ln b)=0.\end{cases}$$

由于 A,B 不全为零，故有

$$\begin{vmatrix}\cos(\beta\ln a) & \sin(\beta\ln a)\\ \cos(\beta\ln b) & \sin(\beta\ln b)\end{vmatrix}=\sin[\beta(\ln b-\ln a)]=0.$$

因此 $\beta=\frac{n\pi}{\ln b-\ln a}$，于是 $\lambda=\left(\frac{n\pi}{\ln b-\ln a}\right)^2$ 为所求的本征值，本征函数为

$$\begin{aligned}R_n&=-B\tan(\beta\ln a)\cos\beta t+B\sin\beta t\\ &=B\frac{1}{\cos(\beta\ln a)}[-\sin(\beta\ln a)\cos\beta t+\cos(\beta\ln a)\sin\beta t]\\ &=B\sin(\beta t-\beta\ln a)=B\sin\left[\frac{n\pi(\ln r-\ln a)}{\ln b-\ln a}\right].\end{aligned}$$

例 8 证明在下列有界条件下的本征值问题中，本征函数是正交的.

$$\begin{cases}\dfrac{\mathrm{d}}{\mathrm{d}x}\left[k(x)\dfrac{\mathrm{d}y(x)}{\mathrm{d}x}\right]+\lambda y(x)=0\quad x\in(a,b),\\ |y(a)|<\infty,\quad |y(b)|<\infty.\end{cases}$$

其中 $k(x)$ 为非负的连续实函数，且 $k(a)=k(b)=0$.

证明　由题意 a 和 b 是方程的正则奇点，在有界条件下，本征函数在 a,b 两点连续，一阶导数存在. 设对应于本征值 λ_m 和 λ_n 的本征函数为 $y_m(x)$ 和 $y_n^*(x)$，$y_m(x)$ 和 $y_n^*(x)$ 满足方程

$$\frac{\mathrm{d}}{\mathrm{d}x}\left[k(x)\frac{\mathrm{d}y_m(x)}{\mathrm{d}x}\right]+\lambda_m y_m(x)=0,$$

$$\frac{\mathrm{d}}{\mathrm{d}x}\left[k(x)\frac{\mathrm{d}y_n^*(x)}{\mathrm{d}x}\right]+\lambda_n y_n^*(x)=0.$$

用 $y_n^*(x)$ 乘第一个方程，用 $y_m(x)$ 乘第二个方程，二者相减后并在 $[a,b]$ 上积分，注意 $k(a)=k(b)=0$，则有

$$(\lambda_m-\lambda_n)\int_a^b y_m(x)y_n^*(x)\mathrm{d}x=k(x)\left[y_m(x)\frac{\mathrm{d}y_n^*(x)}{\mathrm{d}x}-y_n^*(x)\frac{\mathrm{d}y_m(x)}{\mathrm{d}x}\right]_a^b=0.$$

因为 $\lambda_m\neq\lambda_n$，所以得证对应于不同的本征值的本征函数正交，即

$$\int_a^b y_m(x)y_n^*(x)\mathrm{d}x=0.$$

习题 3

1. 在 $x=0$ 的邻域内，求解下列方程：

$$(1-x^2)y''+xy'-y=0.$$

2. 在 $x=0$ 的邻域上求解方程 $y''+y=0$.

3. 在 $x=0$ 的邻域上求解 Airy 方程 $y''-xy=0$.

4. 求方程 $x^2y''(x)-xy'(x)+y=0$ 在 $x=0$ 邻域内的通解.

5. 将下列方程化为 Sturm-Liouville 型方程的标准形式：

(1) $y''-\cot x y'+\lambda y=0$,

(2) $xy''+(1-x)y'+\lambda y=0$.

6. 求解下列本征值问题的本征值和本征函数：

(1) $X''(x)+\lambda X(x)=0,\quad X(0)=0,\quad X'(l)=0$;

(2) $X''(x)+\lambda X(x)=0,\quad X'(0)=0,\quad X(l)=0$;

(3) $X''(x)+\lambda X(x)=0,\quad X(0)+HX'(0)=0,\quad X(l)=0$（$H$ 为常数）;

(4) $\dfrac{\mathrm{d}}{r\mathrm{d}r}\left(r\dfrac{\mathrm{d}R}{\mathrm{d}r}\right)+\dfrac{\lambda}{r^2}R=0,\quad R(a)=0,\quad R(b)=0\,(0<a<b)$.

7. 已知二阶线性常微分方程的两个线性无关解 $y_1(x)=\mathrm{e}^{a/x}$ 和 $y_2(x)=\mathrm{e}^{-a/x}$，求其所满足的方程.

8. 在 $x=0$ 的邻域上求解方程 $y''-2xy'+(\lambda-1)y=0$，当取什么数值时可使级数退化为多项式.

9. 求合流超几何方程 $xy''(x)+(\gamma-z)y'(x)-\alpha y(x)=0$ 在 $x=0$ 附近的通解，其中 α,γ 为常数，且 $\alpha>0$，$1-\gamma\neq 0$ 及整数.

第4章　Bessel 函数的性质及其应用

在第3章中，作为常微分方程级数解的例子，我们求解了 Bessel 方程，给出了作为 Bessel 方程解的 Bessel 函数的概念，这一章我们将深入讨论 Bessel 函数的性质，并结合定解问题来讨论 Bessel 函数的应用.

4.1　Bessel 方程的引出

我们先通过一个例子来引入 Bessel 方程.

例1　设有半径为 b 的薄圆盘，其侧面绝热，若圆盘边界上的温度恒保持为零度，且初始温度已知，求圆盘内瞬时温度分布规律.

这个问题可以归结为求解下列定解问题

$$\begin{cases}\dfrac{\partial u}{\partial t}=a^2\left(\dfrac{\partial^2 u}{\partial x^2}+\dfrac{\partial^2 u}{\partial y^2}\right) \quad (x^2+y^2<b^2, t>0), & (4.1.1)\\ u\big|_{x^2+y^2=b^2}=0 \quad (t>0), & (4.1.2)\\ u\big|_{t=0}=f(x,y) \quad (x^2+y^2<b^2). & (4.1.3)\end{cases}$$

用分离变量法解这个问题. 先将 t 的函数分离出来，令 $u(x,y,t)=v(x,y)T(t)$，代入式(4.1.1)得

$$v(x,y)T'(t)=a^2(v_{xx}+v_{yy})T(t),$$

用 $a^2v(x,y)T(t)$ 除上式两边得

$$\frac{T'(t)}{a^2T(t)}=\frac{v_{xx}+v_{yy}}{v(x,y)}=-\lambda,$$

其中 λ 为分离常数，由此得到

$$T'(t)+\lambda a^2T(t)=0, \tag{4.1.4}$$

和

$$v_{xx}+v_{yy}+\lambda v=0. \tag{4.1.5}$$

方程(4.1.4)的通解是

$$T(t)=A\mathrm{e}^{-\lambda a^2 t},$$

其中 A 为积分常数. 方程(4.1.5)称为二维 Helmholtz 方程. 为了求出这个方程满足边界条件

$$u\big|_{x^2+y^2=b^2}=0 \tag{4.1.6}$$

的解，采用平面极坐标系，将方程(4.1.5)和条件(4.1.6)改写成极坐标下的形式

$$\begin{cases}\dfrac{\partial^2 v}{\partial \rho^2}+\dfrac{1}{\rho}\dfrac{\partial v}{\partial \rho}+\dfrac{1}{\rho^2}\dfrac{\partial^2 v}{\partial \varphi^2}+\lambda v=0 \quad (\rho<b), & (4.1.7)\\ v|_{\rho=b}=0. & (4.1.8)\end{cases}$$

再分离变量，令 $v(\rho,\varphi)=R(\rho)\Phi(\varphi)$，代入到式(4.1.7)并令分离常数为 μ，得到

$$\Phi''(\varphi)+\mu\Phi(\varphi)=0, \tag{4.1.9}$$

$$\rho^2R''(\rho)+\rho R'(\rho)+(\lambda\rho^2-\mu)R(\rho)=0. \tag{4.1.10}$$

由(4.1.9)和周期条件

$$\Phi(\varphi+2\pi)=\Phi(\varphi)$$

得(参见 §2.2 例 2)

$$\mu=m^2 \quad (m=0,1,2,\cdots),$$

相应的本征函数系为

$$\Phi_m=A_m\cos m\varphi+B_m\sin m\varphi \quad (m=0,1,2,\cdots),$$

这里 m 取非负整数的理由与第 2.1 节例 1 相同.

将 $\mu=m^2$ 代入到(4.1.10)，得

$$\rho^2R''(\rho)+\rho R'(\rho)+(\lambda\rho^2-m^2)R(\rho)=0 \quad (m=0,1,2,\cdots). \tag{4.1.10$'$}$$

方程(4.1.10)′与 Bessel 方程(3.3.1)相比，除了变量名不同外，就是第三项中 ρ^2 的系数是 λ 而不是 1. 当 $\lambda>0$ 时，作变换 $r=\sqrt{\lambda}\rho$，方程(4.1.10)′就变成了和方程(3.3.1)一样的标准 Bessel 方程

$$r^2R''(r)+rR'(r)+(r^2-m^2)R(r)=0. \tag{4.1.11}$$

因此方程(4.1.10)′也称为 Bessel 方程. 由方程(4.1.11)和第 3.3 节的讨论，知方程(4.1.10)′的通解是

$$R(\rho)=C_mJ_m(\sqrt{\lambda}\rho)+D_mY_m(\sqrt{\lambda}\rho). \tag{4.1.12}$$

由条件(4.1.8)及温度是有限的，还需加上条件

$$\begin{cases}R(b)=0, & (4.1.13)\\ |R(0)|<+\infty & (4.1.14)\end{cases}$$

这时，由条件(4.1.14)及本章第 2 节要讲的 Bessel 函数的性质，需要取 $D_m=0$，因此有

$$\begin{cases}R(\rho)=C_mJ_m(\sqrt{\lambda}\rho), \quad 0<\rho<b.\\ R(b)=0.\end{cases} \tag{4.1.15}$$

这就是在第一类边界条件下，Bessel 函数的本征值问题. 要进一步讨论，就涉及 Bessel 函数的零点，已知函数按 Bessel 函数展开等问题，将在本章第 2 节中讨论.

当 $\lambda=0$ 时，方程(4.1.10)变成

$$\rho^2R''(\rho)+\rho R'(\rho)-m^2R(\rho)=0 \quad (m=0,1,2,\cdots).$$

这是在第 2.2 节中求解过的 Euler 方程，其通解是

$$R_0=C_0+D_0\ln\rho \quad (m=0),$$

$$R=C_m\rho^m+D_m\frac{1}{\rho^m} \quad (m>0).$$

由条件(4.1.13)和(4.1.14)，可知有 $C_0=D_0=C_m=D_m=0(m=1,2,\cdots)$，因此当 $\lambda=$

0 时，带有第一类齐次边界条件的 Bessel 方程没有非零解.

当 $\lambda < 0$ 时，令 $\lambda = -\mu^2$，方程(4.1.10)可以写成如下形式，

$$\rho^2 R''(\rho) + \rho R'(\rho) - (\mu^2\rho^2 + m^2)R(\rho) = 0 \quad (m = 0,1,2,\cdots). \tag{4.1.16}$$

这个方程称为修正 Bessel 方程，将在本章第 4 节中讨论.

4.2 Bessel 函数的性质

4.2.1 Bessel 函数的基本形态及本征值问题

用 Maple 画出的第一类和第二类 Bessel 函数的图像，如图 4.2.1 所示.

```
>plot({BesselJ(0,x),BesselJ(1,x),BesselJ(2,x),BesselJ(3,x)},x = 0..15);
```

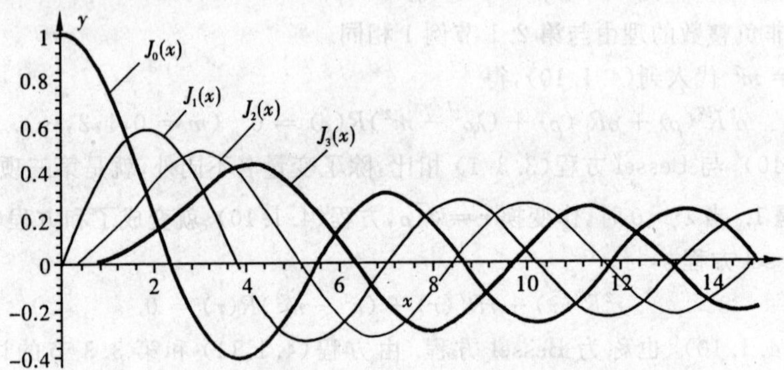

图 4.2.1(a)　第一类 Bessel 函数的图像

```
>plot({BesselY(0,x),BesselY(1,x),BesselY(2,x),BesselY(3,x)},x = 0..15,
-1..1);
```

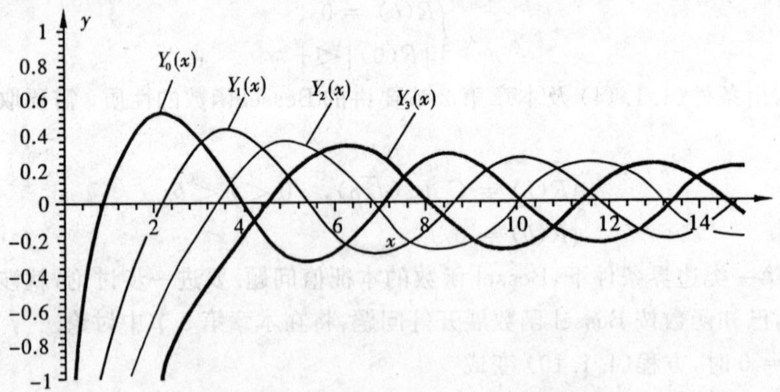

图 4.2.1(b)　第二类 Bessel 函数的图像

从图像上可以直观地看到：

(1) $J_m(x)$ 在 $x = 0$ 点有有限值，$Y_m(x)$ 在 $x = 0$ 点无有限值；所以在要求坐标原点处有有限值的问题中，第二类 Bessel 函数 $Y_m(x)$ 便不能使用. 这就是在例 1 的讨论中，取 $Y_m(x)$ 前的系数 $D_m = 0$ 的原因.

(2)Bessel 函数 $J_m(x)$ 和 $Y_m(x)$ 都有无穷多个单重实零点，且 $J_m(x)$ 的实零点在 x 轴上关于原点是对称分布的，因而 $J_m(x)$ 必有无穷多个单重正零点.

(3)$J_m(x)$ 的零点与 $J_{m+1}(x)$ 的零点是彼此相间分布的，即在 $J_m(x)$ 的任意两个相邻零点之间必存在且仅存在一个 $J_{m+1}(x)$ 的零点. 以 $x_n^{(m)}$ 表示 $J_m(x)$ 的第 n 个正零点，有 $x_n^{(m)} < x_n^{(m+1)}$.

(4) 当 $n\to\infty$ 时，$x_{n+1}^{(m)}-x_n^{(m)}$ 无限趋近于 π，即 $J_m(x)$ 几乎是以 2π 为周期的周期函数，$J_m(x)$ 和 $Y_m(x)$ 有如下渐近公式

$$J_m(x)|_{x\to\infty}\to\left(\frac{2}{\pi x}\right)^{1/2}\cos\left(x-\frac{\pi m}{2}-\frac{\pi}{4}\right),$$

$$Y_m(x)|_{x\to\infty}\to\left(\frac{2}{\pi x}\right)^{1/2}\sin\left(x-\frac{\pi m}{2}-\frac{\pi}{4}\right).$$

(5) 在解定解问题时，要用到 Bessel 函数零点的数值，为了便于工程上的应用，Bessel 函数零点的数值已经被详细地计算出来，并且列成了表格，在一般的《数学手册》上都可以查到. 表 4.2.1 给出了 $J_0(x)$ 和 $J_1(x)$ 的前 10 个正零点.

表 4.2.1　$J_0(x)$，$J_1(x)$ 的前 10 个正零点

n	$x_n^{(0)}$	$x_n^{(1)}$	n	$x_n^{(0)}$	$x_n^{(1)}$
1	2.404 8	3.831 7	6	18.071 1	19.615 9
2	5.520 1	7.015 6	7	21.211 6	22.760 1
3	8.653 7	10.173 5	8	24.352 5	25.903 7
4	11.792 5	13.323 7	9	27.493 5	29.046 8
5	14.930 9	16.470 6	10	30.634 6	32.189 7

利用上述关于 Bessel 函数零点的讨论，本征值问题(4.1.15)应为

$$C_mJ_m(\sqrt{\lambda}b)=0$$

因为 $C_m\neq 0$，必有

$$\sqrt{\lambda}b=x_n^{(m)}\quad(n=1,2,\cdots)$$

其中 $x_n^{(m)}$ 是 $J_m(x)$ 的第 n 个正零点，只取正零点的理由与第 2.1 节例 1 相同. 由此得到本征值为

$$\lambda_n=\frac{[x_n^{(m)}]^2}{b^2}\quad(n=1,2,\cdots),$$

相应的本征函数是

$$R_m(\rho)=C_mJ_m\left(\frac{x_n^{(m)}}{b}\rho\right)\quad(n=1,2,\cdots).$$

一般地，Bessel 方程的本征值问题是

$$\begin{cases}\rho^2R''(\rho)+\rho R'(\rho)+(\lambda\rho^2-m^2)R(\rho)=0,\\ [\alpha R(\rho)+\beta R'(\rho)]|_{\rho=R}=0,|R(0)|<+\infty.\end{cases}$$

$\beta=0$ 或 $\alpha=0$ 对应第一类或第二类边界条件.

如上面的讨论，对于第一类边界条件，本征值由 $J_m(x)$ 的零点 $x_n^{(m)}$ 确定. 对于第二类齐次边界条件，本征值由 Bessel 函数一阶导数的零点来确定.

对于 $m=0$ 的特例,由下面列出的 Bessel 函数的递推公式可知,$J_0'(x)$ 的零点,就是 $J_1(x)$ 的零点. 对于 $m\neq 0$ 的情况,由

$$J_m'(x)=\frac{1}{2}[J_{m-1}(x)-J_{m+1}(x)]$$

可知,$J_m'(x)$ 的零点,正是 $J_{m-1}(x)$ 和 $J_{m+1}(x)$ 两曲线的交点.

例 1 证明空心圆柱上 Bessel 方程的第一类边值的本征值问题

$$\begin{cases}\rho^2R''(\rho)+\rho R'(\rho)+(\lambda\rho^2-n^2)R(\rho)=0 \quad (a<\rho<b),\\ R(a)=R(b)=0\end{cases}$$

的特征函数为 $R_m=Y_n(\mu_m a)J_n(\mu_m\rho)-J_n(\mu_m a)Y_n(\mu_m\rho)$. 其中 μ_m 是 $Y_n(ax)J_n(bx)-J_n(ax)Y_n(bx)=0$ 的第 m 个正根.

证明 题中 Bessel 方程的通解是

$$R_n(\rho)=A_nJ_n(\sqrt{\lambda}\rho)+B_nY_n(\sqrt{\lambda}\rho), \tag{4.1.17}$$

由边界条件,有

$$\begin{aligned}R_n(a)&=A_nJ_n(\sqrt{\lambda}a)+B_nY_n(\sqrt{\lambda}a)=0,\\ R_n(b)&=A_nJ_n(\sqrt{\lambda}b)+B_nY_n(\sqrt{\lambda}b)=0,\end{aligned} \tag{4.1.18}$$

由于 A_n,B_n 应不全为零,所以上述方程的系数行列式应为零,即

$$\begin{vmatrix}J_n(\sqrt{\lambda}a) & Y_n(\sqrt{\lambda}a)\\ J_n(\sqrt{\lambda}b) & Y_n(\sqrt{\lambda}b)\end{vmatrix}=J_n(\sqrt{\lambda}a)Y_n(\sqrt{\lambda}b)-J_n(\sqrt{\lambda}b)Y_n(\sqrt{\lambda}a)=0,$$

所以本征值 λ 是方程

$$J_n(\sqrt{\lambda}a)Y_n(\sqrt{\lambda}b)-J_n(\sqrt{\lambda}b)Y_n(\sqrt{\lambda}a)=0$$

的根. 第 m 个根记为 μ_m, $\sqrt{\lambda_m}=\mu_m (m=1,2,\cdots)$;同时可取常数 $A_n=Y_n(\mu_m a)$, $B_n=-J_n(\mu_m a)$,代入式(4.1.17) 得本征函数为

$$R_{mn}=Y_n(\mu_m a)J_n(\mu_m\rho)-J_n(\mu_m a)Y_n(\mu_m\rho).$$

4.2.2. Bessel 函数的递推公式

阶数相邻的 Bessel 函数之间存在着一定的关系,这些关系称为 Bessel 函数的递推公式,下面将讨论之.

由第 3.3 节的讨论知,μ 阶第一类 Bessel 函数的表达式是

$$J_\mu(x)=\sum_{k=0}^{\infty}\frac{(-1)^k}{k!\Gamma(\mu+k+1)}\left(\frac{x}{2}\right)^{\mu+2k}, \tag{4.2.1}$$

它满足如下的递推公式

$$\frac{\mathrm{d}}{\mathrm{d}x}\left[\frac{J_\mu(x)}{x^\mu}\right]=-\frac{J_{\mu+1}(x)}{x^\mu}, \tag{4.2.2}$$

$$\frac{\mathrm{d}}{\mathrm{d}x}[x^\mu J_\mu(x)]=x^\mu J_{\mu-1}(x), \tag{4.2.3}$$

$$xJ_\mu'(x)-\mu J_\mu(x)=-xJ_{\mu+1}(x), \tag{4.2.4}$$

$$xJ_\mu'(x)+\mu J_\mu(x)=xJ_{\mu-1}(x), \tag{4.2.5}$$

$$\mu J_{\mu}(x) = \frac{x}{2}[J_{\mu+1}(x) + J_{\mu-1}(x)], \tag{4.2.6}$$

$$J'_{\mu}(x) = \frac{1}{2}[J_{\mu-1}(x) - J_{\mu+1}(x)]. \tag{4.2.7}$$

证明　在以上六式中，我们只证明前两式，后面四式可以从这两个基本公式的变形或适当组合得到. 实际上，只要将前两式左端的微商求出来，就可以得到式(4.2.4)和(4.2.5)；将式(4.2.4)和式(4.2.5)相减和相加，即可得到式(4.2.6)和式(4.2.7). 下面证明式(4.2.2)和式(4.2.3).

(1) 将式(4.2.1)代入式(4.2.2)之左端，并求导得

$$\frac{\mathrm{d}}{\mathrm{d}x}\left[\frac{J_{\mu}(x)}{x^{\mu}}\right] = \sum_{k=1}^{\infty}\frac{(-1)^k}{(k-1)!\Gamma(\mu+k+1)}\left(\frac{1}{2}\right)^{\mu+2k-1}x^{2k-1},$$

将求和指标变换成 l：$l = k-1$，即 $k = l+1$，有

$$\frac{\mathrm{d}}{\mathrm{d}x}\left[\frac{J_{\mu}(x)}{x^{\mu}}\right] = -\sum_{l=0}^{\infty}\frac{(-1)^l}{l!\Gamma(\mu+l+2)}\left(\frac{1}{2}\right)^{\mu+2l+1}x^{2l+1}$$

$$= -\frac{1}{x^{\mu}}\sum_{l=0}^{\infty}\frac{(-1)^l}{l!\Gamma(\mu+l+2)}\left(\frac{x}{2}\right)^{\mu+2l+1} = -J_{\mu+1}(x)/x^{\mu},$$

递推公式(4.2.2)由此得证.

(2) 将式(4.2.1)代入式(4.2.3)之左端，并求导有

$$\frac{\mathrm{d}}{\mathrm{d}x}[x^{\mu}J_{\mu}(x)] = \sum_{k=0}^{\infty}\frac{(-1)^k(2\mu+2k)x^{2\mu+2k-1}}{k!\Gamma(\mu+k+1)}\left(\frac{1}{2}\right)^{\mu+2k}$$

$$= \sum_{k=0}^{\infty}\frac{(-1)^k(\mu+k)x^{2\mu+2k-1}}{k!(\mu+k)\Gamma(\mu+k)}\left(\frac{1}{2}\right)^{\mu+2k-1}$$

$$= x^{\mu}\sum_{k=0}^{\infty}\frac{(-1)^k}{k!\Gamma(\mu+k)}\left(\frac{x}{2}\right)^{\mu+2k-1}$$

$$= x^{\mu}J_{\mu-1}(x).$$

由此递推公式(4.2.3)得证.

下面，就递推公式再作几点补充说明：

(1) 将式(4.2.6)改写成

$$J_{\mu+1}(x) = 2\mu J_{\mu}(x)/x - J_{\mu-1}(x). \tag{4.2.8}$$

这是一种Bessel函数的降阶公式，高阶的Bessel函数可用此式连续降阶，最后用零阶和一阶 Bessel 函数表示.

(2) 式(4.2.2)的特例($\mu = 0$)是

$$J'_0(x) = -J_1(x). \tag{4.2.9}$$

由此可得不定积分公式

$$\int J_1(x)\mathrm{d}x = -J_0(x) + C. \tag{4.2.10}$$

(3) 由式(4.2.2)和式(4.2.3)可得不定积分公式

$$\int\frac{J_{\mu+1}(x)}{x^{\mu}}\mathrm{d}x = -\frac{J_{\mu}(x)}{x^{\mu}} + C, \tag{4.2.11}$$

$$\int x^{\mu}J_{\mu-1}(x)\mathrm{d}x = x^{\mu}J_{\mu}(x) + C. \tag{4.2.12}$$

第二类 Bessel 函数也具有与第一类 Bessel 函数相同的递推公式：

$$\begin{cases}\dfrac{d}{dx}[x^{\mu}Y_{\mu}(x)]=x^{\mu}Y_{\mu-1}(x),\\ \dfrac{d}{dx}[x^{-\mu}Y_{\mu}(x)]=-x^{-\mu}Y_{\mu+1}(x),\\ Y_{\mu-1}(x)+Y_{\mu+1}(x)=\dfrac{2\mu}{x}Y_{\mu}(x),\\ Y_{\mu-1}(x)-Y_{\mu+1}(x)=2Y'_{\mu}(x).\end{cases}$$

作为 Bessel 函数递推公式的应用，我们考虑高阶半整数阶 Bessel 函数. 在第 3.3 节中我们已经知道：

$$J_{\frac{1}{2}}(x)=\sqrt{\frac{2}{\pi x}}\sin x,\quad 及\quad J_{-\frac{1}{2}}(x)=\sqrt{\frac{2}{\pi x}}\cos x.$$

利用递推公式(4.2.8) 得到

$$\begin{aligned}J_{\frac{3}{2}}(x)&=\frac{1}{x}J_{\frac{1}{2}}(x)-J_{-\frac{1}{2}}(x)=\sqrt{\frac{2}{\pi x}}(-\cos x+\frac{1}{x}\sin x)\\&=-\sqrt{\frac{2}{\pi}}x^{\frac{3}{2}}\cdot\frac{1}{x}\frac{d}{dx}\left(\frac{\sin x}{x}\right)=-\sqrt{\frac{2}{\pi}}x^{\frac{3}{2}}\cdot\left(\frac{1}{x}\frac{d}{dx}\right)\left(\frac{\sin x}{x}\right).\end{aligned}$$

同理可得

$$J_{-\frac{3}{2}}(x)=\sqrt{\frac{2}{\pi}}x^{\frac{3}{2}}\cdot\left(\frac{1}{x}\frac{d}{dx}\right)\left(\frac{\cos x}{x}\right).$$

一般地有

$$J_{n+\frac{1}{2}}(x)=(-1)^n\sqrt{\frac{2}{\pi}}x^{n+\frac{1}{2}}\cdot\left(\frac{1}{x}\frac{d}{dx}\right)^n\left(\frac{\sin x}{x}\right),$$

$$J_{-(n+\frac{1}{2})}(x)=\sqrt{\frac{2}{\pi}}x^{n+\frac{1}{2}}\cdot\left(\frac{1}{x}\frac{d}{dx}\right)^n\left(\frac{\cos x}{x}\right).$$

这里为了简便起见，采用了微分算子$\left(\dfrac{1}{x}\dfrac{d}{dx}\right)^n$，它是算子$\dfrac{1}{x}\dfrac{d}{dx}$连续作用 n 次的缩写. 如

$$\left(\frac{1}{x}\frac{d}{dx}\right)^2\left(\frac{\sin x}{x}\right)=\frac{1}{x}\frac{d}{dx}\left[\frac{1}{x}\frac{d}{dx}\left(\frac{\sin x}{x}\right)\right],$$

千万不能把它与$\dfrac{1}{x^n}\dfrac{d^n}{dx^n}$混为一谈.

由以上分析可见，半整数阶 Bessel 函数 $J_{n+\frac{1}{2}}(x)$，$J_{-(n+\frac{1}{2})}(x)(n=0,1,2,\cdots)$都是初等函数.

例 2 利用 Bessel 函数的递推公式证明

(1)$\displaystyle\int x^nJ_0(x)dx=x^nJ_1(x)+(n-1)x^{n-1}J_0(x)-(n-1)^2\int x^{n-2}J_0(x)dx$；

(2)$\displaystyle\int_0^a x^3J_0\left(\frac{\mu}{a}x\right)dx=\frac{2a^4}{\mu^2}J_0(\mu)$，其中 μ 是 $J_1(x)=0$ 的正根.

证明 (1) 由$\dfrac{d}{dx}[xJ_1(x)]=xJ_0(x)$，$\dfrac{dJ_0(x)}{dx}=-J_1(x)$，并应用分部积分法有

$$\begin{aligned}\int x^n J_0(x)\mathrm{d}x &= \int x^{n-1}\mathrm{d}(xJ_1) = x^n J_1(x) - (n-1)\int x^{n-1}J_1(x)\mathrm{d}x \\ &= x^n J_1(x) + (n-1)\int x^{n-1}\mathrm{d}(J_0(x)) \\ &= x^n J_1(x) + (n-1)x^{n-1}J_0(x) - (n-1)^2\int x^{n-2}J_0(x)\mathrm{d}x.\end{aligned}$$

(2) 在上式中，取 $n = 3$，并再次利用 $(xJ_1)' = xJ_0$，有

$$\int x^3 J_0(x)\mathrm{d}x = x^3 J_1(x) + 2x^2 J_0(x) - 4xJ_1(x) + c$$

其中 c 是积分常数. 在上式中代入积分上下限，并注意 $J_1(\mu) = J_0'(\mu) = 0$，得

$$\int_0^a x^3 J_0\left(\frac{\mu}{a}x\right)\mathrm{d}x = \frac{a^4}{\mu^4}[x^3 J_1(x) + 2x^2 J_0(x) - 4xJ_1(x)]\bigg|_0^{\mu} = \frac{2a^4}{\mu^2}J_0(\mu).$$

4.2.3　Bessel 函数的正交性和模方

将 Bessel 方程(4.1.10) 写成 Sturm-Liouville 型方程是

$$\frac{\mathrm{d}}{\mathrm{d}\rho}\left[\rho\frac{R(\rho)}{\mathrm{d}\rho}\right] - \frac{m^2}{\rho}R(\rho) + \lambda\rho R(\rho) = 0, \tag{4.2.13}$$

其中 λ 是参数. 由此知 Bessel 方程的权函数是 ρ，如记 $\lambda = \mu^2$，$J_m(\mu_k\rho)$、$J_m(\mu_n\rho)$ 分别为对应不同本征值 μ_k、μ_n 的本征函数，则 Bessel 函数的正交关系表示为

$$\int_0^b R_k(\rho)R_n(\rho)\rho\mathrm{d}\rho = \int_0^b J_m(\mu_k\rho)J_m(\mu_n\rho)\rho\mathrm{d}\rho = 0 \quad (k \neq n), \tag{4.2.14}$$

其中 $\mu_k = \sqrt{\lambda_k}$，$\mu_n = \sqrt{\lambda_n}$ 分别表示第 k 和第 n 个本征值. 当 $k = n$ 时，有

$$\begin{aligned}[N_n^{(m)}]^2 &= \int_0^b [R_n(\rho)]^2\rho\mathrm{d}\rho = \int_0^b [J_m(\mu_n\rho)]^2\rho\mathrm{d}\rho \\ &= \frac{b^2}{2}[J_m'(\mu_n b)]^2 + \frac{1}{2}\left(b^2 - \frac{m^2}{\mu_n^2}\right)[J_m(\mu_n b)]^2,\end{aligned} \tag{4.2.15}$$

$[N_n^{(m)}]^2$ 称为 Bessel 函数的模方，式(4.2.15) 称为 Bessel 函数模方的计算公式.

式(4.2.14) 可以作为 3.4.3 节性质 3 的具体应用，也可以仿照性质 3 的证明方法来证明，留给读者完成.

现在来证明式(4.2.15). 用 $\rho R_n'$ 乘 Sturm-Liouville 型 Bessel 方程(4.2.13)

$$\frac{\mathrm{d}}{\mathrm{d}\rho}\left(\rho\frac{\mathrm{d}R_n}{\mathrm{d}\rho}\right) + \left(\mu_n^2\rho - \frac{m^2}{\rho}\right)R_n(\rho) = 0$$

的两边，得到

$$\rho R_n'\frac{\mathrm{d}}{\mathrm{d}\rho}\left(\rho\frac{\mathrm{d}R_n}{\mathrm{d}\rho}\right) + (\mu_n^2\rho^2 - m^2)R_n R_n' = 0,$$

它可以改写成

$$\frac{1}{2}\frac{\mathrm{d}}{\mathrm{d}\rho}(\rho R_n')^2 + \frac{1}{2}(\mu_n^2\rho^2 - m^2)\frac{\mathrm{d}R_n^2}{\mathrm{d}\rho} = 0.$$

将上式对 ρ 从 0 到 b 进行积分，得

$$\frac{b^2}{2}[R_n'(b)]^2 + \frac{1}{2}\int_0^b(\mu_n^2\rho^2 - m^2)\mathrm{d}R_n^2 = 0,$$

再对上式中的积分项进行分部积分,可得

$$\frac{b^2}{2}\mu_n^2[J'_m(\mu_n b)]^2+\frac{1}{2}(\mu_n^2\rho^2-m^2)R_n^2\Big|_0^b-\int_0^b\mu_n^2R_n^2\rho\mathrm{d}\rho=0.$$

上式左端第二项,在下限 $\rho=0$ 处的值为零.因为当 $m=0$ 时,它显然为零;当 $m\neq0$ 时,由于 $R(0)=J_m(0)=0$,故其值也为零.这样,就有

$$[N_n^{(m)}]^2=\frac{b^2}{2}[J'_m(\mu_n b)]^2+\frac{1}{2}\left(b^2-\frac{m^2}{\mu_n^2}\right)[J_m(\mu_n b)]^2.$$

式(4.2.15)的导出,并未涉及边界条件的类型,它对三类齐次边界条件都适用.针对不同的边界条件,公式可以简化.

(1) 对第一类齐次边界条件

因为这时有 $J_m(\mu_n b)=0$,故式(4.2.15)化为

$$[N_n^{(m)}]^2=\frac{b^2}{2}[J'_m(\mu_n b)]^2=\frac{b^2}{2}[J_{m+1}(\mu_n b)]^2. \tag{4.2.16}$$

上式的最后一步中,已利用了递推公式(4.2.4)和此时的边界条件.

(2) 对第二类齐次边界条件

因为这时有 $J'_m(\mu_n b)=0$,故式(4.2.15)化为

$$[N_n^{(m)}]^2=\frac{1}{2}\left(b^2-\frac{m^2}{\mu_n^2}\right)[J_m(\mu_n b)]^2. \tag{4.2.17}$$

(3) 对第三类齐次边界条件

因为这时有

$$J'_m(\mu_n b)=-\frac{1}{H\mu_n}J_m(\mu_n b),$$

所以模方公式化为

$$[N_n^{(m)}]^2=\frac{1}{2}\left(b^2-\frac{m^2}{\mu_n^2}+\frac{b^2}{H^2\mu_n^2}\right)[J_m(\mu_n b)]^2. \tag{4.2.18}$$

4.2.4 按 Bessel 函数的广义 Fourier 级数展开

如果函数 $f(\rho)$ 满足展开成 Fourier 级数的条件,就可以展开成下列绝对且一致收敛的级数 —— 称为 Fourier-Bessel 级数或广义 Fourier 级数

$$f(\rho)=\sum_{n=1}^{\infty}f_nJ_m(\mu_n\rho), \tag{4.2.19}$$

由正交性公式和模方的定义,级数的系数按下面公式计算

$$f_n=\frac{1}{[N_n^{(m)}]^2}\int_0^b f(\rho)J_m(\mu_n\rho)\rho\mathrm{d}\rho. \tag{4.2.20}$$

求 f_n 常要求包含 Bessel 函数的积分.这个问题要用到递推公式等一些技巧,放到后面的例题中介绍.

例 3 在第一类齐次边界条件下,把定义在$(0,b)$上的函数

$$f(\rho)=H(1-\rho^2/b^2)$$

(其中 H 为常数)按零阶 Bessel 函数 $J_0(\mu_n\rho)$ 展开成级数.

解 按式(4.2.19)与式(4.2.20),有

$$H\left(1-\frac{\rho^2}{b^2}\right)=\sum_{n=1}^{\infty}f_nJ_0(\mu_n\rho), \tag{4.2.21}$$

$$f_n=\frac{1}{[N_n^{(0)}]^2}\int_0^b H\left(1-\frac{\rho^2}{b^2}\right)J_0(\mu_n\rho)\rho\mathrm{d}\rho, \tag{4.2.22}$$

其中$[N_n^{(0)}]^2$为模方,因为属于第一类齐次边界条件

$$J_0(\mu_n b)=0,$$

由零阶 Bessel 函数的零点 $x_n^{(0)}$ 确定本征值

$$\mu_n=\frac{x_n^{(0)}}{b}. \tag{4.2.23}$$

按公式(4.2.16)有

$$[N_n^{(0)}]^2=\frac{b^2}{2}[J_1(x_n^{(0)})]^2. \tag{4.2.24}$$

为求式(4.2.22)中的积分,先计算以下不定积分:

(1) $I_1=\int xJ_0(x)\mathrm{d}x\xlongequal{\text{由递推公式(4.2.3)}}\int\frac{\mathrm{d}}{\mathrm{d}x}[xJ_1(x)]\mathrm{d}x=xJ_1(x)+C$; (4.2.25)

(2) 由递推公式和分部积分法,有

$$\begin{aligned}I_2&=\int x^3J_0(x)\mathrm{d}x=\int x^2[xJ_0(x)]\mathrm{d}x\\&=\int x^2\mathrm{d}[xJ_1(x)]=x^3J_1(x)-\int 2x^2J_1(x)\mathrm{d}x\\&=x^2J_1(x)-2x^2J_2(x)+C.\end{aligned}$$

这个积分可以由 Maple 直接算出:

```
>int(x^3 * BesselJ(0,x), x);
```

$$x^2\mathrm{BesselJ}(1,x)-2x^2\mathrm{BesselJ}(2,x).$$

利用 Bessel 函数的降阶公式还可以将结果简化:

$$\begin{aligned}I_2&=x^3J_1(x)+2x^2J_0(x)-4xJ_1(x)+C\\&=(x^3-4x)J_1(x)+2x^2J_0(x)+C.\end{aligned} \tag{4.2.26}$$

利用(4.2.25),(4.2.26)两式,就可求出式(2)中的积分

$$\int_0^b H\left(1-\frac{\rho^2}{b^2}\right)J_0(\mu_n\rho)\rho\mathrm{d}\rho=\frac{4Hb^2J_1(x_n^{(0)})}{[x_n^{(0)}]^3} \tag{4.2.27}$$

将式(4.2.25)、(4.2.27)代入式(4.2.22)中,求得系数为

$$f_n=\frac{8H}{[x_n^{(0)}]^3J_1(x_n^{(0)})}. \tag{4.2.28}$$

于是

$$H\left(1-\frac{\rho^2}{b^2}\right)=\sum_{n=1}^{\infty}\frac{8H}{[x_n^{(0)}]^3J_1(x_n^{(0)})}J_0(\mu_n\rho).$$

4.3 Bessel 函数在定解问题中的应用

现在,我们举些 Bessel 函数在定解问题中应用的例子,以加深对它们的理解和掌握.

首先回到第4.1节例1，在极坐标中分离变量，即令 $u(t,\rho,\varphi)=T(t)R(\rho)\Phi(\varphi)$，我们已经得到 $T(t)=A\mathrm{e}^{-\lambda a^2 t}$，$\Phi_m=A_m\cos m\varphi+B_m\sin m\varphi(m=0,1,2,\cdots)$ 和 $R_m(\rho)=C_mJ_m(\sqrt{\lambda}\rho)+D_mY_m(\sqrt{\lambda}\rho)$，其中 A、A_m、B_m、C_m 和 D_m 为任意常数. 由边界条件和Bessel函数的性质，我们进一步定得 $D_m=0$ 和本征值 $\lambda_n=\left(\frac{x_n^{(m)}}{b}\right)^2(n=1,2,\cdots)$，其中 $x_n^{(m)}$ 为 m 阶Bessel函数 $J_m(x)$ 的第 n 个正零点. 这样经过组合、叠加，第4.1节例1中定解问题的解，即圆盘中各点的温度分布可以表示为

$$
\begin{aligned}
u(t,\rho,\varphi)&=\sum_{m=0}^{\infty}\sum_{n=1}^{\infty}T_n(t)R_{mn}(\rho)\Phi_m(\varphi)\\
&=\sum_{m=0}^{\infty}\sum_{n=1}^{\infty}\mathrm{e}^{-\left(\frac{x_n^{(m)}}{b}\right)^2a^2t}J_m\left(\frac{x_n^{(m)}}{b}\rho\right)(A_{mn}\cos m\varphi+B_{mn}\sin m\varphi),
\end{aligned}
$$

注意：这里将各个函数中的任意常数都合并到 A_{mn} 和 B_{mn} 中了. 下面的任务是用初始条件确定 A_{mn} 和 B_{mn}.

由问题的初始条件 $u|_{t=0}=f(\rho,\varphi)$，得

$$\sum_{m=0}^{\infty}\sum_{n=1}^{\infty}J_m\left(\frac{x_n^{(m)}}{b}\rho\right)(A_{mn}\cos m\varphi+B_{mn}\sin m\varphi)=f(\rho,\varphi).$$

要确定 A_{mn} 和 B_{mn}，就需要将左端的函数按 ρ 和 φ 进行双重展开，即按 φ 进行三角级数展开，而按 ρ 进行Fourier-Bessel展开. 为了计算方便并不失一般性，我们讨论轴对称问题.

如果初始条件只与 ρ 有关，而与 φ 无关，即初始条件变为 $u|_{t=0}=f(\rho)$，这时可以认为，圆盘内的温度分布也与 φ 无关，即 $u=u(\rho,t)$，这类问题就称为轴对称问题，在本课程中，我们只讨论轴对称问题.

如果设 $f(\rho)=1-\rho^2$，并设圆盘的半径为 $b=1$，则例1中的定解问题变为

$$
\begin{cases}
\dfrac{\partial u}{\partial t}=a^2\left(\dfrac{\partial^2 u}{\partial\rho^2}+\dfrac{1}{\rho}\dfrac{\partial u}{\partial\rho}\right), & 0<\rho<b=1,\\
u|_{\rho=1}=0,\\
u|_{t=0}=1-\rho^2.
\end{cases}
\tag{4.3.1}
$$

这里是第一类齐次边界条件，经过分离变量，可知这时 $m=0$，问题的一般解成为

$$u(\rho,t)=\sum_{n=1}^{\infty}A_n\mathrm{e}^{-a^2[x_n^{(0)}]^2t}J_0(x_n^{(0)}\rho),\tag{4.3.2}$$

注意：因为 u 与 φ 无关，故 $m=0$，$\Phi(\varphi)=$ 常数，$J_0(x)$ 是零阶Bessel函数. $x_n^{(0)}(n=1,2,\cdots)$ 为零阶Bessel函数 $J_0(x)$ 第 n 个正零点. 由初始条件得，

$$1-\rho^2=\sum_{n=1}^{\infty}A_nJ_0(x_n^{(0)}\rho),$$

将左端的函数按Bessel函数展开，并比较等式两边级数的系数，有

$$
\begin{aligned}
A_n&=\frac{2}{[J_0'(x_n^{(0)})]^2}\int_0^1(1-\rho^2)\rho J_0(x_n^{(0)}\rho)\mathrm{d}\rho\\
&=\frac{2}{[J_1(x_n^{(0)})]^2}\left[\int_0^1\rho J_0(x_n^{(0)}\rho)\mathrm{d}\rho-\int_0^1\rho^3J_0(x_n^{(0)}\rho)\mathrm{d}\rho\right],
\end{aligned}
$$

由于 $\mathrm{d}[(x_n^{(0)}\rho)J_1(x_n^{(0)}\rho)]=(x_n^{(0)}\rho)[J_0(x_n^{(0)}\rho)\mathrm{d}(x_n^{(0)}\rho)]$，即 $\mathrm{d}\left[\frac{\rho J_1(x_n^{(0)}\rho)}{x_n^{(0)}}\right]=\rho J_0(x_n^{(0)}\rho)\mathrm{d}\rho$，

所以有

$$\int_0^1 \rho J_0(x_n^{(0)}\rho)\mathrm{d}\rho = \frac{\rho J_1(x_n^{(0)}\rho)}{x_n^{(0)}}\Big|_0^1 = \frac{J_1(x_n^{(0)})}{x_n^{(0)}};$$

而

$$\int_0^1 \rho^3 J_0(x_n^{(0)}\rho)\mathrm{d}\rho = \int_0^1 \rho^2 \mathrm{d}\left[\frac{\rho J_1(x_n^{(0)}\rho)}{x_n^{(0)}}\right] = \frac{\rho^3 J_1(x_n^{(0)}\rho)}{x_n^{(0)}}\Big|_0^1 - \frac{2}{x_n^{(0)}}\int_0^1 \rho^2 J_1(x_n^{(0)}\rho)\mathrm{d}\rho$$

$$= \frac{J_1(x_n^{(0)})}{x_n^{(0)}} - \frac{2}{[x_n^{(0)}]^2}\rho^2 J_2(x_n^{(0)}\rho)\Big|_0^1 = \frac{J_1(x_n^{(0)})}{x_n^{(0)}} - \frac{2J_2(x_n^{(0)})}{[x_n^{(0)}]^2}.$$

从而，

$$A_n = \frac{4J_2(x_n^{(0)})}{[x_n^{(0)}J_1(x_n^{(0)})]^2},$$

代入式(4.3.2)得定解问题(4.3.1)的解为

$$u(\rho,t) = \sum_{n=1}^{\infty} \frac{4J_2(x_n^{(0)})}{[x_n^{(0)}J_1(x_n^{(0)})]^2} J_0(x_n^{(0)}\rho)\mathrm{e}^{-a^2(x_n^{(0)})^2 t}. \tag{4.3.3}$$

例 1　求解下列定解问题

$$\begin{cases} \dfrac{\partial^2 u}{\partial t^2} = a^2\left(\dfrac{\partial^2 u}{\partial \rho^2} + \dfrac{1}{\rho}\dfrac{\partial u}{\partial \rho}\right), \quad 0 < \rho < b, \\ \dfrac{\partial u}{\partial \rho}\Big|_{\rho=b} = 0, |u|_{\rho=0}| < +\infty, \\ u|_{t=0} = 0, \dfrac{\partial u}{\partial t}\Big|_{t=0} = 1 - \dfrac{\rho^2}{b^2}. \end{cases} \tag{4.3.4}$$

解　这里 u 与 φ 无关，仍然为轴对称问题. 应用分离变量法，令 $u(\rho,t) = R(\rho)T(t)$，代入到(4.3.4)中的方程，并整理，得

$$\rho^2 R''(\rho) + \rho R'(\rho) + \lambda\rho^2 R(\rho) = 0, \tag{4.3.5}$$

及

$$T''(t) + \lambda a^2 T(t) = 0. \tag{4.3.6}$$

方程(4.3.5)是零阶 Bessel 方程，其通解是

$$\begin{aligned} R_0(\rho) &= C_0 + D_0\ln\rho \quad (\lambda = 0), \\ R(\rho) &= CJ_0(\sqrt{\lambda}\rho) + DY_0(\sqrt{\lambda}\rho) \quad (\lambda > 0). \end{aligned} \tag{4.3.7}$$

由边界条件 $\dfrac{\partial u}{\partial \rho}\Big|_{\rho=b} = 0, |u|_{\rho=0}| < +\infty$，有 $\dfrac{\mathrm{d}R}{\mathrm{d}\rho}\Big|_{\rho=b} = 0, |R(0)| < +\infty$. 由 $|R(0)| < +\infty$，需要取

$$D_0 = 0, \quad D = 0; \tag{4.3.8}$$

再由 $\dfrac{\mathrm{d}R}{\mathrm{d}\rho}\Big|_{\rho=b} = 0$，得

$$R_0(\rho) = C_0 \quad (\lambda = 0),$$

$$CJ_0'(\sqrt{\lambda}b) = 0 \quad (\lambda > 0),$$

由递推公式(4.2.9)，有

$$J_1(\sqrt{\lambda}b) = 0,$$

由此得

$$\sqrt{\lambda}b = x_n^{(1)} \quad (n = 1,2,\cdots),$$

其中 $x_n^{(1)}(n = 1,2,\cdots)$ 表示 $J_1(x)$ 的第 n 个正零点. 由此得到本征值为

$$\lambda_0 = 0, \quad \lambda_n = \left(\frac{x_n^{(1)}}{b}\right)^2 \quad (n = 1,2,\cdots). \tag{4.3.9}$$

相应的本征函数为

$$R_0(\rho) = C_0 \quad (\lambda_0 = 0),$$

$$R_n(\rho) = C_n J_0\left(\frac{x_n^{(1)}}{b}\rho\right) \quad \left(\lambda_n = \left[\frac{x_n^{(1)}}{b}\right]^2\right). \tag{4.3.10}$$

将本征值(4.3.9)代入到方程(4.3.6),解得

$$T_0(t) = A_0 + B_0 t \quad (\lambda_0 = 0),$$

$$T_n(t) = A_n \cos\frac{a x_n^{(1)} t}{b} + B_n \sin\frac{a x_n^{(1)} t}{b} \quad \left(\lambda_n = \left(\frac{x_n^{(1)}}{b}\right)^2\right). \tag{4.3.11}$$

组合(4.3.10)和(4.3.11)并叠加,得到本定解问题的一般解为

$$\begin{aligned} u(\rho,t) &= R_0(\rho)T_0(t) + \sum_{n=1}^{\infty} R_n(\rho)T_n(t) \\ &= A_0 + B_0 t + \sum_{n=1}^{\infty}\left(A_n\cos\frac{a x_n^{(1)} t}{b} + B_n \sin\frac{a x_n^{(1)} t}{b}\right) J_0\left(\frac{x_n^{(1)}}{b}\rho\right). \end{aligned} \tag{4.3.12}$$

注意常数 C_0 和 C_n 合并到相应的常数中.

由初始条件

$$u\big|_{t=0} = 0$$

得

$$A_0 + \sum_{n=1}^{\infty} A_n J_0\left(\frac{x_n^{(1)}}{b}\rho\right) = 0,$$

由此得

$$A_0 = 0, \quad A_n = 0 \quad (n = 1,2,\cdots).$$

再由

$$\frac{\partial u}{\partial t}\bigg|_{t=0} = 1 - \frac{\rho^2}{b^2},$$

得

$$B_0 + \sum_{n=1}^{\infty} B_n \frac{a x_n^{(1)}}{b} J_0\left(\frac{x_n^{(1)}}{b}\rho\right) = 1 - \frac{\rho^2}{b^2}.$$

分别用 ρ 及 $\rho J_0\left(\frac{x_k^{(1)}}{b}\rho\right)$ 乘上式两边,并分别在 $[0,b]$ 上对 ρ 积分,应用递推公式, $J_1(x_n^{(1)}) = 0$ 及由对应于不同本征值的本征函数在 $[0,b]$ 的加权正交性,依次得

$$\begin{aligned} B_0\int_0^b \rho\,\mathrm{d}\rho &= \int_0^b\left(1 - \frac{\rho^2}{b^2}\right)\rho\,\mathrm{d}\rho, \\ B_n \frac{a x_n^{(1)}}{b}\left[N_n^{(0)}\right]^2 &= \int_0^b\left(1 - \frac{\rho^2}{b^2}\right) J_0\left(\frac{x_n^{(1)}}{b}\rho\right)\rho\,\mathrm{d}\rho. \end{aligned} \tag{4.3.13}$$

由式(4.3.13)的第一式得

$$B_0 = \frac{1}{2};$$

由于本问题给出的是第二类边界条件，故(4.3.13)第二式中的模方应用式(4.2.17)计算得

$$[N_n^{(0)}]^2=\int_0^b J_0^2\left(\frac{x_n^{(1)}}{b}\rho\right)\rho\mathrm{d}\rho=\frac{1}{2}b^2J_0^2(x_n^{(1)}),$$

$$\int_0^b\left(1-\frac{\rho^2}{b^2}\right)J_0\left(\frac{x_n^{(1)}}{b}\rho\right)\rho\mathrm{d}\rho=2\frac{b^2J_2(x_n^{(1)})}{[x_n^{(1)}]^2}.$$

代入到式(4.3.13)的第二式，得

$$B_n=\frac{4bJ_2(x_n^{(1)})}{a[x_n^{(1)}]^3J_0^2(x_n^{(1)})}=-\frac{4b}{a[x_n^{(1)}]^3J_0(x_n^{(1)})}.$$

将 B_0 和 B_n 的值代入到式(4.3.12)，得定解问题的解是

$$u(\rho,t)=\frac{1}{2}t-\frac{4b}{a}\sum_{n=1}^{\infty}\frac{1}{(x_n^{(1)})^3J_0(x_n^{(1)})}\sin\frac{ax_n^{(1)}t}{b}J_0\left(\frac{x_n^{(1)}}{b}\rho\right).\tag{4.3.14}$$

例 2　半径为 a、高为 h 的圆柱体，上底的电势分布为 $f(\rho)=\rho^2$，下底和侧面的电势保持为零，求柱体内的电势分布．

解　问题属于静电场问题，电势满足 Laplace 方程，以柱体的下底面为 $z=0$ 的平面，柱轴为 z 轴建立柱坐标系，由边界上的电势分布可以推知柱内电势分布与 φ 无关，写出定解问题是

$$\begin{cases}\nabla^2u=\dfrac{\partial^2u}{\partial\rho^2}+\dfrac{1}{\rho}\dfrac{\partial u}{\partial\rho}+\dfrac{\partial^2u}{\partial^2z}=0\quad(\rho<a,0<z<h),\\ u|_{z=0}=0,\quad u|_{z=h}=\rho^2,\\ u|_{\rho=a}=0,\quad |u|_{\rho=0}|<+\infty.\end{cases}\tag{4.3.15}$$

分离变量，即令 $u=u(\rho,z)=R(\rho)Z(z)$，代入(4.3.15)中的方程得

$$Z''(z)-k^2Z(z)=0,\tag{4.3.16}$$

$$\rho^2R''(\rho)+\rho R'(\rho)+(k^2\rho-0)R(\rho)=0.\tag{4.3.17}$$

其中 $-k^2$ 是分离常数，当分离常数大于零时，得到修正 Bessel 方程，将在下一节中讨论．方程(4.3.16)和(4.3.17)的通解依次是

$$\begin{aligned}Z_0(z)&=A_0z+B_0\quad(k=0),\\ Z(z)&=A\mathrm{e}^{kz}+B\mathrm{e}^{-kz}\quad(k>0);\end{aligned}\tag{4.3.18}$$

$$\begin{aligned}R_0(\rho)&=C_0+D_0\ln\rho\quad(k=0),\\ R(\rho)&=CJ_0(k\rho)+DY_0(k\rho)\quad(k>0).\end{aligned}\tag{4.3.19}$$

由边界条件

$$|u|_{\rho=0}|<+\infty\ \text{和}\ u|_{\rho=a}=0$$

得

$$C_0=D_0=D=0,$$

及

$$J_0(ka)=0.\tag{4.3.20}$$

可见对应于 $k=0$，问题没有非零解．由(4.3.20)得本征值为

$$k_n=\frac{x_n^{(0)}}{a}\quad(n=1,2,\cdots),\tag{4.3.21}$$

相应的本征函数为

$$R_n(\rho)=C_nJ_0\left(\frac{x_n^{(0)}}{a}\rho\right)\quad(n=1,2,\cdots).\tag{4.3.22}$$

将本征值(4.3.21)代入到式(4.3.18)的第二个式子(由于已经得出本问题在 $k=0$ 无非零解的结论,故(4.3.18)的第一个式子没有意义),得到

$$Z_n(z)=A_n\mathrm{e}^{\frac{x_n^{(0)}}{a}z}+B_n\mathrm{e}^{-\frac{x_n^{(0)}}{a}z}.$$

由边界条件 $u\big|_{z=0}=0$,得

$$A_n+B_n=0,\text{即 }B_n=-A_n,$$

于是

$$Z_n(z)=2A_n\frac{\mathrm{e}^{\frac{x_n^{(0)}}{a}z}-\mathrm{e}^{-\frac{x_n^{(0)}}{a}z}}{2}=A_n\operatorname{sh}\frac{x_n^{(0)}}{a}z.\tag{4.3.23}$$

将式(4.3.22)和式(4.3.23)组合,并叠加,得到问题的一般解为

$$u(\rho,z)=\sum_{n=1}^{\infty}C_n\operatorname{sh}\left(\frac{x_n^{(0)}}{a}z\right)J_0\left(\frac{x_n^{(0)}}{a}\rho\right).\tag{4.3.24}$$

由边界条件 $u\big|_{z=h}=\rho^2$ 代入,得

$$\sum_{n=1}^{\infty}C_n\operatorname{sh}\left(\frac{x_n^{(0)}}{a}h\right)J_0\left(\frac{x_n^{(0)}}{a}\rho\right)=\rho^2.$$

右边的级数是左边函数的 Fourier-Bessel 级数,由展开式的系数公式(4.2.20),并考虑此时的边界条件,有

$$\begin{aligned}C_n&=\frac{1}{\operatorname{sh}\left(\frac{x_n^{(0)}}{a}h\right)\frac{a^2}{2}J_1^2(x_n^{(0)})}\int_0^a\rho^3J_0\left(\frac{x_n^{(0)}}{a}\rho\right)\mathrm{d}\rho\\&=\frac{2}{\operatorname{sh}\left(\frac{x_n^{(0)}}{a}h\right)a^2J_1^2(x_n^{(0)})}\frac{a^4}{(x_n^{(0)})^4}\int_0^{x_n^{(0)}}\left(\frac{x_n^{(0)}}{a}\rho\right)^3J_0\left(\frac{x_n^{(0)}}{a}\rho\right)\mathrm{d}\left(\frac{x_n^{(0)}}{a}\rho\right),\end{aligned}$$

令 $\frac{x_n^{(0)}}{a}\rho=x$,应用分部积分法和递推公式,得

$$\begin{aligned}\int_0^{x_n^{(0)}}x^3J_0(x)\mathrm{d}x&=(x_n^{(0)})^3J_1(x_n^{(0)})+2(x_n^{(0)})^2J_0(x_n^{(0)})-4x_n^{(0)}J_1(x_n^{(0)})\\&=x_n^{(0)}J_1(x_n^{(0)})[(x_n^{(0)})^2-4],\end{aligned}$$

因此

$$C_n=\frac{2a^2[(x_n^{(0)})^2-4]}{(x_n^{(0)})^3J_1(x_n^{(0)})\operatorname{sh}\left(\frac{x_n^{(0)}}{a}h\right)},$$

将上式代入到式(4.3.24),原定解问题的解为

$$u(\rho,z)=2a^2\sum_{n=1}^{\infty}\frac{[(x_n^{(0)})^2-4]}{(x_n^{(0)})^3}\frac{\operatorname{sh}\left(\frac{x_n^{(0)}}{a}z\right)}{\operatorname{sh}\left(\frac{x_n^{(0)}}{a}h\right)}\frac{J_0\left(\frac{x_n^{(0)}}{a}\rho\right)}{J_1(x_n^{(0)})}.\tag{4.3.25}$$

*4.4　修正 Bessel 函数

4.4.1　第一类修正 Bessel 函数

在 §4.1 中我们曾得到修正 Bessel 方程

$$\rho^2 R''(\rho)+\rho R'(\rho)-(\mu^2\rho^2+m^2)R(\rho)=0\quad(m=0,1,2,\cdots)\tag{4.4.1}$$

对此方程可以直接用级数求解，但是如果作变换 $\rho=-\mathrm{i}r(r=\mathrm{i}\rho)$，就可以将这个方程化成 Bessel 方程(4.1.10).

由于 $\rho=-\mathrm{i}r(r=\mathrm{i}\rho)$，$\dfrac{\mathrm{d}R}{\mathrm{d}\rho}=\dfrac{\mathrm{d}R}{\mathrm{d}r}\dfrac{\mathrm{d}r}{\mathrm{d}\rho}=\mathrm{i}\dfrac{\mathrm{d}R}{\mathrm{d}r}$，$\dfrac{\mathrm{d}^2R}{\mathrm{d}\rho^2}=-\dfrac{\mathrm{d}^2R}{\mathrm{d}r^2}$，将这些结果代入到式(4.4.1) 就得到

$$r^2\frac{\mathrm{d}^2R}{\mathrm{d}r^2}+r\frac{\mathrm{d}R}{\mathrm{d}r}+(\mu^2r^2-m^2)R(r)=0.$$

因此方程(4.4.1) 的通解为

$$R(\rho)=A_mJ_m(\mathrm{i}\mu\rho)+B_mY_m(\mathrm{i}\mu\rho).\tag{4.4.2}$$

如果参数 $\mu=1$，式(4.4.1) 和式(4.4.2) 就变成标准修正 Bessel 方程和解.

因为

$$J_m(\mathrm{i}x)=\mathrm{i}^m\sum_{k=0}^{\infty}\frac{x^{m+2k}}{2^{m+2k}k!\Gamma(m+k+1)},$$

将此式乘以 i^{-m} 后，就去掉了虚值，将这个结果定义为第一类修正 Bessel 函数，记作

$$I_m(x)=\mathrm{i}^{-m}J_m(\mathrm{i}x)=\sum_{k=0}^{\infty}\frac{x^{m+2k}}{2^{m+2k}k!\Gamma(m+k+1)}.\tag{4.4.3}$$

特别地

$$I_0(x)=\sum_{k=0}^{\infty}\frac{\left(\dfrac{x}{2}\right)^{2k}}{(k!)^2}=1+\frac{x^2}{2^2}+\frac{x^4}{2^4\times(2!)^2}+\frac{x^6}{2^6\times(3!)^2}+\cdots$$

$$I_1(x)=I_0'(x)=\sum_{k=0}^{\infty}\frac{\left(\dfrac{x}{2}\right)^{2k+1}}{(k!)(k+1)!}=\frac{x}{2}+\frac{x^3}{2^3\times2!}+\frac{x^5}{2^5\times2!\times3!}+\cdots.$$

与 $J_m(x)$ 类似，当 m 不是整数时，$I_m(x)$ 与 $I_{-m}(x)$ 线性无关. 但当 $m=0,1,2,\cdots$ 为整数时，两者线性相关：

$$\begin{aligned}I_{-m}(x)&=\sum_{k=0}^{\infty}\frac{1}{k!\Gamma(k-m+1)}\left(\frac{x}{2}\right)^{2k-m}\\&=\sum_{k=0}^{\infty}\frac{1}{k!(k-m)!}\left(\frac{x}{2}\right)^{2k-m}=\sum_{l=0}^{\infty}\frac{1}{(l+m)!l!}\left(\frac{x}{2}\right)^{2l+m}=I_m(x).\end{aligned}\tag{4.4.4}$$

为此，引进第二类修正 Bessel 函数.

4.4.2 第二类修正 Bessel 函数

第二类修正 Bessel 函数定义如下：

当 m 是非整数时

$$K_m(x)=\frac{\pi[I_{-m}(x)-I_m(x)]}{2\sin m\pi}, \tag{4.4.5}$$

当 m 是整数时

$$K_m(x)=\lim_{\alpha\to m}\frac{\pi[I_{-\alpha}(x)-I_\alpha(x)]}{2\sin\alpha\pi}. \tag{4.4.6}$$

所以修正 Bessel 方程

$$x^2y''(x)+xy'(x)-(x^2+m^2)y(x)=0 \tag{4.4.7}$$

的通解是

$$y(x)=A_mI_m(x)+B_mK_m(x). \tag{4.4.8}$$

用 Maple 画出的第一类和第二类修正 Bessel 函数的曲线图如图 4.4.1 和图 4.4.2 所示.

```
>plot({BesselI(0,x),BesselI(1,x),BesselI(2,x)},x=0..5,0..5);
>plot({BesselK(0,x),BesselK(1,x),BesselK(2,x)},x=0..3,0..3);
```

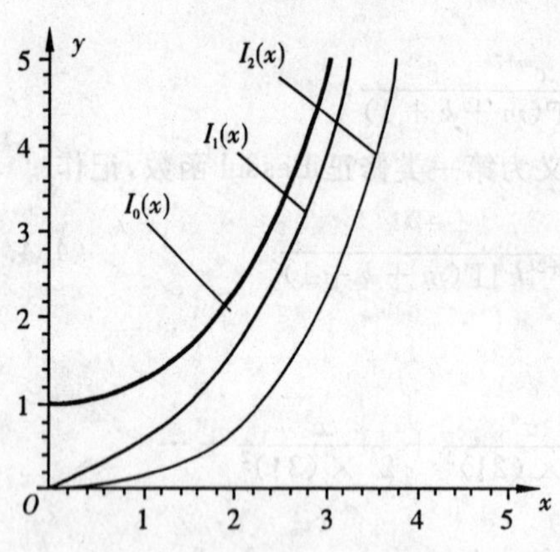

图 4.4.1 第一类修正 Bessel 函数曲线图

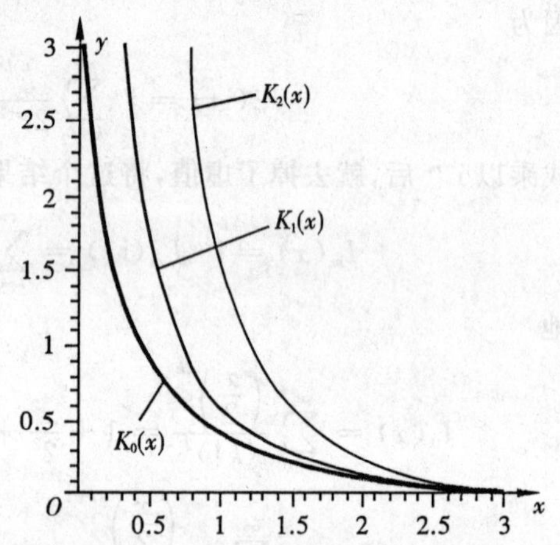

图 4.4.2 第二类修正 Bessel 函数曲线图

可以看出，$I_m(x)$ 是正项级数，是 x 的递增函数. 当 $m=0$ 时，$I_0(x)$ 没有零点；当 $m\neq 0$ 时，$I_m(x)$ 在 $x=0$ 处有一个零点，即 $I_0(x)=1$；$I_m(x)=1(m\neq 0)$. 第二类修正 Bessel 函数在 $x=0$ 处没有有限值，$I_m(x)$ 和 $K_m(x)$ 都没有正零点，因此图形是单调曲线，这与第一类 Bessel 函数 $J_m(x)$ 和第二类 Bessel 函数 $Y_m(x)$ 不同. 下面举一个例子说明修正 Bessel 函数的应用.

例 1 一个半径为 a，高度为 h 的均匀导体圆柱，侧面充电维持电势为常数 u_0，求柱体内部的电势.

解 以柱体的轴线为 z 轴建立柱坐标系(ρ,φ,z)，柱体内的电势 u 的分布是轴对称的，所以它仅仅是ρ与z 的函数，而与φ无关. 静电场的电势 u 满足 Laplace 方程，于是得定

解问题

$$\begin{cases} u_{\rho\rho}+\dfrac{1}{\rho}u_{\rho}+u_{zz}=0, 0<\rho<a, 0<z<h, \\ u|_{z=0}=u|_{z=h}=0, \\ u|_{\rho=a}=u_0. \end{cases} \tag{4.4.9}$$

用分离变量法求解. 令 $u(\rho,z)=R(\rho)Z(z)$，代入到方程中，可得

$$\frac{R''+\dfrac{1}{\rho}R'}{R}=-\frac{Z''}{Z}=\lambda,$$

从而得特征值问题

$$\begin{cases} Z''+\lambda Z=0, \\ Z|_{z=0}=Z|_{z=h}=0, \end{cases} \tag{4.4.10}$$

和修正 Bessel 方程

$$R''+\frac{1}{\rho}R'-\lambda R=0. \tag{4.4.11}$$

由本征值问题(4.4.10)，求得本征值和本征函数依次为

$$\lambda_n=\left(\frac{n\pi}{h}\right)^2, Z_n(z)=\sin\frac{n\pi z}{h}, n=1,2,\cdots. \tag{4.4.12}$$

将特征值代入到修正 Bessel 方程(4.4.11)，得到

$$R''+\frac{1}{\rho}R'-\left(\frac{n\pi}{h}\right)^2R=0. \tag{4.4.13}$$

令 $r=\dfrac{n\pi}{h}\rho$，则上述方程变成零阶修正 Bessel 方程

$$r^2R''(r)+rR'(r)-r^2R(r)=0. \tag{4.4.14}$$

于是方程(4.4.13) 的有界解是

$$R_n(\rho)=A_nI_0\left(\frac{n\pi}{h}\rho\right).$$

将 $Z_n(z)$ 和 $R_n(\rho)$ 组合并叠加，得到方程满足柱底面齐次边界条件的通解是

$$u(\rho,z)=\sum_{n=1}^{\infty}A_n\sin\left(\frac{n\pi z}{h}\right)I_0\left(\frac{n\pi\rho}{h}\right). \tag{4.4.15}$$

再由柱面上的边界条件 $u|_{\rho=a}=u_0$，得

$$u_0=\sum_{n=1}^{\infty}A_nI_0\left(\frac{n\pi a}{h}\right)\sin\left(\frac{n\pi z}{h}\right), \tag{4.4.16}$$

由上式可以求出展开式的系数为

$$A_n=\frac{2u_0}{I_0\left(\dfrac{n\pi a}{h}\right)n\pi}[1-(-1)^n],$$

代入式(4.4.15)，得到定解问题(4.4.9) 的解为

$$u(\rho,z)=\frac{2u_0}{\pi}\sum_{n=1}^{\infty}\frac{[1-(-1)^n]}{n}\frac{I_0\left(\dfrac{n\pi\rho}{h}\right)}{I_0\left(\dfrac{n\pi a}{h}\right)}\sin\left(\frac{n\pi z}{h}\right). \tag{4.4.17}$$

例 2　电子光学透镜的某个部件由两个半径为 r 的中空圆柱组成，其电势分别为 u_0 和 $-u_0$. 在两筒中间隙缝(缝宽为 2δ) 的侧面边缘处电势可以近似表示为 $u=u_0\sin\frac{\pi z}{2\delta}$. 求圆筒内的电势分布. 圆筒两端的边界条件可以近似地表示为 $u\big|_{z=\pm l}=\pm u_0$(图 4.4.3).

解　由题意，取圆柱坐标，柱内中心线取作 z 轴，原点取在隙缝中心处，由于问题是轴对称的，故电势与 φ 无关. 写出定解问题如下：

$$\nabla^2 u=0\quad(0\leqslant\rho\leqslant r,-l<z<l),\tag{4.4.18}$$

$$u\big|_{z=-l}=-u_0,u\big|_{z=l}=u_0,\tag{4.4.19}$$

$$u\big|_{\rho=r}=\begin{cases}u_0 & (\delta<z<l),\\ u_0\sin\dfrac{\pi z}{2\delta} & (-\delta<z<\delta),\\ -u_0 & (-l<z<-\delta).\end{cases}\tag{4.4.20}$$

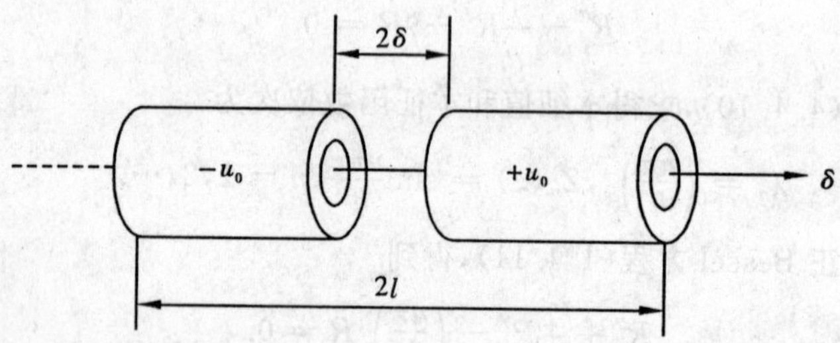

图 4.4.3

为了简化问题，根据问题的对称性：$+z$ 和 $-z$ 部分正好相差一个负号，因此我们可以只求出 $0\leqslant z\leqslant l$ 部分的解，于是定解问题为

$$\nabla^2 u=\frac{1}{\rho}\frac{\partial}{\partial\rho}\left(\rho\frac{\partial u}{\partial\rho}\right)+\frac{\partial^2 u}{\partial z^2}=0\quad(0\leqslant\rho\leqslant r,0<z<l),\tag{4.4.21}$$

$$u\big|_{z=0}=0,\quad u\big|_{z=l}=u_0,\tag{4.4.22}$$

$$u\big|_{\rho=r}=\begin{cases}u_0\sin\dfrac{\pi z}{2\delta} & (0<z<\delta),\\ u_0 & (\delta\leqslant z\leqslant l).\end{cases}\tag{4.4.23}$$

现在求解定解问题(4.4.21)—(4.4.23). 先把两组非齐次边界条件中的一组齐次化. 因为式(4.4.22) 容易齐次化，故令

$$u=v+u_0\frac{z}{l}\tag{4.4.24}$$

得到 v 的定解问题如下

$$\frac{1}{\rho}\frac{\partial}{\partial\rho}\left(\rho\frac{\partial v}{\partial\rho}\right)+\frac{\partial^2 v}{\partial z^2}=0\quad(0\leqslant\rho\leqslant r,0<z<l),\tag{4.4.25}$$

$$v\big|_{z=0}=0,\quad v\big|_{z=l}=0,\tag{4.4.26}$$

$$v\big|_{\rho=r}=\begin{cases}u_0\left(\sin\dfrac{\pi z}{2\delta}-\dfrac{z}{l}\right) & (0<z<\delta),\\ u_0\left(1-\dfrac{z}{l}\right) & (\delta\leqslant z\leqslant l).\end{cases}\tag{4.4.27}$$

分离变量，令 $v(\rho,z)=R(\rho)Z(z)$，代入到式(4.4.25)和式(4.4.26)得到两个常微分方程

$$Z''(z)+\lambda Z(z)=0, \tag{4.4.28}$$

$$R''(\rho)+\frac{1}{\rho}R'(\rho)-\lambda R=0, \tag{4.4.29}$$

和边界条件

$$Z(0)=Z(l)=0. \tag{4.4.30}$$

解本征值问题(4.4.28)和(4.4.30)，得

$$\lambda_n=\frac{n^2\pi^2}{l^2},\quad Z_n(z)=\sin\frac{n\pi}{l}z\quad(n=1,2,\cdots).$$

方程(4.4.29)是零阶修正 Bessel 方程，考虑到 $\rho=0$ 时的自然边界条件，其解为

$$R_n(\rho)=I_0\left(\frac{n\pi}{l}\rho\right)\quad(n=1,2,\cdots),$$

于是问题的本征解为

$$v_n(\rho,z)=I_0\left(\frac{n\pi}{l}\rho\right)\sin\frac{n\pi}{l}z\quad(n=1,2,\cdots).$$

将本征解叠加，得到

$$v(\rho,z)=\sum_{n=1}^{\infty}C_nv_n(\rho,z)=\sum_{n=1}^{\infty}C_nI_0\left(\frac{n\pi}{l}\rho\right)\sin\frac{n\pi}{l}z. \tag{4.4.31}$$

由边界条件(4.4.27)确定 C_n，即

$$v(\rho,z)\big|_{\rho=r}=\sum_{n=1}^{\infty}C_nI_0\left(\frac{n\pi}{l}r\right)\sin\frac{n\pi}{l}z=\begin{cases}u_0\left(\sin\dfrac{\pi z}{2\delta}-\dfrac{z}{l}\right) & (0<z<\delta),\\ u_0\left(1-\dfrac{z}{l}\right) & (\delta\leqslant z\leqslant l).\end{cases}$$

将右端函数展开为 Fourier 级数，有

$$\begin{aligned}C_nI_0\left(\frac{n\pi}{l}r\right)&=\frac{2}{l}\left[\int_0^{\delta}u_0\left(\sin\frac{\pi\xi}{2\delta}-\frac{\xi}{l}\right)\sin\frac{n\pi\xi}{l}\mathrm{d}\xi+\int_{\delta}^{l}u_0\left(1-\frac{\xi}{l}\right)\sin\frac{n\pi\xi}{l}\mathrm{d}\xi\right]\\&=\frac{2u_0}{l}\left[\int_0^{\delta}\sin\frac{\pi\xi}{2\delta}\sin\frac{n\pi\xi}{l}\mathrm{d}\xi-\frac{1}{l}\int_0^{l}\xi\sin\frac{n\pi\xi}{l}\mathrm{d}\xi+\int_{\delta}^{l}\sin\frac{n\pi\xi}{l}\mathrm{d}\xi\right]\\&=\frac{2u_0}{n\pi}\left[\frac{l^2\cos\frac{n\pi}{l}\delta}{l^2-(2n\delta)^2}+2(-1)^{n+1}\right].\end{aligned}$$

由此可得

$$C_n=\frac{2u_0}{n\pi I_0\left(\frac{n\pi}{l}\delta\right)}\left[\frac{l^2\cos\frac{n\pi}{l}\delta}{l^2-(2n\delta)^2}+2(-1)^{n+1}\right],$$

这样就有

$$v(\rho,z)=\sum_{n=1}^{\infty}\frac{2u_0}{n\pi}\left[\frac{l^2\cos\frac{n\pi}{l}\delta}{l^2-(2n\delta)^2}+2(-1)^{n+1}\right]\cdot\frac{I_0\left(\frac{n\pi}{l}\rho\right)}{I_0\left(\frac{n\pi}{l}r\right)}\sin\frac{n\pi z}{l}.$$

最后

$$u(\rho,z)=u_0\frac{z}{l}+\sum_{n=1}^{\infty}\frac{2u_0}{n\pi}\left[\frac{l^2\cos\frac{n\pi}{l}\delta}{l^2-(2n\delta)^2}+2(-1)^{n+1}\right]\cdot\frac{I_0\left(\frac{n\pi}{l}\rho\right)}{I_0\left(\frac{n\pi}{l}r\right)}\sin\frac{n\pi z}{l}. \tag{4.4.32}$$

这个解虽然是在 $0\leqslant z\leqslant l$ 范围内得到的，但因为在 $z<0$ 范围与 $z>0$ 范围差一个负号，而解(4.4.32)符合这一要求，因此就是问题在 $-l\leqslant z\leqslant l$ 整个范围内的解.

在这一章的最后，我们请读者注意，本章求解的定解问题，都具有轴对称性，即目标物理量 u 与 φ 无关. 对非轴对称的问题，即 u 与 φ 有关的问题，涉及对已知函数 $f(\rho,\varphi)$ 的二重展开，这里不予讨论.

*4.5 可化为 Bessel 方程的方程

Bessel 函数是一类非常重要的特殊函数，在实际问题中，有许多微分方程虽然不是 Bessel 方程，但通过变换可以变成 Bessel 方程，其解可以用 Bessel 函数表示. 举例如下.

4.5.1 Kelvin (W. Thomson) 方程

Kelvin 方程为

$$x^2\frac{\mathrm{d}^2y}{\mathrm{d}x^2}+x\frac{\mathrm{d}y}{\mathrm{d}x}-(\mathrm{i}\beta^2x^2+m^2)y=0, \tag{4.5.1}$$

如设 $x_1=\sqrt{-\mathrm{i}}\beta x$，则方程(4.5.1)变成 x_1 的 Bessel 方程，它的解是 x_1 的 Bessel 函数，如 $J_m(x_1)$，$H_m^{(1)}(x_1)$，$K_m(x_1)$ 等. 今将其实部与虚部分开，称作 Kelvin 函数. 即

$$\begin{aligned}
\mathrm{be}R_m(\beta x)&=\mathrm{Re}J_m(\sqrt{-\mathrm{i}}\beta x),\\
\mathrm{be}I_m(\beta x)&=\mathrm{Im}J_m(\sqrt{-\mathrm{i}}\beta x);\\
\mathrm{he}R_m(\beta x)&=\mathrm{Re}H_m^{(1)}(\sqrt{-\mathrm{i}}\beta x),\\
\mathrm{he}I_m(\beta x)&=\mathrm{Im}H_m^{(1)}(\sqrt{-\mathrm{i}}\beta x);\\
\mathrm{Ke}R_m(\beta x)&=\mathrm{Re}K_m(\sqrt{-\mathrm{i}}\beta x),\\
\mathrm{Ke}I_m(\beta x)&=\mathrm{Im}K_m(\sqrt{-\mathrm{i}}\beta x).
\end{aligned}$$

其中 $H_m^{(1)}(x_1)$ 表示第三类 Bessel 函数.

4.5.2 其他例子

下面几个方程皆可化成 Bessel 方程，并给出解(Bessel 函数用 Z_m 表示)：

(1) $y''+bx^my=0$, (4.5.2)

$$y=\sqrt{x}Z_{\frac{1}{m+2}}\left(\frac{2\sqrt{b}}{m+2}x^{\frac{m+2}{2}}\right).$$

(2) $y''+\frac{1}{x}y'-\left[\frac{1}{x}+\left(\frac{m}{2x}\right)^2\right]y=0$, (4.5.3)

$$y=Z_m(2\mathrm{i}\sqrt{x}).$$

(3) $y''+\left(\frac{2m+1}{x}-k\right)y'-\frac{2m+1}{2x}ky=0,$ (4.5.4)

$$y=\frac{1}{x^m}e^{\frac{kx}{2}}Z_m\left(\frac{ikx}{2}\right).$$

(4) $y''+\frac{1-2a}{x}y'+\left[(\beta r x^{r-1})^2+\frac{a^2-m^2r^2}{x^2}\right]y=0,$ (4.5.5)

$$y=x^aZ_m(\beta x^r).$$

(5) $y''+\left(\frac{1}{x}-2\tan x\right)y'-\left(\frac{m^2}{x^2}+\frac{\tan x}{x}\right)y=0,$ (4.5.6)

$$y=\frac{1}{\cos x}Z_m(x).$$

(6) $y''+\left(\frac{1}{x}-2u\right)y'+\left(1+\frac{m^2}{x^2}+u^2-u'-\frac{u}{x}\right)y=0,$ (4.5.7)

$$y=e^{\int u\mathrm{d}x}Z_m(x).$$

其他就不一一列举了.

4.5.3 含 Bessel 函数的积分

计算含 Bessel 函数的积分,在前面曾用递推关系计算过.不过在被积函数不是 Bessel 函数与幂函数乘积的情况下,这种方法就不好用了.有时常常是把 Bessel 函数表示成级数,交换积分与求和的次序,先积分后求和得出结果.下面看两个例子.

(1) Sonine 第一积分公式

$$\begin{aligned}
&\int_0^{\pi/2}J_\mu(z\sin\theta)(\sin\theta)^{\mu+1}(\cos\theta)^{2v+1}\mathrm{d}\theta\\
&=\sum_{k=0}^{\infty}\frac{(-1)^k}{k!\Gamma(k+\mu+1)}\left(\frac{z}{2}\right)^{2k+\mu}\int_0^{\pi/2}(\sin\theta)^{2k+2\mu+1}(\cos\theta)^{2v+1}\mathrm{d}\theta\\
&=\sum_{k=0}^{\infty}\frac{(-1)^k}{k!\Gamma(k+\mu+1)}\left(\frac{z}{2}\right)^{2k+\mu}\frac{\Gamma(k+\mu+1)\Gamma(v+1)}{2\Gamma(k+\mu+v+2)}\\
&=\frac{2^v\Gamma(v+1)}{z^{v+1}}J_{\mu+v+1}(z)\quad(\text{其中 }\mathrm{Re}\mu,\mathrm{Re}v>-1).
\end{aligned}\tag{4.5.8}$$

(2) 求积分

$$\begin{aligned}
I&=\int_0^\infty e^{-\alpha x}J_0(\beta x)\mathrm{d}x=\int_0^\infty e^{-\alpha x}\sum_{k=0}^{\infty}\frac{(-1)^k}{(k!)^2}\left(\frac{\beta x}{2}\right)^{2k}\mathrm{d}x\\
&=\sum_{k=0}^{\infty}\frac{(-1)^k}{(k!)^2}\left(\frac{\beta}{2}\right)^{2k}\int_0^\infty e^{-\alpha x}x^{2k}\mathrm{d}x=\sum_{k=0}^{\infty}\frac{(-1)^k}{(k!)^2}\left(\frac{\beta}{2}\right)^{2k}\alpha^{-2k-1}(2k)!\\
&=\frac{1}{\alpha}\sum_{k=0}^{\infty}\frac{(-1)^k}{(k!)^2}\frac{(2k)!}{2^{2k}}\left(\frac{\beta}{\alpha}\right)^{2k}=\frac{1}{\alpha}\sum_{k=0}^{\infty}\binom{-\frac{1}{2}}{k}\left(\frac{\beta}{\alpha}\right)^{2k}\\
&=\frac{1}{\alpha\sqrt{1+\left(\frac{\beta}{\alpha}\right)^2}}=\frac{1}{\sqrt{\alpha^2+\beta^2}}.
\end{aligned}\tag{4.5.9}$$

在此式推导过程中,利用了 $\alpha>\beta$ 的条件,但结果并不受此条件的限制.

事实上，这个积分亦可利用 $J_0(\beta x)$ 的积分表示进行计算.

$$\begin{aligned}\int_0^{\infty} e^{-\alpha x} J_0(\beta x) dx &= \frac{1}{2\pi}\int_0^{\infty} e^{-\alpha x} dx \int_{-\pi}^{\pi} e^{j\beta x\sin\theta} d\theta \\ &= \frac{1}{2\pi}\int_{-\pi}^{\pi} d\theta \int_0^{\infty} e^{-\alpha x + j\beta x\sin\theta} dx = \frac{1}{2\pi}\int_{-\pi}^{\pi} \frac{d\theta}{\alpha - j\beta\sin\theta} \\ &= \frac{1}{2\pi}\int_{-\pi}^{\pi} \frac{(\alpha + j\beta\sin\theta)}{\alpha^2 + \beta^2\sin^2\theta} d\theta = \frac{\alpha}{2\pi}\int_{-\pi}^{\pi} \frac{d\theta}{\alpha^2 + \beta^2\sin^2\theta} \\ &= \frac{1}{\sqrt{\alpha^2 + \beta^2}}. \end{aligned} \tag{4.5.10}$$

最后积分是利用复变函数积分法求出的. 两者结果相同.

4.6 历史注记——天文学家、数学家：贝塞尔

贝塞尔(Friedrich Wilhelm Bessel)，德国天文学家，数学家，天体测量学的奠基人. 1784 年 7 月 22 日生于明登，1846 年 3 月 17 日卒于柯尼斯堡. 15 岁辍学到不来梅一家商行学徒，业余学习天文、地理和数学. 20 岁时发表了有关彗星轨道测量的论文. 1810 年任新建的柯尼斯堡天文台台长，直至逝世. 1812 年当选为柏林科学院院士. 贝塞尔的主要贡献在天文学，以《天文学基础》(1818) 为标志发展了实验天文学，还编制基本星表，测定恒星视差，预言伴星的存在，导出用于天文计算的贝塞尔公式，较精确地计算出岁差常数等几个天文常数值，还编制大气折射表和大气折射公式，以修正其对天文观测的影响. 此外，贝塞尔在大地测量学方面也作出一定贡献，提出贝塞尔地球椭球体等观点.

贝塞尔(1784—1846)

贝塞尔重新订正了《布拉德莱星表》，并加上了岁差和章动以及光行差的改正；他编制了包括比九等星更亮的 75 000 多颗恒星的基本星表，后来由他的继承人阿格兰德扩充成著名的《波恩巡天星表》.

1837 年，贝塞尔发现天鹅座 61 正在非常缓慢地改变位置，第二年，他宣布这颗星的视差是 0.31 弧秒，这是世界上最早测定的恒星视差之一.

贝塞尔在数学上的贡献在于提出了贝塞尔函数.

1817 年，贝塞尔在研究开普勒提出的三体引力系统的运动问题时，第一次系统地提出了贝塞尔函数的总体理论框架，讨论了该函数的一系列性质及其求值方法，为解决物理学和天文学的有关问题提供了重要工具. 后人以他的名字来命名了这种函数. 贝塞尔函数是除初等函数外，在物理和工程中最常用的函数. 贝塞尔函数在波动问题以及各种涉及有势场的问题中占有非常重要的地位，最典型的问题有：

* 在圆柱形波导中的电磁波传播问题；
* 圆柱体中的热传导问题；
* 圆形(或环形) 薄膜的振动模态分析问题.

在其他一些领域，贝塞尔函数也相当有用. 譬如在信号处理中的调频合成(FM

synthesis）或凯泽窗（Kaiser window）以及波动声学中都要用到贝塞尔函数.

4.7　例题分析

例 1　根据 $x^v J_{v-1}(x)\mathrm{d}x = \mathrm{d}[x^v J_v(x)]$，

(1) 计算：$\int J_1(\sqrt[3]{x})\mathrm{d}x$；

(2) 求证：$\int \frac{J_2(x)}{x^2}\mathrm{d}x = \frac{-J_2(x)}{3x} - \frac{J_1(x)}{3} + \frac{1}{3}\int J_0(x)\mathrm{d}x$.

解　(1) 令 $\sqrt[3]{x} = t, \mathrm{d}x = 3t^2\mathrm{d}t$，于是

$$\int J_1(\sqrt[3]{x})\mathrm{d}x = 3\int t^2 J_1(t)\mathrm{d}t = 3\int \mathrm{d}[t^2 J_2(t)] = 3t^2 J_2(t) + C = 3\sqrt[3]{x^2} J_2(\sqrt[3]{x}) + C.$$

(2) 根据题设可得：

$$\begin{aligned}\int \frac{J_2(x)}{x^2}\mathrm{d}x &= \int x^2 J_2(x)\mathrm{d}\frac{x^{-3}}{-3} = -\frac{1}{3}\left[x^{-3}x^2 J_2(x) - \int x^{-3}x^2 J_1(x)\mathrm{d}x\right] \\ &= -\frac{1}{3}\left[x^{-1}J_2(x) - \int \frac{xJ_1(x)}{x^2}\mathrm{d}x\right] \\ &= -\frac{1}{3}\left[\frac{J_2(x)}{x} + \frac{1}{x}\cdot xJ_1(x) - \int \frac{1}{x}\cdot xJ_0(x)\mathrm{d}x\right] \\ &= -\frac{J_2(x)}{3x} - \frac{1}{3}J_1(x) + \frac{1}{3}\int J_0(x)\mathrm{d}x.\end{aligned}$$

例 2　设 λ_n 为 $J_0(x) = 0$ 的正根，证明：$\frac{1-x^2}{8} = \sum_{n=1}^{\infty}\frac{J_0(\lambda_n x)}{\lambda_n^3 J_1(\lambda_n x)}, 0 < x < 1$.

证明　设 $f(x) = \frac{1-x^2}{8} = \sum_{n=1}^{\infty} f_n J_0(\lambda_n x)$，则因 $J_n(\lambda_n) = 0, f(x)|_{x=1} = 0$，

$$f_n = \frac{1}{[N_n^{(0)}]^2}\int_0^1 \frac{1-x^2}{8}J_0(\lambda_n x)x\mathrm{d}x, \tag{1}$$

其中 $[N_n^{(0)}]^2 = \frac{1}{2}[J_1(\lambda_n)]^2$，而

$$\begin{aligned}\int_0^1 \frac{1-x^2}{8}J_0(\lambda_n x)x\mathrm{d}x &= \frac{1}{8}\int_0^1 J_0(\lambda_n x)x\mathrm{d}x - \frac{1}{8}\int_0^1 x^3 J_0(\lambda_n x)\mathrm{d}x \\ &= \frac{1}{8}\left[\frac{1}{\lambda_n^2}\cdot\lambda_n x\cdot J_1(\lambda_n x)\Big|_0^1 - \left(\frac{1}{\lambda_n} - \frac{4}{\lambda_n^3}\right)J_1(\lambda_n)\right] \\ &= \frac{1}{8}\left[\frac{1}{\lambda_n}J_1(\lambda_n) - \frac{1}{\lambda_n}J_1(\lambda_n) + \frac{4}{\lambda_n^3}J_1(\lambda_n)\right] = \frac{J_1(\lambda_n)}{2\lambda_n^3},\end{aligned}$$

代入式(1)得

$$f_n = \frac{2}{J_1^2(\lambda_n)}\frac{J_1(\lambda_n)}{2\lambda_n^3} = \frac{1}{\lambda_n^3 J_1(\lambda_n)},$$

于是

$$\frac{1-x^2}{8} = \sum_{n=1}^{\infty}\frac{J_0(\lambda_n x)}{\lambda_n^3 J_1(\lambda_n x)}, \quad 0 < x < 1.$$

例 3 求解半径为 R 的圆形薄膜的稳恒振动，已知每单位面积上作用的周期力为 $f = A\sin wt$.

解 设薄膜均匀，单位面积的质量为 ρ，则均匀圆膜的受迫横振动方程为：

$$u_{tt} - a^2 \nabla^2 u = \frac{f}{\rho} \quad \left(a^2 = \frac{T}{\rho}\right),$$

取极坐标系，以圆膜中心为极点，则振动与 φ 无关，从而方程为：

$$u_{tt} - a^2\left(u_{\rho\rho} + \frac{1}{\rho}u_\rho\right) = \frac{f}{\rho} \tag{1}$$

求解在周期力作用下的稳恒振动，即是"没有初始条件"的问题，振动周期与外力周期相同. 可设

$$u(\rho,t) = v(\rho)\sin wt,$$

由于 $f = A\sin wt$，所以

$$\begin{cases} v'' + \dfrac{1}{\rho}v' + \dfrac{w^2}{a^2}v = -\dfrac{A}{a^2\rho}, \\ v\big|_{\rho=R} = 0. \end{cases} \tag{2}$$

方程(2) 是非齐次方程，不能直接求解. 但是非齐次项是常数，故可令 $W = v + \dfrac{A}{a^2\rho}$ 及 $x = \dfrac{w}{a}\rho$，将定解问题(2) 变成

$$\begin{cases} W'' + \dfrac{1}{x}W' + W = 0, \\ W\big|_{x=\frac{w}{a}R} = \dfrac{A}{a^2\rho}. \end{cases} \tag{3}$$

(3) 中的方程是零阶贝塞尔方程，在圆内的有限解为：

$$W(x) = CJ_0(x),$$

代入(3) 中的边界条件得

$$CJ_0\left(\frac{w}{a}R\right) = \frac{A}{a^2\rho},$$

即

$$C = \frac{A}{a^2\rho J_0\left(\dfrac{w}{a}R\right)},$$

于是 $W = \dfrac{A}{a^2\rho J_0\left(\dfrac{w}{a}R\right)}J_0(x)$，$v = \dfrac{A}{a^2\rho}\left[\dfrac{J_0\left(\dfrac{w}{a}\rho\right)}{J_0\left(\dfrac{w}{a}R\right)} - 1\right]$，因此有

$$u = \frac{A}{a^2\rho}\left[\frac{J_0\left(\dfrac{w}{a}\rho\right)}{J_0\left(\dfrac{w}{a}R\right)} - 1\right]\sin wt.$$

例 4 半径为 R 的半圆形膜，边缘固定，求其本征频率和本征振动. 定解问题为(取极坐标)

$$\begin{cases} u_{tt} - a^2 \nabla^2 u = 0 \quad (0 \leqslant \varphi \leqslant 2\pi, 0 \leqslant \rho \leqslant R), \\ |u|_{\rho=0} \neq \infty, \quad u|_{\rho=R} = 0, \\ u|_{\varphi=0} = u|_{\varphi=2\pi}. \end{cases} \tag{1}$$

解　令 $u = v(\rho)\Phi(\varphi)T(t)$，代入定解问题(1) 并分离变量得：

$$\begin{cases} \Phi'' + m^2\Phi = 0, \\ \Phi|_{\varphi=0} = \Phi|_{\varphi=2\pi}. \end{cases} \tag{2}$$

$$\begin{cases} v'' + \dfrac{1}{\rho}v' + \left(\lambda^2 - \dfrac{m^2}{\rho^2}\right)v = 0, \\ v|_{\rho=0} \neq \infty, \quad v|_{\rho=R} = 0. \end{cases} \tag{3}$$

$$T'' + \lambda^2 a^2 T = 0. \tag{4}$$

本征值问题(2) 的解是

$$\Phi = A_1 \cos m\varphi + A_2 \sin m\varphi, \quad m = 0,1,2,\cdots$$

本征值问题(3) 在圆内有有限解：

$$v = B_1 J_m(\lambda\rho).$$

由 $v|_{\rho=R} = 0$ 知 $J_m(\lambda R) = 0$，令 $x_n^{(m)}$ 为 $J_m(x) = 0$ 的第 n 个正零点，则

$$\lambda_n^{(m)} = \frac{x_n^{(m)}}{R}, \quad v_n = B_n J_m\left(\frac{x_n^{(m)}}{R}\rho\right) \quad (n = 1,2,\cdots).$$

方程(4) 的解为：

$$T_{mn} = C\cos\frac{x_n^{(m)}}{R}at + D\sin\frac{x_n^{(m)}}{R}at,$$

所以本征振动为

$$u_{mn} = \left[A_{mn}\cos\frac{x_n^{(m)}}{R}at + B_{mn}\sin\frac{x_n^{(m)}}{R}at\right]J_m\left(\frac{x_n^{(m)}}{R}\rho\right)\sin m\varphi,$$

本征频率为 $\omega_{mn} = \dfrac{a}{R}x_n^{(m)}$.

例 5　半径为 R、高为 H 的圆柱内无电荷，柱体下底和柱面保持零电位，上底电位为 $f(\rho) = \rho^2$，求柱体内各点的电位分布. 定解问题为(取极坐标)

$$\begin{cases} \nabla^2 u = 0, \\ u|_{z=0} = 0, \quad u|_{z=H} = \rho^2. \\ u|_{\rho=0} \neq \infty, \quad u|_{\rho=R} = 0. \end{cases} \tag{1}$$

解　由边界条件知问题与 φ 无关(即 $m = 0$). 因侧面是第一类边界条件，故其本征值 λ 由 $J_0(\lambda R) = 0$ 决定. 即 $\lambda_n^{(0)} = \dfrac{x_n^{(0)}}{R}(n = 1,2,3,\cdots)$，其中 $x_n^{(0)}$ 为 $J_0(x) = 0$ 的第 n 个正零点.

柱内问题的有限解为：

$$u = \sum_{n=1}^{\infty}\left(A_n e^{\frac{x_n^{(0)}}{R}z} + B_n e^{-\frac{x_n^{(0)}}{R}z}\right)J_0(\lambda_n^{(0)}\rho),$$

由边界条件(1) 的第二式得

$$\begin{cases}\sum_{n=1}^{\infty}(A_n+B_n)J_0(\lambda_n^{(0)}\rho)=0,\\ \sum_{n=1}^{\infty}\left(A_n\mathrm{e}^{\frac{x_n^{(0)}}{R}H}+B_n\mathrm{e}^{-\frac{x_n^{(0)}}{R}H}\right)J_0(\lambda_n^{(0)}\rho)=\rho^2.\end{cases}\tag{2}$$

由(2)的第一式得：

$$B_n=-A_n.$$

由(2)的第二式得：

$$\begin{aligned}A_n&=\frac{1}{R^2[J_1(x_n^{(0)})]^2\mathrm{sh}\left(\frac{x_n^{(0)}}{R}H\right)}\int_0^R\rho^2J_0(x_n^{(0)}\rho)\rho\mathrm{d}\rho\\&=\frac{R^2}{x_n^{(0)}J_1(x_n^{(0)})\mathrm{sh}\left(\frac{x_n^{(0)}}{R}H\right)}\left[1-\frac{4}{[x_n^{(0)}]^2}\right],\end{aligned}$$

于是

$$u=2R^2\sum_{n=1}^{\infty}\frac{J_0\left(\frac{x_n^{(0)}}{R}\rho\right)\mathrm{sh}\left(\frac{x_n^{(0)}}{R}z\right)}{x_n^{(0)}J_1(x_n^{(0)})\mathrm{sh}\left(\frac{x_n^{(0)}}{R}H\right)}\left[1-\frac{4}{[x_n^{(0)}]^2}\right].$$

例 6 研究电磁波及横电波在半径为 R 的圆形波导(空心金属管道)中的传播规律.

解 由第 1 章 §1 知道，电磁波满足如下矢量波动方程

$$\frac{\partial^2\boldsymbol{E}}{\partial t^2}=a^2\nabla^2\boldsymbol{E},\quad\frac{\partial^2\boldsymbol{H}}{\partial t^2}=a^2\nabla^2\boldsymbol{H},\tag{1}$$

其中 $\boldsymbol{E}$ 和 $\boldsymbol{H}$ 依次为电场强度和磁场强度. 现将时间 t 和空间变量 $\boldsymbol{r}$ 分离，即令

$$\boldsymbol{E}(\boldsymbol{r},t)=\boldsymbol{E}(\boldsymbol{r})T(t),\quad\boldsymbol{H}(\boldsymbol{r},t)=\boldsymbol{H}(\boldsymbol{r})T(t),\tag{2}$$

代入到式(1)，将该矢量波动方程分解为

$$T''(t)+a^2k^2T(t)=0,\tag{3}$$

和

$$\nabla^2\boldsymbol{E}(\boldsymbol{r})+k^2\boldsymbol{E}(\boldsymbol{r})=0,\quad\nabla^2\boldsymbol{H}(\boldsymbol{r})+k^2\boldsymbol{H}(\boldsymbol{r})=0,\tag{4}$$

这里 k^2 是分离常数. 常微分方程(3)的通解为

$$T(t)=A\cos akt+B\sin akt.$$

偏微分方程(4)是矢量形式的 Helmhotz 方程，它实际上可以写成三个分量形式，在直角坐标系中就是

$$\begin{cases}\nabla^2E_x+k^2E_x=0,\nabla^2E_y+k^2E_y=0,\nabla^2E_z+k^2E_z=0;\\ \nabla^2H_x+k^2H_x=0,\nabla^2H_y+k^2H_y=0,\nabla^2H_z+k^2H_z=0.\end{cases}$$

而本题讨论的是圆形波导的问题，故需采用圆柱坐标. 在圆柱坐标中，方程(4)中各向量的分量满足(见附录 A)

$$\begin{cases}\nabla^2E_\rho-\frac{E_\rho}{\rho^2}-\frac{2}{\rho^2}\frac{\partial E_\varphi}{\partial\varphi}+k^2E_\rho=0,\\ \nabla^2E_\varphi-\frac{E_\varphi}{\rho^2}+\frac{2}{\rho^2}\frac{\partial E_\rho}{\partial\varphi}+k^2E_\varphi=0,\\ \nabla^2E_z+k^2E_z=0.\end{cases}\text{和}\begin{cases}\nabla^2H_\rho-\frac{H_\rho}{\rho^2}-\frac{2}{\rho^2}\frac{\partial H_\varphi}{\partial\varphi}+k^2H_\rho=0,\\ \nabla^2H_\varphi-\frac{H_\varphi}{\rho^2}+\frac{2}{\rho^2}\frac{\partial H_\rho}{\partial\varphi}+k^2H_\varphi=0,\\ \nabla^2H_z+k^2H_z=0.\end{cases}\tag{5}$$

在两组方程的前两个方程中，$E_\rho(H_\rho)$ 和 $E_\varphi(H_\varphi)$ 是耦合在一起的，求解将相当复杂. 第三个方程中只含有一个变量 $E_z(H_z)$，是标量形式的 Helmhotz 方程，求解相对简单. 如果能设法将 $\boldsymbol{E}$ 和 $\boldsymbol{H}$ 用 E_z 和 H_z 表示，问题就将归结为求解 E_z 和 H_z 的 Helmhotz 方程，求解将大大简化，幸运的是，这是可以做到的，下面我们就来做把 $\boldsymbol{E}$ 和 $\boldsymbol{H}$ 用 E_x 和 H_x 表示出来的工作.

研究电磁波在圆形波导中传播的问题时，取管轴为 z 轴，设电磁波沿着管轴以谐波的形式传播

$$\begin{cases}\boldsymbol{E}(\rho,\varphi,z,t)=S(\rho,\varphi)\mathrm{e}^{\mathrm{i}(hz-kct)},\\ \boldsymbol{H}(x,y,z,t)=T(\rho,\varphi)\mathrm{e}^{\mathrm{i}(hz-kct)}.\end{cases}$$

将式(5) 代入 Maxwell 方程

$$\frac{\partial \boldsymbol{E}}{\partial t}=\frac{1}{\varepsilon}\nabla\times\boldsymbol{H}\text{ 和 }\frac{\partial \boldsymbol{H}}{\partial t}=-\frac{1}{\mu}\nabla\times\boldsymbol{E},$$

(其中 ε 和 μ 分别表示介质的介电常数和磁导率) 并用分量表示，有

$$\begin{cases}-\mathrm{i}kcS_\rho=\dfrac{1}{\varepsilon}\left(\dfrac{1}{\rho}\dfrac{\partial T_z}{\partial\varphi}-\mathrm{i}hT_\varphi\right),\\ -\mathrm{i}kcS_\varphi=\dfrac{1}{\varepsilon}\left(\mathrm{i}hT_\rho-\dfrac{\partial T_z}{\partial\rho}\right),\\ -\mathrm{i}kcS_z=\dfrac{1}{\varepsilon}\left(\dfrac{\partial T_\varphi}{\partial\rho}+\dfrac{1}{\rho}T\varphi-\dfrac{1}{\rho}\dfrac{\partial T_\rho}{\partial\varphi}\right);\end{cases}\tag{6}$$

和

$$\begin{cases}-\mathrm{i}kcT_\rho=\dfrac{1}{\mu}\left(\dfrac{1}{\rho}\dfrac{\partial S_z}{\partial\varphi}-\mathrm{i}hS_\varphi\right),\\ -\mathrm{i}kcT_\varphi=\dfrac{1}{\mu}\left(\mathrm{i}hS_\rho-\dfrac{\partial S_z}{\partial\rho}\right),\\ -\mathrm{i}kcT_z=\dfrac{1}{\mu}\left(\dfrac{\partial S_\varphi}{\partial\rho}+\dfrac{1}{\rho}S_\varphi-\dfrac{1}{\rho}\dfrac{\partial S_\rho}{\partial\varphi}\right);\end{cases}\tag{7}$$

从式(6) 的第一式和式(7) 的第二式中可以解出 S_ρ 和 T_φ，从式(6) 的第二式和式(7) 的第一式可以解出 S_φ 和 T_ρ，这里解出的意思是用 S_z 和 T_z 表示出：

$$\begin{cases}S_\rho=\dfrac{\mathrm{i}}{k^2-h^2}\left(h\dfrac{\partial S_z}{\partial\rho}+k\dfrac{1}{\rho}\sqrt{\dfrac{\mu}{\varepsilon}}\dfrac{\partial T_z}{\partial\varphi}\right),\\ S_\varphi=\dfrac{\mathrm{i}}{k^2-h^2}\left(h\dfrac{1}{\rho}\dfrac{\partial S_z}{\partial\varphi}-k\sqrt{\dfrac{\mu}{\varepsilon}}\dfrac{\partial T_z}{\partial\rho}\right);\end{cases}\tag{8}$$

$$\begin{cases}T_\rho=\dfrac{\mathrm{i}}{k^2-h^2}\left(h\dfrac{\partial T_z}{\partial\rho}-k\dfrac{1}{\rho}\sqrt{\dfrac{\mu}{\varepsilon}}\dfrac{\partial S_z}{\partial\varphi}\right),\\ T_\varphi=\dfrac{\mathrm{i}}{k^2-h^2}\left(h\dfrac{1}{\rho}\dfrac{\partial T_z}{\partial\varphi}+k\sqrt{\dfrac{\mu}{\varepsilon}}\dfrac{\partial S_z}{\partial\rho}\right);\end{cases}\tag{9}$$

这样就把 $\boldsymbol{E}$ 和 $\boldsymbol{H}$ 用 S_z 和 T_z 表示出来了. E_z 和 H_z 满足标量形式的 Helmhotz 方程 $\nabla^2E_z+k^2E_z=0$ 和 $\nabla^2H_z+k^2H_z=0$. 以

$$\begin{cases}E_z(\rho,\varphi,z,t)=S_z(\rho,\varphi)\mathrm{e}^{\mathrm{i}(hz-kct)}\\ H_z(x,y,z,t)=T_z(\rho,\varphi)\mathrm{e}^{\mathrm{i}(hz-kct)}\end{cases}$$

代入，可得

$$\begin{cases}\Delta S_z + (k^2 - h^2) S_z = 0, \\ \Delta T_z + (k^2 - h^2) T_z = 0.\end{cases} \tag{10}$$

现在全部问题归结为求解 Helmhotz 方程(10).

方程(10) 中的 h 应为实数，否则意味着 E 和 H 沿着管道衰减而通不过波导. 对于横磁波(通常称为 TM 波)，$T_z = 0$，因此只需从 Helmhotz 方程

$$\nabla^2 S_z + (k^2 - h^2) S_z = 0 \tag{11}$$

中解出 S_z 即可. 如果波导内壁导电性很好，电磁波频率又不是特别高，可以把边界条件写成

$$S_z \big|_{\rho=R} = 0. \tag{12}$$

Helmhotz 方程(11) 的分离变量形式的解为:

$$S_z = J_m(\sqrt{k^2 - h^2}\rho)\begin{Bmatrix}\cos m\varphi \\ \sin m\varphi\end{Bmatrix}. \tag{13}$$

由边界条件(12) 可得

$$\sqrt{k^2 - h^2} R = x_n^{(m)} \quad (x_n^{(m)} \text{ 是 } J_m(x) \text{ 的第 } n \text{ 个零点}). \tag{14}$$

把 $T_z = 0$ 和上面求出的 S_z 代入到式(8) 和(9)，就得到 S 和 T 的各个分量

$$\begin{cases}
S_\rho = \dfrac{\mathrm{i}hR}{x_n^{(m)}} J'_m\left(\dfrac{x_n^{(m)}}{R}\rho\right)\begin{Bmatrix}\cos m\varphi \\ \sin m\varphi\end{Bmatrix}, \\
S_\varphi = \dfrac{\mathrm{i}mhR^2}{\rho[x_n^{(m)}]^2} J_m\left(\dfrac{x_n^{(m)}}{R}\rho\right)\begin{Bmatrix}\sin m\varphi \\ -\cos m\varphi\end{Bmatrix}, \\
S_z = J_m\left(\dfrac{x_n^{(m)}}{R}\rho\right)\begin{Bmatrix}\cos m\varphi \\ \sin m\varphi\end{Bmatrix}; \\
T_\rho = \dfrac{\mathrm{i}mkR^2}{[x_n^{(m)}]^2\rho}\sqrt{\dfrac{\varepsilon}{\mu}} J_m\left(\dfrac{x_n^{(m)}}{R}\rho\right)\begin{Bmatrix}-\sin m\varphi \\ \cos m\varphi\end{Bmatrix}, \\
T_\varphi = \dfrac{\mathrm{i}kR}{x_n^{(m)}}\sqrt{\dfrac{\varepsilon}{\mu}} J'_m\left(\dfrac{x_n^{(m)}}{R}\rho\right)\begin{Bmatrix}\cos m\varphi \\ \sin m\varphi\end{Bmatrix}, \\
T_z = 0.
\end{cases} \tag{15}$$

以上各式遍乘 $\mathrm{e}^{\mathrm{i}(hx-kct)}$，就得到 $\boldsymbol{E}$ 和 $\boldsymbol{H}$ 的各个分量. 对应于某一特定的 m 和某一特定的 n，分离变量形式的解称为这种波导中电磁波的一个特定模式.

本例就利用求得的分离变量形式的解，亦即各种模式来讨论哪些模式能够通过波导，哪些不能的问题. 而不是把这些分离变量形式的解叠加起来，再利用初始条件定叠加常数. 因为在实际工作中正是要创造条件激发起某一个或某一些模式，而抑制其它所有模式.

将式(14) 改写成

$$h = \sqrt{k^2 - [x_n^{(m)}/R]^2}.$$

要使这种模式的电磁波能够通过波导，h 必须为实数，也就是说要有

$$k \geqslant \frac{x_n^{(m)}}{R}. \tag{16}$$

因为波矢 k 和波长 λ 之间的关系是 $k=\frac{2\pi}{\lambda}$，所以式(16) 变成

$$x_n^{(m)}\leqslant\frac{2\pi R}{\lambda}.\tag{17}$$

由 Bessel 函数的性质知，对于一定的 n，m 越大则 $\frac{x_n^{(m)}}{R}$ 越大；对于一定的 m，n 越大，则 $\frac{x_n^{(m)}}{R}$ 越大. 因此对于特定的电磁波，λ 是一定的，波导越粗(R 越大)，符合式(16) 的 $x_n^{(m)}$ 个数越多，即能通过的电磁波的模式越多，称为多模式传播.

在所有 $x_n^{(m)}$ 中，绝对值最小的非零零点是 $J_0(x)$ 的第一个零点 $x_1^{(0)}=2.405$，其次是 $J_1(x)$ 的第一个零点 $x_1^{(1)}=3.832$，这样，如果波导的半径满足

$$\frac{\lambda}{2\pi}x_1^{(0)}<R<\frac{\lambda}{2\pi}x_1^{(1)},$$

即

$$\frac{2\pi R}{x_1^{(0)}}>\lambda>\frac{2\pi R}{x_1^{(1)}}.$$

则只有 $m=0$(根据式(16)，这意味着电磁场的分布以波导的轴为对称轴) 而且 $n=1$(根据式(16)，这意味着从管轴 $\rho=0$ 到管壁 $\rho=R$ 不存在节点) 的模式通过波导. 如果 $R<\frac{\lambda}{2\pi}x_1^{(0)}$，即 $\lambda>\frac{2\pi R}{x_1^{(0)}}$，则什么模式也不能通过波导.

对于横电波(通常称为 TE 波，即 $E_z=0$) 情形，讨论与 TM 情形相同. 只是这时设 $S_z=0$，故只需求 T_z.

在管壁上可认为 $S_\varphi=0$，又因

$$S_\varphi=\frac{\mathrm{i}}{k^2-h^2}\left(h\frac{1}{\rho}\frac{\partial S_z}{\partial\varphi}-k\sqrt{\frac{\mu}{\varepsilon}}\frac{\partial T_z}{\partial\rho}.\right)$$

由于 $S_z=0$，$S_\varphi=0$，知

$$\left.\frac{\partial T_z}{\partial\rho}\right|_{\rho=R}=0.\tag{18}$$

这就是管壁上的边界条件. 现在在这个边界条件下求解问题.

T_z 满足 Helmhotz 方程((10) 的第二式：$\nabla^2T_z+(k^2-h^2)T_z=0$)，分离变量形式的解为

$$T_z=J_m(\sqrt{k^2-h^2}\rho)\begin{Bmatrix}\cos m\varphi\\ \sin m\varphi\end{Bmatrix}.$$

由边界条件(18) 可得

$$J'_m(\sqrt{k^2-h^2}R)=0.\tag{19}$$

从而可得 $\sqrt{k^2-h^2}R=x_n^{(m)}$(其中 $x^{(m)}$ 是 $J'_m(x)$ 的第 n 个零点)，因此

$$T_z=J_m\left(\frac{x_n^{(m)}}{R}\rho\right)\begin{Bmatrix}\cos m\varphi\\ \sin m\varphi\end{Bmatrix},\tag{20}$$

从而可以得到 S 和 T 的各个分量

$$\begin{cases} S_\rho = \dfrac{\mathrm{i}}{k^2-h^2}\dfrac{k}{\rho}\sqrt{\dfrac{\mu}{\varepsilon}}\dfrac{\partial T_z}{\partial\varphi} = \dfrac{\mathrm{i}mkR^2}{\rho[x_n^{(m)}]^2}\sqrt{\dfrac{\mu}{\varepsilon}}J_m\left(\dfrac{x_n^{(m)}}{R}\rho\right)\begin{Bmatrix}-\sin m\varphi\\ \cos m\varphi\end{Bmatrix}, \\ S_\varphi = \dfrac{-\mathrm{i}k}{k^2-h^2}\sqrt{\dfrac{\mu}{\varepsilon}}\dfrac{\partial T_z}{\partial\rho} = -\dfrac{\mathrm{i}kR}{x_n^{(m)}}\sqrt{\dfrac{\mu}{\varepsilon}}J'_m\left(\dfrac{x_n^{(m)}}{R}\rho\right)\begin{Bmatrix}\cos m\varphi\\ \sin m\varphi\end{Bmatrix}, \\ S_z = 0. \end{cases}$$

$$\begin{cases} T_\rho = \dfrac{\mathrm{i}h}{k^2-h^2}\dfrac{\partial T_z}{\partial\rho} = \dfrac{\mathrm{i}hR}{x_n^{(m)}}J'_m\left(\dfrac{x_n^{(m)}}{R}\rho\right)\begin{Bmatrix}\cos m\varphi\\ \sin m\varphi\end{Bmatrix}, \\ T_\varphi = \dfrac{\mathrm{i}h}{(k^2-h^2)\rho}\dfrac{\partial T_z}{\partial\varphi} = \dfrac{\mathrm{i}hmR^2}{\rho[x_n^{(m)}]^2}J_m\left(\dfrac{x_n^{(m)}}{R}\rho\right)\begin{Bmatrix}-\sin m\varphi\\ \cos m\varphi\end{Bmatrix}, \\ T_z = J_m\left(\dfrac{x_n^{(m)}}{R}\rho\right)\begin{Bmatrix}\cos m\varphi\\ \sin m\varphi\end{Bmatrix}. \end{cases}$$

其中 $x_n^{(m)}$ 是 $J'_m(x)=0$ 的第 n 个零点. 由前面讨论可知 $h=\sqrt{k^2-\left(\dfrac{x_n^{(m)}}{R}\right)^2}$,要使电磁波通过波导,$h$ 必须为实数,则有 $k \geqslant \dfrac{x_n^{(m)}}{R}$.

因为 $k=\dfrac{2\pi}{\lambda}$,所以

$$x_n^{(m)} \leqslant \frac{2\pi R}{\lambda} \tag{21}$$

由 Bessel 函数的性质知,n 一定,m 越大,则 $\dfrac{x_n^{(m)}}{R}$ 越大;m 一定,n 越大,则 $\dfrac{x_n^{(m)}}{R}$ 越大.

又由式(21) 知,对于一定的电磁波(λ 一定),波导越粗(R 越大),符合式(21) 的 $x_n^{(m)}$ 个数越多,即能通过的电磁波的模式越多,称为多模式传播.

对于 TE 波,$x_n^{(m)}$ 是 $J'_m(x)=0$ 的零点,其绝对值最小的零点是 $J_1(x)$ 的第一个零点,因为 $J'_0(x)=-J_1(x)$,$x_1^{(1)}=3.832$,其次是 $J_0(x)$ 的第二个零点 $x_2^{(0)}=5.5201$. 于是波导半径 R 满足

$$\frac{\lambda}{2\pi}x_1^{(1)} < R < \frac{\lambda}{2\pi}x_2^{(0)},$$

即

$$\frac{2\pi R}{x_1^{(1)}} > \lambda > \frac{2\pi R}{x_2^{(0)}}$$

时,则只有 $m=1$ 和 $n=1$ 的模式通过波导,称为单膜传播.

如果 $R<\dfrac{\lambda}{2\pi}x_1^{(1)}$,即 $\lambda>\dfrac{2\pi R}{x_1^{(1)}}$,则什么模式都不能通过波导.

***例 7** 求柱内的调和函数,使之在上下底($z=0,h$) 的数值为零,而在柱面上($\rho=a$) 上为

$$u\big|_{\rho=a} = Az\left(1-\frac{z}{h}\right).$$

解 先列出定解问题

$$\begin{cases}\dfrac{\partial^2 u}{\partial \rho^2}+\dfrac{1}{\rho}\dfrac{\partial u}{\partial \rho}+\dfrac{\partial^2 u}{\partial z^2}=0\\ |u|_{\rho=0}|<\infty,\quad u|_{\rho=a}=Az\left(1-\dfrac{z}{h}\right),\\ u|_{z=0}=u|_{z=h}=0.\end{cases}$$

令 $u(\rho,z)=R(\rho)Z(z)$，分离变量得

$$\begin{cases}Z''+\lambda Z=0,\\ Z(0)=0,\quad Z(h)=0;\end{cases}$$

$$\frac{\mathrm{d}^2 R}{\mathrm{d}\rho^2}+\frac{1}{\rho}\frac{\mathrm{d}R}{\mathrm{d}\rho}-\lambda R=0,$$

解之得

$$\lambda_n=\left(\frac{n\pi}{h}\right)^2,\quad Z_n(z)=\sin\frac{n\pi}{h}z\quad(n=1,2,3,\cdots),$$

$$R_n(\rho)=I_0\left(\frac{n\pi}{h}\rho\right)\quad(n=1,2,3,\cdots),$$

其中 I_0 为零阶第一类修正 Bessel 函数. 因此一般解为

$$u(\rho,z)=\sum_{n=0}^{\infty}C_n I_0\left(\frac{n\pi}{h}\rho\right)\sin\frac{n\pi}{h}z.$$

这里已经应用了在极点有界的条件，有柱面上的条件

$$\sum_{n=1}^{\infty}C_n I_0\left(\frac{n\pi}{h}a\right)\sin\frac{n\pi}{h}z=Az\left(1-\frac{z}{h}\right),$$

由本征函数系的正交性，有

$$C_n=\frac{2A}{h}\frac{1}{I_0\left(\frac{n\pi}{h}a\right)}\int_0^b z\left(1-\frac{z}{h}\right)\sin\frac{n\pi}{h}z\,\mathrm{d}z=\frac{4Ah}{(n\pi)^2}\frac{1-(-1)^n}{I_0\left(\frac{n\pi}{h}a\right)},$$

故本问题的解为

$$u(\rho,z)=\frac{8Ah}{(\pi)^2}\sum_{n=1}^{\infty}\frac{1}{(2n+1)^2}\frac{I_0\left(\frac{(2n+1)\pi}{h}\rho\right)}{I_0\left(\frac{(2n+1)\pi}{h}a\right)}\sin\frac{(2n+1)\pi}{h}z.$$

例 8　圆柱体半径为 R、高为 H，上底保持温度 u_1，下底保持温度 u_2，侧面温度分布为 $f(z)=\dfrac{2u_1}{H}\left(z-\dfrac{H}{2}\right)z+\dfrac{2u_2}{H}(H-z)$，求柱内各点的稳定温度分布.

解　定解问题为

$$\begin{cases}\nabla^2 u=0,\\ u|_{\rho=R}=\dfrac{2u_1}{H}\left(Z-\dfrac{H}{2}\right)z+\dfrac{2u_2}{H}(H-z),\\ u|_{z=0}=u_2,\quad u|_{z=H}=u_1.\end{cases}\tag{1}$$

这里边界条件是非齐次的，不能直接求解. 考虑到间接计算简单，我们化上下底为齐次边界. 令 $u=u_2+\dfrac{u_1-u_2}{H}z+v$，代入(1) 得 v 的定解问题为：

$$\begin{cases}\nabla^2 v=0,\\ v\big|_{\rho=R}=\dfrac{2u_1}{H}\left(z-\dfrac{H}{2}\right)z+\dfrac{2u_2}{H}(H-z),\\ v\big|_{z=0}=v\big|_{z=H}=0.\end{cases}\tag{2}$$

因为上下底是齐次边界,所以本征值问题是:

$$\begin{cases}z=A_1\cosh z+A_2\sinh z\\ z\big|_{z=0}=z\big|_{z=H}=0\end{cases}\tag{3}$$

即有 $A_1=0, h_n=\dfrac{n\pi}{H}, (n=1,2,3,\cdots), z_n=A_n\sin\dfrac{n\pi}{H}z$,又因为问题与 φ 关(即 $m=0$),所以柱内问题的有限解为

$$v=\sum_{n=1}^{\infty}A_nI_0\left(\frac{n\pi\rho}{H}\right)\sin\frac{n\pi}{H}z,\tag{4}$$

代入式(2) 的第二式得

$$\sum_{n=1}^{\infty}A_nI_0\left(\frac{n\pi R}{H}\right)\sin\frac{n\pi}{H}z=\frac{2u_1}{H}\left(z-\frac{H}{2}\right)+\frac{2u_2}{H}(H-z),$$

于是

$$\begin{aligned}A_n&=\frac{2}{H}\frac{1}{I_0\left(\dfrac{n\pi R}{H}\right)}\int_0^H\left[\frac{2u_1}{H}\left(z-\frac{H}{2}\right)+\frac{2u_2}{H}(H-z)\right]\sin\frac{n\pi}{H}z\,\mathrm{d}z\\ &=\frac{4u_1}{HI_0\left(\dfrac{n\pi R}{H}\right)}\left[(-1)^{n+1}\frac{H}{n\pi}+\frac{H}{(n\pi)^3}((-1)^n-1)+(-1)^n\frac{H}{n\pi}\right]\\ &=\frac{-16u_1}{[(2k+1)\pi]^3I_0\left(\dfrac{(2k+1)\pi R}{H}\right)}\quad(k=1,2,3,\cdots),\end{aligned}$$

代入到式(4),得

$$u=-\sum_{k=1}^{\infty}\frac{-16u_1}{[(2k+1)\pi]^3I_0\left(\dfrac{(2k+1)\pi R}{H}\right)}I_0\left(\frac{(2k+1)\pi\rho}{H}\right)\sin\frac{2k+1}{H}\pi z.$$

习题 4

1. 试在平面极坐标系中把二维波动方程分离变量:

$$u_{tt}-a^2(u_{xx}+u_{yy})=0,$$

即得到各相关单元函数所满足的常微分方程.

2. 写出 $J_0(x), J_1(x), \cdots, J_n(x)$($n$ 为正整数) 级数表达式的前 5 项.

3. 证明 $J_{2n-1}(0)=0$,其中 $n=1,2,3,\cdots$.

4. 证明 $y=J_n(\alpha x)$ 为方程 $x^2y''+xy'+(\alpha^2x^2-n^2)y=0$ 的解.

5. 试证 $y=x^{\frac{1}{2}}J_{\frac{3}{2}}(x)$ 是方程 $x^2y''+(x^2-2)y=0$ 的一个解.

6. 试证 $y = xJ_n(x)$ 是方程 $x^2y'' - xy' + (1 + x^2 - n^2)y = 0$ 的一个解.

7. 利用递推公式证明：

(1) $J_2(x) = J''_0(x) - \dfrac{1}{x}J'_0(x)$

(2) $J_3(x) + 3J'_0(x) + 4J'''_0(x) = 0$

8. 求解半径为 R，边界固定的圆膜的轴对称振动问题，设 $t = 0$ 时在膜上 $\rho \leqslant \varepsilon$ 处有一冲量的垂直作用.

9. 半径为 b 的圆形膜，边缘固定，初始形状是旋转抛物面

$$u\big|_{t=0} = (1 - \rho^2/b^2)H,$$

初始速度分布为零. 求解膜的振动情况.

10. 一均匀无限长圆柱体，体内无热源，通过柱体表面沿表面法向的热流量为常数 q，若柱体的初始温度也为常数 u_0，求任意时刻柱体的温度分布.

11. 圆柱空腔内电磁振荡的定解问题为

$$\begin{cases} \nabla^2 u + \lambda u = 0, \quad \sqrt{\lambda} = \dfrac{\omega}{c}, \\ u\big|_{\rho=a} = 0, \\ \dfrac{\partial u}{\partial z}\Big|_{z=0} = \dfrac{\partial u}{\partial z}\Big|_{z=l} = 0. \end{cases}$$

试证电磁振荡的固有频率为

$$\omega_{mn} = c\sqrt{\lambda} = c\sqrt{\left(\frac{x_m^{(0)}}{a}\right)^2 + \left(\frac{n\pi}{l}\right)^2}, \quad n = 0,1,2,\cdots; \quad m = 1,2,\cdots.$$

12. 半径为 R、高为 H 的圆柱内无电荷，柱体下底和柱面保持零电位，上底电位为 $f(\rho) = \rho^2$，求柱体内各内点的电位分布. 定解问题为(取极坐标)

$$\begin{cases} \nabla^2 u = 0, \\ u\big|_{z=0} = 0, \quad u\big|_{z=H} = 1 - \rho^2, \\ u\big|_{\rho=0} \neq \infty, \quad u\big|_{\rho=R} = 0. \end{cases}$$

第 5 章　Legendre 多项式及其应用

在这一章中，我们讨论另一个重要的特殊函数——Legendre 多项式．首先将通过在球坐标系中对 Laplace 方程分离变量，引入在第 3 章中曾讨论过的 Legendre 方程及其解 Legendre 函数，并深入讨论 Legendre 方程在区间[−1,1]上有界解构成的另一类正交函数系——Legendre 多项式．

5.1　Legendre 方程与 Legendre 多项式的引入

首先我们从一个实际例子出发，从球坐标系中 Laplace 方程的分离变量法中，引出 Legendre 方程和作为 Legendre 方程本征解的 Legendre 多项式，然后在接下来的章节，介绍 Legendre 多项式的性质和应用．

在匀强的静电场 $\boldsymbol{E}_0$ 中，放置一个导体球，球的半径为 a，试研究导体球怎样改变了匀强电磁场(图 5.5.1)．

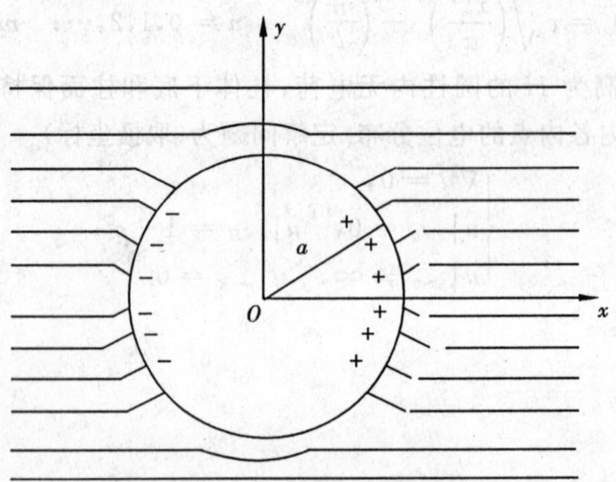

图 5.5.1　匀强静电场中的导体球

这是一个三维静电场问题，球外电势满足 Laplace 方程，在距球无穷远处，电场保持为原来的匀强电场 $\boldsymbol{E}_0$．取球坐标系(以球心为原点)，定解问题是

$$\begin{cases}\nabla^2 u = 0 \quad (r > a), & (5.1.1)\\ u\big|_{r\to+\infty} = -E_0 z = -E_0 r\cos\theta, & (5.1.2)\\ u\big|_{r=a} = 0. & (5.1.3)\end{cases}$$

由于当球面上的电荷不再运动时，可设球面上的电势处处相等，又由于电势具有相

对性质，因此设球面上的电势为零.

现在求解这个定解问题. 在球坐标系(r,θ,φ)中，Laplace方程(5.1.1)，即$\nabla^2 u(r,\theta,\varphi)=0$的表达式是(见式(1.1.73))

$$\frac{1}{r^2}\frac{\partial}{\partial r}\left(r^2\frac{\partial u}{\partial r}\right)+\frac{1}{r^2\sin\theta}\frac{\partial}{\partial\theta}\left(\sin\theta\frac{\partial u}{\partial\theta}\right)+\frac{1}{r^2\sin^2\theta}\frac{\partial^2 u}{\partial\varphi^2}=0,\tag{5.1.4}$$

用分离变量法求解，设 $u(r,\theta,\varphi)=R(r)\Theta(\theta)\Phi(\varphi)$，代入式(5.1.4) 中，得

$$\frac{\Theta\Phi}{r^2}\frac{\mathrm{d}}{\mathrm{d}r}\left(r^2\frac{\mathrm{d}R}{\mathrm{d}r}\right)+\frac{R\Phi}{r^2\sin\theta}\frac{\mathrm{d}}{\mathrm{d}\theta}\left(\sin\theta\frac{\mathrm{d}\Theta}{\mathrm{d}\theta}\right)+\frac{R\Theta}{r^2\sin^2\theta}\frac{\mathrm{d}^2\Phi}{\mathrm{d}\varphi^2}=0,$$

将变量 φ 和变量 r,θ 分离. 为此，用$\dfrac{r^2\sin^2\theta}{R\Theta\Phi}$遍乘上式，并适当移项，可得

$$\frac{\sin^2\theta}{R}\frac{\mathrm{d}}{\mathrm{d}r}\left(r^2\frac{\mathrm{d}R}{\mathrm{d}r}\right)+\frac{\sin\theta}{\Theta}\frac{\mathrm{d}}{\mathrm{d}\theta}\left(\sin\theta\frac{\mathrm{d}\Theta}{\mathrm{d}\theta}\right)=-\frac{\Phi''}{\Phi}=m^2,$$

其中 m^2 是分离常数. 由此可得两个微分方程

$$\Phi''+m^2\Phi=0,\tag{5.1.5a}$$

$$\frac{1}{R}\frac{\mathrm{d}}{\mathrm{d}r}\left(r^2\frac{\mathrm{d}R}{\mathrm{d}r}\right)+\frac{1}{\Theta\sin\theta}\frac{\mathrm{d}}{\mathrm{d}\theta}\left(\sin\theta\frac{\mathrm{d}\Theta}{\mathrm{d}\theta}\right)-\frac{m^2}{\sin^2\theta}=0.\tag{5.1.5b}$$

对上面第二个方程，再将变量 r,θ 分离

$$\frac{1}{\Theta\sin\theta}\frac{\mathrm{d}}{\mathrm{d}\theta}\left(\sin\theta\frac{\mathrm{d}\Theta}{\mathrm{d}\theta}\right)-\frac{m^2}{\sin^2\theta}=-\frac{1}{R}\frac{\mathrm{d}}{\mathrm{d}r}\left(r^2\frac{\mathrm{d}R}{\mathrm{d}r}\right)=-l(l+1),$$

其中 $l(l+1)$ 是第二次分离变量引入的常数，它可以用一个实数 λ 表示，为了以后讨论方便，令 $\lambda=l(l+1)$[可以证明任意一个实数 λ 都可表为 $l(l+1)$，其中 l 为另一任意实数或复数]. 由此又得到两个常微分方程

$$\frac{\mathrm{d}}{\mathrm{d}r}\left(r^2\frac{\mathrm{d}R}{\mathrm{d}r}\right)-l(l+1)R=0,\tag{5.1.6a}$$

即

$$r^2R''(r)+2rR'(r)-l(l+1)R(r)=0,\tag{5.1.6b}$$

以及

$$\frac{1}{\sin\theta}\frac{\mathrm{d}}{\mathrm{d}\theta}\left(\sin\theta\frac{\mathrm{d}\Theta}{\mathrm{d}\theta}\right)+\left[l(l+1)-\frac{m^2}{\sin^2\theta}\right]\Theta=0.\tag{5.1.7a}$$

对方程(5.1.7a) 作变换 $x=\cos\theta$ 以后，可以改写成

$$\frac{\mathrm{d}}{\mathrm{d}x}\left((1-x^2)\frac{\mathrm{d}\Theta}{\mathrm{d}x}\right)+\left[l(l+1)-\frac{m^2}{1-x^2}\right]\Theta=0,\tag{5.1.7b}$$

即

$$(1-x^2)\Theta''(x)-2x\Theta'(x)+\left[l(l+1)-\frac{m^2}{1-x^2}\right]\Theta(x)=0.\tag{5.1.7c}$$

至此球坐标系下的 Laplace 方程(5.1.4) 分离变量的结果是得到三个常微分方程(5.1.5)、(5.1.6) 和(5.1.7). 方程(5.1.5) 加上周期性条件

$$\Phi(0)=\Phi(2\pi).\tag{5.1.8}$$

构成本征值问题，解之得到

$$\Phi(\varphi)=A_m\cos m\varphi+B_m\sin m\varphi,\quad m=0,1,2,\cdots.\tag{5.1.9}$$

方程(5.1.6b)是 Euler 方程，做变换 $r=e^t$，或直接用 Maple 求解得

```
>dsolve(r^2*diff(R(r),r$2)+2*r*diff(R(r),r)-l*(l+1)*R(r)=0);
```

$$R(r)=\_C1r^l+\_C2r^{(-l-1)}$$

其中 _C1 和 _C2 是两个积分常数. 或用 A_l, B_l 表示任意常数，将其通解写成

$$R(r)=A_lr^l+B_lr^{-(l+1)}. \tag{5.1.10}$$

方程(5.1.7c)叫做关联 Legendre 方程. 在 $m=0$ 时，它就退化为 Legendre 方程

$$(1-x^2)\Theta''(x)-2x\Theta'(x)+l(l+1)\Theta(x)=0, \tag{5.1.11}$$

(注意这里未知函数用 Θ 表示)这种退化，有着真实的物理含义，它是物理问题具有轴对称的反应. 所谓轴对称问题即场量 u 与角度 φ 无关，只是 r 和 θ 的函数. 那么，这会在什么情况下发生呢?重新考虑定解问题(5.1.1) ～ (5.1.3). 非齐次边界条件(5.1.2)是引起场量发生变化的唯一根源，如果这个非齐次函数不是角变量 φ 的函数，则问题就具有轴对称性，我们讨论的问题符合这个条件.

在第3章中，我们已经求出了 Legendre 方程(5.1.11)的通解，并且指出，Legendre 方程(5.1.11)加上自然条件

$$|\Theta(\pm 1)|<+\infty, \tag{5.1.12}$$

构成本征值问题，其本征值和本征函数依次是

$$l=n\quad(n=0,1,2,\cdots);\quad \Theta(x)=P_n(x). \tag{5.1.13}$$

在我们讨论的问题中，自然条件(5.1.12)是必需的. 因为这里(即球坐标系下 Laplace 方程的分离变量法中) $x=\cos\theta$，$x=\pm 1$ 对应 $\theta=0$ 和 π，我们当然要求物理量 u 在各个方向上都有有限值.

综上，定解问题(5.1.1) ～ (5.1.3)在具有轴对称性质(即 u 与 φ 无关)的假设下，具有如下所示的一般解 —— 常称为本征解

$$u_n(r,\theta)=(A_nr^n+B_nr^{-(n+1)})P_n(\cos\theta)\quad(n=0,1,2,\cdots), \tag{5.1.14}$$

将这些解叠加起来，得到级数解为

$$u(r,\theta)=\sum_{n=0}^{\infty}(A_nr^n+B_nr^{-(n+1)})P_n(\cos\theta). \tag{5.1.15}$$

要确定其中的未知常数，需要进一步了解 Legendre 多项式的性质，将在下一节中讨论.

式(5.1.15)是轴对称条件下，球坐标系中 Laplace 方程解的一般形式.

当问题不具有轴对称性质时，$m\neq 0$，关联 Legendre 方程(5.1.7c)的解也可用 Legendre 多项式表示. 事实上，对方程(5.1.7c)作变换

$$\Theta(x)=(1-x^2)^{m/2}Y(x), \tag{5.1.16}$$

则函数 Y 满足方程

$$(1-x^2)Y''-2(m+1)xY'+[l(l+1)-m(m+1)]Y=0. \tag{5.1.17a}$$

另一方面，我们利用微商的莱布尼兹法则

$$(uv)^{(m)}=u^{(m)}v+\frac{m}{1!}u^{(m-1)}v'+\frac{m(m-1)}{2}u^{(m-2)}v''+\cdots,$$

将 Legendre 方程

$$(1-x^2)P''-2xP'+l(l+1)P=0$$

对 x 求 m 次微商，可得

$$(1-x^2)P^{(m)''}-2(m+1)xP^{(m)'}+[l(l+1)-m(m+1)]P^{(m)}=0,\quad(5.1.17b)$$

其中

$$P^{(m)}=\frac{\mathrm{d}^mP}{\mathrm{d}x^m}.$$

由此可见，式(5.1.17b)与式(5.1.17a)完全一样，所以有 $Y(x)=P^{(m)}(x)$. 因为满足自然条件(5.1.12)的 Legendre 方程的解是 Legendre 多项式 $P_n(x)$，所以满足同样边界条件的关联 Legendre 方程的本征函数，称为关联 Legendre 多项式，记作 $P_n^m(x)$，由式(5.1.16)和(5.1.17)，应有

$$P_n^m(x)=(1-x^2)^{\frac{m}{2}}\frac{\mathrm{d}^mP_n(x)}{\mathrm{d}x^m}\quad(m=0,1,2,\cdots,n).\qquad(5.1.18)$$

因此，非轴对称问题的一般解 $u(r,\theta,\varphi)$ 应该是按本征函数序列的叠加，并且是二重求和，求和指标为 n,m. 首先本征解是

$$u_{mn}(r,\theta,\varphi)=[Ar^n+Br^{-(n+1)}]\times[C_m\cos m\varphi+D_m\sin m\varphi]P_n^m(\cos\theta),\quad(5.1.19)$$

则一般解就是

$$u(r,\theta,\varphi)=\sum_{n=0}^{\infty}\sum_{m=0}^{n}u_{mn}(r,\theta,\varphi),$$

关于关联 Legendre 多项式，我们将在第 5.4 节中讨论.

5.2　Legendre 多项式的性质

这一节中，我们给出 Legendre 多项式的一些常用性质. 为其在定解问题中的应用打下基础.

5.2.1　Legendre 多项式的微分表示

由第 3 章的讨论，我们知道，Legendre 多项式为

$$P_n(x)=\sum_{k=0}^{M}(-1)^k\frac{(2n-2k)!}{2^nk!(n-k)!(n-2k)!}x^{n-2k},\qquad(5.2.1)$$

其中

$$M=\begin{cases}\dfrac{n}{2} & \text{当 } n \text{ 为偶数时},\\[2mm] \dfrac{n-1}{2} & \text{当 } n \text{ 为奇数时}.\end{cases}$$

现在我们来证明，Legendre 多项式还可表示成如下的微分形式：

$$P_n(x)=\frac{1}{2^nn!}\frac{\mathrm{d}^n}{\mathrm{d}x^n}(x^2-1)^n,\qquad(5.2.2)$$

它称为 Rodrigues(罗德里格斯) 公式.

证明　将式(5.2.2)中的 $(x^2-1)^n$ 按二项式定理展开，可得

$$(x^2-1)^n=\sum_{k=0}^{\infty}\frac{n!}{k!(n-k)!}(-1)^kx^{2n-2k}.$$

对上式求导 n 次后，x 的原来幂次 $2n-2k$ 中低于 n 的项变为零，而不为零的项必须满足 $2n-2k\geqslant n$，即 $k\leqslant\frac{n}{2}$，这样当 n 是偶数时，有

$$\frac{1}{2^n n!}\frac{\mathrm{d}^n}{\mathrm{d}x^n}(x^2-1)^n=\sum_{k=0}^{n/2}\frac{(-1)^k(2n-2k)\cdots(n-2k+1)}{2^n k!(n-k)!}x^{n-2k}$$

$$=\sum_{k=0}^{n/2}(-1)^k\frac{(2n-2k)!}{2^n k!(n-k)!(n-2k)!}x^{n-2k},$$

当 n 是奇数时，有

$$\frac{1}{2^n n!}\frac{\mathrm{d}^n}{\mathrm{d}x^n}(x^2-1)^n=\sum_{k=0}^{\frac{n-1}{2}}\frac{(-1)^k(2n-2k)\cdots(n-2k+1)}{2^n k!(n-k)!}x^{n-2k}$$

$$=\sum_{k=0}^{\frac{n-1}{2}}(-1)^k\frac{(2n-2k)!}{2^n k!(n-k)!(n-2k)!}x^{n-2k},$$

Rodrigues 公式由此得证.

利用 Rodrigues 公式(5.2.2)，可方便地给出低阶的几个 Legendre 多项式的显式：

$$\begin{cases}P_0=1\\P_1=x=\cos\theta\\P_2(x)=\dfrac{3x^2-1}{2}=\dfrac{3\cos^2\theta-1}{2}\\P_3(x)=\dfrac{5x^3-3x}{2}=\dfrac{5\cos^3\theta-3\cos\theta}{2}\\P_4(x)=\dfrac{1}{8}(35x^4-30x^2+3)=\dfrac{1}{64}(35\cos4\theta+20\cos2\theta+9)\\P_5(x)=\dfrac{1}{8}(63x^5-70x^3+15x)=\dfrac{1}{128}(63\cos5\theta+35\cos3\theta+30\cos\theta)\end{cases}\tag{5.2.3}$$

利用 Maple，画出它们的图形如图 5.2.1 所示.

```
>plot({LegendreP(0,x),LegendreP(1,x),LegendreP(2,x),LegendreP(3,x),LegendreP(4,x),
LegendreP(5,x)},x=-1..1);
```

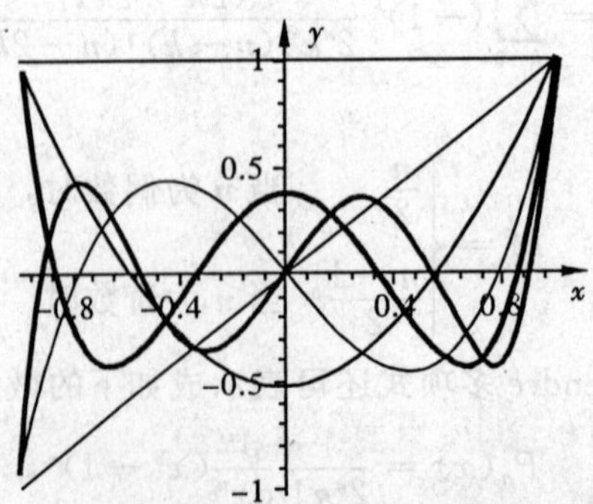

图 5.2.1 Legendre 多项式

由图可见，$P_l(1)=1$，$P_l(x)$ 的奇偶性由 l 的奇偶性来决定.

$$P_{2n}(-x)=P_{2n}(x),\quad P_{2n+1}(-x)=-P_{2n+1}(x);$$

$$P_{2n+1}(0) = 0,\quad P_{2n}(0) = (-1)^n \frac{(2n)!}{(2^n n!)^2} = (-1)^n \frac{(2n)!}{[(2n)!!]^2}.$$

5.2.2 Legendre 多项式的积分表示

1. Schlafli(施列夫利) 积分

根据复变函数中的 Cauchy 积分公式

$$f^{(n)}(x) = \frac{n!}{2\pi i}\oint_L \frac{f(z)\mathrm{d}z}{(z-x)^{n+1}},$$

$P_n(x)$ 的微分表示又可变为积分表示：

$$P_n(x) = \frac{1}{2^n n!}\frac{\mathrm{d}^n}{\mathrm{d}x^n}(x^2-1)^n = \frac{1}{2^n 2\pi i}\oint_L \frac{(z^2-1)^n}{(z-x)^{n+1}}\mathrm{d}z, \tag{5.2.4}$$

其中 L 是在 z 平面上围绕 $z=x$ 点的任一闭合回路. 式(5.2.4) 称为 Schlafli 积分.

2. Laplace 积分

Schlafli 积分也可写成定积分的形式.

在式(5.2.4) 中，将积分回路 L 选成：以 $z=x$ 为心，以 $\rho = |x^2-1|^{\frac{1}{2}}$ 为半径的圆周(其中，$|x|<1$). 因此，在积分回路上，有

$$z - x = (1-x^2)^{1/2}\mathrm{e}^{i\varphi}\quad (0 \leqslant \varphi \leqslant 2\pi),$$

即 $z = x + (1-x^2)^{1/2}\mathrm{e}^{i\varphi}$，于是

$$\mathrm{d}z = i(1-x^2)^{1/2}\mathrm{e}^{i\varphi}\mathrm{d}\varphi.$$

将以上各式代入式(5.2.4) 中，可得

$$\begin{aligned}P_n(x) &= \frac{1}{2\pi i}\int_{-\pi}^{\pi}\frac{(x-1+\sqrt{x^2-1}\mathrm{e}^{i\varphi})^n(x+1+\sqrt{x^2-1}\mathrm{e}^{i\varphi})^n}{2^n(x^2-1)^{(n+1)/2}\mathrm{e}^{i(n+1)\varphi}} i\sqrt{x^2-1}\mathrm{e}^{i\varphi}\mathrm{d}\varphi \\ &= \frac{1}{2\pi}\int_{-\pi}^{\pi}(x+\sqrt{x^2-1}\cos\varphi)^n\mathrm{d}\varphi \\ &= \frac{1}{\pi}\int_0^{\pi}(x+\sqrt{x^2-1}\cos\varphi)^n\mathrm{d}\varphi.\end{aligned}$$

按 $x=\cos\theta$，从变量 x 变回变量 θ，可得

$$P_n(\theta) = \frac{1}{\pi}\int_0^{\pi}[\cos\theta + i\sin\theta\cos\varphi]^n\mathrm{d}\varphi, \tag{5.2.5}$$

上式称为 Legendre 多项式的 Laplace 积分.

利用式(5.2.5)，可得 Legendre 多项式的一些特殊值. 比如

$$P_n(1) = 1 \qquad (取\ x=1),$$
$$P_n(-1) = (-1)^n \qquad (取\ x=-1).$$

5.2.3 Legendre 多项式的母函数

如果一个函数按其某个自变量展开成幂级数时，其系数是 Legendre 多项式，则称该函数为 Legendre 多项式的母函数，或称生成函数，即如果有

$$f(x,t) = \sum_{n=0}^{\infty}P_n(t)x^n,$$

则 $f(x,t)$ 称为 Legendre 多项式的母函数. 为求 $f(x,t)$,考虑下例.

考察电量为 $4\pi\varepsilon_0$,位于半径为 1 的单位球北极 N 处的点电荷,如图 5.2.2 所示. 由电学知识可知,它在球内一点 $M(r,\theta,\varphi)$ 处所产生的电势 u 为

$$u=\frac{1}{d}=\frac{1}{(1+r^2-2r\cos\theta)^{1/2}}, \tag{5.2.6}$$

其中 $r<1, d=\overline{MN}=(1+r^2-2r\cos\theta)^{1/2}$.

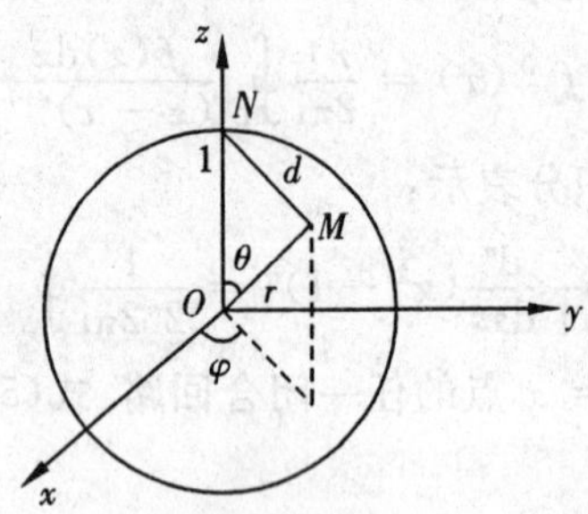

图 5.2.2

另一方面,球内电势 u 满足 Laplace 方程 $\nabla^2 u=0$. 在球坐标系中,由于电荷放在极轴上,它所产生的静电场是轴对称的,与变量 φ 无关,即有 $u=u(r,\theta)$. 如在第 5.1 节的分析,球内任意一点的电势可以表示为式(5.1.15),如果再加上 $|u|_{r=0}|<+\infty$ 的条件,取式(5.1.15) 中的系数 $B_n=0(n=0,1,2,\cdots)$,于是上述单位球内各点的电势分布是

$$u=\sum_{n=0}^{\infty}A_n r^n P_n(\cos\theta). \tag{5.2.7}$$

比较式(5.2.6) 和式(5.2.7)(它们表示同一点的电势),有

$$\frac{1}{(1+r^2-2r\cos\theta)^{1/2}}=\sum_{n=0}^{\infty}A_n r^n P_n(\cos\theta)\quad (r<1), \tag{5.2.8}$$

为确定系数 A_n,取特殊位置 $\theta=0, \cos\theta=1$,式(5.2.8) 化为

$$\frac{1}{1-r}=\sum_{n=0}^{\infty}A_n r^n \quad (\text{其中已利用了 } P_n(1)=1),$$

因为 $r<1$,上式左方可展成 Taylor 级数

$$1+r+r^2+\cdots+r^l+\cdots=\sum_{n=0}^{\infty}A_n r^n.$$

比较两边的系数,可知:$A_n=1(n=0,1,2,\cdots)$. 这样,式(5.2.8) 便化为

$$\frac{1}{(1+r^2-2r\cos\theta)^{1/2}}=\sum_{n=0}^{\infty}r^n P_n(\cos\theta)\quad (r<1), \tag{5.2.9}$$

或

$$\frac{1}{(1-2rx+r^2)^{1/2}}=\sum_{n=0}^{\infty}r^n P_n(x)\quad (r<1). \tag{5.2.10}$$

由此可见,Legendre 多项式 $P_n(x)$ 是函数 $\frac{1}{(1-2rx+r^2)^{1/2}}$ 在 $r=0$ 的邻域中进行 Taylor 级数展开时所得的系数. 因此,该函数称为 Legendre 多项式 $P_n(x)$ 的母函数. 式(5.2.9) 和(5.2.10) 称为 Legendre 多项式 $P_n(x)$ 的母函数展开式.

类似地,在球外一点的电势为

$$\frac{1}{(1+r^2-2r\cos\theta)^{1/2}}=\sum_{l=0}^{\infty}\frac{1}{r^{l+1}}P_l(\cos\theta)\quad(r>1),$$

或

$$\frac{1}{(1-2rx+r^2)^{1/2}}=\sum_{l=0}^{\infty}\frac{1}{r^{l+1}}P_l(x)\quad(r>1).\tag{5.2.11}$$

对于半径为 R 的球,(5.2.10) 和(5.2.11) 两式应为

$$\frac{1}{(1-2rx+r^2)^{1/2}}=\begin{cases}\sum_{l=0}^{\infty}\frac{1}{R^{l+1}}r^lP_l(x)\quad(r<R),\\ \sum_{l=0}^{\infty}R^l\frac{1}{r^{l+1}}P_l(x)\quad(r>R).\end{cases}\tag{5.2.12}$$

5.2.4　Legendre 多项式的递推公式

阶数相邻的 Legendre 多项式以及它们的微商之间的关系式,称为 Legendre 多项式的递推公式. 我们给出以下 3 个主要的递推公式:

(1) $(n+1)P_{n+1}(x)-(2n+1)xP_n(x)+nP_{n-1}(x)=0$, (5.2.13)

(2) $P_n(x)=P'_{n+1}(x)-2xP'_n(x)+P'_{n-1}(x)\quad(n\geqslant 1)$; (5.2.14)

(3) $P'_{n+1}(x)=xP'_n(x)+(n+1)P_n(x)$ (5.2.15)

证明　(1) 将母函数公式(5.2.10) 的两边对 r 求导一次,得

$$(x-r)(1-2rx+r^2)^{-3/2}=\sum_{n=0}^{\infty}nr^{n-1}P_n(x),$$

再用 $(1-2rx+r^2)$ 乘上式之两边,可得

$$(x-r)\sum_{n=0}^{\infty}r^nP_n(x)=(1-2rx+r^2)\sum_{n=0}^{\infty}nr^{n-1}P_n(x),$$

即

$$\sum_{n=0}^{\infty}xP_n(x)r^n-\sum_{n=0}^{\infty}P_n(x)r^{n+1}=\sum_{n=0}^{\infty}nP_n(x)r^{n-1}-\sum_{n=0}^{\infty}2nxP_n(x)r^n+\sum_{n=0}^{\infty}nP_n(x)r^{n+1},$$

或

$$\sum_{n=0}^{\infty}nP_n(x)r^{n-1}-\sum_{n=0}^{\infty}(2n+1)xP_n(x)r^n+\sum_{n=0}^{\infty}(n+1)P_n(x)r^{n+1}=0,\quad(*)$$

但

$$\sum_{n=0}^{\infty}nP_n(x)r^{n-1}=P_1(x)+\sum_{n=1}^{\infty}(n+1)P_{n+1}(x)r^n,$$

$$\sum_{n=0}^{\infty}(2n+1)xP_n(x)r^n=xP_0(x)+\sum_{n=1}^{\infty}(2n+1)xP_n(x)r^n,$$

$$\sum_{n=0}^{\infty}(n+1)P_n(x)r^{n+1}=\sum_{n=1}^{\infty}nP_{n-1}(x)r^n,$$

将这些结果代入到(*) 式,可得

$$P_1(x)-xP_0(x)+\sum_{n=1}^{\infty}[(n+1)P_{n+1}(x)-(2n+1)xP_n(x)+nP_{n-1}(x)]r^n=0.$$

由此可知式(5.2.13)是正确的.

(2) 将 $P_n(x)$ 的母函数关系(5.2.10),即 $\frac{1}{(1-2rx+r^2)^{1/2}}=\sum_{n=0}^{\infty}r^nP_n(x)$ 两边对 x 求导数,有

$$r(1-2rx+r^2)^{-3/2}=\sum_{n=0}^{\infty}P_n'(x)r^n,$$

上式两端乘以 $(1-2rx+r^2)$ 并再利用母函数关系,得

$$r\sum_{n=0}^{\infty}P_n(x)r^n=(1-2rx+r^2)\sum_{n=0}^{\infty}P_n'(x)r^n,$$

即

$$r\sum_{n=0}^{\infty}P_n(x)r^n=\sum_{n=0}^{\infty}P_n'(x)r^n-\sum_{n=0}^{\infty}2xP_n'(x)r^{n+1}+\sum_{n=0}^{\infty}P_n'(x)r^{n+2},$$

或

$$\sum_{n=0}^{\infty}[P_n(x)+2xP_n'(x)]r^{n+1}-\sum_{n=0}^{\infty}P_n'(x)r^n-\sum_{n=0}^{\infty}P_n'(x)r^{n+2}=0,$$

但

$$\sum_{n=0}^{\infty}[P_n(x)+2xP_n'(x)]r^{n+1}=r+\sum_{n=1}^{\infty}[P_n(x)+2xP_n'(x)]r^{n+1}$$

$$\sum_{n=0}^{\infty}P_n'(x)r^n=r+\sum_{n=1}^{\infty}P_{n+1}'(x)r^{n+1}$$

$$\sum_{n=0}^{\infty}P_n'(x)r^{n+2}=\sum_{n=1}^{\infty}P_{n-1}'(x)r^{n+1},$$

于是有

$$\sum_{n=0}^{\infty}[P_n(x)+2xP_n'(x)-P_{n+1}'(x)-P_{n-1}'(x)]r^{n+1}=0,$$

因此有 $P_n(x)+2xP_n'(x)-P_{n+1}'(x)-P_{n-1}'(x)=0$,式(5.2.14)得证.

(3) 将递推公式(5.2.13)两端对 x 求导,得

$$(n+1)P_{n+1}'(x)-(2n+1)P_n(x)-(2n+1)xP_n'(x)+nP_{n-1}'(x)=0.$$

再将递推公式(5.2.14)两边乘以 n,得

$$nP_n(x)+2xnP_n'(x)-nP_{n+1}'(x)-nP_{n-1}'(x)=0.$$

以上两式相加即得到要证的式(5.2.15).

5.2.5 Legendre 多项式的正交归一性

Legendre 多项式在 $[-1,1]$ 上满足如下正交归一关系:

$$\int_{-1}^{1}P_n(x)P_k(x)\mathrm{d}x=\begin{cases}0 & n\neq k,\\ \frac{2}{2n+1} & n=k.\end{cases}\tag{5.2.16}$$

第一式称为正交性，第二式是 Legendre 多项式的模方 $N_n^2 = \dfrac{2}{2n+1}$.

证明 事实上 Legendre 方程加上边界条件 $P(x)\big|_{x=\pm1}$ = 有限值，构成 Sturm-Liouville本征值问题，于是Legendre多项式作为本征值问题的解——构成本征函数系，具有正交性，即第一式成立，也可给出证明如下：

由于 $P_n(x)$ 和 $P_k(x)$ 分别为 n 阶和 k 阶 Legendre 方程的一个特解，故有

$$\frac{\mathrm{d}}{\mathrm{d}x}\left[(1-x^2)\frac{\mathrm{d}P_n(x)}{\mathrm{d}x}\right]+n(n+1)P_n(x)=0,$$

$$\frac{\mathrm{d}}{\mathrm{d}x}\left[(1-x^2)\frac{\mathrm{d}P_k(x)}{\mathrm{d}x}\right]+k(k+1)P_k(x)=0.$$

以 $P_k(x)$ 乘第一式，$P_n(x)$ 乘第二式，再把结果相减，然后在$[-1,1]$上积分得

$$\int_{-1}^{1}P_k(x)\frac{\mathrm{d}}{\mathrm{d}x}[(1-x^2)P_n'(x)]\mathrm{d}x-\int_{-1}^{1}P_n(x)\frac{\mathrm{d}}{\mathrm{d}x}[(1-x^2)P_k'(x)]\mathrm{d}x+ [n(n+1)-k(k+1)]\int_{-1}^{1}P_n(x)P_k(x)\mathrm{d}x=0. \tag{5.2.17}$$

对前两项利用分部积分，有

$$\int_{-1}^{1}P_k(x)\frac{\mathrm{d}}{\mathrm{d}x}[(1-x^2)P_n'(x)]\mathrm{d}x=(1-x^2)P_k(x)P_n'(x)\Big|_{-1}^{1}-\int_{-1}^{1}(1-x^2)P_n'(x)P_k'(x)\mathrm{d}x,$$

$$\int_{-1}^{1}P_n(x)\frac{\mathrm{d}}{\mathrm{d}x}[(1-x^2)P_k'(x)]\mathrm{d}x=(1-x^2)P_n(x)P_k'(x)\Big|_{-1}^{1}-\int_{-1}^{1}(1-x^2)P_k'(x)P_n'(x)\mathrm{d}x,$$

将结果代入到式(5.2.17)，即得

$$[n(n+1)-k(k+1)]\int_{-1}^{1}P_n(x)P_k(x)\mathrm{d}x=0,$$

当 $n\neq k$ 时，有

$$\int_{-1}^{1}P_n(x)P_k(x)\mathrm{d}x=0.$$

下面证明第二式.

由母函数关系式(5.2.10)，有

$$\frac{1}{1-2xt+t^2}=\sum_{n=0}^{\infty}P_n(x)t^n\cdot\sum_{k=0}^{\infty}P_k(x)t^k=\sum_{n=0}^{\infty}\sum_{k=0}^{\infty}P_n(x)P_k(x)t^{n+k},$$

将上式两边对 x 积分，并应用正交性，有

$$\int_{-1}^{1}\frac{\mathrm{d}x}{1-2xt+t^2}=\sum_{n=0}^{\infty}\sum_{k=0}^{\infty}\int_{-1}^{1}P_n(x)P_k(x)\mathrm{d}x\cdot t^{n+k}=\sum_{n=0}^{\infty}\int_{-1}^{1}P_n^2(x)\mathrm{d}x\cdot t^{2n}.$$

又

$$\int_{-1}^{1}\frac{\mathrm{d}x}{1-2xt+t^2}=-\frac{1}{2t}\int_{-1}^{1}\frac{\mathrm{d}(1-2xt+t^2)}{(1-2xt+t^2)}=\frac{1}{2t}\ln\frac{(1+t)^2}{(1-t)^2}=\sum_{n=0}^{\infty}\frac{2}{2n+1}t^{2n},$$

故有

$$\sum_{n=0}^{\infty}\frac{2}{2n+1}t^{2n}=\int_{-1}^{1}\frac{\mathrm{d}x}{1-2xt+t^2}=\sum_{n=0}^{\infty}\int_{-1}^{1}P_n^2(x)\mathrm{d}x\cdot t^{2n}.$$

比较 t^{2n} 的系数,有

$$\int_{-1}^{1}P_n^2(x)\mathrm{d}x=\frac{2}{2n+1}. \tag{5.2.18}$$

记 $N_n^2=\dfrac{2}{2n+1}$,称 N_n 为 $P_n(x)$ 的模,而 $\dfrac{1}{N_n}$ 为 $P_n(x)$ 的归一化因子,因为函数 $\dfrac{P_n(x)}{N_n}$ 在 $[-1,1]$ 上归一:

$$\int_{-1}^{1}\left[\frac{P_n(x)}{N_n}\right]^2\mathrm{d}x=1. \tag{5.2.19}$$

5.2.6 按 $P_n(x)$ 的广义 Fourier 级数展开

按 Sturm-Liouville 型本征值问题的一般结论,本征函数 $P_n(x)$ 族是完备的. 即如果定义在区间 $[-1,1]$ 的函数 $f(x)$ 具有连续二阶导数,且满足与 $P_n(x)$ 相同的边界条件,则可按 $P_n(x)$ 展成绝对且一致收敛级数

$$f(x)=\sum_{n=0}^{\infty}f_nP_n(x), \tag{5.2.20}$$

称为 Fourier-Legendre 级数. 利用 $P_n(x)$ 的正交性及模方公式(5.2.16),立即可证其系数的计算公式为

$$f_n=\frac{(2n+1)}{2}\int_{-1}^{1}f(x)P_n(x)\mathrm{d}x. \tag{5.2.21}$$

如果使用原来的变量 θ,则为

$$f(\theta)=\sum_{n=0}^{\infty}f_nP_n(\cos\theta) \tag{5.2.22}$$

其中

$$f_n=\frac{(2n+1)}{2}\int_{0}^{\pi}f(\theta)P_n(\cos\theta)\sin\theta\mathrm{d}\theta. \tag{5.2.23}$$

求级数系数 f_n 时,按公式(5.2.21)或(5.2.23)求积分,一般总能解决. 但是,如果 $f(x)$ 或 $f(\theta)$ 能用更直接的办法写成所要级数的模样时,则采用比较系数法 —— 直接比较等式两边相同基本函数的系数 —— 总是更加简便的. 采用比较系数法时,记住 $P_n(x)$ 或 $P_n(\cos\theta)$ 的几个低阶多项式的显式(5.2.3)是有用的.

5.2.7 一个重要公式

在计算包含 $P_n(x)$ 的积分时,Legendre 多项式的正交性、模方、递推公式、母函数等都是常用的关系式. 这里再介绍一个重要公式:

$$\int_{x}^{1}P_n(x)P_m(x)\mathrm{d}x=\frac{(1-x^2)[P_n'(x)P_m(x)-P_m'(x)P_n(x)]}{n(n+1)-m(m+1)}. \tag{5.2.24}$$

证明 Legendre 方程的 Sturm-Liouville 型公式为

$$\frac{\mathrm{d}}{\mathrm{d}x}\left[(1-x^2)\frac{\mathrm{d}P_n}{\mathrm{d}x}\right]+n(n+1)P_n=0, \tag{5.2.25}$$

$$\frac{\mathrm{d}}{\mathrm{d}x}\left[(1-x^2)\frac{\mathrm{d}P_m}{\mathrm{d}x}\right]+m(m+1)P_m=0. \tag{5.2.26}$$

用 $P_m(x)$ 乘式(5.2.25)，$P_n(x)$ 乘式(5.2.26)，并将所得结果相减后再积分，得

$$\int_x^1\left\{P_m\frac{\mathrm{d}}{\mathrm{d}x}\left[(1-x^2)\frac{\mathrm{d}P_n}{\mathrm{d}x}\right]-P_n\frac{\mathrm{d}}{\mathrm{d}x}\left[(1-x^2)\frac{\mathrm{d}P_m}{\mathrm{d}x}\right]\right\}\mathrm{d}x$$

$$=[m(m+1)-n(n+1)]\int_x^1 P_nP_m\mathrm{d}x.$$

对左端的两项实施分部积分，未积出的部分相互抵消，从而式(5.2.24)得证.

5.3　Legendre 多项式的应用

这一节中，我们举一些利用 Legendre 多项式解定解问题的例子，以便更好地掌握它们.

先看第 5.1 节开始时提到的问题：在均匀电场 $\boldsymbol{E}_0$ 中放置一个导体球.球的半径为 a，求在球外区域中的电场.

我们已经写出了其定解问题：

$$\begin{cases}\nabla^2u=0\quad(a<r<\infty), & (5.3.1)\\ u|_{r=a}=0, & (5.3.2)\\ u|_{r\to+\infty}=-E_0r\cos\theta. & (5.3.3)\end{cases}$$

并求出其级数形式的一般解为

$$u=\sum_{n=0}^{\infty}[A_nr^n+B_nr^{-(n+1)}]P_n(\cos\theta). \tag{5.3.4}$$

为确定待定系数 A_n，B_n，先利用条件(5.3.3)，将式(5.3.4)代入，可得

$$u|_{r\to+\infty}=-E_0r\cos\theta=\sum_{n=0}^{\infty}A_nr^nP_n(\cos\theta)=A_0+A_1r\cos\theta+\sum_{n=2}^{\infty}A_nr^nP_n(\cos\theta),$$

比较两边的系数，可确定出系数 A_n：

$$A_0=0,\quad A_1=-E_0,\quad A_n=0\quad(n\geqslant 2). \tag{5.3.5}$$

将上式代入一般解(5.3.4)，得到

$$u(r,\theta)=-E_0rP_1(\cos\theta)+\sum_{n=0}^{\infty}B_nr^{-(n+1)}P_n(\cos\theta). \tag{5.3.6}$$

现在，再利用条件(5.3.2)来确定系数 B_n.将上式代入以后，得到

$$\frac{B_0}{a}+\left(-E_0a+\frac{B_1}{a^2}\right)P_1(\cos\theta)+\sum_{n=2}^{\infty}B_na^{-(n+1)}P_n(\cos\theta)=0,$$

比较系数可得

$$B_0a^{-1}=0,\quad -E_0a+B_1a^{-2}=0,\quad B_n=0\quad(n\geqslant 2),$$

解出

$$B_0=0,\quad B_1=E_0a^3,\quad B_n=0\quad(n\geqslant 2). \tag{5.3.7}$$

将它们代入式(5.3.4)，得到最后的解是

$$u(r,\theta)=-E_0r\cos\theta+E_0a^3\frac{\cos\theta}{r^2}. \tag{5.3.8}$$

其中第一项就是原来的匀强电场，第二项是导体球上感应电荷的影响，与 r^{-2} 成正比，说明在远离球面的地方，这个影响将消失.

例 1 在$[-1,1]$上将函数 $f(x)=x^3$ 按 $P_l(x)$ 展开成 Fourier-Legendre 级数.

解 设 $f(x)=x^3=\sum_{l=0}^{\infty} f_l P_l(x)$.

求系数 f_l 有两种方法：一种是按公式(5.2.21)，将 $f(x)=x^3$ 代入，利用 Rodrigues 公式，采用分部积分技巧等. 这方法较繁琐. 另一种为比较系数法.

我们知道

$$P_3(x)=\frac{5x^3-3x}{2}=\frac{5x^3-3P_1(x)}{2},$$

所以

$$f(x)=x^3=\frac{3P_1(x)}{5}+\frac{2P_3(x)}{5},$$

这就是 $f(x)=x^3$ 的 Fourier-Legendre 级数，展开式系数为：$f_1=3/5$，$f_3=2/5$，$f_l=0$(当 $l\neq 1,3$ 时).

例 2 计算积分 $\int_{-1}^{1} P_n(x)\mathrm{d}x$.

解法 1

$$\int_{-1}^{1} P_n(x)\mathrm{d}x=\int_{-1}^{1} P_0(x)P_n(x)\mathrm{d}x=\begin{cases}0 & n\neq 0,\\ \dfrac{2}{2\cdot 0+1}=2 & n=0.\end{cases}$$

解法 2 利用递推公式

$$(2n+1)P_n(x)=P'_{n+1}(x)-P'_{(n-1)}(x),$$

有

$$\int_{-1}^{1} P_n(x)\mathrm{d}x=\frac{1}{2n+1}\int_{-1}^{1}\left[P'_{n+1}(x)-P'_{n-1}(x)\right]\mathrm{d}x$$
$$=\frac{1}{2n+1}\left[P_{n+1}(1)-P_{n+1}(-1)-P_{n-1}(1)+P_{n-1}(-1)\right],$$

但

$$P_n(1)\equiv 1,\quad P_n(-1)=(-1)^n P_n(1)=(-1)^n,$$

于是

$$\int_{-1}^{1} P_n(x)\mathrm{d}x=\frac{1}{2n+1}\left[1-(-1)^{n+1}-1+(-1)^{n-1}\right]=\begin{cases}0 & n\neq 0,\\ 2 & n=0.\end{cases}$$

例 3 设 $f(x)$ 是一个 k 次多项式，试证明当 $k<n$ 时，

$$\int_{-1}^{1} f(x)P_n(x)\mathrm{d}x=0,$$

即 $f(x)$ 和 $P_n(x)$ 在$[-1,1]$上正交.

证明 利用 Legendre 多项式 $P_n(x)$ 的微分表达式

$$P_n(x)=\frac{1}{2^n n!}\frac{\mathrm{d}^n}{\mathrm{d}x^n}(x^2-1)^n \tag{5.3.9}$$

和分部积分方法，有

$$\int_{-1}^{1} f(x)P_n(x)\mathrm{d}x = \frac{1}{2^n n!}\int_{-1}^{1} f(x)\frac{\mathrm{d}^n}{\mathrm{d}x^n}(x^2-1)^n\mathrm{d}x$$

$$= \frac{1}{2^n n!}\left[f(x)\frac{\mathrm{d}^{n-1}}{\mathrm{d}x^{n-1}}(x^2-1)^n\right]\Big|_{-1}^{1} - \frac{1}{2^n n!}\int_{-1}^{1} f'(x)\frac{\mathrm{d}^{n-1}}{\mathrm{d}x^{n-1}}(x^2-1)^n\mathrm{d}x,$$

上式右端第一项之值为零，在对第二项分部积分 $(k-1)$ 次，并注意 $f(x)$ 是一个 k 次多项式，$f^{(k)}(x)$ 是常数，于是上式变为

$$\int_{-1}^{1} f(x)P_n(x)\mathrm{d}x = (-1)^k\frac{1}{2^n n!}\int_{-1}^{1} f^{(k)}(x)\frac{\mathrm{d}^{n-k}}{\mathrm{d}x^{n-k}}(x^2-1)^n\mathrm{d}x$$

$$= (-1)^k\frac{1}{2^n n!}f^{(k)}(x)\int_{-1}^{1}\frac{\mathrm{d}^{n-k}}{\mathrm{d}x^{n-k}}(x^2-1)^n\mathrm{d}x$$

$$= (-1)^k\frac{1}{2^n n!}f^{(k)}(x)\left[\frac{\mathrm{d}^{n-k-1}}{\mathrm{d}x^{n-k-1}}(x^2-1)^n\right]\Big|_{-1}^{1} = 0.$$

例 4　计算积分 $\int_{-1}^{1} x^2 P_n(x)P_{n+2}(x)\mathrm{d}x$.

解　利用递推公式

$$(n+1)P_{n+1}(x)-(2n+1)xP_n(x)+nP_{n-1}(x)=0,$$

可得

$$xP_n(x) = \frac{1}{2n+1}[(n+1)P_{n+1}(x)+nP_{n-1}(x)],$$

$$xP_{n+2}(x) = \frac{1}{2(n+2)+1}[(n+3)P_{n+3}(x)+(n+2)P_{n+1}(x)],$$

将这两个式子代入到被积函数后，利用 Legendre 多项式和模方计算公式有

$$\int_{-1}^{1} x^2 P_n(x)P_{n+2}(x)\mathrm{d}x = \frac{1}{(2n+1)(2n+5)}\times$$

$$\int_{-1}^{1}[(n+1)P_{n+1}(x)+nP_{n-1}(x)][(n+3)P_{n+3}(x)+(n+2)P_{n+1}(x)]\mathrm{d}x$$

$$= \frac{(n+1)(n+2)}{(2n+1)(2n+5)}\int_{-1}^{1}P_{n+1}^2(x)\mathrm{d}x = \frac{(n+1)(n+2)}{(2n+1)(2n+5)}\cdot\frac{1}{2(2n+1)+1}$$

$$= \frac{2(n+1)(n+2)}{(2n+1)(2n+3)(2n+5)}.$$

例 5　计算积分 $\int_{0}^{1} P_n(x)\mathrm{d}x$.

解　当 $n=0$ 时，

$$I_0 = \int_0^1 P_0(x)\mathrm{d}x = \int_0^1 \mathrm{d}x = 1;$$

当 $n=2k, k=1,2,\cdots$ 时，

$$I_{2k} = \int_0^1 P_{2k}(x)\mathrm{d}x = \frac{1}{2}\int_{-1}^{1}P_{2k}(x)\mathrm{d}x = 0;$$

此处利用了例 3 的结果.

当 $n=2k+1, k=0,1,2,\cdots$ 时，

$$I_{2k+1} = \int_0^1 P_{2k+1}(x)\mathrm{d}x = \frac{1}{2(2k+1)+1}\int_0^1[P'_{2k+1+1}(x)-P'_{2k+1-1}(x)]\mathrm{d}x$$

$$=\frac{1}{4k+3}[P_{2k+2}(1)-P_{2k+2}(0)-P_{2k}(1)+P_{2k}(0)]$$

$$=\frac{1}{4k+3}[P_{2k}(0)-P_{2k+2}(0)]$$

$$=\frac{1}{4k+3}\left[\frac{(-1)^k(2k)!}{2^{2k}k!k!}-\frac{(-1)^{k+1}[2(k+1)]!}{2^{2k+2}(k+1)!(k+1)!}\right]$$

$$=\frac{1}{4k+3}\frac{(-1)^k(2k+2)!}{2^{2k+2}[(k+1)!]^2}=\frac{(-1)^k(2k-1)!!}{(2k+2)!!}.$$

例 6　在半径为 a 的球面上，电势分布为 $f(\theta)$，试求在球内、外区域中的电势分布.

解　(1) 球内电势满足

$$\nabla^2 u=0\quad(r<a,0<\theta<\pi,0<\varphi<2\pi),\tag{5.3.10}$$

$$u|_{r=a}=f(\theta),\tag{5.3.11}$$

及

$$u|_{r=0}=\text{有限值}.\tag{5.3.12}$$

因为边界条件与 φ 无关，即问题具有轴对称性，由第 5.1 节的讨论知问题的级数解为

$$u(r,\theta)=\sum_{n=0}^{\infty}[A_nr^n+B_nr^{-(n+1)}]P_n(\cos\theta).\tag{5.3.13}$$

下面用边界条件确定系数 A_n,B_n. 由球内解的条件(5.3.12)，应取

$$B_n=0,$$

将式(5.3.13) 代入边界条件(5.3.11)，可得

$$u|_{r=a}=f(\theta)=\sum_{n=0}^{\infty}A_na^nP_n(\cos\theta),$$

这是将函数 $f(\theta)$ 按 $P_n(\cos\theta)$ 的 Fourier-Legendre 级数展开问题. 按公式(5.2.23)，有

$$A_n=\frac{2n+1}{2a^n}\int_0^{\pi}f(\theta)P_n(\cos\theta)\sin\theta d\theta.\tag{5.3.14}$$

于是球内电势的分布是

$$u(r,\theta)=\sum_{n=0}^{\infty}\left[\frac{(2n+1)r^n}{2a^n}\int_0^{\pi}f(\theta)P_n(\cos\theta)\sin\theta d\theta\right]P_n(\cos\theta).$$

(2) 球外电势满足

$$\nabla^2 u=0\quad(a<r<+\infty,0<\theta<\pi,0<\varphi<2\pi),\tag{5.3.15}$$

$$u|_{r=a}=f(\theta),\tag{5.3.16}$$

及

$$u|_{r\to+\infty}=\text{有限值}.\tag{5.3.17}$$

问题依然具有轴对称性，故一般解仍为式(5.3.13). 但由条件(5.3.17)，应取 $A_n=0$，所以球外电势为

$$u=\sum_{n=0}^{\infty}B_nr^{-(n+1)}P_n(\cos\theta).\tag{5.3.18}$$

将式(5.3.18) 代入条件(5.3.16) 中，可得

$$u|_{r=a}=f(\theta)=\sum_{n=0}^{\infty}B_na^{-(n+1)}P_n(\cos\theta),$$

按式(5.2.23)，系数为

$$B_n=\frac{(2n+1)a^{n+1}}{2}\int_0^{\pi}f(\theta)P_n(\cos\theta)\sin\theta d\theta.\tag{5.3.19}$$

因此球外电势分布为

$$u(r,\theta)=\sum_{n=0}^{\infty}\left[\frac{(2n+1)a^{n+1}}{2r^{n+1}}\int_0^{\pi}f(\theta)P_n(\cos\theta)\sin\theta\mathrm{d}\theta\right]P_n(\cos\theta).$$

例 7　一个半球形热良导体，在球坐标系下，其半球表面维持温度为函数 $\cos^2\theta$，底面维持为零度，试求出导体内部的稳定温度分布.

解　球体表面温度分布 $\cos^2\theta$ 与 φ 无关，因此求体内的温度分布 u 具有轴对称性，与 φ 无关. 于是 u 满足如下定解问题

$$\begin{cases}\dfrac{1}{r^2}\dfrac{\partial}{\partial r}\left(r^2\dfrac{\partial u}{\partial r}\right)+\dfrac{1}{r^2\sin\theta}\dfrac{\partial}{\partial\theta}\left(\sin\theta\dfrac{\partial u}{\partial\theta}\right)=0 \quad 0<r<a,\ 0<\theta<\dfrac{\pi}{2},\\ u\big|_{r=a}=\cos^2\theta,\\ u\big|_{\theta=\frac{\pi}{2}}=0.\end{cases}$$

由半球底面的边界条件 $u\big|_{\theta=\frac{\pi}{2}}=0$ 以及方程关于 θ 的奇偶不变性，可以对 $u(r,\theta)$ 关于 $\theta=\frac{\pi}{2}$ 作奇延拓为新未知函数 $\overline{u}(r,\theta)$，上述定解问题变为

$$\begin{cases}\dfrac{1}{r^2}\dfrac{\partial}{\partial r}\left(r^2\dfrac{\partial\overline{u}}{\partial r}\right)+\dfrac{1}{r^2\sin\theta}\dfrac{\partial}{\partial\theta}\left(\sin\theta\dfrac{\partial\overline{u}}{\partial\theta}\right) \quad 0<r<a,\ 0<\theta<\pi,\\ \overline{u}\big|_{r=a}=\cos^2\theta \quad 0<\theta<\pi.\end{cases}$$

设 $\overline{u}(r,\theta)=R(r)\Theta(\theta)$，做代换 $x=\cos\theta$，并记 $\Theta(\theta)$ 为 $P(x)$，由第 5.1 节可知，R,P 分别满足 Euler 方程和 Legendre 方程

$$r^2R''+2rR'-n(n+1)R=0,$$
$$(1-x^2)P''-2xP+n(n+1)P=0.$$

它们有物理意义的特解分别是 $R=r^n$ 和 $P=P_n(x)$，由叠加原理，得问题有物理意义的级数解为

$$\overline{u}(r,\theta)=\sum_{n=0}^{\infty}C_nr^nP_n(x),$$

在变换 $x=\cos\theta$ 下，边界条件可以写成 $\overline{u}(a,\theta)=x^2$，因此

$$x^2=\sum_{n=0}^{\infty}C_na^nP_n(x).$$

因为 $P_n(x)$ 是 n 次多项式，而等式左边是二次多项式，因此，当 $n\geqslant 3$ 时，$C_n=0$，由 Legendre 函数的正交关系可以求出

$$C_n=\frac{2n+1}{2a^n}\int_{-1}^{1}x^2P_n(x)\mathrm{d}x,\quad n=0,1,2.$$

$P_1(x)$ 是奇函数，所以 $C_1=0$，而

$$C_0=\frac{1}{2}\int_{-1}^{1}x^2\mathrm{d}x=\frac{1}{3},$$

$$C_2=\frac{5}{2a^2}\int_{-1}^{1}x^2\,\frac{3x^2-1}{2}\mathrm{d}x=\frac{2}{3a^2}.$$

因此，有

$$\overline{u}(r,\theta)=\frac{1}{3}+\frac{2r^2}{3a^2}P_2(\cos\theta)=\frac{1}{3}-\frac{r^2}{3a^2}+\frac{r^2}{a^2}\cos^2\theta,$$

最后

$$u(r,\theta)=\frac{1}{3}+\frac{2r^2}{3a^2}P_2(\cos\theta)=\frac{1}{3}-\frac{r^2}{3a^2}+\frac{r^2}{a^2}\cos^2\theta,\quad \left(0<\theta<\frac{\pi}{2}\right).$$

*5.4 关联 Legendre 多项式

由本章 5.1 节知道，关联 Legendre 方程

$$(1-x^2)\Theta''(x)-2x\Theta'(x)+\left[l(l+1)-\frac{m^2}{1-x^2}\right]\Theta(x)=0 \tag{5.4.1}$$

对应于本征值 n 的本征函数是如下的关联 Legendre 多项式

$$P_n^m(x)=(1-x^2)^{m/2}\frac{\mathrm{d}^m}{\mathrm{d}x^m}P_n(x)\quad m=0,1,2,\cdots,n, \tag{5.4.2}$$

它是关联 Legendre 方程(5.4.1) 的有限解.

由式(5.4.2) 可得

$$\begin{cases}P_0^0(x)=1,\\ P_1^0(x)=x=\cos\theta,\\ P_1^1(x)=(1-x^2)^{\frac{1}{2}}=\sin\theta,\\ P_2^1(x)=3(1-x^2)^{\frac{1}{2}}x=\dfrac{3}{2}\sin2\theta,\\ P_2^2(x)=3(1-x^2)=\dfrac{3}{2}(1-\cos2\theta).\end{cases} \tag{5.4.3}$$

以下给出关联 Legendre 多项式的其他重要性质.

5.4.1 关联 Legendre 函数的微分表示

将 Rodrigues 公式代入式(5.4.2)，立即可得

$$P_n^m(x)=(1-x^2)^{m/2}\frac{1}{2^n n!}\frac{\mathrm{d}^{n+m}}{\mathrm{d}x^{n+m}}[(x^2-1)^n]. \tag{5.4.4}$$

因为在关联 Legendre 方程中，参数 m 是以 m^2 的形式出现的，故若将 m 用 $-m$ 置换，方程并不发生任何改变. 所以下式也是满足自然边界条件的本征函数

$$P_n^{-m}(x)=(1-x^2)^{-m/2}\frac{1}{2^n n!}\frac{\mathrm{d}^{n-m}}{\mathrm{d}x^{n-m}}[(x^2-1)^n]. \tag{5.4.5}$$

它与 $P_n^m(x)$ 仅差一个常数因子，即

$$P_n^m(x)=(-1)^m\frac{(n+m)!}{(n-m)!}P_n^{-m}(x). \tag{5.4.6}$$

5.4.2 关联 Legendre 函数的积分表示

利用 Cauchy 积分公式

$$[(x^2-1)^n]^{(n+m)}=\frac{(n+m)!}{2\pi\mathrm{i}}\oint_L\frac{(z^2-1)^n\mathrm{d}z}{(z-x)^{n+m+1}},$$

$P_n^m(x)$ 也可写成施列夫利积分

$$P_n^m(x) = \frac{(1-x^2)^{m/2}}{2^n}\frac{(n+m)!}{n!}\frac{1}{2\pi i}\oint_L \frac{(z^2-1)^n dz}{(z-x)^{n+m+1}}, \tag{5.4.7}$$

其中，L 是围绕 $z=x$ 的任一闭合回路.

如将围路 L 取为以 x 为圆心，以 $(|x^2-1|)^{\frac{1}{2}}$ 为半径的圆，$P_l^m(x)$ 也可表示成定积分——Laplace 积分

$$P_n^m(x) = \frac{(n+m)!}{\pi n!}\int_0^\pi (x + i\sqrt{1-x^2}\cos\varphi)^n \cos m\varphi d\varphi. \tag{5.4.8}$$

令 $x=\cos\theta$，则

$$P_n^m(\cos\theta) = \frac{(n+m)!}{\pi n!}\int_0^\pi (\cos\theta + i\sin\theta\cos\varphi)^n \cos m\varphi d\varphi. \tag{5.4.9}$$

5.4.3　关联 Legendre 函数的正交性与模方

1. 正交性

对应于不同本征值 n 和 k 的本征函数相互正交，即

$$\int_{-1}^1 P_n^m(x)P_k^m(x)dx = 0 \quad (k \neq n), \tag{5.4.10a}$$

或

$$\int_0^\pi P_n^m(\cos\theta)P_k^m(\cos\theta)\sin\theta d\theta = 0 \quad (k \neq n). \tag{5.4.10b}$$

2. 模方

$$(N_n^m)^2 = \int_{-1}^1 [P_n^m(x)]^2 dx = \frac{2(n+m)!}{(2n+1)(n-m)!}. \tag{5.4.11a}$$

或

$$(N_n^m)^2 = \int_0^\pi [P_n^m(\cos\theta)]^2 \sin\theta d\theta = \frac{2(n+m)!}{(2n+1)(n-m)!}. \tag{5.4.11b}$$

将式(5.4.10)和式(5.4.11)写在一起有

$$\int_{-1}^1 P_n^m(x)P_k^m(x)dx = \int_0^\pi P_n^m(\cos\theta)P_k^m(\cos\theta)\sin\theta d\theta = \frac{(n+m)!}{(n-m)!}\frac{2}{2n+1}\delta_{kn}, \tag{5.4.12}$$

其中

$$\delta_{kn} = \begin{cases} 1 & k=n, \\ 0 & k \neq n. \end{cases}$$

5.4.4　按 $P_l^m(x)$ 的广义 Fourier 级数展开

如果函数 $f(x)$ 可展开为如下绝对且一致收敛的级数

$$f(x) = \sum_{n=0}^\infty f_n P_n^m(x), \tag{5.4.13}$$

则其展开系数的计算公式为

$$f_n = \frac{(2n+1)(n-m)!}{2(n+m)!}\int_{-1}^1 f(x)P_n^m(x)dx. \tag{5.4.14}$$

或用变量 θ 写出

$$f(\theta) = \sum_{n=0}^{\infty} f_n P_n^m(\cos\theta), \tag{5.4.15}$$

其中
$$f_n = \frac{(2n+1)(n-m)!}{2(n+m)!}\int_0^{\pi} f(\theta) P_n^m(\cos\theta)\sin\theta d\theta. \tag{5.4.16}$$

5.4.5 关联 Legendre 函数递推公式

相邻 P 阶关联 Legendre 多项式满足如下递推公式：

$$(k+1-m)P_{k+1}^m(x) - (2k+1)xP_k^m(x) + (k+m)P_{k-1}^m = 0. \tag{5.4.17}$$

例1 设有一个半径为 a 的球壳，球面上的电势分布为 $(1+3\cos\theta)\sin\theta\cos\varphi$，试求球内的静电势分布.

解 问题写成定解问题是

$$\begin{cases} \nabla^2 u = 0 \quad r < a, \\ u|_{r=a} = (1+3\cos\theta)\sin\theta\cos\varphi. \end{cases}$$

由边界条件与 θ 和 φ 均有关知，这是一个非轴对称问题.

首先分离变量，即令 $u(r,\theta,\varphi) = R(r)\Theta(\theta)\Phi(\varphi)$，代入方程，按照 5.1 节同样讨论，得到问题的一般解为

$$u(r,\theta,\varphi) = \sum_{n=0}^{\infty}\sum_{m=0}^{+n}\left[A_n r^n + B_n r^{-(n+1)}\right](C_m\cos m\varphi + D_m\sin m\varphi)P_n^m(\cos\theta), \tag{5.4.18}$$

如果加上 $|u|_{r=0}| < +\infty$ 的自然条件，则得球内电势解为

$$u(r,\theta,\varphi) = \sum_{n=0}^{\infty}\sum_{m=0}^{n} r^n(C_{mn}\cos m\varphi + D_{mn}\sin m\varphi)P_n^m(\cos\theta), \tag{5.4.19}$$

其中常数 A_n 合到 C_m 和 D_m 中，然后记为 C_{mn}，D_{mn}. 现在由边界条件确定这些任意常数. 将边界条件代入得

$$\sum_{n=0}^{\infty}\sum_{m=0}^{n} a^n(C_{mn}\cos m\varphi + D_{mn}\sin m\varphi)P_n^m(\cos\theta) = \sin\theta\cos\varphi + \frac{3}{2}\sin 2\theta\cos\varphi.$$

对比上式两边三角函数 $\cos m\varphi$ 和 $\sin m\varphi$ 的展开系数得

$$\sum_{n=0}^{\infty} C_{1n}a^n P_n^1(\cos\theta) = \sin\theta + \frac{3}{2}\sin 2\theta, \tag{5.4.20}$$

于是

$$C_{mn}a^n P_n^m(\cos\theta) = 0, m \neq 1; \quad D_{mn}a^n P_n^m(\cos\theta) \equiv 0.$$

即

$$C_{mn} = 0, m \neq 1; \quad D_{mn} \equiv 0. \tag{5.4.21}$$

又由式(5.4.3)知

$$P_1^1(x) = (1-x^2)^{\frac{1}{2}} = \sin\theta, \quad P_2^1(x) = 3(1-x^2)^{\frac{1}{2}}x = \frac{3}{2}\sin 2\theta,$$

代入式(5.4.20)，得

$$\sum_{n=0}^{\infty} C_{1n}a^n P_n^1(\cos\theta) = P_1^1(\cos\theta) + P_2^1(\cos\theta),$$

对比上式两边 $P_n^m(\cos\theta)$ 的展开式系数得

$$C_{11}a=1,\quad C_{12}a^2=1,$$

即

$$C_{11}=\frac{1}{a},\quad C_{12}=\frac{1}{a^2}.\tag{5.4.22}$$

将式(5.4.21)、式(5.4.22) 代入到式(5.4.19)，得本问题的解为

$$\begin{aligned}u(r,\theta,\varphi)&=\frac{r}{a}\cos\varphi P_1^1(\cos\theta)+\frac{r^2}{a^2}\cos\varphi P_2^1(\cos\theta)\\&=\frac{r}{a}\cos\varphi\sin\theta+\frac{3r^2}{2a^2}\cos\varphi\sin2\theta.\end{aligned}\tag{5.4.23}$$

例 2　设有一个半径为 a 的球壳，球面上的电势分布为 $f(\theta,\varphi)$，求球内的静电势分布.

解　问题写成定解问题是

$$\begin{cases}\nabla^2u=0 & r<a,\\ u\big|_{r=a}=f(\theta,\varphi).\end{cases}$$

本例与上例的定解问题具有完全相同的形式，只是边界条件给定的不是具体函数，故在用边界条件确定展开式系数时，不能像上例那样，通过对比分析来得到，而必须用展开式系数公式来求.

球内电势的一般解仍是

$$u(r,\theta,\varphi)=\sum_{n=0}^{\infty}\sum_{m=0}^{n}r^n(C_{mn}\cos m\varphi+D_{mn}\sin m\varphi)P_n^m(\cos\theta),$$

代入本题的边界条件有

$$\sum_{n=0}^{\infty}\sum_{m=0}^{n}a^n(C_{mn}\cos m\varphi+D_{mn}\sin m\varphi)P_n^m(\cos\theta)=f(\theta,\varphi),\tag{5.4.24}$$

因为

$$\int_{-1}^{1}P_n^m(x)P_k^m(x)\mathrm{d}x=\int_0^{\pi}P_n^m(\cos\theta)P_k^m(\cos\theta)\sin\theta\mathrm{d}\theta=\frac{(n+m)!}{(n-m)!}\frac{2}{2n+1}\delta_{kn}\tag{5.4.25}$$

$$\int_0^{2\pi}\cos n\varphi\cos m\varphi\mathrm{d}\varphi=\pi\delta_{mn},\tag{5.4.26}$$

$$\int_0^{2\pi}\sin n\varphi\sin m\varphi\mathrm{d}\varphi=\pi\delta_{mn},\tag{5.4.27}$$

$$\int_0^{2\pi}\sin m\varphi\cos n\varphi\mathrm{d}\varphi=0.\tag{5.4.28}$$

所以为了求出系数 C_{mn}，我们将(5.4.24) 两边同乘 $P_k^l(\cos\theta)\cos l\varphi$，然后在单位球面上积分，有

$$\begin{aligned}&\sum_{n=0}^{\infty}\sum_{m=0}^{n}\Big[C_{mn}a^n\int_0^{2\pi}\int_0^{\pi}P_n^m(\cos\theta)P_k^l(\cos\theta)\cos m\varphi\cos l\varphi\sin\theta\mathrm{d}\theta\mathrm{d}\varphi+\\&\qquad D_{mn}a^n\int_0^{2\pi}\int_0^{\pi}P_n^m(\cos\theta)P_k^l(\cos\theta)\sin m\varphi\cos l\varphi\sin\theta\mathrm{d}\theta\mathrm{d}\varphi\Big]\\&=\int_0^{2\pi}\int_0^{\pi}f(\theta,\varphi)P_k^l(\cos\theta)\cos l\varphi\sin\theta\mathrm{d}\theta\mathrm{d}\varphi.\end{aligned}\tag{5.4.29}$$

将正交性公式(5.4.25)、(5.4.26)和(5.4.28)代入即得

$$C_{kl}=\frac{(2k+1)(k-l)!}{2\pi a^k(k+l)!}\int_0^{2\pi}\int_0^{\pi}f(\theta,\varphi)P_k^l(\cos\theta)\cos l\varphi\sin\theta\mathrm{d}\theta\mathrm{d}\varphi,$$

即

$$C_{mn}=\frac{(2n+1)(n-m)!}{2\pi a^n(n+m)!}\int_0^{2\pi}\int_0^{\pi}f(\theta,\varphi)P_n^m(\cos\theta)\cos m\varphi\sin\theta\mathrm{d}\theta\mathrm{d}\varphi. \tag{5.4.30}$$

类似地,将式(5.4.24)两边同乘 $P_k^l(\cos\theta)\sin l\varphi$,然后在单位球面上积分,并代入正交性公式(5.4.25)、(5.4.27)和(5.4.28),可得到

$$D_{mn}=\frac{(2n+1)(n-m)!}{2\pi a^n(n+m)!}\int_0^{2\pi}\int_0^{\pi}f(\theta,\varphi)P_n^m(\cos\theta)\sin m\varphi\sin\theta\mathrm{d}\theta\mathrm{d}\varphi. \tag{5.4.31}$$

将式(5.4.30)、式(5.4.31)代入到式(5.4.19),即得到定解问题的解.

*5.5 其他特殊函数方程简介

下面再介绍一下在近代物理学中常常用到的 Hermite 多项式和 Laguerre 多项式,它们是 Schrödinger(薛定谔)方程在不同条件下的解. 同 Legendre 多项式一样,Hermite 多项式和 Laguerre 多项式也是正交多项式.

5.5.1 Hermite 多项式

在量子力学中,处于有势场内的粒子的性态可以用 Schrödinger 方程

$$\mathrm{i}h\frac{\partial\psi}{\partial t}+\frac{h^2}{2m}\nabla^2\psi-U(x,y,z,t)\psi=0 \tag{5.5.1}$$

来描述,其中 $2\pi h$ 是 Planck 常数,U 是粒子在力场中的势能,m 是粒子的质量,$\psi=\psi(x,y,z,t)$ 称为波函数.

若势能不依赖于时间 t,则 $U=U(x,y,z)$,可设 ψ 具有分离变量形式的解:

$$\psi=\overline{\psi}(x,y,z)\mathrm{e}^{-\frac{\mathrm{i}Et}{h}},$$

其中 E 为粒子的总能量. 将此式代入式(5.5.1),并在整理后把 $\overline{\psi}$ 仍记为 ψ,则有

$$\mathrm{i}h\cdot\overline{\psi}(x,y,z)\mathrm{e}^{-\frac{\mathrm{i}Et}{h}}\left(-\frac{\mathrm{i}E}{h}\right)+\frac{h^2}{2m}\nabla^2\overline{\psi}\mathrm{e}^{-\frac{\mathrm{i}Et}{h}}-U(x,y,z,t)\overline{\psi}\mathrm{e}^{-\frac{\mathrm{i}Et}{h}}=0,$$

整理得

$$\frac{h^2}{2m}\nabla^2\psi+(E-U)\psi=0. \tag{5.5.2}$$

仍为 Schrödinger 方程.

在 Schrödinger 方程中,具有直接物理意义的不是 ψ 本身,而是 $|\psi|^2$,它在统计上的解释是,式子 $|\psi|^2\mathrm{d}x\mathrm{d}y\mathrm{d}z$ 表示粒子在点 (x,y,z) 的体积元素 $\mathrm{d}x\mathrm{d}y\mathrm{d}z$ 内出现的概率. 因此,前面对特殊函数所讲的归一性就看到物理意义了. $\iiint|\psi|^2\mathrm{d}x\mathrm{d}y\mathrm{d}z=1$,表示空间内总有一个地方"找到这个粒子的概率等于 1".

设 Schrödinger 方程所描述的是谐振子,则 $U=\frac{m\omega^2}{2}$,ω 是振子的固有频率,引入两个

新的常数 $\alpha^2 = \frac{m^2\omega^2}{h^2}$，$\lambda = \frac{2mE}{h^2}$，其中 α 为大于零的定数，而 λ 是取代 E 的位置，这时方程(5.5.2) 成为

$$\frac{d^2\psi}{dx^2} + (\lambda - \alpha^2 x^2)\psi = 0,$$

作变换 $\xi = \sqrt{\alpha}x$，并将 ξ 仍记为 x，则有

$$\frac{d^2\psi}{dx^2} + (\frac{\lambda}{\alpha} - x^2)\psi = 0. \tag{5.5.3}$$

由常微分方程理论，可设 $\psi(x) = e^{\theta(x)}H(x)$，代入式(5.5.3) 通过推算和分析，得到 $\theta(x) = -\frac{x^2}{2}$. 因此，将 $\psi(x) = e^{-\frac{x^2}{2}}H(x)$ 代入式(5.5.3)，即得 $H(x)$ 应满足的方程

$$\frac{d^2H(x)}{dx^2} - 2x\frac{dH(x)}{dx} + \left(\frac{\lambda}{\alpha} - 1\right)H(x) = 0.$$

由于边界条件要求取多项式解，令 $\frac{\lambda}{\alpha} - 1 = 2n, n = 0,1,2,\cdots$，得

$$\frac{d^2H}{dx^2} - 2x\frac{dH}{dx} + 2nH = 0. \tag{5.5.4}$$

这就是所谓的 n 阶 Hermite 方程.

用幂级数方法求解(5.5.4)，令

$$H(x) = \sum_{k=0}^{\infty} C_k x^k,$$

代入式(5.5.4)，得系数的递推公式

$$C_{k+2} = \frac{2k-2n}{(k+2)(k+1)}C_k \quad (k = 0,1,2,\cdots).$$

于是

$$H(x) = C_0\left(1 + \sum_{k=1}^{\infty}(-2)^k\frac{n(n-2)\cdots(n-2k+2)}{(2k)!}x^{2k}\right) + C_1\left(x + \sum_{k=1}^{\infty}(-2)^k\frac{(n-1)(n-3)\cdots(n-2k+1)}{(2k+1)!}x^{2k+1}\right).$$

当 n 为偶数时，我们取 $C_1 = 0, C_0 = (-1)^{\frac{n}{2}}2n!\Big/\left(\frac{n-1}{2}\right)!$，因此对任意整数 n，$H_n(x)$ 可以写成

$$H_n(x) = (2x)^n - \frac{n(n-1)}{1!}(2x)^{n-2} + \frac{n(n-1)(n-2)(n-3)}{2}(2x)^{n-4} + \cdots + (-1)^{\left[\frac{n}{2}\right]}\frac{n!}{\left[\frac{n}{2}\right]!}(2x)^{n-2\left[\frac{n}{2}\right]},$$

其中[　]表示取整.

对 Hermite 多项式，也可以讨论其母函数，正交归一性等等.

5.5.2 Laguerre 多项式

讨论电子在核的库仑场中运动时,其势能为$U=\frac{-e^2}{r}$,r是电子到核的距离,$-e$是电子的电荷,$+e$是核的电荷,于是 Schrödinger 方程具有形式

$$\frac{h^2}{2m}\nabla^2\psi+\left(E+\frac{e^2}{r}\right)\psi=0. \tag{5.5.5}$$

在球坐标系中利用分离变量法,得到关于 r 的常微分方程. 再对函数和自变量作适当变换,可得到

$$\frac{\mathrm{d}}{\mathrm{d}x}(x\omega')+\left(\lambda-\frac{x}{4}-\frac{s^2}{4x}\right)\omega=0, \tag{5.5.6}$$

其中 $\lambda>0$,s 为非负定常数,作试探解

$$\omega(x)=\mathrm{e}^{-\frac{x}{2}}x^{\frac{s}{2}}L(x),$$

则 $L(x)$ 满足

$$x\frac{\mathrm{d}^2L}{\mathrm{d}x^2}+(s+1-x)\frac{\mathrm{d}L}{\mathrm{d}x}+\left(\lambda-\frac{s+1}{2}\right)L=0. \tag{5.5.7}$$

欲使此方程的解为多项式,则应令 $\lambda-\frac{s+1}{2}=n,n=0,1,2,\cdots$,于是,有

$$x\frac{\mathrm{d}^2L}{\mathrm{d}x^2}+(s+1-x)\frac{\mathrm{d}L}{\mathrm{d}x}+nL=0, \tag{5.5.8}$$

这就是 n 阶 Laguerre 方程.

令 $L(x)=\sum\limits_{k=0}^{\infty}C_kx^k$,代入式(5.5.8),得系数的递推公式

$$C_{k+1}=\frac{k-n}{(k+1)(k+s+1)}C_k\quad(k=0,1,2,\cdots).$$

于是有

$$\begin{aligned}L(x)=C_0\Big(&1-\frac{n}{s+1}x+\frac{n(n-1)}{2!(s+1)(s+2)}x^2-\frac{n(n-1)(n-2)}{3!(s+1)(s+2)(s+3)}x^3\\&+\cdots+(-1)^n\frac{n(n-1)\cdots3\cdot2\cdot1}{n!(s+1)(s+2)\cdots(s+n)}x^n\Big).\end{aligned}$$

令 $C_0=(s+1)(s+2)\cdots(s+n)$,则有

$$\begin{aligned}L'_n(x)=(-1)^n\Big[&x^n-\frac{n}{1!}(s+n)x^{n-1}+\frac{n(n-1)}{2!}(s+n)(s+n-1)x^{n-2}\\&-\cdots+(-1)^n(s+n)(s+n-1)\cdots(s+1)\Big].\end{aligned} \tag{5.5.9}$$

利用 Leibniz 公式:

$$(uv)^{(n)}=u^{(n)}v+nu^{(n-1)}v'+\frac{n(n-1)}{2!}u^{(n-2)}v''+\cdots,$$

易证

$$L'_n(x)=\mathrm{e}^xx^{-s}\frac{\mathrm{d}^n}{\mathrm{d}x^n}(\mathrm{e}^{-x}x^{s+n}). \tag{5.5.10}$$

若取 $s=0$,则有

$$L'_n(x)=(-1)^n\left(x^n+\frac{n^2}{1!}\right)x^{n-1}+\frac{n^2(n-1)^2}{2!}x^{n-2}+\cdots+(-1)^n n!. \quad (5.5.11)$$

称式(5.5.8)的特解(5.5.9)(即 $L_n'(x)$)为 n 阶 Laguerre 多项式. 式(5.5.10)是它的微分形式. 而称式(5.5.11)为 n 阶狭义 Laguerre 多项式.

5.6　历史注记——数学家:勒让德

勒让德(1752—1833)

勒让德(Legendre,Adrien-Marie),法国数学家. 1752 年 9 月 18 日生于巴黎,1833 年 1 月 10 日卒于同地. 1770 年毕业于马萨林学院. 1782 年以外弹道方面的论文获柏林科学院奖. 1783 年被选为巴黎科学院助理院士,两年后升为院士. 1795 年当选为法兰西研究院常任院士. 1813 年继任 J.-L. 拉格朗日在天文事务所的职位.

勒让德的主要研究领域是分析学(尤其是椭圆积分理论)、数论、初等几何与天体力学,取得了许多成果,导致了一系列重要理论的诞生. 勒让德是椭圆积分理论奠基人之一. 在 L·欧拉(Euler)提出椭圆积分加法定理后的 40 年中,他是仅有的在这一领域提供重大新结果的数学家. 但他未能像 N·H·阿贝尔(Abel)和 C·G·J·雅可比(Jacobi)那样洞察到关键在于考察椭圆积分的反函数 ,即椭圆函数. 在关于天文学的研究中,勒让德引进了著名的"勒让德多项式" ,发现了它的许多性质 . 他还研究了 B 函数和 Γ 函数,得到了 Γ 函数的倍量公式. 他陈述了最小二乘法,提出了关于二次变分的"勒让德条件".

勒让德的科学活动从大约 1770 年起到 1832 年止,在 18 和 19 世纪各从事了 30 年. 他是拉格朗日的一位杰出的门徒,和当时其他数学家一样,既处理抽象数学,也研究数学在宇宙系统中的应用. 他是一位不平凡的计算工作者,一位熟练的分析学家,一位优秀的数学家. 他与拉格朗日、拉普拉斯一道被称为法国 3L.

勒让德在数学方面的贡献,首先表现在椭圆函数论. 有许多理由足以说明他是椭圆函数论的奠基人. 在他之前,C·麦克劳林(Maclaurin)和 J·R·达朗贝尔(D'Alembert)曾研究过可以用椭圆或双曲线的弧表示的积分. G·C·法尼亚诺(Fagnano)在 1716 年曾证明,对任意给定的椭圆或双曲线,可以用无穷多种方法指定两条弧,使得其差等于一个代数量. 他还证明过,伯努利双纽线 $(x^2+y^2)^2=a^2(x^2-y^2)$ 的弧能够像圆弧那样被代数地加以乘、除. 这是椭圆积分简单应用的第一个说明. 这一积分被勒让德记作 $F(x)$,他认为用它可以决定所有其他的积分. 从法尼亚诺的研究出发,L·欧拉着手处理更一般的椭圆积分,并得出了现在称为第一类和第二类椭圆积分的加法定理. 1768 年,拉格朗日把欧拉的发现纳入通常的分析程序. 1775 年,J·兰登(Landen)又证明了双曲线的每一条弧能够用一个椭圆的两条弧来度量. 1786 年,勒让德出版了他的关于椭圆弧的积分的著作. 其中第一部分是在他知道兰登的发现之前就已写出的. 他避免应用双曲线的弧,而采用做一个适当构造的椭圆弧的表的办法来代替. 他给出兰登定理的一个新的解释,并且用同一方法证明了每一个给定的椭圆是一个无限多的椭圆序列的一部分. 求出两个任意选定的椭圆的周长,就可以求得所有其他椭圆的周长. 有了这条定理,就有可能把一个给定椭圆的求长问题化成两个其他的和圆相差任意小的椭圆的求长问题.

不过,这一课题及一般形式的超椭圆函数理论,需要更系统的处理. 这正是勒让德在他的"关于椭圆超越性的论文"(*Mémoire sur les transcendantes elliptiques*,1793)一文中所提供的. 他提出对这一类型的所有函数应进行比较,将其区别归类,把每一个变成可能的最简形式,并利用最容易、最快速的近似法对其求值,进而作为一个整体从理论上建立一个算法系统.

勒让德后来的研究,从几个方面完成了这一理论. 1809 年,他发表了"各种不同定义的积分的研究"(*Recherches sur diverses sortes d'intégrales difinies*)一文,继续从事对欧拉积分(这一术语是勒让德给出的),特别是对 Γ 函数的研究. 1811 年,勒让德在《积分练习》(*Exercices de calcul integral*)一书中,进一步给出了三角表示理论 $\Delta = \sqrt{1-c^2\sin^2\varphi}$,其中 $0 \leqslant c \leqslant 1$,勒让德称 c 为函数的模. 积分限从 0 到 φ,φ 称为函数的幅角;$\sqrt{1-c^2}=b$ 是模的补. 最简单的超椭圆函数是第一类积分 $F(\varphi)=\int\frac{\mathrm{d}\varphi}{\sqrt{1-c^2\sin^2\varphi}}$. 第二类积分由长轴和离心率 c 的椭圆弧表出,形式为 $E(\varphi)=\int\sqrt{1-c^2\sin^2\varphi}\,\mathrm{d}\varphi$. 第三类积分为 $\Pi(\varphi)=\int\frac{\mathrm{d}\varphi}{(1+\eta\sin^2\varphi)\sqrt{1-c^2\sin^2\varphi}}$,其中 η 为参数. 每一个椭圆积分可被表示为这三种超越类型的一个组合.

设 φ 和 ψ 是由下面微分方程联系的两个变量:

$$\frac{\mathrm{d}\varphi}{\sqrt{1-c^2\sin^2\varphi}}+\frac{\mathrm{d}\psi}{\sqrt{1-c^2\sin^2\psi}}=0,$$

方程的积分为 $F(\varphi)+F(\psi)=F(\mu)$,$\mu$ 是任意常数. 欧拉定理指出

$$\cos\varphi\cos\psi-\sin\varphi\sin\psi\sqrt{1-c^2\sin^2\varphi}=\cos\mu,$$

因此 μ 可以用代数方程求出,使得 $F(\varphi)+F(\psi)=F(\mu)$,从而 $F(\mu)$ 可以被一个任意常数(整数或有理数)相乘. 经过这样的研究,勒让德对三种类型的积分中的每一种都导出了许多结果. 勒让德还进一步将第一类积分记为 $F(c,\varphi)$,其中 c 为模,φ 为幅角.

根据兰登定理,勒让德建立了一种变换,后来称之为二次变换,即如果 $\sin(2\varphi'-\varphi)=c\sin\varphi$,且 $c'=\frac{2\sqrt{c}}{1+c}$,那么 $F(c',p')=\frac{1+c}{2}F(c,\varphi)$,通过反复使用这种变换,勒让德建立了椭圆函数表,于 1817 年公开发表.

1826 年,勒让德又出版了《椭圆函数论》(*Traité des foncti-ons elliptiques*)一书,在第二卷中列有 9 张这种表. 最后一张表是函数 F 和 E 的一般化数表,其中幅角 φ 从 1° 到 60°,模 $\theta(\sin\theta=c)$ 的值在小于 45° 时取 10 位小数,在 45° 至 90° 之间时取 9 位小数. 他曾写信给 C・G・J・雅可比,说他在无任何外力帮助的情况下致力于如此冗长而乏味的工作,但却乐此不疲,并认为这一工作的重要性完全可以和 H・布里格斯(Briggs)的对数表

媲美.

1827 年,雅可比也开始研究椭圆函数.他写信把自己的发现和 N·H·阿贝尔的发现告诉给勒让德.面对年轻对手的挑战,勒让德的态度是非常热心和直率的.他在《椭圆函数论》第 3 卷的序言中赞扬了这位"柯尼斯堡的年轻几何学家"以及阿贝尔.后来又发表了《椭圆函数论》的 3 个附录.前两个附录主要介绍了雅可比的工作,也提到阿贝尔,其中包括椭圆函数和勒让德积分的反函数.勒让德以其惯有的略嫌冗长的模式讨论了将椭圆函数推广到复数域和双周期.附录三主要讨论阿贝尔的工作和他的大定理.1832 年 3 月 4 日,勒让德总结他的工作说:"我们仅接触到这一课题的表面.可以预言它将随数学家的工作而日趋成熟,最终将构成超越函数分析中的一个最漂亮的部分."

数论是勒让德特别关注的第二个重要领域.早在 1785 年,他所发表的"不定分析的研究"(*Recherches d'analyse indétermi-née*)一文中即载有二次剩余互反律及其若干应用的一个说明,把数分解成三个平方数的理论的概述,还陈述了一条以后变得很有名的定理:"每一个首项和公比互素的算术级数中都含有无限多个素数."1798 年,他又发表了他的《数论随笔》(*Essai sur la théoriedes nombres*)一书的第一版.他在这本书里,用更系统和更彻底的方法处理了"不定分析的研究"中的那些论题.该书是 18 世纪数论学科的主要著作之一.第二版以《数论》(*Théorie des nom-bres*)为名于 1808 年出版.在这一版的引言中,勒让德提到要高度注意严密性,这一点是值得赞扬的.在这一版中,他利用和 P·de 费马(Fermat)的无穷递减法有关的技巧证明了整数乘积的变换性.作为欧拉和拉格朗日的一个直接追随者,勒让德和他们一样,经常使用连分数的算法,用来解一阶不定方程,并用来证明费马方程 $x^2-Ay^2=1$ 恒有一个整数解.以后他又给第二版增加了两个附录(1816,1825).第二个附录中含有方程 $x^5+y^5=z^5$ 不可能有整数解的一个漂亮的证明.接着就是对这条定理的更复杂情形的考察.该书第三版分成两卷,于 1830 年 5 月问世.第三版发展了第一版中的内容,并添上一些在很大程度上受到 C·F·高斯(Gauss)影响的新思想.这一版特别有价值,它和高斯的《算术研究》(*Disquisitiones Arithmeticae*,1801)一起同为这门学科中的标准著作.

勒让德还追随拉格朗日研究过二次型,在某些方面得到了完善的结果.例如,他证明了每一个非 $8k+7$ 型的奇数是三个平方数的和.在这一结果的基础上,A·L·柯西(Cauchy)在 1812 年针对多项式数的情形证明了费马定理.

勒让德对数论的主要贡献是提出二次剩余的互反律.这是 18 世纪数论中最富于首创精神的可能引出最多成果的发现.1785 年,他用一个冗长而不完善的说明提出这一定律.1801 年,高斯对勒让德的陈述进行了批评,并宣称他是第一个能够严格叙述这一命题的人.1808 年,勒让德采用了这位年轻的批评者所给出的证明.他发明了记号(p/q),令其等于 1 或 -1,以表示 p 是 q 的二次剩余或二次非剩余.在这种记号下,二次互反律说明,如果 p 和 q 是不同的奇素数,那么

$$(p/q)(q/p)=(-1)^{(p-1)(q-1)/4}.$$

1830 年,他又把他认为是更好的雅可比的证明补充了进去.

作为一个非常熟练的计算工作者,勒让德提出了有价值的数表.他编列了二次型的二次和一次的因子以及费马方程 $x^2-Ay^2=\pm1$ 的最小解.后一张表出版于1798年,并在

1808 年用一种更简略的删节本形式重印.

勒让德还是解析数论的先驱者. 他在 1798 年提出了素数分布定律的初步形式, 1808 年又使其更加精确化, 呈现为如下形式: 如果 y 是小于 x 的素数, 则 $y=\dfrac{x}{\log x-1.08366}$. 他宣称并在 1830 年再次强调他是用归纳法发现这一定律的. 1793 年, 高斯由直觉看出了素数的渐近分布定律. 但是, 第一个明确给出这一条非凡定律的, 还是勒让德.

另一方面, 勒让德早在 1785 年便说明了在每一个算术级数 $ax+b$(此处 a 和 b 是互素的) 中, 有无穷多个素数, 他甚至详细说明过, 在把 $\varphi(a)$ 个与 a 互素并小于 a 的值给予 $b[\varphi(a)$ 是欧拉指标数] 以后, 这些素数几乎相等地分布在 $\varphi(a)$ 个不同的级数当中.

对数论研究开辟了一个十分广阔的园地之后, 勒让德在 1830 年又试图阐述阿贝尔的关于方程代数解的概念. 勒让德认为, 他已令人信服地证明了对于高于四次的方程来说, 求得一般的解是不可能的. 他还对研究方程的数值解法表示过兴趣, 特别是研究过根的分离和把它们展开成连分数. 1808 年, 他提出了关于代数基本定理的证明, 与 J・R・阿尔冈(Argand) 在 1806 年给出的证明十分类似.

在他的《几何学原理》(*Eléments de géométrie*, 1794) 的附注 4(发表于该书的第一版) 中, 勒让德利用连分数的算法建立了兰伯特定理(1761): 圆的周长和直径的比是一个无理数. 他改进了这一结果, 证明了这个比的平方也是一个无理数, 并补充说: "很可能数 π 甚至不包含在代数无理数中, 但是要严格说明这个命题似乎是非常困难的."

在他整个一生中, 勒让德都对数论有着极大的兴趣. 他非常了解这个题目的困难. 因此在他最后的几年当中, 经历了一个对它不再抱希望的过程. 例如, 他在 1828 年写信给雅可比说: "我打算奉劝你不要花太多的时间去研究这类问题; 它们是非常困难的, 而且往往是毫无成效的."

天体力学是勒让德在他早年科学研究生涯中关心过的另一个领域. 他年轻时曾从事关于星球的相互吸引问题和它们的平衡方式的研究. 1783 年 1 月, 他在科学院宣读过一篇关于这一问题的论文, 该文发表在《外国博学者文集》(*Recueil des savants étran－gers*, 1785) 一书中. 他在这篇文章中证明了一条定理: 如果旋转体对位于轴的延长线上每一外点的引力为已知, 则它对每一外部点的引力也可求得. 文章中出现了我们现在所谓的勒让德多项式. 对这一多项式的研究引起了以后一系列浩瀚的工作.

1784 年 7 月, 勒让德在科学院宣读了"关于行星形状的研究"(*Recherches sur la figure des planètes*). 他在此文中推导出勒让德多项式的一些性质, 并将这些性质和其他性质运用到万有引力的问题上. 此后不久, 他又发表了"关于地球形状结果的三角运算"(*Mémoire sur les opérations trigonomètriques dont les résultats dépendent de la figure de la terre*). 在这篇文章中有一个关于球面三角的"勒让德定理":

"当一个(球面) 三角形的边相对球半径是很小的时候, 它非常近似于一个直线三角形. 如果从它的每一个角中减去这三个角之和与二直角(之和) 之差的三分之一, 则按这一方式所得的角可以被看作是一个直线三角形的角, 这个三角形和已知三角形有相等的边长."

1790 年, 勒让德发表了"论重积分"(*Mémoire sur les inté-grales doubles*) 一文. 他在

这篇文章里完成了他关于球体吸引的分析，包括对非均匀球体情形的研究，以及某些微分方程的特殊积分的探讨.

18 世纪末，由 R • de 普隆尼(Prony) 领导的法国勘测局编制了三张数学用表，即：按一直角的每千分之十度计算角的余弦，精确到小数第 22 位；按一直角的每千分之一百度计算正弦的对数，精确到小数第 12 位；以及从 1 到 200 000 各个数的对数，也是精确到小数第 12 位. 这项工作由以勒让德为首的分析学家们组成的一个小组进行准备，勒让德设计了一些新的公式用以确定正弦的相继的差，并根据一些恒等式对计算出来的结果相互验证. 1802 年，勒让德写道："这三张表是用新方法计算出来的，主要是基于差分演算的方法，它们是树立于科学事业中最出色的纪念碑之一." 这些手抄表的抄本被收存在经度局中. 有一篇解释性的文章发表在《专科学校论文集》(*Mémoires de l'Institut*，1801) 里.

还有一个重要领域是勒让德的著作中所涉及的，即初等几何 —— 特别是平行线理论. 他在这方面的著作《几何学原理》多次再版并被翻译成英文、德文、罗马尼亚文，支配了这门课程的初等教育几乎达一个世纪. 附于书中的详细注释至今尚有一定的价值. 1793 年，公众教育委员会又委托他和拉格朗日合写了一本题为《微分学和几何学原理》(*Éléments de calcul et de géométrie*) 的教材.《几何学原理》中的教义式的表述，标志着法国在很大程度上对欧几里得的迷信. 在非欧几何学家为了使他们的概念被公众接受所作的斗争中，这本书备受责难. 1832 年，勒让德曾回忆起他在 1794 年至 1823 年为证明欧几里得平行公理所作的种种努力，他本人从未认识到这一切都是徒劳的. 实际上，在他的一个似乎是无可挑剔的证明中，可以找到一个谬误. 正如 I • 牛顿(Newton) 的众多信徒一样，勒让德也笃信绝对空间和直线三角形边的"绝对的量". 遵循拉格朗日在《都灵杂录》(*Mémoires de Turin*，1761) 中所提出的备受青睐的"量的齐次性法则"，勒让德在 1794 年建立了三角形的内角和定理. 假若给定三角形的一条边 a 和该边的两个邻角 B，C，则此三角形可以唯一确定. 第三个角 A 应为已知各量的函数：$A=\varphi(B,C,a)$，但 A,B，C 是纯粹数量，a 是长度，视 a 为未知量，解方程 $A=\varphi(B,C,a)$，所得的解为 $a=f(A,B,C)$. 勒让德认为："这一结果说明一条边 a 可以等于一个没有维数的纯粹数量，这是荒谬的." 量的齐次性法则必然使得这个长度在一开始就不能在公式中出现，因此有 $A=\varphi(B,C)$. 再考虑到直角三角形和它的顶垂线，便容易得到 $A+B+C=\pi$. 直到生命的结束，勒让德从不怀疑这一推理的价值. 失败的原因是他在最后的分析中总是依赖那些按欧几里得的观点看来是"显然" 的命题. 例如：凹向相反的两条凸周线必在有限远处相交；在一个角的内部总可作出一条直线使其与角的两边相交；过不共线的三个点总可以作出一个圆. 他在球面几何和球面三角方面的鉴别力并没有使他消除对绝对欧氏空间的盲目信任. 他在 1832 年写道："这条关于三角形的三个角的和的定理应该认为是那些基本真理之一. 这些真理是不容争论的，它们是数学永恒真理的不朽的例子."

5.7 例题分析

例 1 在 $(-1,1)$ 上，将下列函数按勒让德多项式展开 Fourier-Legendre 级数.

(1) $f(x)=x^4$；　(2) $f(x)=|x|$.

解 (1) 由计算可得

$$f_0=\frac{1}{2}\int_{-1}^{1}x^4P_0(x)\mathrm{d}x=\frac{1}{2}\int_{-1}^{1}x^4\mathrm{d}x=\frac{1}{5},$$

$$f_1=0,f_3=0,\cdots,f_{2n-1}=0.\quad n=1,2,\cdots$$

$$f_2=\frac{3}{2}\int_{-1}^{1}x^4P_2(x)\mathrm{d}x=\frac{3}{2}\int_{-1}^{1}x^4\left(\frac{3x^2-1}{2}\right)\mathrm{d}x=\frac{4}{7},$$

$$f_4=\frac{9}{2}\int_{-1}^{1}x^4P_4(x)\mathrm{d}x=\frac{9}{2}\int_{-1}^{1}\frac{1}{8}x^4(35x^4-3x^2+3)\mathrm{d}x=\frac{8}{35},$$

$$f_{2n}=0,\quad n=3,4,\cdots$$

故

$$x^4=\frac{1}{5}P_0(x)+\frac{4}{7}P_2(x)+\frac{8}{35}P_4(x).$$

(2) 令 $|x|=\sum_{l=0}^{\infty}C_lP_l(x)$，由系数公式有

$$C_l=\frac{2l+1}{2}\int_{-1}^{1}|x|P_l(x)\mathrm{d}x.$$

因为 $|x|$ 是偶函数，故当 $P_l(x)$ 为奇函数，即当 $l=2n+1,n=0,1,2,\cdots$ 时

$$C_l=C_{2n+1}=0,$$

于是

$$C_{2n}=\frac{2(2n)+1}{2}\int_{-1}^{1}|x|P_{2n}(x)\mathrm{d}x=(4n+1)\int_{0}^{1}xP_{2n}(x)\mathrm{d}x$$

$$=\frac{4n+1}{2\cdot 2n+1}\int_{0}^{1}[xP'_{2n+1}(x)-xP'_{2n-1}(x)]\mathrm{d}x$$

$$=\int_0^1 x\mathrm{d}P_{2n+1}-\int_0^1 x\mathrm{d}P_{2n-1}=xP_{2n+1}(x)\big|_0^1-\int_0^1 P_{2n+1}\mathrm{d}x-xP_{2n-1}(x)\big|_0^1+\int_0^1 P_{2n-1}\mathrm{d}x$$

$$=\int_0^1 P_{2n-1}\mathrm{d}x-\int_0^1 P_{2n+1}\mathrm{d}x,\tag{1}$$

而

$$\int_0^1 P_{2n+1}(x)\mathrm{d}x=\frac{1}{2n+1}\frac{(-1)^n(2n+2)!}{2^{2n+2}[(n+1)!]^2},\tag{2}$$

将(2)中的 n 换为 $n-1$ 得到

$$\int_0^1 P_{2n-1}(x)\mathrm{d}x=\frac{1}{2n-1}\frac{(-1)^{n-1}(2n)!}{2^{2n}(n!)^2},\tag{3}$$

将式(2)、(3)一并代入式(1)，得

$$C_{2n}=\frac{1}{2n-1}\frac{(-1)^{n-1}(2n)!}{2^{2n}(n!)^2}-\frac{1}{2n+1}\frac{(-1)^n(2n+2)!}{2^{2n+2}[(n+1)!]^2}=\frac{(-1)^{n+1}(4n+1)(2n-2)!}{2^{2n}(n-1)!(n+1)!},$$

于是

$$|x|=\frac{1}{2}P_0(x)+\sum_{n=1}^{\infty}\frac{(-1)^{n+1}(4n+1)(2n-2)!}{2^{2n}(n-1)!(n+1)!}P_{2n}(x)\quad |x|<1.$$

例 2 在球坐标系中亥姆霍兹方程为

$$\frac{1}{r^2}\frac{\partial}{\partial r}\left(r^2\frac{\partial u}{\partial r}\right)+\frac{1}{r^2\sin\theta}\frac{\partial}{\partial\theta}\left(\sin\theta\frac{\partial u}{\partial\theta}\right)+\frac{1}{r^2\sin^2\theta}\frac{\partial^2 u}{\partial\varphi^2}+k^2u=0.\tag{1}$$

试将这个方程分离变量，即得到相关单变量函数满足的常微分方程.

解　设解的形式是 $u(r,\theta,\varphi)=R(r)\Theta(\theta)\Phi(\varphi)$，代入式(1)中，并除以 $R\Theta\Phi$，得到

$$\frac{1}{r^2R}\frac{\mathrm{d}}{\mathrm{d}r}\left(r^2\frac{\mathrm{d}R}{\mathrm{d}r}\right)+\frac{1}{r^2\Theta\sin\theta}\frac{\mathrm{d}}{\mathrm{d}\theta}\left(\sin\theta\frac{\mathrm{d}\Theta}{\mathrm{d}\theta}\right)+\frac{1}{r^2\Phi\sin^2\theta}\frac{\mathrm{d}^2\Phi}{\mathrm{d}\varphi^2}+k^2=0,$$

将变量 φ 和变量 r,θ 分离. 为此，用 $r^2\sin^2\theta$ 遍乘上式，并适当移项，可得

$$\frac{\sin^2\theta}{R}\frac{\mathrm{d}}{\mathrm{d}r}\left(r^2\frac{\mathrm{d}R}{\mathrm{d}r}\right)+\frac{\sin\theta}{\Theta}\frac{\mathrm{d}}{\mathrm{d}\theta}\left(\sin\theta\frac{\mathrm{d}\Theta}{\mathrm{d}\theta}\right)+k^2r^2\sin^2\theta=-\frac{\Phi''}{\Phi}=m^2, \tag{2}$$

其中 m^2 是分离常数. 由此可得关于 Φ 的微分方程

$$\Phi''+m^2\Phi=0, \tag{3}$$

上式满足周期性条件 $\Phi(\varphi)=\Phi(2\pi+\varphi)$ 的解为

$$\Phi(\varphi)=A_m\cos m\varphi+B_m\sin m\varphi,\quad m=0,1,2,\cdots. \tag{4}$$

式(2) 中关于 r,θ 的方程是

$$\frac{1}{R}\frac{\mathrm{d}}{\mathrm{d}r}\left(r^2\frac{\mathrm{d}R}{\mathrm{d}r}\right)+\frac{1}{\Theta\sin\theta}\frac{\mathrm{d}}{\mathrm{d}\theta}\left(\sin\theta\frac{\mathrm{d}\Theta}{\mathrm{d}\theta}\right)-\frac{m^2}{\sin^2\theta}+r^2k^2=0.$$

再将上式中的变量 r,θ 分离

$$\frac{1}{\Theta\sin\theta}\frac{\mathrm{d}}{\mathrm{d}\theta}\left(\sin\theta\frac{\mathrm{d}\Theta}{\mathrm{d}\theta}\right)-\frac{m^2}{\sin^2\theta}=-\frac{1}{R}\frac{\mathrm{d}}{\mathrm{d}r}\left(r^2\frac{\mathrm{d}R}{\mathrm{d}r}\right)-k^2r^2=-l(l+1),$$

其中 $l(l+1)$ 是第二次分离变量引入的常数，由此又得到两个常微分方程

$$\frac{1}{r^2}\frac{\mathrm{d}}{\mathrm{d}r}\left(r^2\frac{\mathrm{d}R}{\mathrm{d}r}\right)+\left[k^2-\frac{l(l+1)}{r^2}\right]R=0, \tag{5a}$$

即

$$r^2R''(r)+2rR'(r)+k^2r^2R(r)-l(l+1)R(r)=0, \tag{5b}$$

以及

$$\frac{1}{\sin\theta}\frac{\mathrm{d}}{\mathrm{d}\theta}\left(\sin\theta\frac{\mathrm{d}\Theta}{\mathrm{d}\theta}\right)+\left[l(l+1)-\frac{m^2}{\sin^2\theta}\right]\Theta=0. \tag{6a}$$

对方程(6a) 作变换 $x=\cos\theta$ 以后，可以改写成

$$\frac{\mathrm{d}}{\mathrm{d}x}\left((1-x^2)\frac{\mathrm{d}\Theta}{\mathrm{d}x}\right)+\left[l(l+1)-\frac{m^2}{1-x^2}\right]\Theta=0, \tag{6b}$$

即

$$(1-x^2)\Theta''(x)-2x\Theta'(x)+\left[l(l+1)-\frac{m^2}{1-x^2}\right]\Theta(x)=0.$$

这是一个关联 Legendre 方程. 在 $m=0$ 时，它就退化为 Legendre 方程

$$(1-x^2)\Theta''(x)-2x\Theta'(x)+l(l+1)\Theta(x)=0.$$

对式(5) 做变换 $R=\frac{y}{\sqrt{r}}$，则有

$$r^2\frac{\mathrm{d}^2y}{\mathrm{d}r^2}+r\frac{\mathrm{d}y}{\mathrm{d}r}+k^2r^2y-\left(l+\frac{1}{2}\right)^2y=0,$$

这是 $l+\frac{1}{2}$ 阶 Bessel 方程，因此方程(5) 的解是

$$R=C_lJ_{l+\frac{1}{2}}(kr)/\sqrt{r}+D_lY_{l+\frac{1}{2}}(kr)/\sqrt{r}.$$

一般地将

$$j_n(x)=\sqrt{\frac{\pi}{2x}}J_{l+\frac{1}{2}}(x),\ y_n=\sqrt{\frac{\pi}{2x}}Y_{l+\frac{1}{2}}(x)$$

定义为球 Bessel 函数,所以方程(5) 又称为球 Bessel 方程.

例 3 利用递推公式(5.2.13)、(5.2.14) 和(5.2.15) 证明下列递推公式

(1)$P'_{n-1}(x) = xP'_n(x) - nP_n(x)$;

(2)$P'_{n+1}(x) - P'_{n-1}(x) = (2n+1)P_n(x)$;

(3)$(1-x^2)P'_n(x) = n[P_{n-1}(x) - xP_n(x)]$.

证明 (1) 递推公式(5.2.13) 两边对 x 求导,得

$$(n+1)P'_{n+1}(x) = (2n+1)P_n(x) + (2n+1)xP'_n(x) - nP'_{n-1}(x),$$

递推公式(5.2.14) 两边乘以$(n+1)$ 得

$$(n+1)P_n(x) = (n+1)P'_{n+1}(x) - 2(n+1)xP'_n(x) + (n+1)P'_{n-1}(x),$$

以上两式相加,即得(1).

(2) 递推公式(5.2.15) 与刚证明的递推公式(1) 相减即得.

(3) 将递推公式(5.2.15) 的 n 换成 $n-1$,得

$$P'_n(x) = xP'_{n-1}(x) + nP_{n-1}(x),$$

将(1) 式两边乘以 x 得

$$xP'_{n-1}(x) = x^2P'_n(x) - nxP_n(x),$$

以上两式相加即得(3).

例 4 均匀介质球,半径为 R,介电常数是 ε,把介质球放在点电荷 $4\pi\varepsilon_0 q$ 的电场中,球心与点电荷相距 d,求这个静电场中的电势.

解 如图 5.7.1 所示,球心和点电荷的连线是对称轴,将其作为球坐标的极轴,球心选作坐标原点.本题应该区分球内电势 u_i 和球外电势 u_e,并将它们通过球面上的衔接条件连接起来.

假如没有介质球,由库仑定律知点电荷的电势应该是

$$\frac{q}{\sqrt{d^2 - 2rd\cos\theta + r^2}},$$

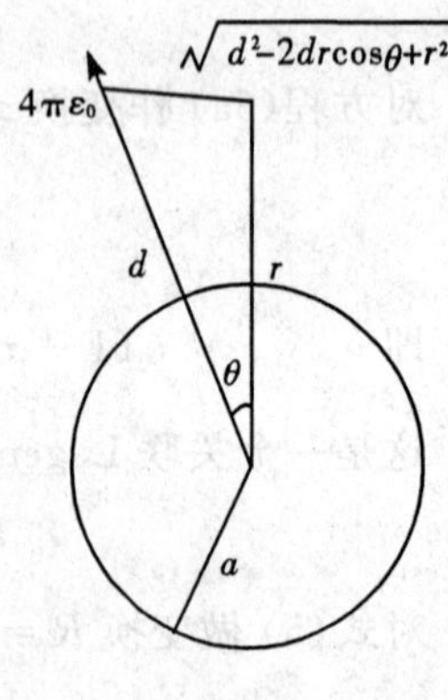

图 5.7.1

因此,在存在介质球时可以设

$$u_e = \frac{q}{\sqrt{d^2 - 2rd\cos\theta + r^2}} + v_e,$$

而其中 v_e 满足

$$\begin{cases} \nabla^2 v_e = 0, \\ \lim\limits_{r\to\infty} v_e = 0 \quad (r > R). \end{cases}$$

以及

$$\begin{cases} \nabla^2 u_i = 0, \\ \lim\limits_{r\to 0} u_i \neq \infty. \end{cases}$$

球面上的衔接条件是

$$\begin{cases} u_e\big|_{r=R} = u_i\big|_{r=R}, \\ \dfrac{\partial u_e}{\partial r}\Big|_{r=R} = \varepsilon\dfrac{\partial u_i}{\partial r}\Big|_{r=R}. \end{cases}$$

由轴对称条件下,根据球坐标系中 Laplace 方程的通解公式(5.1.15),以及无穷远处的边

界条件，v_e 可以写成

$$v_e=\sum_{l=0}^{\infty}B_l\frac{1}{r^{l+1}}P_l(\cos\theta),$$

而由球心处的边界条件，u_i 可以写成

$$u_i=\sum_{l=0}^{\infty}C_lr^lP_l(\cos\theta).$$

现在使用衔接条件定常数，为此，利用式(5.2.12)，将$\dfrac{q}{\sqrt{d^2-2rd\cos\theta+r^2}}$展开，即

$$\frac{q}{\sqrt{d^2-2rd\cos\theta+r^2}}=q\sum_{l=0}^{\infty}\frac{1}{d^{l+1}}r^lP_l(\cos\theta),$$

于是，由衔接条件有

$$\begin{cases}q\displaystyle\sum_{l=0}^{\infty}\frac{1}{d^{l+1}}R^lP_l(\cos\theta)+\sum_{l=0}^{\infty}B_l\frac{1}{R^{l+1}}P_l(\cos\theta)=\sum_{l=0}^{\infty}C_lR^lP_l(\cos\theta),\\ q\displaystyle\sum_{l=0}^{\infty}\frac{1}{d^{l+1}}R^{l-1}P_l(\cos\theta)-\sum_{l=0}^{\infty}B_l\frac{l+1}{R^{l+2}}P_l(\cos\theta)=\varepsilon\sum_{l=0}^{\infty}C_llR^{l-1}P_l(\cos\theta).\end{cases}$$

比较系数得

$$\begin{cases}q\dfrac{1}{d^{l+1}}R^l+B_l\dfrac{1}{R^{l+1}}=C_lR^l,\\ q\dfrac{1}{d^{l+1}}R^{l-1}-B_l\dfrac{l+1}{R^{l+2}}=\varepsilon C_llR^{l-1}.\end{cases}$$

由此解得

$$B_l=-\frac{lq(\varepsilon-1)R^{2l+1}}{[(\varepsilon+1)l+1]d^{l+1}},\quad C_l=\frac{q(2l+1)}{[(\varepsilon+1)l+1]d^{l+1}}.$$

最后得到球内外的电势分布分别为

$$\begin{cases}u_e=\dfrac{q}{\sqrt{d^2-2rd\cos\theta+r^2}}-\displaystyle\sum_{l=0}^{\infty}\frac{lq(\varepsilon-1)R^{2l+1}}{[(\varepsilon+1)l+1]d^{l+1}}\frac{1}{r^{l+1}}P_l(\cos\theta),\\ u_i=\displaystyle\sum_{l=0}^{\infty}\frac{q(2l+1)}{[(\varepsilon+1)l+1]d^{l+1}}r^lP_l(\cos\theta).\end{cases}$$

例 5　设有半径为 a 的导体球壳，被一层过球心的水平的绝缘薄片分割为两个半球壳. 若上、下半球壳各充电到电势为 A 和 B，试求球壳内外的电势分布.

解　设球内外电势分别为 u_i 和 u_e，则它们的定解问题分别为

$$\begin{cases}\nabla^2u_i=0\quad r<a,\\ u_i\big|_{r=a}=\begin{cases}A & 0\leqslant\theta\leqslant\dfrac{\pi}{2},\\ B & \dfrac{\pi}{2}<\theta<\pi,\end{cases}\\ u_i\big|_{r=0}=\text{有限}.\end{cases}\tag{1}$$

$$\begin{cases}\nabla^2 u_e = 0 \quad r > a, \\ u_e\big|_{r=a} = \begin{cases} A & 0 \leqslant \theta \leqslant \dfrac{\pi}{2}, \\ B & \dfrac{\pi}{2} < \theta < \pi, \end{cases} \\ u_e\big|_{r\to+\infty} = \text{有限}. \end{cases} \tag{2}$$

从边界条件可知，本问题也具有轴对称性，故由分离变量法立即可得

$$u_i(r,\theta) = \sum_{n=0}^{\infty} C_n r^n P_n(\cos\theta), \tag{3}$$

$$u_e(r,\theta) = \sum_{n=0}^{\infty} D_n r^{-(n+1)} P_n(\cos\theta). \tag{4}$$

将式(3) 代入问题(1) 中的边界条件，得

$$\sum_{n=0}^{\infty} C_n a^n P_n(x) = f(x) = \begin{cases} A & 0 \leqslant x \leqslant 1, \\ B & -1 \leqslant x \leqslant 0. \end{cases}$$

从而有

$$C_n = \frac{2n+1}{2a^n}\int_{-1}^{1} f(x)P_n(x)\mathrm{d}x = \frac{2n+1}{2a^n}\left[\int_0^1 AP_n(x)\mathrm{d}x + \int_{-1}^{0} BP_n(x)\mathrm{d}x\right],$$

而

$$\int_{-1}^{0} P_n(x)\mathrm{d}x = \int_1^0 P_n(-x)\mathrm{d}(-x) = \int_0^1 P_n(-x)\mathrm{d}x = (-1)^n\int_0^1 P_n(x)\mathrm{d}x$$

故

$$C_n = \frac{2n+1}{2a^n}\left[A\int_0^1 P_n(x)\mathrm{d}x + (-1)^n B\int_0^1 P_n(x)\mathrm{d}x\right] = \frac{2n+1}{2a^n}[A + (-1)^n B]\int_0^1 P_n(x)\mathrm{d}x,$$

而由 §5.3 例 5 的结果有

$$\int_0^1 P_n(x)\mathrm{d}x = \begin{cases} 1 & n = 0, \\ 0 & n = 2k, \quad k = 1,2,\cdots, \\ \dfrac{(-1)^k(2k-1)!!}{(2k+2)!!} & n = 2k+1, \quad k = 0,1,2,\cdots. \end{cases} \tag{5}$$

代入上式有

$$\begin{cases} C_0 = \dfrac{2\cdot 0+1}{2}(A+B) = \dfrac{1}{2}(A+B), \\ C_{2k} = 0, \\ C_{2k+1} = \dfrac{2(2k+1)+1}{2a^{2k+1}}(A-B)\dfrac{(-1)^k(2k-1)!!}{(2k+2)!!} \quad k = 0,1,2,\cdots. \end{cases} \tag{6}$$

将式(6) 代入到式(3)，得球内电势分布为

$$u_i(r,\theta) = \frac{(A+B)}{2} + \frac{(A-B)}{2}\sum_{k=0}^{\infty}(-1)^k\frac{(4k+3)(2k-1)!!}{(2k+2)!!}\left(\frac{r}{a}\right)^{2k+1} P_{2k+1}(\cos\theta). \tag{7}$$

再求球外问题的解. 将式(2) 中的边界条件代入式(4)，得

$$\sum_{n=0}^{\infty} D_n \frac{1}{a^{n+1}} P_n(x) = f(x) = \begin{cases} A & 0 \leqslant x \leqslant 1, \\ B & -1 \leqslant x \leqslant 0. \end{cases}$$

于是

$$D_n = \frac{2n+1}{2}a^{n+1}\int_{-1}^{1} f(x)P_n(x)\mathrm{d}x = \frac{2n+1}{2}a^{n+1}\left[\int_{0}^{1} AP_n(x)\mathrm{d}x + \int_{-1}^{0} BP_n(x)\mathrm{d}x\right],$$

$$= \frac{2n+1}{2}a^{n+1}[A+(-1)^n B]\int_{0}^{1} P_n(x)\mathrm{d}x,$$

将式(5) 代入上式，得

$$\begin{cases} D_0 = \dfrac{1}{2}a(A+B), \\ D_{2k} = 0, \quad k = 1,2,\cdots \\ D_{2k+1} = \dfrac{2(2k+1)+1}{2}a^{2k+2}(A-B)\dfrac{(-1)^k(2k-1)!!}{(2k+2)!!} \quad k = 0,1,2,\cdots. \end{cases} \tag{8}$$

将式(8) 代入式(4)，得球外电势分布为

$$u_e(r,\theta) = \frac{(A+B)}{2}\left(\frac{a}{r}\right) + \frac{(A-B)}{2}\sum_{k=0}^{\infty}(-1)^k\frac{(4k+3)(2k-1)!!}{(2k+2)!!}\left(\frac{a}{r}\right)^{2k+2}P_{2k+1}(\cos\theta).$$

习题 5

1. 氢原子定态问题的量子力学 Schrödinger(薛定谔) 方程是

$$-\frac{h^2}{8\pi^2\mu}\nabla^2 u - \frac{Ze^2}{r}u = Eu$$

其中 h,μ,Z,e,E 都是常数. 试在球坐标系下把这个方程分离变量.

2. 证明：(1)$x^2 = \frac{2}{3}P_2(x) + \frac{1}{3}P_0(x)$；　(2)$x^3 = \frac{2}{5}P_3(x) + \frac{3}{5}P_1(x)$.

3. 求证$\int_{-1}^{1}(1-x^2)[P'_n(x)]^2\mathrm{d}x = \frac{2n(n+1)}{2n+1}$.

4. 证明 $P_l(-x) = (-1)^l P_l(x)$.

5. 已知 $P_0(x) = 1, P_1(x) = x, P_2(x) = \frac{1}{2}(3x^2-1)$，用递推公式求：$P_3(x), P_4(x)$.

6. 在$(-1,1)$ 上，将下列函数按 Legendre 多项式展开为广义傅里叶级数.

$$f(x) = \begin{cases} x & (0 < x < 1) \\ 0 & (-1 < x < 0) \end{cases}$$

7. 利用 Legendre 多项式的生成函数(母函数)，证明：

$$P_n(-1) = (-1)^n, \quad P_{2n-1}(0) = 0, \quad P_{2n}(0) = \frac{(-1)^n(2n)!}{2^{2n}(n!)^2}.$$

8. 在半径为 1 的球内求解 Laplace 方程$\nabla^2 u = 0$，使

$$u|_{r=1} = 3\cos 2\theta + 1.$$

9. 在半径为 1 的球内求解 Laplace 方程$\nabla^2 u = 0$，已知在球面上

$$u|_{r=1} = \begin{cases} A & 0 \leqslant \theta \leqslant \alpha \\ 0 & \alpha < \theta \leqslant \pi \end{cases}$$

10. 在半径为 1 的球外求解 Laplace 方程$\nabla^2 u = 0$使

$$u\big|_{r=1} = \cos^2\theta.$$

***11.** 在半径为 a 的球外($r > a$),求解:

$$\begin{cases}\nabla^2 u = 0,\\ u\big|_{r=a} = f(\theta,\varphi).\end{cases}$$

***12.** (辐射速度势问题) 设半径为 r_0 的球面径向速度分布为 $v = v_0\,\dfrac{1}{4}(3\cos 2\theta + 1)\cos wt$,这个球在空气中辐射出去的声场中的速度势满足三维波动方程:$v_{tt} - a^2\,\nabla^2 v = 0$,其中 $a^2 = \dfrac{p_0 r}{\rho_0}$,$p_0$ 是初始压强,ρ_0 是初始密度,r 是定压比热的比值. 设 $r_0 \leqslant \lambda$(声波长),求速度势 v,当 r 很大时 $v\big|_{r\to\infty}$ 的渐近表达式是什么?

第 6 章 行波法与积分变换法

在第 2 章、第 4 章和第 5 章中，我们较为详细地讨论了分离变量法，它是求解有限区域内定解问题的一个常用方法，只要解的区域比较规则（其边界在某种坐标系中的方程能用若干个只含有一个坐标变量的方程表示），对三种典型的方程均可运用．本章我们将介绍另外两个求解定解问题的方法：一是行波法；一是积分变换法．行波法只能用于求解无界区域内波动方程的定解问题，积分变换法不受方程类型的限制，主要用于无界区域，但对有界区域也能应用．

6.1 一维波动方程的 d'Alembert 公式

我们知道，要求得一个常微分方程的特解，惯用的方法是先求出它的通解，然后利用初始条件确定通解中的任意常数得到特解．对于偏微分方程能否采用类似的方法呢？一般来说是不行的，原因之一是在偏微分方程中很难定义通解的概念；原因之二是即使对某些方程能够定义并求出它的通解，但在通解中包含有任意函数，要由定解条件确定出这些任意函数是会遇到很大困难的．但事情总不是绝对的，在少数情况下，不仅可以求出偏微分方程的通解（指包含有任意函数的解），而且还可以由通解求出特解．本节我们就一维波动方程来建立它的通解公式，然后由它得到初始值问题解的表达式．

考虑一维波动方程的初值问题

$$\begin{cases}\dfrac{\partial^2 u}{\partial t^2}=a^2\dfrac{\partial^2 u}{\partial x^2}\quad(-\infty<x<+\infty,t>0), & (6.1.1)\\[2ex] u\Big|_{t=0}=\varphi(x),\dfrac{\partial u}{\partial t}\Big|_{t=0}=\psi(x). & (6.1.2)\end{cases}$$

这里 $-\infty<x<+\infty$ 是一种抽象，当我们只关注波动的传播，而不注重边界的影响，或边界的影响尚未到达时，这种假设是合理的．

为求解定解问题(6.1.1)和(6.1.2)，作如下的变换（见 §1.3）

$$\begin{cases}\xi=x+at,\\ \eta=x-at,\end{cases}\tag{6.1.3}$$

利用复合函数微分法则得

$$\frac{\partial u}{\partial x}=\frac{\partial u}{\partial \xi}\frac{\partial \xi}{\partial x}+\frac{\partial u}{\partial \eta}\frac{\partial \eta}{\partial x}=\frac{\partial u}{\partial \xi}+\frac{\partial u}{\partial \eta},$$

$$\frac{\partial^2 u}{\partial x^2}=\frac{\partial}{\partial \xi}\left(\frac{\partial u}{\partial \xi}+\frac{\partial u}{\partial \eta}\right)\frac{\partial \xi}{\partial x}+\frac{\partial}{\partial \eta}\left(\frac{\partial u}{\partial \xi}+\frac{\partial u}{\partial \eta}\right)\frac{\partial \eta}{\partial x}=\frac{\partial^2 u}{\partial \xi^2}+2\frac{\partial^2 u}{\partial \xi\partial \eta}+\frac{\partial^2 u}{\partial \eta^2},\tag{6.1.4}$$

以及

$$\frac{\partial^2 u}{\partial t^2}=a^2\left(\frac{\partial^2 u}{\partial \xi^2}-2\frac{\partial^2 u}{\partial \xi\partial \eta}+\frac{\partial^2 u}{\partial \eta^2}\right).\tag{6.1.5}$$

将式(6.1.4)及(6.1.5)代入式(6.1.1)，将其化为

$$\frac{\partial^2 u}{\partial\xi\partial\eta}=0. \tag{6.1.6}$$

将式(6.1.6)对η积分，得

$$\frac{\partial u}{\partial\xi}=f(\xi)\quad(f(\xi)\text{是}\xi\text{的任意可微函数}),$$

再将此式对ξ积分，得

$$u(x,t)=\int f(\xi)\mathrm{d}\xi+f_2(\eta)=f_1(x+at)+f_2(x-at), \tag{6.1.7}$$

其中f_1,f_2都是任意二次连续可微函数.式(6.1.7)就是方程(6.1.1)的通解(包含有两个任意函数的解).

在各个具体问题中，我们并不满足于求通解，还要确定函数f_1与f_2的具体形式.为此，必须考虑定解条件.将已知条件(6.1.2)代入到式(6.1.7)中，得

$$f_1(x)+f_2(x)=\varphi(x), \tag{6.1.8}$$

$$af'_1(x)-af'_2(x)=\psi(x). \tag{6.1.9}$$

在式(6.1.9)两端对x积分一次，得

$$f_1(x)-f_2(x)=\frac{1}{a}\int_0^x\psi(s)\mathrm{d}s+C. \tag{6.1.10}$$

其中C为积分常数.由式(6.1.8)与式(6.1.10)解出$f_1(x),f_2(x)$，得

$$f_1(x)=\frac{1}{2}\varphi(x)+\frac{1}{2a}\int_0^x\psi(s)\mathrm{d}s+\frac{C}{2},$$

$$f_2(x)=\frac{1}{2}\varphi(x)-\frac{1}{2a}\int_0^x\psi(s)\mathrm{d}s-\frac{C}{2}.$$

把确定出来的$f_1(x)$与$f_2(x)$代回到式(6.1.7)中，即得到方程(6.1.1)在条件(6.1.2)下的解

$$u(x,t)=\frac{1}{2}[\varphi(x+at)+\varphi(x-at)]+\frac{1}{2a}\int_{x-at}^{x+at}\psi(s)\mathrm{d}s. \tag{6.1.11}$$

式(6.1.11)称为无限长弦自由振动的d'Alembert(达朗贝尔)公式.

现在来说明d'Alembert解的物理意义.为方便起见，我们先讨论初始条件只有初始位移的情况下d'Alembert解的物理意义.此时式(6.1.11)给出

$$u(x,t)=\frac{1}{2}[\varphi(x+at)+\varphi(x-at)].$$

先看第二项，设当$t=0$时，观察者在$x=c$处看到的波形为

$$\varphi(x-at)=\varphi(c-a\cdot 0)=\varphi(c),$$

若观察者以速度a沿x轴的正向运动，则t时刻在$x=c+at$处，他所看到的波形为

$$\varphi(x-at)=\varphi(c+at-at)=\varphi(c).$$

由于t为任意时刻，这说明观察者在运动过程中随时可看到相同的波形$\varphi(c)$，可见，波形和观察者一样，以速度a沿x轴的正向传播.所以，以$\varphi(x-at)$代表以速度a沿x轴正向传播的波，称为正行波.而第一项$\varphi(x+at)$则当然代表以速度a沿x轴负向传播的波，称为反行波.正行波和反行波的叠加(相加)就给出弦的位移.

再讨论只有初速度的情况.此时式(6.1.11)给出

$$u(x,t)=\frac{1}{2a}\int_{x-at}^{x+at}\psi(s)\mathrm{d}s,$$

设 $\Psi(x)$ 为 $\frac{\psi(x)}{2a}$ 的一个原函数，即

$$\Psi(x)=\frac{1}{2a}\int_{x_0}^{x}\psi(s)\mathrm{d}s,$$

则此时有

$$u(x,t)=\Psi(x+at)-\Psi(x-at).$$

由此可见第一项也是反行波，第二项也是正行波，正、反行波的叠加（相减）给出弦的位移.

综上所述，d'Alembert 解表示正行波和反行波的叠加，因此，将这种先求方程通解，再由初始条件定出积分函数而得到定解问题解的方法称为行波法.

例 1　求解初始速度 $\psi(x)$ 为零，初始位移为

$$\varphi(x)=\begin{cases}0 & (x<-a),\\ 2+\dfrac{2x}{a} & (-a<x\leqslant 0),\\ 2-\dfrac{2x}{a} & (0<x\leqslant a),\\ 0 & (x>a).\end{cases}$$

的一维波动方程的定解问题.

解　直接由 d'Alembert 公式(6.1.11) 得出问题的解为

$$u(x,t)=\frac{1}{2}[\varphi(x+at)+\varphi(x-at)].$$

即初始位移(图 6.1.1 中最下一图的粗线)，它分为两半(该图细线)，分别向左右两个方向以速度 a 移动(图(6.1.1) 中由下而上的各图中的细线所示)，每经过时间间隔 $\frac{a}{4a}$，弦的位移由这两个行波的和给出(图(6.1.1) 中由下而上各图中的粗线).

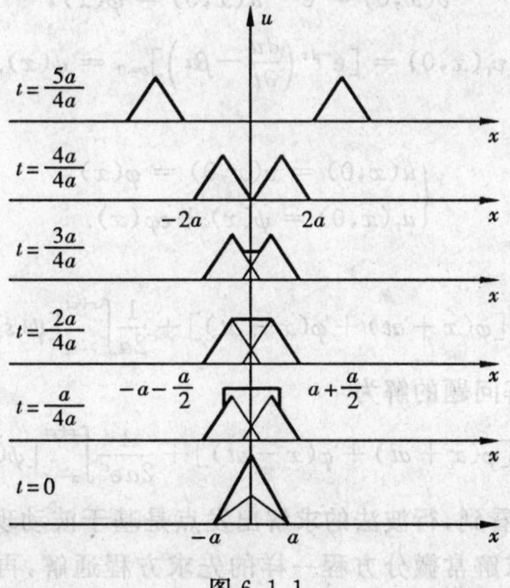

图 6.1.1

例 2 求解定解问题

$$\begin{cases} u_{tt} - a^2 u_{xx} = 0 \quad (-\infty < x < +\infty), \\ u(x,0) = \cos x, \quad u_t(x,0) = \dfrac{1}{1+x^2}. \end{cases}$$

解 此处 $\varphi(x) = \cos x, \psi(x) = \dfrac{1}{1+x^2}$ 由 d'Alembert 公式(6.1.11) 有

$$\begin{aligned} u(x,t) &= \frac{1}{2}[\cos(x+at) + \cos(x-at)] + \frac{1}{2a}\int_{x-at}^{x+at} \frac{1}{1+s^2}\mathrm{d}s \\ &= \cos at \cos x + \frac{1}{2a}[\arctan(x+at) - \arctan(x-at)]. \end{aligned}$$

例 3 试求解有阻尼的波动方程的初值问题

$$\begin{cases} v_{tt} - a^2 v_{xx} + 2\varepsilon v_t + \varepsilon^2 v = 0 \quad (-\infty < x < +\infty, t > 0), \\ v(x,0) = \varphi(x), \quad v_t = \psi(x). \end{cases}$$

解 本问题的泛定方程与无界弦的自由振动方程相比，多出了阻尼项，故不能直接应用 d'Alembert 公式(6.1.11)，对于阻力的作用，常常可以表示为其解中带有一个随时间成指数衰减的因子，即可令

$$v(x,t) = \mathrm{e}^{-\beta t} u(x,t) \quad (\text{其中 } \beta > 0 \text{ 是待定参数})$$

从而

$$v_t = \mathrm{e}^{-\beta t}\left(\frac{\partial u}{\partial t} - \beta u\right), \quad v_{tt} = \mathrm{e}^{-\beta t}(u_{tt} - 2\beta u_t + \beta^2 u), \quad v_{xx} = u_{xx}\mathrm{e}^{-\beta t}.$$

将以上关系代入到振动方程，得

$$u_{tt} - a^2 u_{xx} + (\varepsilon - \beta)u_t + (\varepsilon^2 - 2\varepsilon\beta + \beta^2)u = 0,$$

可见只要取 $\beta = \varepsilon$，则上述方程化成标准的波动方程

$$u_{tt} - a^2 u_{xx} = 0,$$

而初始条件变成

$$v(x,0) = \mathrm{e}^{-\varepsilon\cdot 0}u(x,0) = \varphi(x),$$

$$v_t(x,0) = \left[\mathrm{e}^{-\beta t}\left(\frac{\partial u}{\partial t} - \beta u\right)\right]_{t=0} = \psi(x).$$

即

$$\begin{cases} u(x,0) = v(x,0) = \varphi(x), \\ u_t(x,0) = \psi(x) + \varepsilon\varphi(x). \end{cases}$$

由 d'Alembert 公式

$$u(x,t) = \frac{1}{2}[\varphi(x+at) + \varphi(x-at)] + \frac{1}{2a}\int_{x-at}^{x+at}[\psi(s) + \varepsilon\varphi(s)]\mathrm{d}s,$$

代回原变量，即得原定解问题的解为

$$v(x,t) = \frac{1}{2\mathrm{e}^{\varepsilon t}}[\varphi(x+at) + \varphi(x-at)] + \frac{1}{2a\mathrm{e}^{\varepsilon t}}\int_{x-at}^{x+at}[\psi(s) + \varepsilon\varphi(s)]\mathrm{d}s.$$

由以上的讨论我们看到，行波法的求解出发点是基于波动现象的特点为背景的变量变换. 它所采用的是与求解常微分方程一样的先求方程通解，再用定解条件定积分函数的方法，故其思路上易于理解，且用之研究波动问题也很方便，但一般而言，由于偏微分

方程的通解不易求,用定解条件定特解有时也十分困难,这就使得这种解法有相当大的局限性,我们一般只用它求解波动问题.

6.2 三维波动方程的 Poisson 公式

上一节我们已经讨论了一维波动方程的初始值问题,得到了 d'Alembert 公式.但是只研究一维波动方程还不能满足实际工程技术上的要求,例如在研究交变电磁场时就要讨论三维波动方程,本节我们就来考虑在三维无限空间中的波动问题.即求解下列定解问题

$$\begin{cases}\dfrac{\partial^2 u}{\partial t^2}=a^2\left(\dfrac{\partial^2 u}{\partial x^2}+\dfrac{\partial^2 u}{\partial y^2}+\dfrac{\partial^2 u}{\partial z^2}\right) \quad (-\infty<x,y,z<+\infty,t>0), & (6.2.1)\\ u\big|_{t=0}=\varphi_0(x,y,z), & (6.2.2)\\ \dfrac{\partial u}{\partial t}\bigg|_{t=0}=\varphi_1(x,y,z). & (6.2.3)\end{cases}$$

这个定解问题仍可用行波法来解,不过由于坐标变量有三个,不能直接利用6.1节中所得到的通解公式.下面先考虑一个特例.

6.2.1 三维波动方程的球对称解

如果将波函数 u 用空间球坐标 (r,θ,φ) 来表示,所谓球对称就是指 u 与 θ,φ 都无关.在球坐标系中,波动方程(6.2.1)为

$$\frac{\partial^2 u}{\partial t^2}=a^2\left[\frac{1}{r^2}\frac{\partial}{\partial r}\left(r^2\frac{\partial u}{\partial r}\right)+\frac{1}{r^2\sin\theta}\frac{\partial}{\partial\theta}\left(\sin\theta\frac{\partial u}{\partial\theta}\right)+\frac{1}{r^2\sin^2\theta}\frac{\partial^2 u}{\partial\varphi^2}\right].$$

当 u 不依赖于 θ,φ 时,这个方程可简化为

$$\frac{1}{r^2}\frac{\partial}{\partial r}\left(r^2\frac{\partial u}{\partial r}\right)=\frac{1}{a^2}\frac{\partial^2 u}{\partial t^2},$$

或写成

$$r\frac{\partial^2 u}{\partial r^2}+2\frac{\partial u}{\partial r}=\frac{r}{a^2}\frac{\partial^2 u}{\partial t^2}.$$

但由于

$$r\frac{\partial^2 u}{\partial r^2}+2\frac{\partial u}{\partial r}=\frac{\partial^2 (ru)}{\partial r^2},$$

所以得到方程

$$\frac{\partial^2 (ru)}{\partial r^2}=\frac{1}{a^2}\frac{\partial^2 (ru)}{\partial t^2}.$$

这是关于 ru 的一维波动方程,其通解为

$$ru(r,t)=f_1(r+at)+f_2(r-at),$$

或

$$u(r,t)=\frac{f_1(r+at)+f_2(r-at)}{r}.$$

这就是三维波动方程的关于原点为球对称的解,其中 f_1,f_2 是两个任意二次连续可微的函数,这两个函数可以用指定的初始条件来确定.

6.2.2 三维波动方程的 Poisson 公式

现在我们来考虑一般的情况，即要求(6.2.1)，(6.2.2)，(6.2.3) 的解. 从上面对球对称情况的讨论使我们产生这样一个想法：既然在球对称的情况，函数 $ru(r,t)$ 满足一维波动方程，可以求出通解，那么在不是球对称的情况下能否设法把方程也化成可以求通解的形式呢？由于在非球对称时波函数 u 不能写成 r 与 t 的函数，而是 x,y,z,t 的函数，那么在非球对称情况下，ru 不可能满足一维波动方程. 但是，如果我们不去考虑波函数 u 本身，而是考虑 u 在以 $M(x,y,z)$ 为球心、以 r 为半径的球面上的平均值，则这个平均值当 x,y,z 暂时固定之后就只与 r,t 有关了. 这就启发我们先引入一个函数 $\overline{u}(r,t)$，它是函数 $u(x,y,z,t)$ 在以点 $M(x,y,z)$ 为中心、以 r 为半径的球面 S_r^M 上的平均值，即

$$\overline{u}(r,t)=\frac{1}{4\pi r^2}\iint\limits_{S_r^M}u(\xi,\eta,\zeta,t)\mathrm{d}S=\frac{1}{4\pi}\iint\limits_{S_1^M}u(\xi,\eta,\zeta,t)\mathrm{d}\omega, \tag{6.2.4}$$

其中 $\xi=x+r\sin\theta\cos\varphi,\eta=y+r\sin\theta\sin\varphi,\zeta=z+r\cos\theta$，是球面 S_r^M 上点的坐标，$\mathrm{d}S$ 是 S_r^M 上的面积元素. S_1^M 是以 M 为中心的单位球面，$\mathrm{d}\omega$ 是单位球面上的面积元素，在球面坐标系中 $\mathrm{d}\omega=\sin\theta\mathrm{d}\theta\mathrm{d}\varphi$，显然有 $\mathrm{d}S=r^2\mathrm{d}\omega$.

从式(6.2.4) 及 $u(x,y,z,t)$ 的连续性可知，当 $r\to 0$ 时，

$$\lim_{r\to 0}\overline{u}(r,t)=u(M,t),$$

即

$$\overline{u}(0,t)=u(M,t).$$

此处的 $u(M,t)$ 表示函数 u 在 M 点及时刻 t 的值，即定解问题(6.2.1)～(6.2.3) 的解.

下面先来推导 $\overline{u}(r,t)$ 所满足的微分方程. 对方程(6.2.1) 的两端在 S_r^M 所围成的球体 V_r^M 内积分[为了区别 V_r^M 内的流动点的坐标与球心 M 点的坐标(x,y,z)，我们以(x',y',z')表示 V_r^M 内流动点的坐标]，并应用 Gauss 公式可得

$$\begin{aligned}
\iiint\limits_{V_r^M}\frac{\partial^2u(x',y',z',t)}{\partial t^2}\mathrm{d}V&=a^2\iiint\limits_{V_r^M}\left(\frac{\partial^2u(x',y',z',t)}{\partial x'^2}+\frac{\partial^2u(x',y',z',t)}{\partial y'^2}+\frac{\partial^2u(x',y',z',t)}{\partial z'^2}\right)\mathrm{d}V\\
&=a^2\iiint\limits_{V_r^M}\left[\frac{\partial}{\partial x'}\left(\frac{\partial u(x',y',z',t)}{\partial x'}\right)+\frac{\partial}{\partial y'}\left(\frac{\partial u(x',y',z',t)}{\partial y'}\right)+\right.\\
&\qquad\left.\frac{\partial}{\partial z'}\left(\frac{\partial u(x',y',z',t)}{\partial z'}\right)\right]\mathrm{d}V\\
&=a^2\iint\limits_{S_r^M}\frac{\partial u(\xi,\eta,\zeta,t)}{\partial \boldsymbol{n}}\mathrm{d}S=a^2\iint\limits_{S_1^M}\frac{\partial u(\xi,\eta,\zeta,t)}{\partial \boldsymbol{n}}r^2\mathrm{d}\omega\\
&=a^2r^2\iint\limits_{S_1^M}\frac{\partial u(\xi,\eta,\zeta,t)}{\partial r}\mathrm{d}\omega=a^2r^2\frac{\partial}{\partial r}\iint\limits_{S_1^M}u(\xi,\eta,\zeta,t)\mathrm{d}\omega\\
&=4\pi a^2r^2\frac{\partial\overline{u}(r,t)}{\partial r}.
\end{aligned}\tag{6.2.5}$$

其中 $\boldsymbol{n}$ 是 S_r^M 的外法向矢量，$\frac{\partial}{\partial \boldsymbol{n}}$ 表示 $\boldsymbol{n}$ 方向上的方向导数.

式(6.2.5) 左端的积分也采用球面坐标表示并交换微分运算和积分运算的次序，得

$$\iiint\limits_{V_r^M}\frac{\partial^2 u(x',y',z',t)}{\partial t^2}\mathrm{d}V=\frac{\partial^2}{\partial t^2}\iiint\limits_{V_r^M}u(x',y',z',t)\mathrm{d}V$$
$$=\frac{\partial^2}{\partial t^2}\iiint\limits_{V_r^M}u(x',y',z',t)\rho^2\mathrm{d}\omega\mathrm{d}\rho$$
$$=\frac{\partial^2}{\partial t^2}\int_0^{2\pi}\int_0^{\pi}\int_0^{r}u(x+\rho\sin\theta\cos\varphi,y+\rho\sin\theta\sin\varphi,z+\rho\cos\theta,t)\rho^2\sin\theta\mathrm{d}\theta\mathrm{d}\varphi\mathrm{d}\rho$$
$$=\frac{\partial^2}{\partial t^2}\iint\limits_{S_1^M}\mathrm{d}\omega\int_0^{r}u(x+\rho\sin\theta\cos\varphi,y+\rho\sin\theta\sin\varphi,z+\rho\cos\theta,t)\rho^2\mathrm{d}\rho.$$

代回式(6.2.5)中，得

$$\frac{\partial^2}{\partial t^2}\iint\limits_{S_1^M}\mathrm{d}\omega\int_0^{r}u(x+\rho\sin\theta\cos\varphi,y+\rho\sin\theta\sin\varphi,z+\rho\cos\theta,t)\rho^2\mathrm{d}\rho$$
$$=4\pi a^2r^2\frac{\partial\bar{u}(r,t)}{\partial r}.$$

上式两端对 r 微分一次，并利用变上限定积分对上限求导数的规则，得

$$\frac{\partial^2}{\partial t^2}\iint\limits_{S_1^M}u(\xi,\eta,\zeta,t)r^2\mathrm{d}\omega=4\pi a^2\frac{\partial}{\partial r}\left[r^2\frac{\partial\bar{u}(r,t)}{\partial r}\right],$$

或

$$\frac{\partial^2\bar{u}(r,t)}{\partial t^2}=\frac{a^2}{r^2}\frac{\partial}{\partial r}\left[r^2\frac{\partial\bar{u}(r,t)}{\partial r}\right].$$

又因为

$$\frac{1}{r^2}\frac{\partial}{\partial r}\left[r^2\frac{\partial\bar{u}(r,t)}{\partial r}\right]=\frac{1}{r}\frac{\partial^2[r\bar{u}(r,t)]}{\partial r^2},$$

故得

$$\frac{\partial^2[r\bar{u}(r,t)]}{\partial t^2}=a^2\frac{\partial^2[r\bar{u}(r,t)]}{\partial r^2}.$$

这是一个关于 $r\bar{u}(r,t)$ 的一维波动方程，它的通解为

$$r\bar{u}(r,t)=f_1(r+at)+f_2(r-at).\tag{6.2.6}$$

其中 f_1,f_2 是两个二次连续可微的任意函数.

下面的任务是用式(6.2.6)及(6.2.2)、(6.2.3)来确定原 Cauchy 问题的解 $u(M,t)$. 由式(6.2.6)得到

$$f_1(r)+f_2(r)=r\bar{u}(r,t)\big|_{t=0},$$
$$af_1'(r)-af_2'(r)=\frac{\partial}{\partial t}[r\bar{u}(r,t)]\Big|_{t=0}.$$

但

$$r\bar{u}(r,t)\big|_{t=0}=r\bar{\varphi}_0(r),$$
$$\frac{\partial}{\partial t}[r\bar{u}(r,t)]\Big|_{t=0}=r\bar{\varphi}_1(r).$$

其中 $\bar{\varphi}_0(r),\bar{\varphi}_1(r)$ 分别是 $\varphi_0(x,y,z)$ 与 $\varphi_1(x,y,z)$ 在球面 S_r^M 上的平均值. 所以有

$$f_1(r)+f_2(r)=r\bar{\varphi}_0(r),\tag{6.2.7}$$
$$f_1'(r)-f_2'(r)=\frac{r}{a}\bar{\varphi}_1(r).\tag{6.2.8}$$

由此可求解得

$$f_1(r)=\frac{1}{2}\left[r\overline{\varphi}_0(r)+\frac{1}{a}\int_0^a\rho\overline{\varphi}_1(\rho)\mathrm{d}\rho+C\right],$$

$$f_2(r)=\frac{1}{2}\left[r\overline{\varphi}_0(r)-\frac{1}{a}\int_0^a\rho\overline{\varphi}_1(\rho)\mathrm{d}\rho-C\right].$$

代回式(6.2.6)，得

$$\overline{u}(r,t)=\frac{(r+at)\overline{\varphi}_0(r+at)+(r-at)\overline{\varphi}_0(r-at)}{2r}+\frac{1}{2ar}\int_{r-at}^{r+at}\rho\overline{\varphi}_1(\rho)\mathrm{d}\rho, \tag{6.2.9}$$

此外，若将式(6.2.4)写成

$$\overline{u}(r,t)=\frac{1}{4\pi}\iint\limits_{\alpha_1^2+\alpha_2^2+\alpha_3^2=1}u(x+r\alpha_1,y+r\alpha_2,z+r\alpha_3,t)\mathrm{d}\omega,$$

其中 $r>0,\alpha_1=\sin\theta\cos\varphi,\alpha_2=\sin\theta\sin\varphi,\alpha_3=\cos\theta$，则可利用下式

$$\begin{aligned}\overline{u}(-r,t)&=\frac{1}{4\pi}\iint\limits_{\alpha_1^2+\alpha_2^2+\alpha_3^2=1}u(x+r(-\alpha_1),y+r(-\alpha_2),z+r(-\alpha_3),t)\mathrm{d}\omega\\&=\frac{1}{4\pi}\iint\limits_{\beta_1^2+\beta_2^2+\beta_3^2=1}u(x+r\beta_1,y+r\beta_2,z+r\beta_3,t)\mathrm{d}\omega,\end{aligned}$$

将 $\overline{u}(r,t)$ 拓广到 $r<0$ 的范围内，并且比较上面两式可知

$$\overline{u}(-r,t)=\overline{u}(r,t),$$

即 $\overline{u}(r,t)$ 是 r 的偶函数. 同理，$\overline{\varphi}_0(r)$ 与 $\overline{\varphi}_1(r)$ 也是偶函数. 注意到这些事实后，我们可将式(6.2.9)写成

$$\overline{u}(r,t)=\frac{(r+at)\overline{\varphi}_0(r+at)-(at-r)\overline{\varphi}_0(at-r)}{2r}+\frac{1}{2ar}\int_{r-at}^{r+at}\rho\overline{\varphi}_1(\rho)\mathrm{d}\rho,$$

令 $r\to 0$，并利用 L'Hospital(洛必塔)法则，得到

$$\begin{aligned}\overline{u}(0,t)&=\overline{\varphi}_0(at)+at\,\overline{\varphi}_0'(at)+t\overline{\varphi}_1(at)=\frac{1}{a}\frac{\partial}{\partial t}[(at)\overline{\varphi}_0(at)]+t\overline{\varphi}_1(at)\\&=\frac{1}{4\pi a}\frac{\partial}{\partial t}\iint\limits_{S_{at}^M}\frac{\varphi_0(x+at\sin\theta\cos\varphi,y+at\sin\theta\sin\varphi,z+at\cos\theta,t)}{at}\times(at)^2\sin\theta\mathrm{d}\varphi\mathrm{d}\theta\\&\quad+\frac{t}{4\pi}\iint\limits_{S_{at}^M}\frac{\varphi_1(x+at\sin\theta\cos\varphi,y+at\sin\theta\sin\varphi,z+at\cos\theta,t)}{(at)^2}\times(at)^2\sin\theta\mathrm{d}\varphi\mathrm{d}\theta,\end{aligned}$$

或简记成

$$u(M,t)=\frac{1}{4\pi a}\frac{\partial}{\partial t}\iint\limits_{S_{at}^M}\frac{\varphi_0}{at}\mathrm{d}S+\frac{1}{4\pi a}\iint\limits_{S_{at}^M}\frac{\varphi_1}{at}\mathrm{d}S. \tag{6.2.10}$$

式(6.2.10)称为三维波动方程的 Poisson 公式. 不难验证，当 $\varphi_0(x,y,z)$ 是三次连续可微的函数，$\varphi_1(x,y,z)$ 是二次连续可微的函数时，由式(6.2.10)所确定的函数确实是原定解问题的解.

下面举一个例子，说明 Poisson 公式(6.2.10)的用法.

例 1 求解定解问题

$$\begin{cases}u_{tt}=a^2\nabla^2u & (-\infty<x,y,z<+\infty,t>0),\\ u|_{t=0}=x^3+y^2z, & u_t|_{t=0}=0.\end{cases}$$

解　这里 $\varphi_0(x,y,z)=x^3+y^2z,\varphi_1(x,y,z)=0$,将这些给定的初始条件代入到 Poisson 公式(6.2.10),并计算其中的积分,就可以得到问题的解

$$
\begin{aligned}
u(x,y,z,t) &= \frac{1}{4\pi a}\frac{\partial}{\partial t}\iint\limits_{S_{at}^M}\frac{\varphi_0(M')}{at}\mathrm{d}S \\
&= \frac{1}{4\pi a}\frac{\partial}{\partial t}\int_0^{2\pi}\int_0^{\pi}\frac{\varphi_0(\xi,\eta,\zeta)}{at}(at)^2\sin\theta\mathrm{d}\theta\mathrm{d}\varphi \\
&= \frac{1}{4\pi}\frac{\partial}{\partial t}\left\{t\int_0^{2\pi}\int_0^{\pi}[(x+at\sin\theta\cos\varphi)^3+(y+at\sin\theta\sin\varphi)^2(z+at\cos\theta)]\sin\theta\mathrm{d}\theta\mathrm{d}\varphi\right\} \\
&= x^3+3a^2t^2x+y^2z+a^2t^2z.
\end{aligned}
$$

上式中的积分和微分运算是由 Maple 完成的:

```
>u(theta,phi) :=((x+a*t*sin(theta)*cos(phi))^3+(y+a*t*sin(theta)*sin(phi))
^2*(z+a*t*cos(theta)))*sin(theta);
```

$$u(\theta,\phi):=((x+at\sin(\theta)\cos(\phi))^3+(y+at\sin(\theta)\sin(\phi))^2(z+at\cos(\theta)))\sin(\theta)$$

```
>v(phi) :=int(u(theta,phi),theta = 0..Pi);
```

$$v(\phi):=2x^3+4xa^2t^2\cos(\phi)^2+2y^2z+\frac{2}{3}a^2t^2\sin(\phi)^2z+\frac{3}{8}a^3t^3\cos(\phi)^3\pi+\frac{2a^2t^2z}{3}$$
$$+yat\sin(\phi)z\pi-\frac{2}{3}a^2t^2z\cos(\phi)^2+\frac{3}{2}x^2at\cos(\phi)\pi$$

```
>w(t) :=int(v(phi),phi = 0..2*Pi);
```

$$w(t):=4xa^2t^2\pi+4x^3\pi+4y^2z\pi+\frac{4a^2t^2z\pi}{3}$$

```
>r :=(1/(4*Pi))*diff(w(t)*t,t);
```

$$r:=\frac{\left(8xa^2t\pi+\frac{8a^2tz\pi}{3}\right)t+4xa^2t^2\pi+4x^3\pi+4y^2z\pi+\frac{4a^2t^2z\pi}{3}}{4\pi}$$

```
>simplify(r);
```

$$3xa^2t^2+a^2t^2z+x^3+y^2z$$

6.2.3 Poisson 公式的物理意义

下面我们来说明解式(6.2.10)的物理意义.

从式(6.2.10)可以看出,为求出定解问题(6.2.1),(6.2.2),(6.2.3)的解在 (x,y,z,t) 处的值,只需要以 $M(x,y,z)$ 为球心、以 at 为半径作出球面 S_{at}^M,然后将初始扰动 φ_0,φ_1 代入式(6.2.10)进行积分.因为积分只在球面上进行,所以只有与 M 相距为 at 的点上的初始扰动能够影响 $u(x,y,z,t)$ 的值.或者,换一种说法,就是 $M_0(\xi,\eta,\zeta)$ 处的初始扰动,在时刻 t 只影响到以 M_0 为球心、以 at 为半径的球面 $S_{at}^{M_0}$ 上各点,这是因为以 S_{at}^M 上任一点为球心,以 at 为半径所作的球面都必定经过点 M_0.这就表明扰动是以速度 a 传播的.为了明确起见,设初始扰动只限于区域 Ω_0,任取一点 M,它与 Ω_0 的最小距离为 d,最大距离为 D(图 6.2.1),由 Poisson 公式(6.2.10)可知,当 $at<d$,即 $t<\dfrac{d}{a}$ 时,

$u(x,y,z,t)=0$，这表明扰动的"前锋"还未到达；当 $d<at<D$，即 $\frac{d}{a}<t<\frac{D}{a}$ 时，$u(x,y,z,t)\neq 0$，这表明扰动已经到达；当 $at>D$，即 $t>\frac{D}{a}$ 时，$u(x,y,z,t)=0$，这表明扰动的"阵尾"已经过去并恢复了原来的状态. 因此，当初始扰动限制在空间某局部范围内时，扰动有清晰的"前锋"与"阵尾"，这种现象在物理学中称为 Huygens 原理或无后效现象. 由于在点 (ξ,η,ζ) 的初始扰动是向各方向传播的，在时间 t，它的影响是在以 (ξ,η,ζ) 为中心、以 at 为半径的一个球面上，因此解(6.2.10)称为球面波.

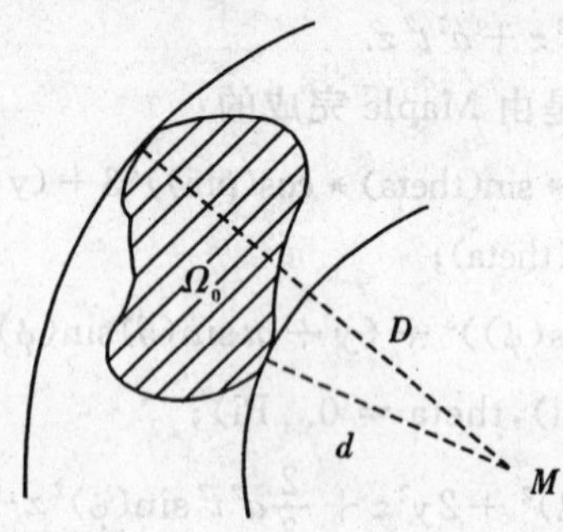

图 6.2.1

从式(6.2.10)我们也可以得到二维波动方程初始值问题的解. 事实上，如果 u 与 z 无关，则 $\frac{\partial u}{\partial z}=0$，这时三维波动方程的初始值问题就变成二维波动方程的初始值问题：

$$\begin{cases}\dfrac{\partial^2 u}{\partial t^2}=a^2\left(\dfrac{\partial^2 u}{\partial x^2}+\dfrac{\partial^2 u}{\partial y^2}\right) & (-\infty<x,y<+\infty,t>0),\\ u\big|_{t=0}=\varphi_0(x,y), \\ \dfrac{\partial u}{\partial t}\bigg|_{t=0}=\varphi_1(x,y).\end{cases} \tag{6.2.11}$$

要想从 Poisson 公式(6.2.10)得到(6.2.11)解的表达式，就应将式(6.2.10)中两个沿球面 S_{at}^M 的积分转化成沿圆域 $C_{at}^M:(\xi-x)^2+(\eta-y)^2\leqslant(at)^2$ 内的积分. 下面以 $\frac{1}{4\pi a}\iint\limits_{S_{at}^M}\frac{\varphi_1}{r}\mathrm{d}S$ 为例说明这个转化方法. 先将这个积分拆成两部分：

$$\frac{1}{4\pi a}\iint\limits_{S_{at}^M}\frac{\varphi_1}{r}\mathrm{d}S=\frac{1}{4\pi a}\iint\limits_{S_1^M}\frac{\varphi_1}{r}\mathrm{d}S+\frac{1}{4\pi a}\iint\limits_{S_2^M}\frac{\varphi_1}{r}\mathrm{d}S, \tag{6.2.12}$$

其中 S_1，S_2 分别表示球面 S_{at}^M 的上半球面与下半球面. 在上半球面 S_1 上外法向矢量的方向余弦为

$$\cos\gamma=\frac{\sqrt{a^2t^2-(\xi-x)^2-(\eta-y)^2}}{at};$$

在下半球面 S_2 上外法向矢量的方向余弦为

$$\cos\gamma=-\frac{\sqrt{a^2t^2-(\xi-x)^2-(\eta-y)^2}}{at}.$$

其中 γ 为法矢量与 z 轴正向的夹角. 将式(6.2.10)右端两个曲面积分化成重积分得

$$\frac{1}{4\pi a}\iint_{S_{at}^M}\frac{\varphi_1}{r}\mathrm{d}S=\frac{1}{4\pi a}\iint_{C_{at}^M}\frac{\varphi_1(\xi,\eta)}{at}\frac{at}{\sqrt{a^2t^2-(\xi-x)^2-(\eta-y)^2}}\mathrm{d}\xi\mathrm{d}\eta$$

$$-\frac{1}{4\pi a}\iint_{C_{at}^M}\frac{\varphi_1(\xi,\eta)}{at}\left[-\frac{at}{\sqrt{a^2t^2-(\xi-x)^2-(\eta-y)^2}}\right]\mathrm{d}\xi\mathrm{d}\eta$$

$$=\frac{1}{2\pi a}\iint_{C_{at}^M}\frac{\varphi_1(\xi,\eta)}{\sqrt{a^2t^2-(\xi-x)^2-(\eta-y)^2}}\mathrm{d}\xi\mathrm{d}\eta,$$

同理有

$$\frac{1}{4\pi a}\iint_{S_{at}^M}\frac{\varphi_0}{r}\mathrm{d}S=\frac{1}{2\pi a}\iint_{C_{at}^M}\frac{\varphi_0(\xi,\eta)}{\sqrt{a^2t^2-(\xi-x)^2-(\eta-y)^2}}\mathrm{d}\xi\mathrm{d}\eta.$$

将这两个等式代入式(6.2.10)，即得(6.2.11)的解

$$u(x,y,t)=\frac{1}{2\pi a}\left\{\frac{\partial}{\partial t}\iint_{C_{at}^M}\frac{\varphi_0(\xi,\eta)}{\sqrt{a^2t^2-(\xi-x)^2-(\eta-y)^2}}\mathrm{d}\xi\mathrm{d}\eta+\right.$$

$$\left.\iint_{C_{at}^M}\frac{\varphi_1(\xi,\eta)}{\sqrt{a^2t^2-(\xi-x)^2-(\eta-y)^2}}\mathrm{d}\xi\mathrm{d}\eta\xi\right\}. \tag{6.2.13}$$

例 2　求解下列定解问题

$$\begin{cases}u_{tt}=a^2(u_{xx}+u_{yy}) & (-\infty<x,y<+\infty,t>0),\\ u(x,y,0)=x^2(x+y) & (-\infty<x,y<+\infty),\\ u_t(x,y,0)=0.\end{cases}$$

解　由二维 Poisson 公式有

$$u(x,y,t)$$

$$=\frac{1}{2\pi a}\frac{\partial}{\partial t}\int_0^{at}\int_0^{2\pi}\frac{\varphi(x+\rho\cos\theta,y+\rho\sin\theta)}{\sqrt{(at)^2-\rho^2}}\rho\mathrm{d}\theta\mathrm{d}\rho$$

$$=\frac{1}{2\pi a}\frac{\partial}{\partial t}\int_0^{at}\int_0^{2\pi}\frac{(x+\rho\cos\theta)^2(x+\rho\cos\theta+y+\rho\sin\theta)}{\sqrt{(at)^2-\rho^2}}\rho\mathrm{d}\theta\mathrm{d}\rho,$$

其中 $\rho=\sqrt{(\xi-x)^2+(\eta-y)^2}$，$\theta$ 为极坐标变量. 由初始条件有

$$\varphi(x+\rho\cos\theta,y+\rho\sin\theta)=(x+\rho\cos\theta)^2(x+y+\rho\cos\theta+\rho\sin\theta)$$

$$=x^2(x+y)+2x(x+y)\rho\cos\theta+(x+y)\rho^2\cos^2\theta+$$

$$x^2\rho(\sin\theta+\cos\theta)+2x\rho^2(\sin\theta+\cos\theta)\cos\theta+$$

$$\rho^3\cos^2\theta(\sin\theta+\cos\theta).$$

由三角函数的周期性、正交性、倍角公式等可得，$\cos\theta,\sin\theta,\cos\theta\sin\theta,\cos^3\theta,\cos^2\theta\sin\theta$ 在 $[0,2\pi]$ 上积分均为零，而

$$\int_0^{2\pi}\cos^2\theta\mathrm{d}\theta=\pi,$$

故有

$$\int_0^{at}\int_0^{2\pi}\frac{\varphi(x+\rho\cos\theta,y+\rho\sin\theta)}{\sqrt{(at)^2-\rho^2}}\rho\mathrm{d}\theta\mathrm{d}\rho$$

$$=2\pi x^2(x+y)\int_0^{at}\frac{\rho\mathrm{d}\rho}{\sqrt{(at)^2-\rho^2}}+\pi(3x+y)\int_0^{at}\frac{\rho^3\mathrm{d}\rho}{\sqrt{(at)^2-\rho^2}}$$

$$= 2\pi x^2(x+y)at + \frac{2}{3}\pi(3x+y)a^3t^3,$$

于是

$$u(x,y,t) = \frac{1}{2\pi a}\frac{\partial}{\partial t}\left[2\pi x^2(x+y)at + \frac{2}{3}\pi(3x+y)a^3t^3\right]$$

$$= x^2(x+y) + a^2t^2(3x+y).$$

可见上述中积分的计算并不简单,利用 Maple 可以方便地得出结果

>u(rho,theta) :=(x+rho*cos(theta))^2*(x+y+rho*cos(theta)+rho*sin(theta))*rho/(sqrt(a^2*t^2-rho^2));

$$u(\rho,\theta) := \frac{(x+\rho\cos(\theta))^2(x+y+\rho\cos(\theta)+\rho\sin(\theta))\rho}{\sqrt{a^2t^2-\rho^2}}$$

>v(rho) :=int(u(rho,theta),theta = 0..2*Pi);

$$v(\rho) := \frac{\rho\pi(2x^3+\rho^2y+2x^2y+3x\rho^2)}{\sqrt{a^2t^2-\rho^2}}$$

>w(t) :=int(v(rho),rho = 0..a*t);

$$w(t) := \frac{2a^2t^2(3x^3+3x^2y+a^2t^2y+3xa^2t^2)\pi}{3\sqrt{a^2t^2}}$$

>r :=simplify((1/(2*Pi*a))*diff(w(t),t));

$$r := \frac{at(x^3+x^2y+a^2t^2y+3xa^2t^2)}{\sqrt{a^2t^2}}$$

从式(6.2.13)和例 2 可以看出,要计算解 u 在(x,y,t)处的值,只要以 $M(x,y)$ 为中心、以 at 为半径作圆域 C_{at}^M,然后将初始扰动代入式(6.2.13)进行积分.为清楚起见,设初始扰动仍限于区域 Ω_0,并且 d,D 分别表示点 $M(x,y)$ 与 Ω_0 的最小和最大距离,则当 $t<\frac{d}{a}$ 时,$u(x,y,t)=0$;当 $\frac{d}{a}<t<\frac{D}{a}$ 时,$u(x,y,t)\neq 0$;当 $t>\frac{D}{a}$ 时,由于圆域 C_{at}^M 包含了区域 Ω_0,所以 $u(x,y,t)$ 仍不为零,这种现象称为有后效,即在二维情形,局部范围内的初始扰动,具有长期的连续的后效特性,扰动有清晰的“前锋”,而无“阵尾”,这一点与球面波不同.

平面上以点(ξ,η)为中心的圆周的方程$(x-\xi)^2+(y-\eta)^2=r^2$ 在空间坐标系内表示母线平行于 z 轴的直圆柱面,所以在过(ξ,η)点平行于 z 轴的无限长的直线上的初始扰动,在时间 t 后的影响是在以该直线为轴、at 为半径的圆柱面内,因此解(6.2.13)称为柱面波.

6.3 Fourier 积分变换法求定解问题

第 3 章和第 5 章介绍的分离变量法主要用于求解各种有界区域问题.对于无界区域或半无界区域,采用求解数理方程的另一种常用方法——积分变换法,比较方便.

所谓积分变换,就是把某函数类 A 中的函数 $f(x)$,经过某种可逆的积分运算

$$F(p)=\int_a^b k(x,p)f(x)\mathrm{d}x, \tag{6.3.1}$$

变成另一函数类 B 中的函数 $F(p)$，$F(p)$ 称为 $f(x)$ 的像函数，$f(x)$ 称为像原函数，而 $k(x,p)$ 是 p 和 x 的已知函数，称为积分变换的核. 在这种变换下，原来的偏微分方程可以减少自变量的个数，直至变成常微分方程，原来的常微分方程，可以变成代数方程，从而使在函数类 B 中的运算简化，找出在 B 中的一个解，再经过逆变换，便得到原来要在 A 中所要求的解.

积分变换的种类很多，如 Fourier 变换，Laplace 变换，Hankel 变换，Mellin 变换等. 本书只介绍常用的 Fourier 变换和 Laplace 变换. 这一节介绍 Fourier 变换及解数学物理问题的 Fourier 变换法，下一节重点介绍 Laplace 变换和 Laplace 变换法.

6.3.1　预备知识——Fourier 变换及性质

1. Fourier 变换

函数 $f(x)$ 的 Fourier 变换记为

$$F[f(x)]=G(\omega)=\int_{-\infty}^{+\infty} f(x)\mathrm{e}^{-\mathrm{i}\omega x}\mathrm{d}x, \tag{6.3.2}$$

$G(\omega)$ 称为 $f(x)$ 的像函数. Fourier 逆变换（或称 Fourier 反演）定义为

$$F^{-1}[G(\omega)]=f(x)=\frac{1}{2\pi}\int_{-\infty}^{+\infty} G(\omega)\mathrm{e}^{\mathrm{i}\omega x}\mathrm{d}\omega, \tag{6.3.3}$$

$f(x)$ 称为 $G(\omega)$ 的像原函数. 因此，当 $f(x)$ 满足 Fourier 积分定理条件时，有

$$f(x)=F^{-1}[F(f(x))],$$

这是 Fourier 变换和其逆变换之间的一个重要关系.

例 1　求指数衰减函数

$$f(t)=\begin{cases}0, & t<0,\\ \mathrm{e}^{-\beta t}, & t\geqslant 0\quad(\beta>0).\end{cases}$$

的 Fourier 变换和 $f(t)$ 的积分表示.

解　由 Fourier 积分变换的公式，有

$$F(\omega)=\int_{-\infty}^{+\infty} f(t)\mathrm{e}^{-\mathrm{i}\omega t}\mathrm{d}t=\int_0^{+\infty}\mathrm{e}^{-\beta t}\mathrm{e}^{-\mathrm{i}\omega t}\mathrm{d}t=\frac{1}{\beta+\mathrm{i}\omega}=\frac{\beta-\mathrm{i}\omega}{\beta^2+\omega^2}.$$

由 Fourier 反变换公式，得 $f(t)$ 的积分表示为

$$f(t)=\frac{1}{2\pi}\int_{-\infty}^{+\infty}\frac{\beta-\mathrm{i}\omega}{\beta^2+\omega^2}\mathrm{e}^{\mathrm{i}\omega t}\mathrm{d}\omega=\frac{1}{2\pi}\int_{-\infty}^{+\infty}\frac{\beta-\mathrm{i}\omega}{\beta^2+\omega^2}[\cos(\omega t)+\mathrm{i}\sin(\omega t)]\mathrm{d}\omega,$$

由于 $f(t)$ 是实函数，故

$$f(t)=\frac{1}{2\pi}\int_{-\infty}^{+\infty}\frac{\beta\cos(\omega t)+\omega\sin(\omega t)}{\beta^2+\omega^2}\mathrm{d}\omega=\frac{1}{\pi}\int_0^{+\infty}\frac{\beta\cos(\omega t)+\omega\sin(\omega t)}{\beta^2+\omega^2}\mathrm{d}\omega.$$

这就是指数衰减函数 $f(t)$ 的积分表达式. 于是推得一个含参变量的广义积分的结果是

$$\int_0^{+\infty}\frac{\beta\cos(\omega t)+\omega\sin(\omega t)}{\beta^2+\omega^2}\mathrm{d}\omega=\begin{cases}0, & t<0,\\ \dfrac{\pi}{2}, & t=0,\\ \pi\mathrm{e}^{-\beta t}, & t>0.\end{cases}$$

2. 三维 Fourier 变换

若记

$$\begin{cases}\boldsymbol{\omega}=\boldsymbol{e}_1\omega_1+\boldsymbol{e}_2\omega_2+\boldsymbol{e}_3\omega_3,\\ \boldsymbol{r}=\boldsymbol{e}_1x+\boldsymbol{e}_2y+\boldsymbol{e}_3z,\\ f(\boldsymbol{r})=f(x,y,z),\\ \mathrm{d}\boldsymbol{r}=\mathrm{d}x\mathrm{d}y\mathrm{d}z,\mathrm{d}\boldsymbol{\omega}=\mathrm{d}\omega_1\mathrm{d}\omega_2\mathrm{d}\omega_3,\end{cases}\tag{6.3.4}$$

则三维 Fourier 变换及反演公式可记为

$$F[f(\boldsymbol{r})]=G(\boldsymbol{\omega})=\int_{-\infty}^{+\infty}\int_{-\infty}^{+\infty}\int_{-\infty}^{+\infty}f(\boldsymbol{r})\mathrm{e}^{-\mathrm{i}\boldsymbol{\omega}\cdot\boldsymbol{r}}\mathrm{d}\boldsymbol{r},\tag{6.3.5}$$

$G(\boldsymbol{\omega})$ 称为 $f(\boldsymbol{r})$ 的像函数,其逆变换为

$$F^{-1}[G(\boldsymbol{\omega})]=f(\boldsymbol{r})=\frac{1}{(2\pi)^3}\int_{-\infty}^{+\infty}\int_{-\infty}^{+\infty}\int_{-\infty}^{+\infty}G(\boldsymbol{\omega})\mathrm{e}^{\mathrm{i}\boldsymbol{\omega}\cdot\boldsymbol{r}}\mathrm{d}\boldsymbol{\omega},\tag{6.3.6}$$

$f(\boldsymbol{r})$ 称为 $G(\boldsymbol{\omega})$ 的像原函数.

3. Fourier 变换的性质

下面我们列出 Fourier 变换的几个基本性质,但不给出证明,读者可参考其他文献.设 $F[f(x)]=G(\omega)$,并且约定,当涉及一个函数需要进行 Fourier 变换时,这个函数总是满足变换条件.

(1) 线性性质

若 α,β 为任意常数,则对任意函数 f_1 和 f_2,有

$$F(\alpha f_1+\beta f_2)=\alpha F(f_1)+\beta F(f_2).\tag{6.3.7}$$

(2) 延迟性质

设 ω_0 为任意常数,则

$$F(\mathrm{e}^{\mathrm{i}\omega_0 x}f(x))=G(\omega-\omega_0).\tag{6.3.8}$$

(3) 位移性质

设 x_0 为任意常数,则

$$F[f(x-x_0)]=\mathrm{e}^{-\mathrm{i}\omega x_0}F[f(x)].\tag{6.3.9}$$

(4) 相似性质

设 a 为不为零的常数,则

$$F[f(ax)]=\frac{1}{|a|}G\left(\frac{\omega}{a}\right).\tag{6.3.10}$$

(5) 微分性质

若当 $|x|\to\infty$ 时,$f(x)\to 0$,$f^{n-1}(x)\to 0$(其中 $n=1,2,\cdots$),

则

$$\begin{gathered}F[f'(x)]=\mathrm{i}\omega F[f(x)],\\ F[f''(x)]=(\mathrm{i}\omega)^2F[f(x)],\\ \vdots\\ F[f^{(n)}(x)]=(\mathrm{i}\omega)^nF[f(x)].\end{gathered}\tag{6.3.11}$$

(6) 积分性质

$$F\left[\int_{x_0}^{x} f(\xi)\mathrm{d}\xi\right]=\frac{1}{\mathrm{i}\omega}F[f(x)]. \tag{6.3.12}$$

(7) 卷积性质

已知函数 $f_1(x)$ 和 $f_2(x)$，则定义积分

$$\int_{-\infty}^{+\infty} f_1(\xi)f_2(x-\xi)\mathrm{d}\xi$$

为函数 $f_1(x)$ 和 $f_2(x)$ 的卷积，记作 $f_1(x)*f_2(x)$，即

$$f_1(x)*f_2(x)=\int_{-\infty}^{+\infty} f_1(\xi)f_2(x-\xi)\mathrm{d}\xi. \tag{6.3.13}$$

(8) 卷积定理

$$F[f_1(x)*f_2(x)]=F[f_1(x)]\cdot F[f_2(x)]. \tag{6.3.14}$$

(9) 像函数的卷积定理

$$F[f_1(x)\cdot f_2(x)]=\frac{1}{2\pi}F[f_1(x)]*F[f_2(x)]. \tag{6.3.15}$$

可以证明，三维函数 $f(\boldsymbol{r})$ 的 Fourier 变换亦具有上述性质.

6.3.2　Fourier 变换法

下面我们用具体的实例来说明 Fourier 积分变换在求解定解问题中的应用.

例 2　求解弦振动方程的初值问题

$$\begin{cases} u_{tt}=a^2u_{xx} & (-\infty<x<+\infty,t>0), & (6.3.16)\\ u(x,0)=\varphi(x) & (-\infty<x<+\infty), & (6.3.17)\\ u_t(x,0)=0 & (-\infty<x<+\infty). & (6.3.18)\end{cases}$$

解　视 t 为参数，对式(6.3.16)、(6.3.17) 和(6.3.18) 的两端均进行 Fourier 变换，并记

$$F[u(x,t)]=\overline{u}(\omega,t);\quad F[\varphi(x)]=\overline{\varphi}(\omega),$$

则有

$$\begin{cases}\dfrac{\mathrm{d}^2\overline{u}}{\mathrm{d}t^2}=-a^2\omega^2\overline{u},\\ \overline{u}(\omega,0)=\overline{\varphi}(\omega),\\ \overline{u}_t(\omega,0)=0.\end{cases}$$

这是带参数 ω 的常微分方程的初值问题，解之得

$$\overline{u}(\omega,t)=\overline{\varphi}(\omega)\cos a\omega t.$$

于是由逆变换公式(6.3.3)，得定解问题(6.3.16) ~ (6.3.18) 的解为

$$\begin{aligned}u(x,t)&=F^{-1}[\overline{u}(\omega,t)]=F^{-1}[\overline{\varphi}(\omega)\cos a\omega t]\\ &=\frac{1}{2\pi}\int_{-\infty}^{+\infty}\overline{\varphi}(\omega)\cos a\omega t\,\mathrm{e}^{\mathrm{i}\omega x}\mathrm{d}\omega\\ &=\frac{1}{4\pi}\int_{-\infty}^{+\infty}\overline{\varphi}(\omega)[\mathrm{e}^{\mathrm{i}\omega(x+at)}+\mathrm{e}^{\mathrm{i}\omega(x-at)}]\mathrm{d}\omega\\ &=\frac{1}{2}[\varphi(x+at)+\varphi(x-at)].\end{aligned}$$

这与 d'Alembert 公式所得到的结果一致,最后一步应用了位移定理式(6.3.9).

例 3 求无界杆的热传导问题

$$\begin{cases} u_t = a^2 u_{xx} + f(x,t) & (-\infty < x < +\infty, t > 0), \quad (6.3.19) \\ u(x,0) = \varphi(x) & (-\infty < x < +\infty). \quad (6.3.20) \end{cases}$$

解 对式(6.3.19)和式(6.3.20)两端关于 x 分别进行 Fourier 变换,并记

$$F[u(x,t)] = \overline{u}(\omega,t);$$

$$F[\varphi(x)] = \overline{\varphi}(\omega); \quad F[f(x,t)] = \overline{f}(\omega,t).$$

则有

$$\begin{cases} \dfrac{d^2\overline{u}}{dt^2} = -a^2\omega^2\overline{u} + \overline{f}(\omega,t), \\ \overline{u}(\omega,0) = \overline{\varphi}(\omega). \end{cases}$$

这是带参数 ω 关于变量 t 的常微分方程的初值问题,解之得

$$\overline{u}(\omega,t) = \overline{\varphi}(\omega)e^{-a^2\omega^2 t} + \int_0^t \overline{f}(\omega,\tau)e^{-a^2\omega^2(t-\tau)}d\tau.$$

于是,由逆变换公式(6.3.3)得式(6.3.19)和式(6.3.20)的解应为

$$\begin{aligned} u(x,t) &= F^{-1}[\overline{u}(\omega,t)] \\ &= F^{-1}[\overline{\varphi}(\omega)e^{-a^2\omega^2 t}] + F^{-1}\left[\int_0^t \overline{f}(\omega,\tau)e^{-a^2\omega^2(t-\tau)}d\tau\right] \\ &= F^{-1}\{F[\varphi(x)]\cdot F[F^{-1}(e^{-a^2\omega^2 t})]\} + \\ &\quad \int_0^t F^{-1}\{F[f(x,\tau)]\cdot F[F^{-1}(e^{-a^2\omega^2(t-\tau)})]\}d\tau. \end{aligned}$$

故由卷积定理(6.3.14)有

$$u(x,t) = \varphi(x) * F^{-1}(e^{-a^2\omega^2 t}) + \int_0^t f(x,\tau) * F^{-1}(e^{-a^2\omega^2(t-\tau)})d\tau,$$

而

$$\begin{aligned} F^{-1}(e^{-a^2\omega^2 t}) &= \frac{1}{2\pi}\int_{-\infty}^{+\infty} e^{-a^2\omega^2 t}e^{i\omega x}d\omega = \frac{1}{2\pi}\int_{-\infty}^{+\infty} e^{-a^2\omega^2 t}(\cos\omega x + i\sin\omega x)d\omega \\ &= \frac{1}{\pi}\int_0^{+\infty} e^{-a^2\omega^2 t}\cos\omega x\, d\omega = \frac{1}{2a\sqrt{\pi t}}e^{-\frac{x^2}{4a^2 t}}. \end{aligned} \quad (6.3.21)$$

这里利用了积分公式

$$\int_0^{+\infty} e^{-ax^2}\cos bx\, dx = \frac{1}{2}e^{-\frac{b^2}{4a}}\sqrt{\frac{\pi}{a}} \quad (a > 0), \quad (6.3.22)$$

于是

$$\begin{aligned} u(x,t) &= \varphi(x) * \frac{1}{2a\sqrt{\pi t}}e^{\frac{-x^2}{4a^2 t}} + \int_0^t f(x,\tau) * \frac{1}{2a\sqrt{\pi(t-\tau)}}e^{\frac{-x^2}{4a^2(t-\tau)}}d\tau \\ &= \frac{1}{2a\sqrt{\pi t}}\int_{-\infty}^{+\infty}\varphi(\xi)e^{-\frac{(x-\xi)^2}{4a^2 t}}d\xi + \frac{1}{2a\sqrt{\pi}}\int_0^t\int_{-\infty}^{+\infty}\frac{f(\xi,\tau)}{\sqrt{t-\tau}}e^{\frac{-(x-\xi)^2}{4a^2(t-\tau)}}d\xi d\tau. \end{aligned} \quad (6.3.23)$$

由此例看到,用 Fourier 变换解方程时不必像分离变量法那样区分齐次方程和非齐次方程,都是按同样的步骤求解.

例 4 已知某种微粒在空间的浓度分布为 $\varphi(\boldsymbol{r})$,求解 $t > 0$ 时浓度的变化.

解　其定解问题为

$$\begin{cases} u_t - a^2 \nabla^2 u = 0, \\ u|_{t=0} = \varphi(\boldsymbol{r}). \end{cases} \tag{6.3.24}$$

将上述定解问题就空间变量 $\boldsymbol{r}(x,y,z)$ 作三维 Fourier 变换，并记

$$F[u(\boldsymbol{r},t)] = \overline{u}(\boldsymbol{\omega});\quad F[\varphi(\boldsymbol{r})] = \overline{\varphi}(\boldsymbol{\omega});$$

$$\omega = \sqrt{\omega_1^2 + \omega_2^2 + \omega_3^2} = |\boldsymbol{\omega}|.$$

则运用微分性质有

$$\begin{cases} \dfrac{\mathrm{d}\overline{u}}{\mathrm{d}t} + a^2\omega^2\overline{u} = 0, \\ \overline{u}(\omega,0) = \overline{\varphi}(\omega). \end{cases}$$

解之得

$$\overline{u}(\omega,t) = \overline{\varphi}(\omega)\mathrm{e}^{-a^2\omega^2 t}.$$

由三维函数的 Fourier 的逆变换公式(6.3.6)，有

$$\begin{aligned} F^{-1}[\mathrm{e}^{-a^2\omega^2 t}] &= \frac{1}{(2\pi)^3}\int_{-\infty}^{+\infty}\int_{-\infty}^{+\infty}\int_{-\infty}^{+\infty} \mathrm{e}^{-a^2\omega^2 t}\mathrm{e}^{\mathrm{i}\boldsymbol{\omega}\cdot\boldsymbol{r}}\mathrm{d}\boldsymbol{\omega} \\ &= \frac{1}{(2\pi)^3}\int_{-\infty}^{+\infty}\int_{-\infty}^{+\infty}\int_{-\infty}^{+\infty} \mathrm{e}^{-a^2(\omega_1^2+\omega_2^2+\omega_3^2)t}\cdot \mathrm{e}^{\mathrm{i}(\omega_1 x+\omega_2 y+\omega_3 z)}\mathrm{d}\omega_1\mathrm{d}\omega_2\mathrm{d}\omega_3 \\ &= \frac{1}{8a^3(\pi t)^{3/2}}\mathrm{e}^{-\frac{x^2+y^2+z^2}{4a^2 t}}. \end{aligned}$$

此处重复用了式(6.3.21)的结果三次. 故由逆变换公式和卷积定理有

$$\begin{aligned} u(\boldsymbol{r},t) &= F^{-1}[\overline{u}(\omega,t)] = F^{-1}[\overline{\varphi}(\omega)\mathrm{e}^{-a^2\omega^2 t}] \\ &= \frac{1}{8a^2(\pi t)^{3/2}}\int_{-\infty}^{+\infty}\int_{-\infty}^{+\infty}\int_{-\infty}^{+\infty}\varphi(\boldsymbol{r}')\mathrm{e}^{-\frac{|\boldsymbol{r}-\boldsymbol{r}'|^2}{4a^2 t}}\mathrm{d}\,\boldsymbol{r}'. \end{aligned} \tag{6.3.25}$$

例 5　求解真空中静电势满足的方程

$$\nabla^2 u(x,y,z) = -\frac{1}{\varepsilon_0}\rho(x,y,z). \tag{6.3.26}$$

解　上述方程，即

$$\nabla^2 u(\boldsymbol{r}) = -\frac{1}{\varepsilon_0}\rho(\boldsymbol{r}), \tag{6.3.27}$$

为方便见，令 $f(\boldsymbol{r}) = \dfrac{1}{\varepsilon_0}\rho(\boldsymbol{r})$，并记 $F[u(\boldsymbol{r})] = \overline{u}(\boldsymbol{\omega})$，$F[f(\boldsymbol{r})] = \overline{f}(\boldsymbol{\omega})$，对方程(6.3.27)进行 Fourier 变换，得

$$\overline{u}(\boldsymbol{\omega}) = \frac{1}{\omega^2}\overline{f}(\boldsymbol{\omega}).$$

利用变换公式

$$F\left[\frac{1}{r}\right] = \frac{4\pi}{\omega^2},$$

有

$$F[u(\boldsymbol{r})] = \frac{1}{4\pi}F\left[\frac{1}{|\boldsymbol{r}|}\right]\cdot F[f(\boldsymbol{r})],$$

故由卷积定理有

$$u(\boldsymbol{r}) = \frac{1}{4\pi}\int_{-\infty}^{+\infty}\int_{-\infty}^{+\infty}\int_{-\infty}^{+\infty}\frac{f(\boldsymbol{r})}{|\boldsymbol{r}-\boldsymbol{r}'|}\mathrm{d}\,\boldsymbol{r}'.$$

6.4 Laplace 变换法解定解问题

6.4.1 Laplace 变换及其性质

1. Laplace 变换

函数 $f(t)$ 的 Fourier 变换存在的充分必要条件是

$$0 = \int_{-\infty}^{+\infty}|f(t)|\,\mathrm{d}t < \infty.$$

但在绝大多数物理和工程技术等问题中，以时间 t 为自变量的函数往往在 $t<0$ 无意义或不需要考虑，因此不妨假定

$$f(t) = 0,\quad t<0.$$

为适合 Fourier 积分变换的要求，将 $f(t)$ 乘以 $\mathrm{e}^{-\beta t}(\beta>0)$，则只要 β 足够大，$f(t)\mathrm{e}^{-\beta t}$ 就绝对可积，对 $f(t)\mathrm{e}^{-\beta t}$ 作 Fourier 积分变换，有

$$f(t)\mathrm{e}^{-\beta t} = \frac{1}{2\pi}\int_{-\infty}^{+\infty}\mathrm{d}\omega\int_{0}^{+\infty}f(\tau)\mathrm{e}^{-\beta\tau}\mathrm{e}^{\mathrm{i}\omega(t-\tau)}\mathrm{d}\tau,$$

$$f(t) = \frac{1}{2\pi}\int_{-\infty}^{+\infty}\mathrm{d}\omega\int_{0}^{+\infty}f(\tau)\mathrm{e}^{-(\beta+\mathrm{i}\omega)\tau}\mathrm{e}^{(\beta+\mathrm{i}\omega)t}\mathrm{d}\tau$$

$$= \frac{1}{2\pi}\int_{-\infty}^{+\infty}\left[\int_{0}^{+\infty}f(\tau)\mathrm{e}^{-(\beta+\mathrm{i}\omega)\tau}\mathrm{d}\tau\right]\mathrm{e}^{(\beta+\mathrm{i}\omega)t}\mathrm{d}\omega.$$

令 $\beta+\mathrm{i}\omega = p$，则 $\mathrm{i}\mathrm{d}\omega = \mathrm{d}p$，于是

$$f(t) = \frac{1}{2\pi\mathrm{i}}\int_{\beta-\mathrm{i}\infty}^{\beta+\mathrm{i}\infty}\left[\int_{0}^{+\infty}f(\tau)\mathrm{e}^{-p\tau}\mathrm{d}\tau\right]\mathrm{e}^{pt}\mathrm{d}p.$$

记

$$L[f(t)] = F(p) = \int_{0}^{+\infty}f(t)\mathrm{e}^{-pt}\mathrm{d}t, \tag{6.4.1}$$

为称 $f(t)$ 的 Laplace 变换，即 $F(p)$ 为 $f(t)$ 的像函数. 则

$$L^{-1}[F(p)] = f(t) = \frac{1}{2\pi\mathrm{i}}\int_{\beta-\mathrm{i}\infty}^{\beta+\mathrm{i}\infty}F(p)\mathrm{e}^{pt}\mathrm{d}p, \tag{6.4.2}$$

就是 $F(p)$ 的 Laplace 逆变换（或称反演），称 $f(t)$ 为 $F(p)$ 的像原函数，其中 $p=\beta+\mathrm{i}\omega$ 为复参数. 显然

$$f(t) = L^{-1}\{L[f(t)]\}. \tag{6.4.3}$$

例 1 求正整数幂函数 $f(t) = t^n(n=1,2,\cdots)$ 的 Laplace 变换.

解 当 $n=1$ 时，由 Laplace 变换的定义及分部积分法，有

$$L(t) = \int_{0}^{+\infty}t\mathrm{e}^{-pt}\mathrm{d}t = -\frac{t}{p}\mathrm{e}^{-pt}\Big|_{0}^{+\infty} + \frac{1}{p}\int_{0}^{+\infty}\mathrm{e}^{-pt}\mathrm{d}t = -\frac{1}{p^2}\mathrm{e}^{-pt}\Big|_{0}^{+\infty} = \frac{1}{p^2}\quad(\mathrm{Re}\,p>0).$$

一般地，有

$$L(t^n)=\frac{n!}{p^{n+1}}\quad(\operatorname{Re}p>0),\quad 其中 n 为正整数.$$

如果规定 $0!=1$,则上式当 $n=0$ 时也成立.

2. Laplace 变换的性质

同上节一样,我们列出 Laplace 变换的一些基本性质而不给出证明.

(1) 线性性质

$$L(\alpha f_1+\beta f_2)=\alpha L(f_1)+\beta L(f_2). \tag{6.4.4}$$

(2) 延迟性质

$$L[\mathrm{e}^{p_0t}f(t)]=F(p-p_0),\quad \operatorname{Re}(p-p_0)>\beta_0, \tag{6.4.5}$$

其中 $F(p)=L[f(t)]$.

(3) 位移性质

设 $\tau>0$,则

$$L[f(t-\tau)]=\mathrm{e}^{-p\tau}L[f(t)]. \tag{6.4.6}$$

(4) 相似性质

设 $a>0,F(p)=L[f(t)]$,则

$$L[f(ax)]=\frac{1}{a}F\left(\frac{p}{a}\right). \tag{6.4.7}$$

(5) 微分性质

若当 $|x|\to\infty$ 时,$f(x)\to 0,f^{(n-1)}(x)\to 0$(其中 $n=1,2,\cdots$),则

$$\begin{aligned}L[f'(t)]&=pL[f(t)]-f(0),\\ L[f''(t)]&=p^2L[f(t)]-pf(0)-f'(0),\\ L[f^{(n)}(t)]&=p^nL[f(t)]-p^{n-1}f(0)-p^{n-2}f'(0)-\cdots-f^{(n-1)}(0).\end{aligned} \tag{6.4.8}$$

(6) 积分性质

$$L\left[\int_0^t f(\tau)\mathrm{d}\tau\right]=\frac{1}{p}L[f(t)]. \tag{6.4.9}$$

(7) 卷积定理

$$L[f_1(t)*f_2(t)]=L[f_1(t)]\cdot L[f_2(t)], \tag{6.4.10}$$

其中,定义

$$f_1(t)*f_2(t)=\int_0^t f_1(\tau)f_2(t-\tau)\mathrm{d}\tau. \tag{6.4.11}$$

6.4.2 Laplace 变换法

下面通过具体例子来说明 Laplace 变换法求解定解问题的步骤.

例 2　在第 2 章用固有函数法求解两端固定的弦的强迫振动的问题时,曾经遇到过求解二阶非齐次常微分方程的定解问题

$$\begin{cases}T''(t)+\left(\dfrac{n\pi a}{l}\right)^2T(t)=f(t),\\ T(0)=0,\quad T'(0)=0.\end{cases}$$

现在用 Laplace 变换法求解这个定解问题.

解 对方程两边作 Laplace 变换，并记 $L[T(t)]=\widetilde{T}(p)$，$L[f(t)]=\widetilde{f}(p)$，则由 Laplace 变换的微分性质，有

$$p^2\widetilde{T}(p)-pT(0)-T'(0)+\left(\frac{an\pi}{l}\right)^2\widetilde{T}(p)=\widetilde{f}(p),$$

代入初始条件，得

$$p^2\widetilde{T}(p)+\left(\frac{an\pi}{l}\right)^2\widetilde{T}(p)=\widetilde{f}(p),$$

这是关于 $\widetilde{T}(p)$ 的代数方程，解出 $\widetilde{T}(p)$，有

$$\widetilde{T}(p)=\widetilde{f}(p)\frac{1}{p^2+\left(\frac{an\pi}{l}\right)^2}.$$

而

$$\frac{1}{p^2+\left(\frac{an\pi}{l}\right)^2}=\frac{l}{n\pi a}\frac{\frac{an\pi}{l}}{p^2+\left(\frac{an\pi}{l}\right)^2}=\frac{l}{n\pi a}L\left(\sin\frac{an\pi}{l}t\right).$$

对 $\widetilde{T}(p)$ 取逆变换，应用卷积定理和上式的结果，得到

$$\begin{aligned}T(t)&=L^{-1}[\widetilde{T}(p)]=L^{-1}\left[\widetilde{f}(p)\cdot\frac{1}{p^2+\left(\frac{an\pi}{l}\right)^2}\right]\\&=\frac{l}{n\pi a}f(t)*\sin\frac{an\pi}{l}t=\frac{l}{n\pi a}\int_0^t f(\tau)\sin\frac{an\pi}{l}(t-\tau)\mathrm{d}\tau.\end{aligned}$$

这就是第 2 章已经用到过的结果.

例 3 求解半无界弦的振动问题

$$\begin{cases}u_{tt}=a^2u_{xx}\quad(0<x<+\infty,t>0),\\u(0,t)=f(t),\lim\limits_{x\to\infty}u(x,t)=0\quad(t\geqslant 0),\\u(x,0)=0,\quad u_t(x,0)=0\quad(0\leqslant x<+\infty).\end{cases}$$

解 对方程两边关于变量 t 作 Laplace 变换，并记

$$\hat{u}(x,p)=L[u(x,t)]=\int_0^{+\infty}u(x,t)\mathrm{e}^{-pt}\mathrm{d}t,$$

则

$$p^2\hat{u}(x,p)-pu(x,0)-u_t(x,0)=a^2\frac{\mathrm{d}^2\hat{u}(x,p)}{\mathrm{d}x^2},$$

代入初始条件，得

$$\frac{\mathrm{d}^2\hat{u}}{\mathrm{d}x^2}-\frac{p^2}{a^2}\hat{u}(x,p)=0.\tag{6.4.12}$$

再对边界条件关于变量 t 作 Laplace 变换，并记 $\hat{f}(p)=L[f(t)]$，则有

$$\begin{cases}\hat{u}(0,p)=\hat{f}(p),\\\lim\limits_{x\to\infty}\hat{u}(x,p)=0.\end{cases}\tag{6.4.13}$$

常微分方程(6.4.12) 的通解为

$$\hat{u}(x,p)=C_1(p)\mathrm{e}^{-\frac{p}{a}x}+C_2(p)\mathrm{e}^{\frac{p}{a}x},$$

代入边界条件(6.4.13),得

$$C_2(p)=0,\quad C_1(p)=\hat{f}(p).$$

故

$$\hat{u}(x,p)=\mathrm{e}^{-p\frac{x}{a}}\hat{f}(p).$$

而由位移定理(6.4.6)有

$$\mathrm{e}^{-p\frac{x}{a}}\hat{f}(p)=L\left[f\left(t-\frac{x}{a}\right)\right],$$

所以

$$u(x,t)=L^{-1}[\hat{u}(x,p)]=L^{-1}\left\{L\left[f\left(t-\frac{x}{a}\right)\right]\right\}=\begin{cases}0, & t<\dfrac{x}{a},\\ f\left(t-\dfrac{x}{a}\right), & t\geqslant\dfrac{x}{a}.\end{cases}$$

例 4　求解长为 l 的均匀细杆的热传导问题

$$\begin{cases}u_t=a^2u_{xx} & (0<x<l,t>0),\\ u_x(0,t)=0,\quad u(l,t)=u_1 & (t\geqslant 0),\\ u(x,0)=u_0 & (0\leqslant x\leqslant l).\end{cases}$$

解　对方程和边界条件(关于变量 t)进行 Laplace 变换,记 $L[u(x,t)]=\hat{u}(x,p)$,并考虑到初始条件,则得

$$\frac{\mathrm{d}^2\hat{u}}{\mathrm{d}x^2}-\frac{p}{a^2}\hat{u}+\frac{u_0}{a^2}=0,\tag{6.4.14}$$

$$\hat{u}_x(0,p)=0,$$

$$\hat{u}(l,p)=\int_0^{+\infty}u_1\mathrm{e}^{-pt}\mathrm{d}t=-\frac{u_1}{p}\mathrm{e}^{-pt}\Big|_0^{+\infty}=\frac{u_1}{p}.\tag{6.4.15}$$

方程(6.4.14)的通解为

$$\hat{u}(x,p)=\frac{u_0}{p}+C_1(p)\sinh\frac{\sqrt{p}}{a}x+C_2(p)\cosh\frac{\sqrt{p}}{a}x,$$

由边界条件(6.4.15)定出 $C_1(p)$,$C_2(p)$ 便得

$$\hat{u}(x,p)=\frac{u_0}{p}+\frac{u_1-u_0}{p}\frac{\cosh\frac{\sqrt{p}}{a}x}{\cosh\frac{\sqrt{p}}{a}l}.$$

由变换公式 $L(1)=\int_0^{+\infty}1\cdot\mathrm{e}^{-pt}\mathrm{d}t=-\frac{1}{p}\mathrm{e}^{-pt}\Big|_0^{+\infty}=\frac{1}{p}$,知

$$L^{-1}\left(\frac{1}{p}\right)=1,$$

又(下面公式的推导见附录 C)

$$L^{-1}\left[\frac{\cosh\frac{\sqrt{p}}{a}x}{p\cosh\frac{\sqrt{p}}{a}l}\right]=1+\frac{4}{\pi}\sum_{k=1}^{\infty}\frac{(-1)^k}{2k-1}\cos\frac{(2k-1)\pi x}{2l}\mathrm{e}^{-\frac{a^2\pi^2(2k-1)^2}{4l^2}t},\tag{6.4.16}$$

故

$$u(x,t)=L^{-1}[\hat{u}(x,p)]=u_1+\frac{4}{\pi}\sum_{k=1}^{\infty}\frac{(-1)^k}{2k-1}\cos\frac{(2k-1)\pi x}{2l}\mathrm{e}^{-\frac{a^2\pi^2(2k-1)^2}{4l^2}t}.$$

从上面的例题可以看出，用 Laplace 变换法求解定解问题时，无论方程与边界条件是齐次与否，都是采用相同的步骤. Laplace 变换同样可以用来求解无界区域内的问题.

例 5 在传输线的一端输入电压信号 $g(t)$，初始条件均为零，求解传输线上电压的变化.

解 这是个半无界问题，定解条件如下：

$$\begin{cases}RGu+(LG+RC)u_t+LCu_{tt}-u_{xx}=0 \quad (0<x<+\infty,t>0),\\ u\big|_{x=0}=g(t)\text{ 且在 } x>0 \text{ 内 } |u|<+\infty,\\ u\big|_{t=0}=0,u_t\big|_{t=0}=0.\end{cases}$$

将方程和边界条件施以关于 t 的 Laplace 变换，并考虑初始条件，得到

$$[RG+(LG+RC)p+LCp^2]\hat{u}-\frac{\mathrm{d}^2\hat{u}}{\mathrm{d}x^2}=0, \tag{6.4.17}$$

$$\hat{u}\big|_{x=0}=\hat{g}(p). \tag{6.4.18}$$

方程(6.4.17) 的通解为

$$\hat{u}(x,p)=\alpha\mathrm{e}^{Ax}+\beta\mathrm{e}^{-Ax}. \tag{6.4.19}$$

其中

$$\begin{aligned}A&=\sqrt{LCp^2+(LG+RC)p+RG}\\&=\sqrt{\left(\sqrt{LC}p+\frac{LG+RC}{2\sqrt{LC}}\right)^2+RG-\frac{(LG+RC)^2}{4LC}}\end{aligned}$$

在实际问题中，一个很重要的情形是$(LG+RC)^2=4LGRC$，这时

$$A=\sqrt{LC}\,p+\frac{LG+RC}{2\sqrt{LC}}=\sqrt{LC}\,p+\sqrt{RG}.$$

其次，由自然条件$\lim\limits_{x\to\infty}u\neq\infty$，取 $\alpha=0$，故

$$\hat{u}(x,p)=\beta\mathrm{e}^{-Ax}=\beta\mathrm{e}^{-(\sqrt{LC}p+\sqrt{RG})x}.$$

再由边界条件(6.4.18)，得

$$\hat{u}(x,p)=\hat{g}(p)\mathrm{e}^{-(\sqrt{LC}p+\sqrt{RG})x}.$$

通过反演求 $u(x,t)$，由延迟定理有

$$u(x,t)=L^{-1}[\hat{g}(p)\mathrm{e}^{-\sqrt{LC}px}]\cdot\mathrm{e}^{-\sqrt{RG}x}=\begin{cases}g(t-\sqrt{LC}x)\mathrm{e}^{-\sqrt{RG}x} & (t-\sqrt{LC}x<0),\\0 & (t-\sqrt{LC}x>0).\end{cases}$$

通过以上几节的分析可以看到，积分变换方法不仅能求解无界问题，而且也能够用来求解有界问题，应用是相当广泛的. 求解的步骤也不复杂：

第一步 将方程和定解条件对指定变量进行积分变换；得到像空间的代数方程或常微分方程的边值问题或初值问题；

第二步 求解像空间的代数方程或常微分方程的初值或边值问题，得到像空间中的解；

第三步 对像空间中的解进行反演，得到原像空间中的解.

限制积分变换法应用的是第三步，因为要求复杂被积函数的无穷积分，往往遇到困

难.一般来说,求积分变换的反演有下列一些方法,(1) 直接查表,常见函数的 Fourier 和 Laplace等积分变换和反变换已有列表(见附录D);(2) 利用积分变换的性质,如上面的例题那样求出像函数的反演;(3) 利用复变函数积分的性质和留数定理等知识,计算反演中的无穷积分(见附录 C);(4) 数值反演,利用数值积分方法计算反演中的无穷积分,有时也能得到精确度很高的结果.

Maple 在计算积分反演时也不会应用积分变换的性质,如 §6.3.2 用 Maple 求解如下:

```
>restart;with(inttrans)
```

[*addtable*, *fourier*, *fouriercos*, *fouriersin*, *hankel*, *hilbert*, *invflurier*, *invhilbert*, *invlaplace*, *invmellin*, *laplace*, *mellin*, *savetable*]

```
>ode := fourier((diff(u(x,t),t $ 2) - a^2 * diff(u(x,t),x $ 2)),x,omega);
```

$$ode := \left(\frac{\partial^2}{\partial t^2}\mathrm{fourier}(u(x,t),x,\omega)\right)+a^2\omega^2\,\mathrm{fourier}(u(x,t),x,\omega)$$

```
>fourier(u(x,t),x,omega) := f(t);
```

$$fourier(u(x,t),x,\omega) := f(t)$$

```
>ode1 := simplify(ode);
```

$$ode1 := \left(\frac{\mathrm{d}^2}{\mathrm{d}t^2}f(t)\right)+a^2\omega^2 f(t)$$

```
>fouier(phi(x),x,omega) := phi[1];
```

$$fouier(\varphi(x),x,\omega) := \varphi_1$$

```
>ics := f(0) = phi[1],D(f)(0) = 0;
```

$$ics := f(0) = \varphi_1, D(f)(0) = 0$$

```
>dsolve({ode1,ics});
```

$$f(t) = \varphi_1\cos(\omega at)$$

```
>u(x,t) :=invfourier((fourier(phi(x),x,omega)) * cos(omega * a * t),omega,x);
```

$$u(x,t) := \frac{1}{2}invfourier(fourier(\varphi(x),x,\omega)\mathrm{e}^{(\omega atI)},\omega,x)+$$

$$\frac{1}{2}invfourier(fourier(\varphi(x),x,\omega)\mathrm{e}^{(-\omega atI)},\omega,x)$$

两个函数之积的 Fourier 变换便不能处理了.

6.5 历史注记

6.5.1 数学家、天文学家:拉普拉斯

拉普拉斯(Laplace,Pierre-Simon,1749—1827),法国数学家、天文学家、法国科学院院士.1749 年 3 月 23 日生于法国西北部卡尔瓦多斯的博蒙昂诺日,1827 年 3 月 5 日卒于巴黎.曾任巴黎军事学院数学教授.1795 年任巴黎综合工科学校教授,后又在高等师范学

校任教授.1816 年被选为法兰西学院院士,1817 年任该院院长. 拉普拉斯生前颇负盛名,被誉为法国的牛顿.他是天体力学的主要奠基人,天体演化学的创立者之一,分析概率论的创始人,是应用数学的先驱.

拉普拉斯(1749—1827)

拉普拉斯是一个农民的儿子,幼时家境贫寒,靠邻居资助上学.很早就显露数学才华,在博蒙军事学校读书不久就成为该校数学教员.1767 年,18 岁的拉普拉斯从乡下带着介绍信到繁华的巴黎去见大名鼎鼎的达朗贝尔,推荐信交上,却久无音信.但拉普拉斯并不灰心,晚上回到住处,细心地写了一篇力学论文,求教于达朗贝尔.这回引起了达朗贝尔注意,给拉普拉斯回了一封热情洋溢的信,里面有这样的话:"你用不着别人的介绍,你自己就是很好的推荐书."经过达朗贝尔介绍获得巴黎陆军学校数学教授职位.1785 年当选为法国科学院院士.1795 年任综合工科学校教授,后又在高等师范学校任教授.1816 年成为法兰西学院院士,次年任该院院长.主要研究天体力学和物理学,把数学当作解决问题的重要工具.他在运用数学的同时又创造和发展了许多新的数学方法,包括有限差分方法、概率论、万有引力定理、彗星轨道、微分方程的解法、拉普拉斯变换、最小二乘法、代数学中关于行列式的展开定理、实积分转化为复积分计算等.数学中以他的姓氏命名的有:拉普拉斯展开、拉普拉斯变换、拉普拉斯定理、拉普拉斯方程、拉普拉斯算子、拉普拉斯函数、拉普拉斯积分、拉普拉斯分布、拉普拉斯向量等等,其中以他的姓氏命名的变换、定理、方程等有多种.

拉普拉斯在天文学方面主要成就是:在《天体力学》(5 卷 1799－1825) 中汇聚了他在天文学中的几乎全部发现,试图给出由太阳系引起的力学问题的完整分析解答.在数学方面的主要成就是:在《概率的分析理论》(1812) 中总结了当时整个概率论的研究,论述了概率在选举、审判调查、气象等方面的应用,导入"拉普拉斯变换"等.

在天体力学的研究上面,尤其是太阳系天体摄动,以及太阳系的普遍稳定性问题,拉普拉斯建树卓著.他把牛顿的万有引力定律应用到整个太阳系,1773 年解决了一个当时著名的难题:解释木星轨道为什么在不断地收缩,而同时土星的轨道又在不断地膨胀.拉普拉斯用数学方法证明行星平均运动的不变性,并证明为偏心率和倾角的 3 次幂.这就是著名的拉普拉斯定理,从此开始了太阳系稳定性问题的研究.同年,他成为法国科学院副院士.

拉普拉斯 24 岁时就已经详细应用牛顿引力定律深入研究整个太阳系,其中各个行星及其卫星的运动不仅受太阳的制约,而且以难以捉摸的多种方式彼此互相影响.牛顿曾经认为,要使这一复杂的系统免于陷入混乱,需要有上帝的不时干预.拉普拉斯决心要从别的方面寻找这一保证,并终于能够证明,从数学上所理解的这个理想的太阳系是一个稳恒的动力系统,它能永世保持不变.这不过是他在其不朽的著作《天体力学》中所记载的一系列成果之一.书中还阐述了天体运行的数学理论,讨论地球的形状、月离理论、三体问题以及行星摄动等等问题,并且引入著名的拉普拉斯方程.这本书不仅记录了他自己的多种发明和发现,而且还总结了几代著名数学家如牛顿、达朗贝尔、欧拉及拉格朗日诸大家在引力理论方面的研究工作(从 1799 到 1825 年分五卷出版). 关于这本书有许多传说. 其中最熟悉的是有一次拿破仑想给拉普拉斯提级加薪,说他写了一部关于世界体系的巨著,但未提到上帝是宇宙的创造者. 据传拉普拉斯回答说,“陛下,我不需要做那个假设(*Sire, je n'avais pas besoin de cette hypothese*)”.

《天体力学》对后世的影响是巨大的,其中的势论研究的尤其广泛深入,对十几门不同的学科 —— 从引力论到流体力学、电磁学以及原子物理学,产生了深远的影响. 这本书也启蒙了年青一代的科学家,例如英国的著名数学家哈密尔顿在 16 岁时就如饥似渴地阅读这本学理艰深的天文巨著,并且发现并订正了其中的一处错误,遂对于自己的数学才能增强了信心,从此踏上了数学生涯,并创立了四元数体系. 另一位英国数学家格林(George Green, 1793—1841 就是著名的格林公式的发现者) 读了《天体力学》之后,顿受启发,开始将数学应用于电磁理论.

拉普拉斯的另一部脍炙人口的天文学著作是《宇宙体系论》,不像《天体力学》那样理论深奥难懂,它尽弃一切数学公式,深入浅出,通俗流畅,为时人所推崇.《宇宙体系论》提倡有名的太阳系生成的星云假说,这个假说 1755 年康德(Immanuel Kant, 1724 — 1804, 德国哲学家) 已经述及,所以后世通常叫做“康德 - 拉普拉斯星云假说”.

拉普拉斯对于数学的贡献还归功于他对概率论的贡献,这从他的《概率的分析理论》这本洋洋七百万字巨著中随处可见,他把自己在概率论上的发现以及前人的所有发现统归一处. 今天我们耳熟能详的那些名词,诸如随机变量、数字特征、特征函数、拉普拉斯变换和拉普拉斯中心极限定律等等都可以说是拉普拉斯引入或者经他改进的. 尤其是拉普拉斯变换,导致了后来海维塞德发现运算微积分在电工理论中的应用. 不能不说后来的傅里叶变换、梅林变换、Z- 变换和小波变换也受它的影响.

尽管拉普拉斯在社会政治角逐中有些“左右逢源”、“随波逐流”,但是和他对于科学的贡献来对比是不值一提的. 由于有年轻时吃了达朗贝尔的闭门羹的经历,拉普拉斯在自己身处高位之后,对于年轻的学者总是乐于慷慨帮助和鼓励关照,他时时帮助提拔像化学家盖吕萨克、数学物理学家泊松和年轻的柯西等等. 当旅行家和自然研究者洪堡到法国考察水成岩的分布情况时,拉普拉斯慷慨地资助了他.

拉普拉斯 1827 年 3 月 5 日卒于巴黎,他一生学识渊博,但学而不厌. 他最后的遗言是:“我们知道的是很微小的;我们不知道的是无限的.”

6.5.2　数学物理学家:泊松

泊松(Poisson, Simeon-Denis, 1781—1840),法国数学、家力学家和物理学家. 1781 年 6 月 21 日生于法国卢瓦雷省的皮蒂维耶, 1840 年 4 月 25 日卒于法国索镇.

泊松(1781 — 1840)

1798 年入巴黎综合工科学校深造. 在毕业时,因优秀的研究论文而被指定为讲师. 受到 P · -S · 拉普拉斯、J · -L · 拉格朗日的赏识. 1800 年毕业后留校任教, 1802 年任副教授, 1806 年接替 J · -B · -J · 傅里叶任该校教授. 1808 年任法国经度局天文学家, 1809 年任巴黎理学院力学教授, 1812 年当选为巴黎科学院院士.

泊松的科学生涯开始于研究微分方程及其在摆的运动和声学理论中的应用.他工作的特色是应用数学方法研究各类力学和物理问题,并由此得到数学上的发现.他对积分理论、行星运动理论、热物理、弹性理论、电磁理论、位势理论和概率论都有重要贡献.

泊松毕生从事数学的研究和教学.他说过,生活的乐趣就在于这两件事.泊松工作的特色是应用数学方法研究各种力学和物理学问题,并由此得到数学上的发现.他发表过300多篇论文,所著两卷《力学教程》(*Traité de mécanique*,1811年第1版,1833年增补第2版)在很长的时期内被认为是标准的教科书.

泊松在一般力学上的贡献涉及分析力学和天体力学等几个方面.他第一个用冲量分量形式撰写分析力学.求解哈密顿正则方程所用的一种数学符号,后来被称为泊松括号.现在在其他领域如量子力学中,泊松括号也有应用.在L·欧拉(Euler)等人对刚体在重力作用下绕一定点转动的研究之后,泊松独立地获得轴对称重刚体定点转动微分方程的积分,通常称为拉格朗日的可积情况(拉格朗日的工作在泊松之前,但发表在后).他推广了拉格朗日和拉普拉斯有关行星轨道稳定性问题的研究结果,所建立的泊松方程成为星系动力学的基本方程之一.现代科学家根据对人造地球卫星运行轨道精确测量的结果,利用泊松的公式,便可知道地球的精确形状.此外,泊松还研究了地球转动对弹道曲线的影响等问题.

泊松在固体力学上作过多方面的探讨.在1829年发表的"弹性体的平衡和运动的研究报告"(*Mémoire sur l'équilibre et le mouvement des corps élastiques*)中,他用一种分子模型,推导了弹性体平衡和运动的普遍方程,并应用于一些具体问题.泊松发现在弹性介质中可以传播纵波和横波,他从理论上得到各向同性杆件受拉伸时横向与纵向弹性应变之比为一常数,其值等于0.25.这就是有名的泊松比.实验表明,泊松比的数值随材料而异,一般与泊松的理论值有出入.从1812年开始,泊松反复研究了平板问题.他得到圆板弯曲和振动问题的解答.泊松讨论过杆件的纵向、横向和扭转等振动问题,并首先得出了弹性球体径向自由振动的解答.最先用三角级数研究梁挠度曲线的大概也是他.可惜这种非常有用的方法当时未能引起工程界的注意.

在流体力学方面,泊松对纳维埃-斯托克斯方程的建立作出了自己的贡献.在1831年发表的"弹性固体和流体的平衡和运动一般方程的研究报告"(*Mémoire sur les équations générales de l'équilibre et du mouvement des corps solides élastiques et des fluides*)中,他第一个完整地给出了说明粘性流体物理性质的本构关系.此外,他解决了无旋的空间绕体流动的第一个问题(绕球流动问题);并推动了小振幅波理论的发展.

在引力学中,他发表了《关于球体引力》和《关于引力理论方程》的论文,引入了著名的泊松方程.他的名著《力学教程》(2卷),发展了拉格朗日和拉普拉斯的思想,成为广泛使用的标准教科书,在天体力学方面,他研究了关于月球和行星理论以及太阳系稳定性的某些问题,计算出由球体和椭球体引起的万有引力.他1831年还发表了《毛细管作用新论》.

泊松一生对摆的研究极感兴趣,他的科学生涯就是从研究微分方程及其在摆的运动和声学理论中的应用开始的.直到晚年,他仍用大部分时间和精力从事摆的研究.他为什么对摆如此着迷?有一个传说,泊松小时候由于身体孱弱,他的母亲曾把他托给一个保姆照料,保姆一离开他时,就把泊松放在一个摇篮式的布袋里,并将布袋挂在棚顶的钉子上,吊着他摆来摆去.这个保姆认为,这样不但可以使孩子身上不被弄脏,而且还有益于孩子的健康.泊松后来风趣地说:吊着我摆来摆去不但是我孩提时的体育锻炼,并且使我在孩提时就熟悉了摆.

泊松在数学方面贡献很多.最突出的是1837年在《关于判断的概率之研究》一文中提出描述随机现象的一种常用分布,在概率论中现称泊松分布.这一分布在公用事业、放射性现象等许多方面都有应用.他还研究过定积分、傅里叶级数、数学物理方程等.除泊松分布外,还有许多数学名词是以他名字命名的,如泊松积分、泊松求和公式、泊松方程、泊松定理,等等.美国数学史家克莱因(Kline)指出:"泊松是第一个沿着复平面上的路径实行积分的人."在他1817年的出版物中对序列收敛的条件就有了正确的概念,现在一般把这个条件归功于柯西.泊松对发散级数作了深入的探讨,并奠定了"发散级数求积"的理论基础,引进了一种今天看来就是可求和性的概念.把任意函数表为三角级数和球函数时,他广泛地使用了发散级数,用发散级数解出过微分方程,并导出了用发散级数作计算怎样会导致错误的例子.他还把许多含有参数的积分化为含参数的幂级数.他关于定积分的一系列论文以及在傅里叶级数方面取得的成果,为后来的狄利克雷和黎曼的研究铺平了道路.

泊松也是19世纪概率统计领域里的卓越人物.他改进了概率论的运用方法,特别是用于统计方面的方法,建立了描述随机现象的一种概率分布——泊松分布.他推广了"大数定律",并导出了在概率论与数理方程中有重要应用的泊松积分.他是从法庭审判问题出发研究概率论的,1837年出版了他的专著《关于刑事案件和民事案件审判概率的研究》.

泊松就三个变数的二次型建立起特征值理论;并给出新颖的消元法;研究过曲面的曲率问题和积分方程.

在数学中以他的姓名命名的有:泊松定理、泊松公式、泊松方程、泊松分布、泊松过程、泊松积分、泊松级数、泊松变换、泊松代数、泊松比、泊松流、泊松核、泊松括号、泊松稳定性、泊松积分表示、泊松求和法等.

在数学物理方面,泊松解决了许多热传导方面的问题,他使用了按三角级数、勒让德多项式、拉普拉斯曲面调和函数的展开式,关于热传导的许多成果都包含在其专著《热的数学理论》之中.他解决了许多静电学和静磁学的问题;奠定了偏向理论的基础;研究了膛外弹道学和水力学的问题;提出了弹性理论方程的一般积分法,引入了泊松常数.他还用变分法解决过弹性理论的问题.

泊松在数学上的研究还涉及定积分、有限差分理论、偏微分方程、变分法、级数等许多方面.他是第一个沿着复平面上的路径实行积分的人.他给出了调和分析中的泊松求和公式.欧拉-马克劳林求和公式的余项也是由泊松首先加上去的.由于泊松研究的范围十分广泛而有成效,所以不少数学名词都与他的名字联系在一起.例如,在数学物理方面,有热传导问题中的泊松积分、波动方程柯西问题解的泊松公式、位势理论中的泊松方程等.在概率论方面,除泊松分布外,还有泊松变量、泊松过程、泊松试验、泊松大数定律等.将摄动函数展开成幂级数和三角级数的混合级数,就叫做泊松级数.有时甚至对完全不同的公式采用了同样的"泊松方程"的名称.

6.6 例题分析

例 1 求解弦振动方程的古沙问题(图 6.6.1)

$$\begin{cases} u_{tt} = u_{xx} \quad (-\infty < x < +\infty, t > 0), & (1) \\ u(x, -x) = \varphi(x) \quad (-\infty < x < +\infty), & (2) \\ u(x,x) = \psi(x) \quad (-\infty < x < +\infty). & (3) \end{cases}$$

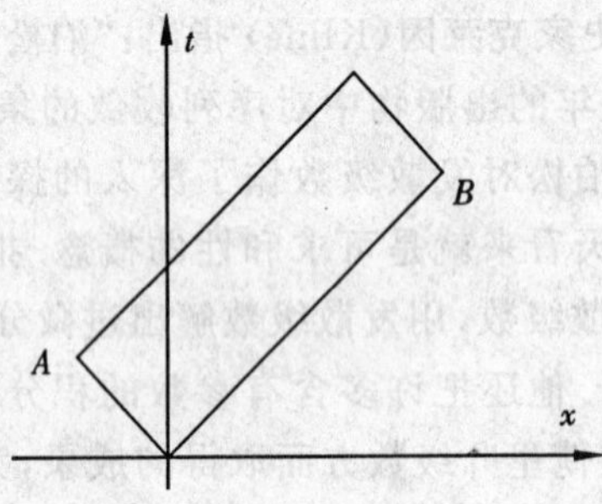

图 6.6.1

解 由 §6.1 知,方程(1) 的通解为

$$u(x,t) = f_1(x+t) + f_2(x-t), \tag{4}$$

由式(2) 得$u|_{t=-x} = \varphi(x)$,即

$$f_1(0) + f_2(2x) = \varphi(x), \tag{5}$$

由式(3) 得$u|_{t=x} = \psi(x)$,即

$$f_1(2x) + f_2(0) = \psi(x), \tag{6}$$

令 $2x = y$,则式(5)、(6) 变为

$$\begin{cases} f_1(0) + f_2(y) = \varphi\left(\dfrac{y}{2}\right), & (7) \\ f_1(y) + f_2(0) = \psi\left(\dfrac{y}{2}\right). & (8) \end{cases}$$

其中$-\infty < y < +\infty$,求解方程(7)、(8) 得

$$\begin{cases} f_1(y) = \psi\left(\dfrac{y}{2}\right) - f_2(0), \\ f_2(y) = \varphi\left(\dfrac{y}{2}\right) - f_1(0). \end{cases} \tag{9}$$

所以

$$f_1(x+t) = \psi\left(\frac{x+t}{2}\right) - f_2(0), \quad f_2(x-t) = \varphi\left(\frac{x-t}{2}\right) - f_1(0).$$

故

$$u(x,t) = \psi\left(\frac{x+t}{2}\right) + \varphi\left(\frac{x+t}{2}\right) - [f_1(0) + f_2(0)].$$

在式(9) 中取 $y=0$ 可得

$$f_1(0)+f_2(0)=\frac{1}{2}[\varphi(0)+\psi(0)].$$

所以该定解问题的解为

$$u(x,t)=\psi\left(\frac{x+t}{2}\right)+\varphi\left(\frac{x+t}{2}\right)-\frac{1}{2}[\varphi(0)+\psi(0)].$$

例 2　细长锥杆的纵振动方程为

$$u_{tt}=a^2\left(u_{xx}+\frac{2}{x}u_x\right),$$

试求其通解.

解　令 $v(x,t)=xu(x,t)$,代入原方程得

$$v_{tt}=a^2v_{xx}. \tag{1}$$

方程(1) 的通解为

$$v=f_1(x+at)+f_2(x-at),$$

由此得原方程的通解为

$$u(x,t)=\frac{1}{x}[f_1(x+at)+f_2(x-at)].$$

例 3　试证明方程

$$\frac{\partial}{\partial x}\left[\left(1-\frac{x}{h}\right)^2\frac{\partial u}{\partial x}\right]=\frac{1}{a^2}\left(1-\frac{x}{h}\right)^2\frac{\partial^2 u}{\partial t^2} \tag{1}$$

的通解为

$$u=[f_1(x+at)+f_2(x-at)]/(h-x),$$

其中 h 为已知常数,f_1,f_2 为充分光滑的任意函数,若

$$\begin{cases}u(x,0)=\varphi(x) & (-\infty<x<+\infty),\\ u_t(x,0)=\psi(x) & (-\infty<x<+\infty),\end{cases} \tag{2}$$

求其特解.

解　方程(1) 即为

$$\left(1-\frac{x}{h}\right)u_{xx}-\frac{1}{a^2}\left(1-\frac{x}{h}\right)u_{tt}-\frac{2}{h}u_x=0, \tag{3}$$

考虑到式(3) 的系数只是 x 的函数,故可令

$$u(x,t)=w(x)v(x,t), \tag{4}$$

于是

$$u_x=w_xv+wv_x,\quad u_{xx}=w_{xx}v+2w_xv_x+wv_{xx},$$
$$u_t=wv_t,\quad u_{tt}=wv_{tt}.$$

代入式(3) 可得

$$\left(1-\frac{x}{h}\right)wv_{tt}=a^2\left(1-\frac{x}{h}\right)wv_{xx}+\left[2a^2\left(1-\frac{x}{h}\right)w_x-\frac{2a^2}{h}w\right]v_x+$$
$$\left[a^2\left(1-\frac{x}{h}\right)w_{xx}-\frac{2a^2}{h}w_x\right]v, \tag{5}$$

令式(5) 中

$$2a^2\left(1-\frac{x}{h}\right)w_x-\frac{2a^2}{h}w=0, \tag{6}$$

则

$$\frac{w_x}{w}=\frac{1}{h-x}.$$

两边对 x 积分可得 w 的一个特解

$$w(x)=\frac{1}{h-x}. \tag{7}$$

将式(7) 代入式(5) 可得

$$v_{tt}=a^2v_{xx}. \tag{8}$$

式(8) 的通解为

$$v(x,t)=f_1(x+at)+f_2(x-at).$$

于是式(1) 的通解为

$$u=wv=[f_1(x+at)+f_2(x-at)]/(h-x). \tag{9}$$

将式(9) 代入式(2) 得

$$f_1(x)+f_2(x)=(h-x)\varphi(x). \tag{10}$$

$$a[f_1'(x)-f_2'(x)]/(h-x)=\psi(x). \tag{11}$$

即

$$f_1(x)-f_2(x)=\frac{1}{a}\int_{x_0}^{x}(h-\xi)\psi(\xi)\mathrm{d}\xi+C. \tag{12}$$

解方程(10)、(12) 可得

$$f_1(x)=\frac{(h-x)\varphi(x)}{2}+\frac{1}{2a}\int_{x_0}^{x}(h-\xi)\psi(\xi)\mathrm{d}\xi+\frac{C}{2}, \tag{13}$$

$$f_2(x)=\frac{(h-x)\varphi(x)}{2}-\frac{1}{2a}\int_{x_0}^{x}(h-\xi)\psi(\xi)\mathrm{d}\xi-\frac{C}{2}. \tag{14}$$

将式(13)、(14) 代入式(9) 可得

$$u(x,t)=\frac{1}{2(h-x)}\left[(h-x+at)\varphi(x+at)+(h-x-at)\varphi(x-at)+\int_{x-at}^{x+at}\frac{h-\xi}{a}\psi(\xi)\mathrm{d}\xi\right].$$

例 4 求下列偏微分方程的通解：

$$u_{xx}-2u_{xy}-3u_{yy}=0.$$

解 由 §1.4 知，这个方程的特征方程为

$$\left(\frac{\mathrm{d}y}{\mathrm{d}x}\right)^2+2\frac{\mathrm{d}y}{\mathrm{d}x}-3=0.$$

解之可得

$$3x+y=C_1,\quad x-y=C_2.$$

令

$$\begin{cases}\xi=x-y,\\ \eta=3x+y.\end{cases}$$

代入原方程可得

$$u_{\xi\eta}=0,$$

其通解为

$$u(\xi,\eta)=f_1(\xi)+f_2(\eta),$$

从而得原方程的通解为

$$u(x,y)=f_1(x-y)+f_2(3x+y).$$

例 5　求解下列初值问题

$$\begin{cases}u_{xx}+2u_{xy}-3u_{yy}=0, & (1)\\ u(x,0)=3x^2. & (2)\\ u_y(x,0)=0. & (3)\end{cases}$$

解　方程(1) 即为

$$\left(\frac{\partial^2}{\partial x^2}+2\frac{\partial^2}{\partial x\partial y}-3\frac{\partial^2}{\partial y^2}\right)u(x,y)=0,$$

可以写成

$$\left(\frac{\partial}{\partial x}-\frac{\partial}{\partial y}\right)\left(\frac{\partial}{\partial x}+3\frac{\partial}{\partial y}\right)u(x,y)=0. \tag{4}$$

引入变量代换 $x=x(\xi,\eta)$，$y=y(\xi,\eta)$，使得

$$\frac{\partial}{\partial\xi}=\frac{\partial}{\partial x}\frac{\partial x}{\partial\xi}+\frac{\partial}{\partial y}\frac{\partial y}{\partial\xi}=\left(\frac{\partial}{\partial x}-\frac{\partial}{\partial y}\right)A, \tag{5}$$

$$\frac{\partial}{\partial\eta}=\frac{\partial}{\partial x}\frac{\partial x}{\partial\eta}+\frac{\partial}{\partial y}\frac{\partial y}{\partial\eta}=\left(\frac{\partial}{\partial x}+3\frac{\partial}{\partial y}\right)B. \tag{6}$$

其中 A，B 为任意常数.由式(5)、(6)，可令

$$\begin{cases}x=\xi+\eta,\\ y=3\eta-\xi,\end{cases}$$

即

$$\begin{cases}\xi=\dfrac{3x-y}{4},\\ \eta=\dfrac{x+y}{4}.\end{cases} \tag{7}$$

在此变换下，方程(4) 变为

$$\frac{\partial^2}{\partial\xi\partial\eta}u(\xi,\eta)=0. \tag{8}$$

为了求解方便可令

$$\begin{cases}\xi=3x-y,\\ \eta=x+y.\end{cases} \tag{7$'$}$$

显然，此时方程(4) 仍会变为方程(8). 于是求方程(1) 的通解的问题便转化为了求解方程(8) 的通解的问题. 将方程(8) 对变量 ξ，η 各积分一次得

$$u(\xi,\eta)=f_1(\xi)+f_2(\eta), \tag{9}$$

其中 $f_1(\xi)$，$f_2(\eta)$ 分别为 ξ，η 任意的函数. 换回原来的变量，即将方程(7′) 代入(9) 得方程(1) 的通解

$$u(x,y)=f_1(3x-y)+f_2(x+y). \tag{10}$$

将式(10) 代入初始条件(2)、(3) 得

$$f_1(3x)+f_2(x)=3x^2,\ -f_1'(3x)+f_2'(x)=0. \tag{11}$$

后一式对 x 积分得

$$-\frac{1}{3}f_1(3x)+f_2(x)=C, \tag{12}$$

由式(11)、(12) 可得

$$f_1(3x)=\frac{3}{4}(3x^2-C), \tag{13}$$

$$f_2(x)=\frac{3}{4}(x^2+C). \tag{14}$$

在式(13) 中把 $3x$ 换成 x 得

$$f_1(x)=\frac{3}{4}\left(\frac{x^2}{3}-C\right), \tag{15}$$

将式(14)、(15) 代入式(10) 可得原定解问题的解为

$$u(x,y)=3x^2+y^2.$$

例 6 设大气中有一个半径为 1 的球形薄膜，薄膜内的压强超过大气压的数值为 p_0，假设该薄膜突然消失，将会在大气中激起三维波，试求球外任意位置的附加压强.

解 问题写成定解形式为

$$\begin{cases} p_{tt}-a^2\nabla^2 p=0, \\ p\big|_{t=0}=\begin{cases} p_0 & (r<1), \\ 0 & (r>1), \end{cases} \\ p_t\big|_{t=0}=0. \end{cases}$$

如图 6.6.2 所示，设薄膜球球心到球外任意一点 M 的距离为 r，则当 $r-1<at<r+1$ 时有

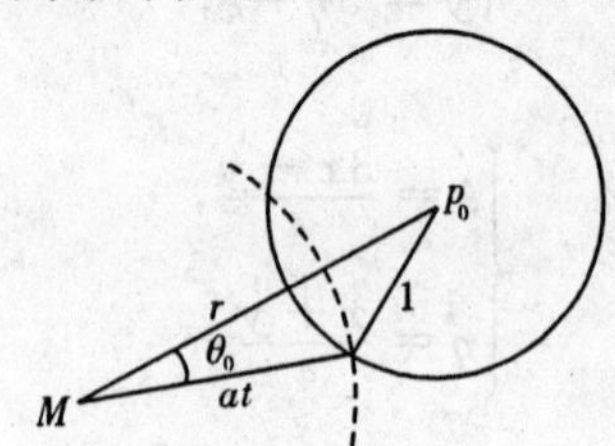

图 6.6.2

$$\iint\limits_{S_{at}^M}\frac{\varphi(M')}{at}\mathrm{d}S=\int_0^{2\pi}\mathrm{d}\varphi\int_0^{\theta_0}\frac{p_0(at)^2\sin\theta\mathrm{d}\theta}{at}=2\pi p_0 at(1-\cos\theta_0)$$

$$=2\pi p_0 at\left(\frac{r^2+a^2t^2-1}{2art}\right)$$

$$=-\frac{\pi p_0}{r}[(r-at)^2-1].$$

注意 $\psi(M')=p_t\big|_{t=0}$，故由 Poisson 公式有

$$p(M,t)=\frac{1}{4\pi a}\frac{\partial}{\partial t}\iint\limits_{S_{at}^M}\frac{\varphi(M')}{at}\mathrm{d}S$$

$$=\frac{1}{4\pi a}\frac{\partial}{\partial t}\left(-\frac{\pi p_0}{r}\right)[(r-at)^{-1}]$$

$$=\frac{p_0}{2r}(r-at).$$

而当 $at < r-1$ 和 $at > r+1$ 时，由于 $\varphi(M')$ 和 $\psi(M')$ 均为零，故有 $p(M,t)=0$.

例 7　试用傅立叶变换法求解上半平面的狄利克雷问题：

$$\begin{cases}\nabla^2 u = 0, (y>0),\\ u\big|_{y=0} = f(x),\\ \lim\limits_{(x^2+y^2)\to\infty} u = 0.\end{cases}$$

解　**步骤 1**　记

$$F[u(x,y)] = \int_{-\infty}^{+\infty} u(x,y)\mathrm{e}^{\mathrm{i}\omega x}\mathrm{d}x = \overline{u}(\omega,y),$$

$$F[f(x)] = \int_{-\infty}^{+\infty} f(x)\mathrm{e}^{\mathrm{i}\omega x}\mathrm{d}x = \overline{f}(\omega).$$

对上述定解问题中各项实施以 x 为变量的傅立叶变换，则得到如下的常微分方程的定解问题

$$\begin{cases}\dfrac{\mathrm{d}^2\overline{u}}{\mathrm{d}y^2} - \omega^2\overline{u}(\omega,y) = 0, & (1)\\ \overline{u}(\omega,0) = \overline{f}(\omega), & (2)\\ \overline{u}(\omega,y)\big|_{y\to+\infty} \to 0. & (3)\end{cases}$$

步骤 2　求解变量 y 的常微分方程(1)，得

$$\overline{u}(\omega,y) = A(\omega)\mathrm{e}^{\omega y} + B(\omega)\mathrm{e}^{-\omega y}, \tag{4}$$

其中 $A(\omega)$ 和 $B(\omega)$ 为含参量 ω 的任意函数，由边界条件(2)、(3) 所确定.

将式(4) 代入式(3) 可得：

当 $\omega > 0$ 时，$A(\omega)=0$；当 $\omega < 0$ 时，$B(\omega)=0$. 所以

$$\overline{u}(\omega,y) = c(\omega)\mathrm{e}^{|\omega|y}, \tag{5}$$

其中 $c(\omega)$ 为含参量 ω 的任意函数，可由式(2) 决定.

将式(5) 代入式(2) 得 $c(\omega)=\overline{f}(\omega)$，所以

$$\overline{u}(\omega,y) = \overline{f}(\omega)\mathrm{e}^{|\omega|y}.$$

步骤 3　求逆变换

$$u(x,y) = F^{-1}[\overline{u}(\omega,y)] = F^{-1}[\overline{f}(\omega)\mathrm{e}^{|\omega|y}] = F^{-1}F[f(x) * F(\mathrm{e}^{|\omega|y})], \tag{6}$$

而

$$F^{-1}[\mathrm{e}^{|\omega|y}] = \frac{1}{2\pi}\int_{-\infty}^{+\infty}\mathrm{e}^{|\omega|y}\mathrm{e}^{\mathrm{i}\omega x}\mathrm{d}x = \frac{1}{2\pi}\left[\int_0^{+\infty}\mathrm{e}^{-(y-\mathrm{i}x)}\mathrm{d}\omega + \int_{-\infty}^0 \mathrm{e}^{y+\mathrm{i}x}\mathrm{d}\omega\right] = \frac{y}{\pi}\,\frac{1}{x^2+y^2},$$

代入式(6)，并利用卷积公式的定义可得原定解问题的解为

$$u(x,y) = \frac{y}{\pi}\int_{-\infty}^{+\infty}\frac{f(\xi)}{(x-\xi)^2+y^2}\mathrm{d}\xi.$$

例 8　试用拉普拉斯变换法求解无界弦的一般受迫振动问题.

解　定解问题为

$$\begin{cases}u_{tt} - a^2u_{xx} = f(x,t) \quad (-\infty < x < +\infty, t > 0),\\ u(x,0) = \varphi(x),\\ u_t(x,0) = \psi(x),\end{cases}$$

选择时间变量 t 施行变换，记

$$L[u(x,t)]=\int_0^{+\infty}u(x,t)\mathrm{e}^{-pt}\mathrm{d}t=\overline{u}(x,p),$$

$$L[f(x,t)]=\int_0^{+\infty}f(x,t)\mathrm{e}^{-pt}\mathrm{d}t=\overline{F}(x,p).$$

对定解问题中各项实施 Laplace 变换连同初始条件一并考虑进去得

$$\frac{\mathrm{d}^2\overline{u}(x,p)}{\mathrm{d}x^2}-\frac{p^2}{a^2}\overline{u}(x,p)=-\frac{1}{a^2}[p\varphi(x)+\psi(x)+\overline{F}(x,p)],\tag{1}$$

这是一个关于变量 x 的含有参数 p 的二阶线性非齐次常微分方程，由常数变易法可以求得其解

$$\overline{u}(x,p)=A\mathrm{e}^{\frac{p}{a}x}+B\mathrm{e}^{-\frac{p}{a}x}-\frac{1}{2a}\int\frac{1}{p}\mathrm{e}^{-\frac{p}{a}\xi}[p\varphi(\xi)+\psi(\xi)+\overline{F}(\xi,p)]\mathrm{d}\xi+\frac{1}{2a}\int\frac{1}{p}\mathrm{e}^{\frac{p}{a}\xi}[p\varphi(\xi)+\psi(\xi)+\overline{F}(\xi,p)]\mathrm{d}\xi.\tag{2}$$

又由于原方程具有有限性自然边界条件

$$u\big|_{|x|\to\infty}\neq\infty,$$

故其像函数也应该满足

$$\overline{u}(x,p)\big|_{|x|\to\infty}\neq\infty,$$

代入式(2)得

$$A=B=0,$$

于是

$$\begin{aligned}\overline{u}(x,p)=&\frac{1}{2a}\Big[\int_x^{+\infty}\frac{1}{p}\mathrm{e}^{-p(\xi-x)/a}\psi(\xi)\mathrm{d}\xi+\int_{-\infty}^x\frac{1}{p}\mathrm{e}^{p(\xi-x)/a}\psi(\xi)\mathrm{d}\xi\Big]-\\&\frac{1}{2a}\Big[\int_x^{+\infty}\frac{1}{p}\mathrm{e}^{-p(\xi-x)/a}p\varphi(\xi)\mathrm{d}\xi+\int_{-\infty}^x\frac{1}{p}\mathrm{e}^{p(\xi-x)/a}p\varphi(\xi)\mathrm{d}\xi\Big]-\\&\frac{1}{2a}\Big[\int_x^{+\infty}\frac{1}{p}\mathrm{e}^{-p(\xi-x)/a}\overline{F}(\xi)\mathrm{d}\xi+\int_{-\infty}^x\frac{1}{p}\mathrm{e}^{p(\xi-x)/a}\overline{F}(\xi)\mathrm{d}\xi\Big].\end{aligned}\tag{3}$$

因为

$$L^{-1}\Big[\frac{1}{p}\mathrm{e}^{-p(\xi-x)/a}\Big]=\begin{cases}1, & \xi<x+at,\\0, & \xi>x+at,\end{cases}$$

$$L^{-1}\Big[\frac{1}{p}\mathrm{e}^{p(\xi-x)/a}\Big]=\begin{cases}1, & \xi>x-at,\\0, & \xi<x-at,\end{cases}$$

所以

$$L^{-1}\Big[\int_x^{+\infty}\frac{1}{p}\mathrm{e}^{-p(\xi-x)/a}\psi(\xi)\mathrm{d}\xi+\int_{-\infty}^x\frac{1}{p}\mathrm{e}^{p(\xi-x)/a}\psi(\xi)\mathrm{d}\xi\Big]=\int_{x-at}^{x+at}\psi(\xi)\mathrm{d}\xi,\tag{4}$$

$$\begin{aligned}L^{-1}\Big[\frac{1}{p}\Big(\int_x^{+\infty}\frac{1}{p}\mathrm{e}^{-p(\xi-x)/a}\varphi(\xi)\mathrm{d}\xi+\int_{-\infty}^x\frac{1}{p}\mathrm{e}^{p(\xi-x)/a}\varphi(\xi)\mathrm{d}\xi\Big)\Big]&=\frac{\partial}{\partial t}\int_{x-at}^{x+at}\varphi(\xi)\mathrm{d}\xi\\&=a[\varphi(x+at)+\varphi(x-at)],\end{aligned}\tag{5}$$

$$L^{-1}\Big[\int_x^{+\infty}\frac{1}{p}\mathrm{e}^{-p(\xi-x)/a}\overline{F}(\xi,p)\mathrm{d}\xi+\int_{-\infty}^x\frac{1}{p}\mathrm{e}^{p(\xi-x)/a}\overline{F}(\xi,p)\mathrm{d}\xi\Big]=\int_0^t\int_{x-a(t-\tau)}^{x+a(t-\tau)}f(\xi,\tau)\mathrm{d}\xi\mathrm{d}\tau,\tag{6}$$

对式(3) 取逆变换，并将式(4)—(6) 代入可得原定解问题的解为

$$u(x,t)=\frac{1}{2}[\varphi(x+at)+\varphi(x-at)]+\frac{1}{2a}\int_{x-at}^{x+at}\psi(\xi)\mathrm{d}\xi+\frac{1}{2a}\int_0^t\int_{x-a(t-\tau)}^{x+a(t-\tau)}f(\xi,\tau)\mathrm{d}\xi\mathrm{d}\tau.\quad(7)$$

例9　求解定解问题：

$$\begin{cases}u_{tt}-a^2u_{xx}=\cos\omega t\quad(0<x<l,t>0), & (1)\\ u(x,0)=0,u_t(x,0)=0, & (2)\\ u(0,t)=0,\lim\limits_{x\to\infty}u_x=0. & (3)\end{cases}$$

解　变量 x,t 的变化范围均为$[0,\infty)$，但是对于实变量 x 而言，边界条件$\lim\limits_{x\to\infty}u_x=0$ 不符合 Laplace 变换的条件，所以只能对 t 施行 Laplace 变换. 记

$$L[u(x,t)]=\overline{u}(x,p),L[\cos\omega t]=\overline{f}(p),$$

对于方程和边界条件施行 Laplace 变换，并考虑初始条件得

$$\begin{cases}\dfrac{\mathrm{d}^2\overline{u}(x,p)}{\mathrm{d}x^2}-\dfrac{p^2}{a^2}\overline{u}(x,p)=-\overline{f}(p)/a^2, & (4)\\ \overline{u}(0,p)=0, & (5)\\ \lim\limits_{x\to\infty}\overline{u}_x=0. & (6)\end{cases}$$

方程(4) 的通解为

$$\overline{u}(x,p)=C_1\mathrm{e}^{px/a}+C_2\mathrm{e}^{-px/a}+\overline{f}(p)/p^2.$$

由边界条件(6) 得 $C_1=0$，所以

$$\overline{u}(x,p)=C_2\mathrm{e}^{-px/a}+\overline{f}(p)/p^2.$$

又由式(5) 得

$$C_2+\overline{f}(p)/p^2=0,$$

所以

$$C_2=-\overline{f}(p)/p^2.$$

于是

$$\overline{u}(x,p)=\overline{f}(p)/p^2(1-\mathrm{e}^{-px/a}),$$

注意到

$$\overline{f}(p)=Lp[\cos\omega t]=\frac{p}{p^2+\omega^2},$$

故

$$\overline{u}(x,p)=\frac{1}{\omega^2}\left[\frac{1}{p}\cdot\frac{1}{p^2+\omega^2}\right](1-\mathrm{e}^{-px/a}).\quad(7)$$

而

$$L^{-1}\left[\frac{1}{p(p^2+\omega^2)}\right]=\frac{1}{\omega^2}(1-\cos\omega t)=\frac{2}{\omega}\sin^2\frac{\omega t}{2},\quad(8)$$

对式(7) 取 Laplace 逆变换，将式(8) 的结果代入，并应用位移性质可得

$$u(x,t)=\begin{cases}\dfrac{2}{\omega}\left[\sin^2\dfrac{\omega t}{2}-\sin^2\dfrac{\omega(t-x/a)}{2}\right], & t>x/a,\\ \dfrac{2}{\omega^2}\sin^2\omega t, & t<x/a.\end{cases}$$

例10　求解热传导方程 $u_t=a^2u_{xx}(-\infty<x<+\infty,t>0)$ 的初值问题，已知

(1)$u(x,0)=\sin x$；(2)$u(x,0)=x^2+1$.

解 (1) 对于定解问题中的各项以 x 为变量施行傅里叶变换,并记

$$F[u(x,t)]=\int_{-\infty}^{+\infty}u(x,t)\mathrm{e}^{-\mathrm{i}\omega x}\mathrm{d}x=\bar{u}(\omega,t),$$

$$F[\sin x]=\int_{-\infty}^{+\infty}\sin x\mathrm{e}^{-\mathrm{i}\omega x}\mathrm{d}x=\bar{\varphi}(\omega,t).$$

则该定解问题可以化为

$$\begin{cases}\dfrac{\mathrm{d}\bar{u}(\omega,t)}{\mathrm{d}t}+a^2\omega^2\bar{u}(\omega,t)=0,\\ u(\omega,0)=\bar{\varphi}(\omega).\end{cases}$$

求解该定解问题可得

$$\bar{u}(\omega,t)=\bar{\varphi}(\omega)\mathrm{e}^{-a^2\omega^2t}.$$

求上式的逆变换得

$$u(x,t)=F^{-1}[\bar{u}(\omega,t)]=F^{-1}[\bar{\varphi}(\omega)\mathrm{e}^{-a^2\omega^2t}]=F^{-1}F[\sin x*F^{-1}[\mathrm{e}^{-a^2\omega^2t}]].$$

而

$$F^{-1}[\mathrm{e}^{-a^2\omega^2t}]=\frac{1}{2\pi}\int_{-\infty}^{+\infty}\mathrm{e}^{-a^2\omega^2t}\mathrm{e}^{\mathrm{i}\omega t}\mathrm{d}\omega=\frac{1}{\pi}\int_0^{+\infty}\mathrm{e}^{-a^2\omega^2t}\mathrm{e}^{\mathrm{i}\omega x}\mathrm{d}\omega=\frac{1}{2a\sqrt{\pi t}}\mathrm{e}^{-\frac{x^2}{4a^2t}},$$

于是原定解问题的解为

$$u(x,t)=\frac{1}{2a\sqrt{\pi t}}\int_{-\infty}^{\infty}\mathrm{e}^{-\frac{\xi^2}{4a^2t}}\sin(x-\xi)\mathrm{d}\xi=\mathrm{e}^{-a^2t}\sin x.$$

(2) 对于定解问题中的各项以 x 为变量施行傅里叶变换,并记

$$F[u(x,t)]=\int_{-\infty}^{+\infty}u(x,t)\mathrm{e}^{-\mathrm{i}\omega x}\mathrm{d}x=\bar{u}(\omega,t),$$

$$F[\sin x]=\int_{-\infty}^{+\infty}(x^2+1)\mathrm{e}^{-\mathrm{i}\omega x}\mathrm{d}x=\bar{\varphi}(\omega,t),$$

则该定解问题可以化为

$$\begin{cases}\dfrac{\mathrm{d}\bar{u}(\omega,t)}{\mathrm{d}t}+a^2\omega^2\bar{u}(\omega,t)=0,\\ u(\omega,0)=\bar{\varphi}(\omega).\end{cases}$$

求解该定解问题可得

$$\bar{u}(\omega,t)=\bar{\varphi}(\omega)\mathrm{e}^{-a^2\omega^2t}.$$

求上式的逆变换得

$$\begin{aligned}u(x,t)&=F^{-1}[\bar{u}(\omega,t)]=F^{-1}[\bar{\varphi}(\omega)\mathrm{e}^{-a^2\omega^2t}]\\&=F^{-1}F[(x^2+1)*F^{-1}[\mathrm{e}^{-a^2\omega^2t}]].\end{aligned}$$

而

$$F^{-1}[\mathrm{e}^{-a^2\omega^2t}]=\frac{1}{2\pi}\int_{-\infty}^{+\infty}\mathrm{e}^{-a^2\omega^2t}\mathrm{e}^{\mathrm{i}\omega x}\mathrm{d}\omega=\frac{1}{\pi}\int_0^{+\infty}\mathrm{e}^{-a^2\omega^2t}\mathrm{e}^{\mathrm{i}\omega x}\mathrm{d}\omega=\frac{1}{2a\sqrt{\pi t}}\mathrm{e}^{-\frac{x^2}{4a^2t}},$$

于是原定解问题的解为

$$u(x,t)=\frac{1}{2a\sqrt{\pi t}}\int_{-\infty}^{+\infty}\mathrm{e}^{-\frac{\xi^2}{4a^2t}}[(x-\xi)^2+1]\mathrm{d}\xi=x^2+1+2at.$$

习题 6

1. 确定下列初值问题的解：

(1) $u_{tt}-a^2u_{xx}=0,\quad u(x,0)=0,\quad u_t(x,0)=1$；

(2) $u_{tt}-a^2u_{xx}=0,\quad u(x,0)=\sin x,\quad u_t(x,0)=x^2$；

(3) $u_{tt}-a^2u_{xx}=0,\quad u(x,0)=x^3,\quad u_t(x,0)=x$；

(4) $u_{tt}-a^2u_{xx}=0,\quad u(x,0)=\cos x,\quad u_t(x,0)=\mathrm{e}^{-1}$.

2. 求解无界弦的自由振动，设初始位移为 $\varphi(x)$，初始速度为 $-a\varphi'(x)$.

3. 求方程 $\dfrac{\partial^2 u}{\partial x\partial y}=x^2y$ 满足边界条件

$$u\big|_{y=0}=x^2,u\big|_{x=1}=\cos y$$

的解.

4. 证明定解问题

$$u_{xx}+2\cos x\cdot u_{xy}-\sin^2x\cdot u_{yy}-\sin x\cdot u_y=0,(-\infty<x,y<+\infty),$$
$$u\big|_{y=\sin x}=\varphi(x),\quad u_y\big|_{y=\sin x}=\psi(x)$$

的解为

$$u(x,y)=\frac{\varphi(x-\sin x+y)+\varphi(x+\sin x-y)}{2}+\frac{1}{2}\int_{x+\sin x-y}^{x-\sin x+y}\psi(\xi)\mathrm{d}\xi.$$

5. 证明球面问题

$$\begin{cases}u_{tt}=a^2(u_{xx}+u_{yy}+u_{zz})\quad(-\infty<x,y,z<+\infty,t>0),\\ u\big|_{t=0}=\varphi(r),\\ u_t\big|_{t=0}=\psi(r)\quad(r^2=x^2+y^2+z^2).\end{cases}$$

的解是

$$u(r,t)=\frac{(r-at)\varphi(r-at)+(r+at)\varphi(r+at)}{2r}+\frac{1}{2ar}\int_{r-at}^{r+at}s\varphi(s)\mathrm{d}s.$$

6. 利用泊松公式求解下列定解问题

$$\begin{cases}u_{tt}=a^2(u_{xx}+u_{yy}+u_{zz})\quad(-\infty<x,y,z<+\infty),\\ u\big|_{t=0}=0,\\ u_t\big|_{t=0}=x^2+yz\quad(-\infty<x,y,z<+\infty).\end{cases}$$

7. 证明傅里叶变换的卷积定理

$$F^{-1}[F_1(w)F_2(w)]=f_1(t)*f_2(t),$$

其中

$$f_1(t)=F^{-1}[F_1(w)],f_2(t)=F^{-1}[F_2(w)],$$

$$f_1(t)*f_2(t)=\int_{-\infty}^{+\infty}f_1(\xi)f_1(t-\xi)\mathrm{d}\xi.$$

8. 证明：$F^{-1}[\mathrm{e}^{-a^2w^2t}] = \dfrac{1}{2a\sqrt{\pi t}}\mathrm{e}^{-\frac{x^2}{4a^2t}}$.

9. 求上半平面内静电场的电位，即求解下列定解问题：

$$\begin{cases}\nabla^2 u = 0 \quad (y > 0),\\ u\big|_{y=0} = f(x),\\ \lim\limits_{(x^2+y^2)\to\infty} u = 0.\end{cases}$$

10. 用积分变换法解下列定解问题：

$$\begin{cases}\dfrac{\partial^2 u}{\partial t^2} = \dfrac{\partial^2 u}{\partial x^2} \quad (-\infty < x < +\infty, t > 0),\\ u\big|_{t=0} = \varphi(x),\\ \dfrac{\partial u}{\partial x}\Big|_{x=0} = \psi(x).\end{cases}$$

11. 用积分变换法求解下列问题

$$\begin{cases}\dfrac{\partial^2 u}{\partial x\partial y} = 1 \quad (x > 0, y > 0),\\ u\big|_{x=0} = y+1, \quad u\big|_{y=0} = 1.\end{cases}$$

12. 用积分变换法解下列定解问题：

$$\begin{cases}\dfrac{\partial u}{\partial t} = a^2\dfrac{\partial^2 u}{\partial x^2} \quad (0 < x < l, t > 0),\\ u\big|_{t=0} = u_0, \quad \dfrac{\partial u}{\partial x}\Big|_{x=0} = 0,\\ u\big|_{x=l} = u_1.\end{cases}$$

13. 求解一维无限长杆上的热传导问题：

$$\begin{cases}u_t = a^2 u_{xx} \quad (0 < x < +\infty, t > 0),\\ u(0,t) = u_0, \lim\limits_{x\to\infty} u(x,t) = 0 \quad (t \geqslant 0),\\ u(x,0) = 0 \quad (0 \leqslant x < +\infty, t > 0).\end{cases}$$

14. 求解杆的纵振动问题：

$$\begin{cases}u_{tt} = a^2 u_{xx} \quad (0 < x < l, t > 0),\\ u(0,t) = 0, u_x(l,t) = A\sin\omega t \quad (t > 0),\\ u(x,0) = 0, u_t(x,0) = 0 \quad (0 < x < l).\end{cases}$$

第 7 章　Green 函数法

7.1　引　言

Green 函数，又称点源函数或影响函数，是数学物理方法中的一个重要概念. 它之所以重要是由于以下原因：从物理上看，在某种情况下，一个数学物理方程表示的是一种特定的场和产生这种场的源之间的关系（例如，热传导方程表示温度场和热源的关系，Poisson 方程表示静电场和电荷分布的关系等等），而 Green 函数则代表一个点源所产生的场，知道了一个点源的场，就可以用叠加的方法算出任意源的场（空间连续分布的“源”，可以看成是“无穷多”点源的叠加）.

例如，静电场的电势 u 满足 Poisson 方程

$$\nabla^2 u = -4\pi\rho, \tag{7.1.1}$$

其中，ρ 是电荷密度，根据库仑定律，位于 M_0 点的一个正的点电荷在无界空间中的 M 点处产生的电势是

$$G(M,M_0) = \frac{1}{r_{MM_0}} \tag{7.1.2}$$

由此可求得任意电荷分布密度为 ρ 的“源” 在 M 点所产生的电势为

$$u(M) = \int \frac{\rho(M_0)}{r_{MM_0}} \mathrm{d}M_0 = \int G(M,M_0)\rho(M_0)\mathrm{d}M_0, \tag{7.1.3}$$

其中 $\mathrm{d}M_0$ 为空间体积元 $\mathrm{d}x_0\mathrm{d}y_0\mathrm{d}z_0$ 的简写.

式(7.1.2) 中的 $G(M,M_0)$ 称为方程(7.1.1) 左边 Laplace 算符 ∇^2 在无界空间中的 Green 函数，用它可以求出方程(7.1.1) 在无界空间的解式(7.1.3).

在一般的数学物理问题中，要求的是满足一定边界条件和(或) 初始条件的解，相应的 Green 函数也就比举例的 Green 函数要复杂一些，因为在这种情形下，一个点源所产生的场还受到边界条件和(或) 初始条件的影响，而这些影响本身也是待定的.

例如，在一个接地的导体空腔内的 P' 点放一正的单位点电荷，如图 7.1.1 所示，则在 P 点的电势不仅是点电荷本身所产生的场，还要加上这个点电荷在导体内壁上感应电荷所产生的场，而感应电荷的分布是未知的，只知道两种场电势的叠加在边界上为零，这便是有界区域上 Green 函数的问题.

因此，一般地，Green 函数是一个点源在一定的边界条件和(或) 初始条件下所产生的场. 利用 Green 函数，可求出任意分布的源所产生的场. 下面我们首先介绍 δ 函数的概念与性质，然后再以 Poisson 方程的第一、二、三类边界条件为例阐明 Green 函数的概念，接着讨论 Green 函数法 —— 解的积分表示；最后应用 Green 函数法求解定解问题.

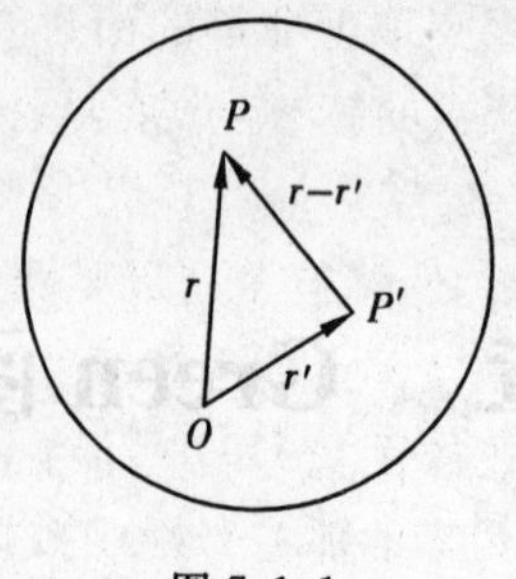

图 7.1.1

7.2 δ 函数的定义与性质

7.2.1 δ 函数的定义

δ 函数作为点源模型的数学抽象，常被用来在物理学中表示诸如质点、瞬间力、点电荷、点热源等所谓点量. 历史上著名物理学家Dirac首先使用了δ函数，它不仅能帮助人们深刻理解许多物理现象的本质，作为数学表示法使用也很方便，下面通过一个例子介绍δ函数的定义.

例 1 中心位于 x_0 点，长度为 l 的均匀带电细线，其线电荷密度 $\rho(x)$ 和总电荷 Q 分别是

$$\rho(x)=\begin{cases}0, |x-x_0|>\dfrac{l}{2},\\ \dfrac{1}{l}, |x-x_0|\leqslant\dfrac{l}{2};\end{cases}$$

$$Q=\int_{-\infty}^{+\infty}\rho(x)\,\mathrm{d}x=1.$$

当 $l\to 0$ 时，电荷分布可以看成是位于 x_0 点的单位点电荷，这时电荷线密度及总电量分别为

$$\rho(x)=\begin{cases}0, & x\neq x_0,\\ \infty, & x=x_0;\end{cases} \tag{7.2.1}$$

$$Q=\int_{-\infty}^{+\infty}\rho(x)\,\mathrm{d}x=1. \tag{7.2.2}$$

定义 7.2.1 称定义在区间$(-\infty,+\infty)$上，满足条件(7.2.1)和(7.2.2)的函数$\rho(x)$为δ函数，记为$\delta(x-x_0)$.

虽然δ函数具有鲜明的物理意义，在后面的内容我们还将看到它有许多方便的用处，但它还有与传统函数不一样的地方，因此被称为广义函数，下面介绍它与传统函数的不同之处.

在式(7.2.1)中，$\delta(x-x_0)$在$x=x_0$处取值为∞，在微积分学中我们知道，如果一个函数在某点趋于∞，该函数在这一点是没有意义的，因此也就没有必要进一步讨论函数在这一点的性质. 而现在要认为$\delta(x-x_0)$在$x=x_0$处取值为∞是有意义的，更加奇怪的

是，在式(7.2.2)中，这个只在一个点取值非零的函数的积分竟然是非零的！在高等数学课程中，我们知道有限个点处改变函数的值不会改变函数的积分值，所以如果不是 $\delta(x-x_0)$ 在 $x=x_0$ 处取值为 ∞，这个积分一定为零.

δ 函数的引入扩展了函数的定义，即有了广义函数的概念. 为了解决上述的困难，人们把广义函数看成定义在某些函数空间上的连续线性泛函(通常把定义在函数空间上的函数称为泛函，通俗地说就是函数的函数)，这些函数空间叫做检验函数空间. 如果用 $C_0^\infty(\mathbf{R}^1)$ 表示当 $x\to\pm\infty$ 时极限为零的那些光滑函数构成的集合，f 是一个绝对可积函数，它可以定义一个广义函数：$F_f(\phi): C_0^\infty(\mathbf{R}^1)\to F$，

$$F_f(\phi)=\int_{-\infty}^{+\infty} f(x)\phi(x)\mathrm{d}x,\quad \forall\,\phi\in C_0^\infty(\mathbf{R}^1).$$

容易验证如果 f 和 g 是连续且绝对可积的函数，则 $F_f=F_g$ 当且仅当 $f=g$. 实际上，对 f 和 g 的条件还可以放宽，比如姜礼尚的《数学物理方程讲义》第一章第 1 节中证明了：设 f 和 g 是两个连续函数，若 $\int_{-\infty}^{+\infty} f(x)\phi(x)\mathrm{d}x=\int_{-\infty}^{+\infty} g(x)\phi(x)\mathrm{d}x$，$\forall\,\phi\in C_0^\infty(\mathbf{R}^1)$，则 $f=g$. 这样，就可以用 F_f 来代替 f，换言之，可以把传统函数看成广义函数.

现在定义一个泛函 $F_{\delta_{x_0}}(\phi)$，满足

$$F_{\delta_{x_0}}(\phi)=\phi(x_0),\quad \forall\,\phi\in C_0^\infty(\mathbf{R}^1). \tag{7.2.3}$$

容易看出 $F_{\delta_{x_0}}(\phi)$ 是一个连续线性泛函，所以它定义了 $C_0^\infty(\mathbf{R}^1)$ 上的一个广义函数.

命题 7.2.1 $F_{\delta_{x_0}}(\phi)$ 恰好对应 δ 函数 $\delta(x-x_0)$，即 $\delta(x-x_0)$ 就是按(7.2.3)定义的广义函数.

证明 只需验证

$$\int_{-\infty}^{+\infty}\phi(x)\delta(x-x_0)\mathrm{d}x=\phi(x_0),\quad \forall\,\phi\in C_0^\infty(\mathbf{R}^1) \tag{7.2.4}$$

事实上，任给 $\varepsilon>0$，由积分中值定理，$\exists\,\xi\in(x_0-\varepsilon,x_0+\varepsilon)$，使得

$$\begin{aligned}\int_{-\infty}^{+\infty}\phi(x)\delta(x-x_0)\mathrm{d}x&=\int_{x_0-\varepsilon}^{x_0+\varepsilon}\phi(x)\delta(x-x_0)\mathrm{d}x\\&=\phi(\xi)\int_{x_0-\varepsilon}^{x_0+\varepsilon}\delta(x-x_0)\mathrm{d}x=\phi(\xi),\end{aligned}$$

令 $\varepsilon\to 0$ 取极限，立即得(7.2.4).

7.2.2　广义函数的导数

广义函数通常不具备传统可微函数的性质，它们的求导数是通过分部积分将求导转化到检验函数上的. 下面以 δ 函数为例，说明如何定义广义函数的导数.

命题 7.2.2

(1) $$\int_{-\infty}^{+\infty}\phi(x)\delta^{(n)}(x-x_0)\mathrm{d}x=(-1)^n\phi^{(n)}(x_0),\quad \forall\,\phi\in C_0^\infty(\mathbf{R}^1), \tag{7.2.5}$$

(2) $$\delta(x-x_0)=\frac{\mathrm{d}}{\mathrm{d}x}H(x-x_0), \tag{7.2.6}$$

其中 $H(x-x_0)$ 是 Heaviside 函数

$$H(x-x_0)=\begin{cases}0, & x<x_0,\\ 1, & x\geqslant x_0.\end{cases}$$

证明 (1) 对式(7.2.5)左端分部积分,并注意由检验函数 $\phi\in C_0^{\infty}(\mathbf{R}^1)$ 的定义,对任意自然数 k,有 $\phi^{(k)}(\pm\infty)=0$,于是

$$\begin{aligned}&\int_{-\infty}^{+\infty}\phi(x)\delta^{(n)}(x-x_0)\mathrm{d}x\\ &=\phi(x)\delta^{(n-1)}(x-x_0)\big|_{-\infty}^{+\infty}-\int_{-\infty}^{+\infty}\phi'(x)\delta^{(n-1)}(x-x_0)\mathrm{d}x\\ &=-\int_{-\infty}^{+\infty}\phi'(x)\delta^{(n-1)}(x-x_0)\mathrm{d}x\\ &\ \ \vdots\\ &=(-1)^n\int_{-\infty}^{+\infty}\phi^{(n)}(x)\delta(x-x_0)\mathrm{d}x\\ &=(-1)^n\phi^{(n)}(x_0).\end{aligned}$$

(2) 同样,对 $\forall\phi\in C_0^{\infty}(\mathbf{R}^1)$,有

$$\begin{aligned}&\int_{-\infty}^{+\infty}\phi(x)\frac{\mathrm{d}}{\mathrm{d}x}H(x-x_0)\mathrm{d}x\\ &=\phi(x)H(x-x_0)\big|_{-\infty}^{+\infty}-\int_{-\infty}^{+\infty}\phi'(x)H(x-x_0)\mathrm{d}x\\ &=-\int_{-\infty}^{+\infty}\phi'(x)H(x-x_0)\mathrm{d}x\\ &=-\int_{x_0}^{+\infty}\phi'(x)\mathrm{d}x\\ &=\phi(x_0).\end{aligned}$$

因此,由式(7.2.4)知,

$$\int_{-\infty}^{+\infty}\phi(x)\frac{\mathrm{d}}{\mathrm{d}x}H(x-x_0)\mathrm{d}x=\int_{-\infty}^{+\infty}\phi(x)\delta(x-x_0)\mathrm{d}x,\ \forall\phi\in C_0^{\infty}(\mathbf{R}^1),$$

因此可得式(7.2.6).

7.2.3 δ 函数的 Fourier 变换

命题 7.2.3 δ 函数 $\delta(x-x_0)$ 的 Fourier 变换为

$$\overline{\delta(x-x_0)}=\mathrm{e}^{-\mathrm{i}\omega x_0},\tag{7.2.7}$$

特别地

$$\overline{\delta(x-0)}=\overline{\delta(x)}=1.\tag{7.2.8}$$

从而得 δ 函数的表达式

$$\delta(x-x_0)=\frac{1}{2\pi}\int_{-\infty}^{+\infty}\mathrm{e}^{-\mathrm{i}\omega(x-x_0)}\mathrm{d}\omega;\tag{7.2.9}$$

$$\delta(x-x_0)=\frac{1}{2\pi}\int_{-\infty}^{+\infty}\cos\omega(x-x_0)\mathrm{d}\omega.\tag{7.2.10}$$

证明 显然

$$\overline{\delta(x-x_0)}=\int_{-\infty}^{+\infty}\delta(x-x_0)\mathrm{e}^{-\mathrm{i}\omega x}\,\mathrm{d}x=\mathrm{e}^{-\mathrm{i}\omega x_0},$$

由 Fourier 逆变换的公式有

$$\delta(x)=\frac{1}{2\pi}\int_{-\infty}^{+\infty}\overline{\delta(x)}\mathrm{e}^{\mathrm{i}\omega x}\,\mathrm{d}\omega=\frac{1}{2\pi}\int_{-\infty}^{+\infty}\mathrm{e}^{\mathrm{i}\omega x}\,\mathrm{d}\omega,$$

对此式作代换 $x\to x-x_0$ 即得式(7.2.9). 利用奇函数在$(-\infty,+\infty)$上积分为零的性质，立即可以由式(7.2.9) 推出式(7.2.10).

7.2.4　高维 δ 函数

$\mathbf{R}^n$ 中的 δ 函数的定义为

$$\delta(P-P')=\begin{cases}0, & P\neq P',\\ \infty, & P=P';\end{cases}\tag{7.2.11}$$

$$\int_{-\infty}^{+\infty}\delta(P-P')\mathrm{d}V_P=1.\tag{7.2.12}$$

在直角坐标系中，

$$\begin{aligned}\delta(\boldsymbol{x}-\boldsymbol{x}')&=\delta(x_1-x_1',x_2-x_2',\cdots,x_n-x_n')\\&=\delta(x-x_1')\delta(x_2-x_2')\cdots\delta(x_n-x_n'),\end{aligned}$$

其中 $\boldsymbol{x}=(x_1,x_2,\cdots,x_n)$, $\boldsymbol{x}'=(x_1',x_2',\cdots,x_n')$. 显然

$$\begin{aligned}&\int_{\mathbf{R}^n}\delta(\boldsymbol{x}-\boldsymbol{x}')f(\boldsymbol{x})\mathrm{d}V_x\\&=\int_{-\infty}^{+\infty}\cdots\int_{-\infty}^{+\infty}f(x_1,x_2,\cdots,x_n)\delta(x_1-x_1')\cdots\delta(x_n-x_n')\mathrm{d}x_1\mathrm{d}x_2\cdots\mathrm{d}x_n\\&=\int_{-\infty}^{+\infty}\cdots\int_{-\infty}^{+\infty}f(x_1,x_2,\cdots,x_{n-1},x_n')\delta(x_1-x_1')\cdots\delta(x_{n-1}-x_{n-1}')\mathrm{d}x_1\mathrm{d}x_2\cdots\mathrm{d}x_n\\&\;\vdots\\&=f(x_1',x_2',\cdots,x_n')\\&=f(\boldsymbol{x}').\end{aligned}$$

高维 δ 函数的其他性质与一维 δ 函数类似，例如

$$\delta(\boldsymbol{x}-\boldsymbol{x}_0)=\frac{1}{(2\pi)^n}\int_{-\infty}^{+\infty}\mathrm{e}^{\mathrm{i}\,\boldsymbol{\omega}\cdot(\boldsymbol{x}-\boldsymbol{x}_0)}\,\mathrm{d}V_\omega,$$

其中 $\mathrm{d}V_\omega=\mathrm{d}\omega_1\mathrm{d}\omega_2\cdots\mathrm{d}\omega_n$, 等等.

7.3　Poisson 方程的边值问题

三维 Poisson 方程的边值问题，可以统一写成

$$\begin{cases}\nabla^2u(M)=-h(M), & M\in\Omega, & (7.3.1)\\ \left[\alpha\dfrac{\partial u}{\partial n}+\beta u\right]_S=g(M). & & (7.3.2)\end{cases}$$

其中 α,β 是不同时为零的常数，S 是 Ω 的边界.

为了得到定解问题(7.3.1) ~ (7.3.2) 的解的积分表达式，我们首先引入 Green

公式.

7.3.1 Green 公式

设函数 $u(x,y,z)$ 和 $v(x,y,z)$ 在区域 Ω 直到边界 S 上具有连续的一阶导数，而在 Ω 中具有连续的二阶导数，则由 Gauss 公式有

$$\iint_S u\,\nabla v\cdot \mathrm{d}\boldsymbol{S}=\iiint_\Omega \nabla\cdot(u\,\nabla v)\mathrm{d}\Omega=\iiint_\Omega u\,\nabla^2 v\mathrm{d}\Omega+\iiint_\Omega \nabla u\cdot\nabla v\mathrm{d}\Omega, \tag{7.3.3}$$

此式称为 Green 第一公式，同理有

$$\iint_S v\,\nabla u\cdot \mathrm{d}\boldsymbol{S}=\iiint_\Omega v\,\nabla^2 u\mathrm{d}\Omega+\iiint_\Omega \nabla u\cdot\nabla v\mathrm{d}\Omega.$$

将以上两式相减得

$$\iint_S (u\,\nabla v-v\,\nabla u)\cdot \mathrm{d}\boldsymbol{S}=\iiint_\Omega (u\,\nabla^2 v-v\,\nabla^2 u)\mathrm{d}\Omega, \tag{7.3.4}$$

即

$$\iint_S \left(u\frac{\partial v}{\partial n}-v\frac{\partial u}{\partial n}\right)\mathrm{d}S=\iiint_\Omega (u\,\nabla^2 v-v\,\nabla^2 u)\mathrm{d}\Omega. \tag{7.3.5}$$

此式称为 Green 第二公式，其中 n 为边界面 S 的外法线方向.

7.3.2 解的积分形式——Green 函数法

现在我们在有界区域 Ω 中讨论定解问题(7.3.1) ～ (7.3.2) 的解，引入函数 $G(M,M_0)$，使之满足

$$\nabla^2 G(M,M_0)=-\delta(M-M_0)\quad (M\in\Omega), \tag{7.3.6}$$

其中 $M_0=M_0(x_0,y_0,z_0)$ 为区域 Ω 中的任意点，则由 δ 函数的定义知，$G(M,M_0)$ 为在 M_0 点的点源所产生的场，以函数 $G(M,M_0)$ 乘式(7.3.1) 的两边，同时以函数 $u(M)$ 乘式(7.3.6) 的两边，然后相减得

$$\begin{aligned}&G(M,M_0)\,\nabla^2 u(M)-u(M)\,\nabla^2 G(M,M_0)\\&=u(M)\delta(M-M_0)-G(M,M_0)h(M).\end{aligned}$$

将上式对 $M(x,y,z)$ 积分，注意到 $G(M,M_0)$ 以 $M(x,y,z)$ 为自变量时，以 $M_0(x_0,y_0,z_0)$ 为奇点，因此，为了将 Green 第二公式(7.3.5) 应用于上式积分后的左端，积分区域应取 Ω 内挖去以 M_0 为球心，以 $\varepsilon(\varepsilon\ll 1)$ 为半径的小球体 Ω_ε 后的区域 $\Omega-\Omega_\varepsilon$(图 7.3.1). 记小球体的界面为 S_ε，在区域 $\Omega-\Omega_\varepsilon$ 上应用式(7.3.5)，有

$$\iint_S \left(G\frac{\partial v}{\partial n}-u\frac{\partial G}{\partial n}\right)\mathrm{d}S+\iint_{S_\varepsilon}\left(G\frac{\partial v}{\partial n}-u\frac{\partial G}{\partial n}\right)\mathrm{d}S=\iiint_{\Omega-\Omega_\varepsilon}(G\,\nabla^2 u-u\,\nabla^2 G)\mathrm{d}\Omega, \tag{7.3.7}$$

其中 n 表示区域的外法线方向.

如果形式地令

$$\iint_{S_\varepsilon}\left(G\frac{\partial v}{\partial n}-u\frac{\partial G}{\partial n}\right)\mathrm{d}S=-\iiint_{\Omega_\varepsilon}(G\,\nabla^2 u-u\,\nabla^2 G)\mathrm{d}\Omega, \tag{7.3.7}'$$

其中的负号是由于对 S_ε 来说 n 为内向法线，式(7.3.7) 与式(7.3.7)′ 合并，便得到

$$-\iiint_{\Omega}(G\,\nabla^2 u-u\,\nabla^2 G)\mathrm{d}\Omega=\iint_{S}\left(G\frac{\partial v}{\partial n}-u\frac{\partial G}{\partial n}\right)\mathrm{d}S,$$

即消去了奇异性.

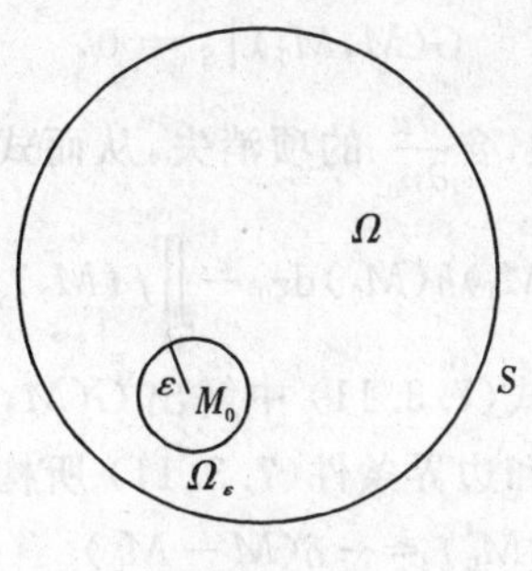

图 7.3.1

因此有

$$\iint_{S}\left(G\frac{\partial v}{\partial n}-u\frac{\partial G}{\partial n}\right)\mathrm{d}S$$
$$=\iiint_{\Omega}[u(M)\delta(M-M_0)-G(M-M_0)h(M)]\mathrm{d}\Omega.$$

由 δ 函数的性质有

$$u(M_0)=\iiint_{\Omega}G(M,M_0)h(M)\mathrm{d}\Omega+\iint_{S}G(M,M_0)\frac{\partial u}{\partial \boldsymbol{n}}\mathrm{d}S-\iint_{S}u(M)\frac{\partial}{\partial \boldsymbol{n}}G(M,M_0)\mathrm{d}S. \tag{7.3.8}$$

上式在物理上很难解释清楚，如果在右边的第一项中，$G(M,M_0)$ 所代表的是 M_0 点的点源在 M 点产生的场，而 $h(M)$ 所代表的却是 M 点的源. 在后面我们将会看到 Green 函数具有对称性

$$G(M,M_0)=G(M_0,M).$$

于是在式(7.3.8)中用 $G(M_0,M)$ 代替 $G(M,M_0)$，并在公式中将 M 和 M_0 对换，而得到

$$u(M)=\iiint_{\Omega}G(M,M_0)h(M_0)\mathrm{d}\Omega_0+\iint_{S}G(M,M_0)\frac{\partial u}{\partial n_0}\mathrm{d}S_0-\iint_{S}u(M_0)\frac{\partial}{\partial n_0}G(M,M_0)\mathrm{d}S_0. \tag{7.3.9}$$

式(7.3.9)被称为基本积分公式或解的积分表达式. 它的物理意义是十分清楚的：右边第一个积分代表在区域 Ω 中体分布源 $h(M_0)$ 在 M 点产生的场的总和，而第二、三两个积分则是边界上的源所产生的场. 这两种影响都是由同一 Green 函数给出的. 式(7.3.9)给出了 Poisson 方程或 Laplace 方程($h=0$ 时)解的积分表达式(其中，$\frac{\partial}{\partial n_0}$ 表示对 M_0 求导，而 $\mathrm{d}S_0$ 和 $\mathrm{d}\Omega_0$ 则分别表示对 M_0 取面积元和体积元)，但它还不能直接用来求解 Poisson 方程或 Laplace 方程的边值问题，因为公式中的 $G(M,M_0)$ 是未知的，且在一般的边值问题中，$u|_S$ 和 $u_n|_S$ 之值也不会分别给出，下面针对不同边界条件作具体讨论.

(1) 第一类边界条件，即在式(7.3.2)中，$\alpha=0$，这时边界条件成为

$$u|_S=\frac{1}{\beta}g(M)=f(M). \tag{7.3.10}$$

若要求 $G(M,M_0)$ 满足第一类齐次边界条件

$$G(M,M_0)|_S=0, \tag{7.3.11}$$

则在式(7.3.9)中的面积部分中,含$\frac{\partial u}{\partial n_0}$的项消失,从而式(7.3.9)变为

$$u(M)=\iiint\limits_{\Omega}G(M,M_0)h(M_0)\mathrm{d}\tau_0-\iint\limits_{S}f(M_0)\frac{\partial}{\partial n_0}G(M,M_0)\mathrm{d}\sigma_0. \tag{7.3.12}$$

由此可见,只要从式(7.3.6)和式(7.3.11)中解出 $G(M,M_0)$,则式(7.3.12)已全部由已知量表示,我们称方程(7.3.6)和边界条件(7.3.11)所构成的定解问题

$$\begin{cases}\nabla^2G(M,M_0)=-\delta(M-M_0) \quad (M\in\Omega),\\ G(M,M_0)|_S=0\end{cases} \tag{7.3.13}$$

的解 $G(M,M_0)$ 为由方程(7.3.1)的边界条件(7.3.10)所构成的第一类边值问题(也称 Dirichlet 问题)

$$\begin{cases}\nabla^2u(M)=-h(M) \quad (M\in\Omega),\\ u|_S=f(M)\end{cases} \tag{7.3.14}$$

的 Green 函数. 简称 Dirichlet-Green 函数;而称式(7.3.12)为 Dirichlet 积分公式,它是 Dirichlet 问题(7.3.14)的积分形式的解.

(2) 第三类边界条件,即式(7.3.2)中 α,β 均不为零. 若要求 $G(M,M_0)$ 满足第三类齐次边界条件,即

$$\left[\alpha\frac{\partial}{\partial n}G(M,M_0)+\beta G(M,M_0)\right]_S=0, \tag{7.3.15}$$

则以 $G(M,M_0)$ 乘以(7.3.2),以 $u(M)$ 乘以(7.3.15),然后再将两式相减,得

$$\left[G(M,M_0)\frac{\partial u}{\partial n}-u(M)\frac{\partial}{\partial n}G(M,M_0)\right]_S=\frac{1}{\alpha}G(M,M_0)g(M),$$

代入式(7.3.9),有

$$u(M)=\iiint\limits_{\Omega}G(M,M_0)h(M_0)\mathrm{d}\Omega_0+\frac{1}{\alpha}\iint\limits_{S}G(M,M_0)g(M_0)\mathrm{d}S_0. \tag{7.3.16}$$

可见,只要从式(7.3.6)和式(7.3.15)中解出 $G(M,M_0)$,则式(7.3.16)也已全部由已知量表示. 我们称方程(7.3.6)和边界条件(7.3.15)所构成的定解问题

$$\begin{cases}\nabla^2G(M,M_0)=-\delta(M-M_0) \quad (M\in\Omega),\\ \left[\alpha\frac{\partial}{\partial n}G(M,M_0)+\beta G(M,M_0)\right]_S=0\end{cases}$$

的解 $G(M,M_0)$,为由方程(7.3.1)和边界条件(7.3.2)所构成的定解问题的 Green 函数,式(7.3.16)即为由式(7.3.1)和式(7.3.2)所构成的定解问题的积分形式的解.

(3) 第二类边界条件

第二类边界条件时,定解问题为

$$\begin{cases}\nabla^2u(M)=-h(M) \quad (M\in\Omega),\\ \left.\frac{\partial u}{\partial n}\right|_S=\frac{1}{\alpha}g(M).\end{cases} \tag{7.3.17}$$

相应的 Green 函数 $G(M,M_0)$ 应该满足

$$\begin{cases}\nabla^2 G(M,M_0)=-\delta(M-M_0),\\ \left.\dfrac{\partial G}{\partial n}\right|_S=0.\end{cases}\tag{7.3.18}$$

由于 $\iiint\limits_\Omega -\delta(M-M_0)\mathrm{d}\Omega=-1$，但

$$\iiint\limits_\Omega \nabla^2 G\mathrm{d}\Omega=\iiint\limits_\Omega \nabla\cdot(\nabla G)\mathrm{d}\Omega=\oiint\limits_S \nabla G\cdot\mathrm{d}\boldsymbol{S}=\oiint\limits_S\frac{\partial G}{\partial n}\mathrm{d}S=0.$$

因此，问题(7.3.18)的解不存在．为了解决这个矛盾，取待定常数 A，作下列定解问题

$$\begin{cases}\nabla^2 G(M,M_0)=-\delta(M-M_0),\\ \left.\dfrac{\partial G}{\partial n}\right|_S=A.\end{cases}$$

做与对式(7.3.18)同样的分析得出 $\iiint\limits_\Omega[-\delta(M-M_0)]\mathrm{d}\Omega=\oiint\limits_S A\mathrm{d}\sigma$，从而

$$A=-\frac{1}{\sigma},$$

其中 σ 为曲面 S 的面积，称

$$\begin{cases}\nabla^2 G(M,M_0)=-\delta(M-M_0),\\ \left.\dfrac{\partial G}{\partial n}\right|_S=-\dfrac{1}{\sigma}.\end{cases}\tag{7.3.19}$$

的解为第二类边界条件下，Laplace 算符的广义 Green 函数，将式(7.3.19)和式(7.3.17)中的边界条件代入式(7.3.9)，得

$$u(M)=\iiint\limits_\Omega G(M,M_0)h(M_0)\mathrm{d}\Omega+\oiint\limits_S\left[G(M,M_0)\frac{1}{\alpha}g(M)-u(M_0)\left(-\frac{1}{\sigma}\right)\right]\mathrm{d}S.$$

由于 u 在边界上的分布客观存在，故 $\iint\limits_S u(M_0)\dfrac{1}{\sigma}\mathrm{d}S$ 与 M 无关，为常数，故有

$$u(M)=C+\iiint\limits_\Omega G(M,M_0)h(M_0)\mathrm{d}\Omega+\oiint\limits_S[G(M,M_0)f(M)]\mathrm{d}S,\tag{7.3.20}$$

其中 C 为待定常数，$f(M)=\dfrac{1}{\alpha}g(M)$．

由上面的讨论看到，在各类非齐次边界条件下求解 Poisson 方程(7.3.1)，可以先在相应的同类齐次边界条件下求解 Green 函数所满足的方程(7.3.6)，然后通过积分公式(7.3.12)、(7.3.16)或(7.3.20)得到解．

Green 函数的定解问题，其方程(7.3.6)形式上比式(7.3.1)简单，而且边界条件又是齐次的，因此，相对地说，求 G 比求解 u 容易些．不仅如此，对方程(7.3.1)中不同的非齐次项 $h(M)$ 和边界条件(7.3.2)中不同的 $g(M)$，只要属于同一类型的边界条件，函数 $G(M,M_0)$ 都是相同的．这就把解 Poisson 方程的边值问题化为在几种类型边界条件下求 Green 函数 $G(M,M_0)$ 的问题．

类似于上面的讨论过程，可以得到二维 Poisson 方程的各类边值问题的积分公式．如二维 Poisson 方程的 Dirichlet 问题

$$\begin{cases}\nabla^2 u = -h(M) \quad (M \in D), \\ u|_c = f(M).\end{cases}$$

的积分形式的解，即二维空间的 Dirichlet 积分公式为

$$u(M) = \iint_D G(M,M_0)h(M_0)\mathrm{d}\sigma_0 - \int_c f(M_0)\frac{\partial}{\partial n_0}G(M,M_0)\mathrm{d}l_0, \qquad (7.3.21)$$

其中，$G(M,M_0)$ 为二维 Poisson 方程的 Dirichlet-Green 函数，即定解问题

$$\begin{cases}\nabla^2 G(M,M_0) = -\delta(M,M_0) \quad (M \in D), \\ G(M,M_0)|_c = 0.\end{cases} \qquad (7.3.22)$$

的解：$M = M(x,y)$，$M_0 = M_0(x_0,y_0)$；c 为区域 D 的边界线；而 $\frac{\partial}{\partial n_0}$，$\mathrm{d}l_0$，$\mathrm{d}\sigma_0$ 分别表示对 c 的法线方向的导数、c 上的线元和 D 上的面积元.

7.3.3 Green 函数关于源点和场点是对称的

前面在导出积分公式时，用到 Green 函数的对称性

$$G(M,M_0) = G(M_0,M). \qquad (7.3.23)$$

现在对最一般的 Helmholtz 方程，实际上是算符 $\nabla^2 + \lambda$(Poisson 方程可看作 $\lambda = 0$ 的特例)，证明上述结论.

设 $G(M,M_1)$ 和 $G(M,M_2)$ 均满足 Helmholtz 方程和某类齐次边界条件，即

$$\nabla^2 G(M,M_1) + \lambda G(M,M_1) = -\delta(M-M_1) \quad M \in \Omega, \qquad (7.3.24)$$

$$\left[\alpha\frac{\partial}{\partial n}G(M,M_1) + \beta G(M,M_1)\right]_S = 0. \qquad (7.3.25)$$

及

$$\nabla^2 G(M,M_2) + \lambda G(M,M_2) = -\delta(M-M_2) \quad M \in \Omega, \qquad (7.3.26)$$

$$\left[\alpha\frac{\partial}{\partial n}G(M,M_2) + \beta G(M,M_2)\right]_S = 0. \qquad (7.3.27)$$

以 $G(M,M_2)$ 乘以方程(7.3.24)，同时以 $G(M,M_1)$ 乘以方程(7.3.26)，然后相减，并在 Ω 上积分得

$$\iiint_\Omega [G(M,M_2)\nabla^2 G(M,M_1) - G(M,M_1)\nabla^2 G(M,M_2)]\mathrm{d}\Omega$$
$$= -G(M_1,M_2) + G(M_2,M_1),$$

对上式左端应用 Green 第二公式得

$$G(M_2,M_1) - G(M_1,M_2)$$
$$= \iint_S \left[G(M,M_2)\frac{\partial}{\partial n}G(M,M_1) - G(M,M_1)\frac{\partial}{\partial n}G(M,M_2)\right]\mathrm{d}S.$$

再由边界条件(7.3.25)和(7.3.27)，因为 α,β 不同时为零，所以有

$$\left[G(M,M_2)\frac{\partial}{\partial n}G(M,M_1) - G(M,M_1)\frac{\partial}{\partial n}G(M,M_2)\right]_S = 0,$$

代入上式右端，得到

$$G(M_2,M_1) = G(M_1,M_2).$$

由于在物理上,Green 函数 $G(M,M_0)$ 表示位于点 M_0 的点源,在一定边界条件下在 M 点产生的场,故其对称性说明,在相同边界条件下,位于 M_0 的点源在 M 点产生的场等于同强度的点源位于 M 点在 M_0 点产生的场. 这种性质在物理上称为倒易性.

7.4 Green 函数的一般求法

从上一节的讨论可以看出,求解边值问题实际上归结为求相应的Green函数,只要求出 Green 函数,将其代入相应的积分公式,就可得到问题的解.

一般来说,实际求Green函数,并非一件容易的事,但在某些情况下,却可以比较容易地求出.

7.4.1 无界区域的 Green 函数

无界区域的 Green 函数 G,又称为相应方程的基本解. G 满足含有 δ 函数的非齐次方程,具有奇异性,一般可以用有限形式表示出来,下面通过具体例子,说明求基本解的方法.

例 1 求三维 Poisson 方程的基本解.

解 Green 函数满足的方程为

$$\nabla^2 G = -\delta(x-x_0, y-y_0, z-z_0). \tag{7.4.1}$$

采用球坐标,并将坐标原点放在源点 $M_0(x_0,y_0,z_0)$ 上,有

$$r=\sqrt{(x-x_0)^2+(y-y_0)^2+(z-z_0)^2}.$$

由于区域是无界的,点源所产生的场应与方向无关,而只是 r 的函数,于是式(7.4.1)简化为

$$\frac{1}{r^2}\frac{\mathrm{d}}{\mathrm{d}r}\left(r^2\frac{\mathrm{d}G}{\mathrm{d}r}\right)=-\delta(r).$$

当 $r\neq 0$ 时,方程化为齐次的,即

$$\frac{\mathrm{d}}{\mathrm{d}r}\left(r^2\frac{\mathrm{d}G}{\mathrm{d}r}\right)=0,$$

积分两次求得其一般解为

$$G=-C_1\frac{1}{r}+C_2, \tag{7.4.2}$$

其中 C_1 和 C_2 为积分常数. 不失一般性,取 $C_2=0$,得

$$G=-C_1\frac{1}{r}. \tag{7.4.3}$$

下面考虑 $r=0$ 的情形. 为此,对方程(7.4.1)在以原点为球心、ε 为半径的小球体 τ_ε 内作体积分

$$\iiint\limits_{\tau_\varepsilon}\nabla^2 G\mathrm{d}v=-\iiint\limits_{\tau_\varepsilon}\delta(x-x_0,y-y_0,z-z_0)\mathrm{d}v=-1,$$

从而

$$\lim_{\varepsilon\to 0}\iiint_{\tau_\varepsilon}\nabla^2 G\mathrm{d}v=-1.$$

而由 Gauss 公式

$$\iiint_{v}\nabla\cdot\nabla u\mathrm{d}v=\oiint_{S}\nabla u\cdot\mathrm{d}s\quad(s\text{ 为 }V\text{ 的边界面}),$$

有

$$\iiint_{\tau_\varepsilon}\nabla^2 G\mathrm{d}v=\iint_{s_\varepsilon}\frac{\partial G}{\partial n}\mathrm{d}s,$$

故

$$\lim_{\varepsilon\to 0}\iint_{s_\varepsilon}\frac{\partial G}{\partial n}\mathrm{d}s=\lim_{\varepsilon\to 0}\iint_{s_\varepsilon}\frac{\partial G}{\partial r}\bigg|_{r=\varepsilon}\mathrm{d}s=-1.$$

将式(7.4.3)的结果代入上式，得

$$\lim_{\varepsilon\to 0}\int_0^{2\pi}\int_0^{\pi}C_1\cdot\frac{1}{\varepsilon^2}\cdot\varepsilon^2\sin\theta\mathrm{d}\theta\mathrm{d}\varphi=-1,$$

于是有

$$C_1=-\frac{1}{4\pi}.$$

代入式(7.4.3)，得到

$$G(M,M_0)=\frac{1}{4\pi r}.\qquad(7.4.4)$$

例 2　求二维 Poisson 方程的基本解.

解　二维 Green 函数满足的方程为

$$\nabla^2 G=-\delta(x-x_0,y-y_0)\qquad(7.4.5)$$

采用极坐标，并将坐标原点放在源点上，则

$$r=\sqrt{(x-x_0)^2+(y-y_0)^2}.$$

与三维问题一样，G 应只是 r 的函数，于是式(7.4.5)在极坐标系中简化为

$$\frac{1}{r}\frac{\mathrm{d}}{\mathrm{d}r}\left(r\frac{\mathrm{d}G}{\mathrm{d}r}\right)=-\delta(r).\qquad(7.4.6)$$

当 $r\neq 0$ 时，式(7.4.6)的右端为零，积分之，得

$$G=C_1\ln r.$$

当 $r=0$ 时，在以原点为中心、ε 为半径的小圆内对方程(7.4.5)两边作面积分，注意到二维情况下的 Gauss 公式为

$$\iint_{S}\nabla\cdot\nabla u\mathrm{d}S=\oint\nabla u\cdot\mathrm{d}\boldsymbol{l}(l\text{ 为 }S\text{ 的边界})$$

类似于对三维情况的讨论，可得

$$C_1=-\frac{1}{2\pi},$$

于是

$$G=\frac{1}{2\pi}\ln\frac{1}{r}.\qquad(7.4.7)$$

7.4.2 用本征函数展开法求边值问题的 Green 函数

利用本征函数族展开是求边值问题的 Green 函数的一个重要而又普遍的方法. 现以 Dirichlet 问题

$$\begin{cases}\nabla^2 G(M,M_0)+\lambda G(M,M_0)=-\delta(M-M_0) \quad (M\in\Omega),\\ G|_S=0\end{cases} \tag{7.4.8}$$

为例来讨论此法,写下相应的本征问题

$$\begin{cases}\nabla^2\psi+\lambda\psi=0 \quad (M\in\Omega),\\ \psi|_S=0.\end{cases} \tag{7.4.9}$$

设本征值问题(7.4.9)的全部本征值和相应的归一化本征函数分别是$\{\lambda_n\}$和$\{\psi_n(M)\}$,即

$$\begin{cases}\nabla^2\psi_n+\lambda_n\psi_n(M)=0 \quad (M\in\Omega),\\ \psi_n|_S=0.\end{cases} \tag{7.4.10}$$

而且

$$\iiint_\Omega \psi_n(M)\overline{\psi}_m(M)\mathrm{d}\Omega=\delta_{mn}, \tag{7.4.11}$$

这里$\overline{\psi}_m(M)$表示$\psi_m(M)$的共轭复变函数. 将函数$G(M,M_0)$在区域Ω上展开为本征函数族$\{\psi_n(M)\}$的广义 Fourier 级数

$$G(M,M_0)=\sum_{n=1}^{\infty}C_n\psi_n(M), \tag{7.4.12}$$

为定出系数C_n,将式(7.4.12)代入问题(7.4.8)的方程中,并利用方程(7.4.10)得

$$\lambda\sum_{n=1}^{\infty}C_n\psi_n(M)-\sum_{n=1}^{\infty}\lambda_n C_n\psi_n(M)=-\delta(M-M_0).$$

设$\lambda\neq\lambda_n$,以$\overline{\psi}_m(M)$乘上式两端,然后在区域Ω上积分,并利用式(7.4.11)可得

$$C_m=\frac{1}{\lambda_m-\lambda}\overline{\psi}_m(M_0),$$

代入式(7.4.12),即得

$$G(M,M_0)=\sum_{n=1}^{\infty}\frac{1}{\lambda_n-\lambda}\overline{\psi}_n(M_0)\psi_n(M). \tag{7.4.13}$$

显然,它满足齐次边界条件$G|_S=0$.

如果 Green 函数$G(M,M_0)$的齐次边界条件是第二类的或第三类的,这时可以类似地求得G,只要本征函数也满足相应的齐次边界条件即可.

例 3 求 Poisson 方程在矩形区域$0<x<a,0<y<b$内的 Dirichlet 问题的 Green 函数.

解 本问题 Green 函数的定解问题为

$$\begin{cases}\nabla^2 G(M,M_0)=-\delta(x-x_0)\delta(y-y_0), & (7.4.14)\\ G|_{x=0}=G|_{x=a}=G|_{y=0}=G|_{y=b}=0. & (7.4.15)\end{cases}$$

它是定解问题

$$\begin{cases}\nabla^2 G(M,M_0)+\lambda G(M,M_0)=-\delta(x-x_0)\delta(y-y_0), & (7.4.16)\\ G|_{x=0}=G|_{x=a}=G|_{y=0}=G|_{y=b}=0. & (7.4.17)\end{cases}$$

当 $\lambda=0$ 时的特例，而与定解问题(7.4.16) ~ (7.4.17) 相应的本征值问题为

$$\begin{cases}\nabla^2\varphi(x,y)+\lambda\varphi(x,y)=0,\\ \varphi|_{x=0}=\varphi|_{x=a}=\varphi|_{y=0}=\varphi|_{y=b}=0.\end{cases}$$

它的本征值和归一化的本征函数分别是

$$\lambda_{mn}=\pi^2\left(\frac{m^2}{a^2}+\frac{n^2}{b^2}\right)=\mu_m^2+\mu_n^2,\quad m,n=1,2,\cdots,$$

$$\varphi_{mn}(x,y)=\frac{2}{\sqrt{ab}}\sin\mu_m x\sin\mu_n y,$$

其中

$$\mu_m=\frac{m\pi}{a},\quad \mu_n=\frac{n\pi}{b}.$$

在式(7.4.16) 中 $\lambda=0\neq\lambda_{mn}$，故根据式(7.4.13)，有

$$G(M,M_0)=\sum_{m,n=1}^{\infty}\frac{4}{ab}\frac{\sin\mu_m x_0\sin\mu_n y_0\sin\mu_m x\sin\mu_n y}{\mu_m^2+\mu_n^2}.$$

7.5 用电像法求某些特殊区域的 Dirichlet-Green 函数

这一节我们给出一种求解边值问题 Green 函数的简单易行的方法 —— 电像法，基本思想是利用边值问题定解区域的对称性，在定解区域外放置合适的点源来代替边界的影响，使区域内的点源和区域外的点源之和同时满足边值问题 Green 函数要求满足的方程和边界条件. 下面具体讨论之.

7.5.1 Poisson 方程的 Dirichlet-Green 函数及其物理意义

为了求三维 Poisson 方程的 Dirichlet-Green 函数，即求解定解问题

$$\begin{cases}\nabla^2 G=-\delta(x-x_0,y-y_0,z-z_0)\quad(M\in\Omega), & (7.5.1)\\ G|_S=0. & (7.5.2)\end{cases}$$

令

$$G(M,M_0)=F(M,M_0)+g(M,M_0),\tag{7.5.3}$$

使 $F(M,M_0)$ 满足

$$\nabla^2 F=-\delta(x-x_0,y-y_0,z-z_0)\quad(M\in\Omega)\tag{7.5.4}$$

是无边界问题的 Green 函数，即基本解，则 g 应满足

$$\begin{cases}\nabla^2 g=0\quad(M\in\Omega),\\ g|_S=-F|_S.\end{cases}\tag{7.5.5}$$

而非齐次方程(7.5.4)的解,已由式(7.4.4)给出,即

$$F=\frac{1}{4\pi r},$$

其中
$$r=\sqrt{(x-x_0)^2+(y-y_0)^2+(z-z_0)^2}$$
为源点 $M_0(x_0,y_0,z_0)$ 与 $M(x,y,z)$ 点之间的距离,S 为区域 Ω 的边界面. 于是三维 Poisson 方程的 Dirichlet-Green 函数可以写成

$$G=\frac{1}{4\pi r}+g, \tag{7.5.6}$$

其中

$$\begin{cases}\nabla^2 g=0 \quad (M\in\Omega),\\ g\big|_S=-\dfrac{1}{4\pi r}\Big|_S.\end{cases} \tag{7.5.7}$$

类似的,我们可以写出满足定解问题

$$\begin{cases}\nabla^2 G=-\delta(x-x_0,y-y_0) \quad (M\in D),\\ G\big|_c=0\end{cases} \tag{7.5.8}$$

的二维 Poisson 方程的 Dirichlet-Green 函数

$$G=\frac{1}{2\pi}\ln\frac{1}{r}+g, \tag{7.5.9}$$

其中

$$\begin{cases}\nabla^2 g=0 \quad (M\in D),\\ g\big|_c=-\dfrac{1}{2\pi}\ln\dfrac{1}{r}\Big|_c,\end{cases} \tag{7.5.10}$$

而
$$r=\sqrt{(x-x_0)^2+(y-y_0)^2}$$
为源点 $M_0(x_0,y_0)$ 与点 $M(x,y)$ 之间的距离,c 为区域 D 的边界曲线.

由此可见,求 Poisson 方程的 Dirichlet-Green 函数的问题,已转化为求 g 的齐次方程(即 Laplace 方程)的 Dirichlet 问题.

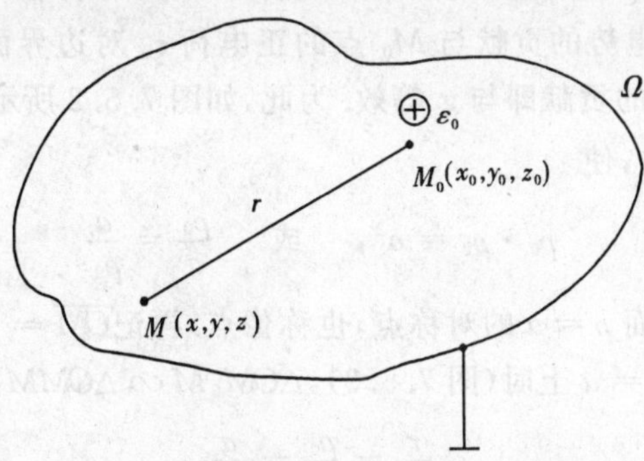

图 7.5.1

不难看出 Dirichlet-Green 函数 G 所具有的物理意义,如图 7.5.1 所示. 设 Ω 为空间接地的导电壳,在其中 $M_0(x_0,y_0,z_0)$ 点放有正点电荷 ε_0,则由静电学知,满足式(7.5.6)和定解问题(7.5.7)的 G 正好是 Ω 内除了 M_0 点以外的任意一点 $M(x,y,z)$ 处的电势,它由

两部分组成:一部分是正点电荷 ε_0 在 M 点所产生的电位 $\frac{1}{4\pi r}$;另一部分是边界面 S 上感应的电荷在 M 点所产生的电势 g. 所以求 G 的问题,也就转化成了求感应电荷所产生的电势 g 的问题. 正因为 G 具有这样的物理意义,所以对于一些边界形状简单的 Poisson 方程的 Dirichlet-Green 函数 G,可用电像法来求.

7.5.2 用电像法求 Green 函数

下面我们将通过具体的例子,来了解如何用电像法求 Dirichlet-Green 函数.

例 1 求解球内 Dirichlet 问题

$$\begin{cases}\nabla^2 u = 0 \quad (\rho < a),\\ u\big|_{\rho=a} = f(M).\end{cases} \tag{7.5.11}$$

解 此时方程的非齐次项 $h(M) = 0$,故由积分公式(7.3.12)得定解问题(7.5.11)的解为

$$u(M) = -\iint_S f(M_0)\,\frac{\partial}{\partial n_0}G(M,M_0)\,\mathrm{d}S_0, \tag{7.5.12}$$

其中 S 为球面 $\rho = a$,G 为球边界问题的 Dirichlet-Green 函数,它满足定解问题

$$\begin{cases}\nabla^2 G = -\delta(x-x_0, y-y_0, z-z_0) \quad (\rho < a),\\ G\big|_{\rho=a} = 0.\end{cases} \tag{7.5.13}$$

故求 u 的问题就转化为求边界为球面的三维 Poisson 方程的 Dirichlet-Green 函数 G 的问题. 而由上面所述的 G 的物理意义知,求 G 即要求在 M_0 点置有正电荷 ε_0 的接地导体球内任意一点 M 处的电势,亦即要求感应电荷所产生的电势 g,它满足

$$\begin{cases}\nabla^2 g = 0 \quad (\rho < a),\\ g\big|_{\rho=a} = -\frac{1}{4\pi r}\Big|_{\rho=a}.\end{cases} \tag{7.5.14}$$

由物理学知识知,倘若在 M_0 点关于球面的对称点(又称像点)放置一负点电荷 $-q$,则由于 $-q$ 在球外,它对球内电势的贡献必然满足 Laplace 方程. 因此,只要适当选择 q 的大小,使之对边界面上电势的贡献与 M_0 点的正电荷 ε_0 对边界面上电势的贡献等值,则 $-q$ 对球内任一点电势的贡献即与 g 等效. 为此,如图 7.5.2 所示,我们延长 OM_0 到 M_1,记 $\overline{OM_0} = \rho_0$,$\overline{OM_1} = \rho_1$,使

$$\rho_0 \cdot \rho_1 = a^2, \quad 或 \quad \frac{\rho_0}{a} = \frac{a}{\rho_1}.$$

则称 M_1 为 M_0 关于球面 $\rho = a$ 的对称点,也称像点. 再记 $\overline{OM} = \rho$,$\overline{MM_1} = r_1$,$\overline{MM_0} = r$. 显然,当 M 点在球面 $\rho = a$ 上时(图 7.5.3),$\triangle OM_0M \backsim \triangle OMM_1$,因此有

$$\frac{r}{r_1} = \frac{\rho_0}{a} = \frac{a}{\rho_1}, \tag{7.5.15}$$

从而有

$$\frac{1}{r} = \frac{a/\rho_0}{r_1},$$

即

$$-\frac{1}{4\pi r}\Big|_{\rho=a} = -\frac{a/\rho_0}{4\pi r_1}\Big|_{\rho=a} \tag{7.5.16}$$

由式(7.5.16) 可以看出,当在球内一点 M_0 处放置正电荷 ε_0 时,只要在 M_0 关于球面的对称点 M_1 点放置一负电荷 $-\varepsilon_0 a/\rho_0$,则它在球内直到球上任意一点 $M(x,y,z)$ 处(除 M_0 外) 所产生的电势为 $-\dfrac{\varepsilon_0 a/\rho_0}{4\pi r_1}$,它对于球内的任意一点 M,均满足 Laplace 方程,即

$$\nabla^2\left(\frac{\varepsilon_0 a/\rho_0}{-4\pi r_1}\right)=0,$$

且在边界面上亦满足式(7.5.14) 的边界条件. 所以

$$g=\frac{\varepsilon_0 a/\rho_0}{-4\pi r_1}.$$

我们称这个设想的负点电荷 $-\varepsilon_0 a/\rho_0$ 为球内 M_0 点所放置的正点电荷 ε_0 的电像;而称这种在像点放置一个虚构的点电荷来等效地代替导体面或界面上的感应电荷的方法为电像法.

将求得的 g 代入式(7.5.6),便得到球内问题的 Dirichlet-Green 函数为(不失一般性,取 $\varepsilon_0=1$)

$$G=\frac{1}{4\pi r}-\frac{a/\rho_0}{4\pi r_1}. \tag{7.5.17}$$

为了计算积分式(7.5.12),引入球坐标变量. 设

$$M_0=M_0(\rho_0,\varphi_0,\theta_0),\quad M=M(\rho,\varphi,\theta),$$

则

$$r=\sqrt{\rho^2+\rho_0^2-2\rho\rho_0\cos\gamma}, \tag{7.5.18}$$

$$r_1=\sqrt{\rho^2+\rho_1^2-2\rho_1\rho\cos\gamma}=\sqrt{\rho^2+\left(\frac{a^2}{\rho_0}\right)^2-2\,\frac{a^2}{\rho_0}\rho\cos\gamma} \tag{7.5.19}$$

其中 γ 为矢量 $\overline{OM_0}$ 和 $\overline{OM}$ 的夹角(图 7.5.2),所以

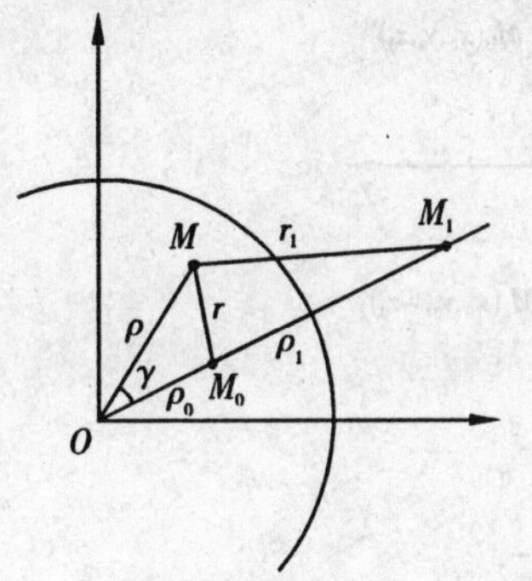

图 7.5.2

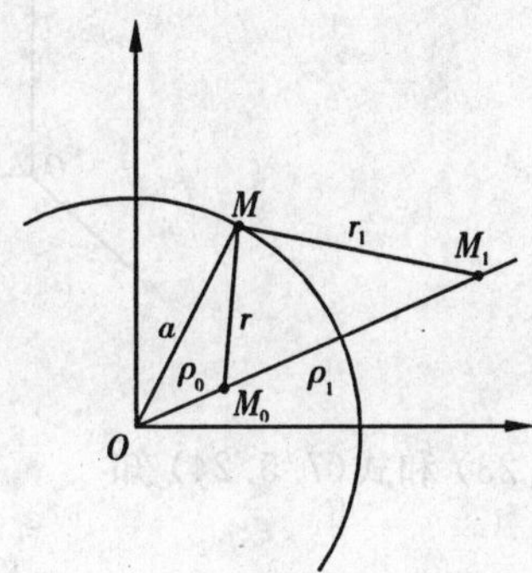

图 7.5.3

$$\cos\gamma=\cos\theta_0\cos\theta+\sin\theta_0\sin\theta\cos(\varphi-\varphi_0),$$

将式(7.5.18) 和式(7.5.19) 代入式(7.5.17),并对 $M_0(\rho_0,\varphi_0,\theta_0)$ 求导,则得

$$\left.\frac{\partial G}{\partial n_0}\right|_\sigma=\left.\frac{\partial G}{\partial \rho_0}\right|_{\rho_0=a}=\frac{1}{4\pi a}\,\frac{\rho^2-a^2}{(\rho^2+a^2-2\rho a\cos\gamma)^{3/2}}$$

代入式(7.5.12),得到球内 Dirichlet 问题(7.5.11) 的解为

$$u(\rho,\theta,\varphi)=\frac{a}{4\pi}\int_0^{2\pi}\int_0^{\pi}f(\theta_0,\varphi_0)\,\frac{a^2-\rho^2}{(a^2+\rho^2-2a\rho\cos\gamma)^{3/2}}\sin\theta_0\,d\theta_0\,d\varphi_0 \tag{7.5.20}$$

式(7.5.20) 称作球边界 Poisson 积分公式.

例 2 求上半空间的 Dirichlet-Green 函数.

解 问题写成定解问题为

$$\begin{cases}\nabla^2 G=-\delta(x-x_0,y-y_0,z-z_0) \quad (z>0),\\ G|_{z=0}=0.\end{cases} \tag{7.5.21}$$

由式(7.5.6) 和式(7.5.7),有

$$G=\frac{1}{4\pi r}+g, \tag{7.5.22}$$

其中

$$\begin{cases}\nabla^2 g=0 \quad (z>0),\\ g|_{z=0}=-\left.\dfrac{1}{4\pi r}\right|_{z=0}.\end{cases} \tag{7.5.23}$$

为了求 g,由电像法知,可在 $M_0(x_0,y_0,z_0)$ 关于边界面 $z=0$ 的像点 $M_1(x_0,y_0,-z_0)$ 处放置一负电荷 $-q$(图 7.5.4),使得它在上半空间中任意一点 $M(x,y,z)$ 处所产生的电势 $\dfrac{-q}{4\pi\varepsilon_0 r_1}$ 与 M_0 点的正点电荷 ε_0 在边界面 $z=0$ 上的感应电荷所产生的电势 g 等效. 为此,只需

$$\begin{cases}\left.\dfrac{-q}{4\pi\varepsilon_0 r_1}\right|_{z=0}=\left.\dfrac{-1}{4\pi r}\right|_{z=0},\\ \nabla^2\left(\dfrac{-q}{4\pi\varepsilon_0 r_1}\right)=0 \quad (z>0).\end{cases} \tag{7.5.24}$$

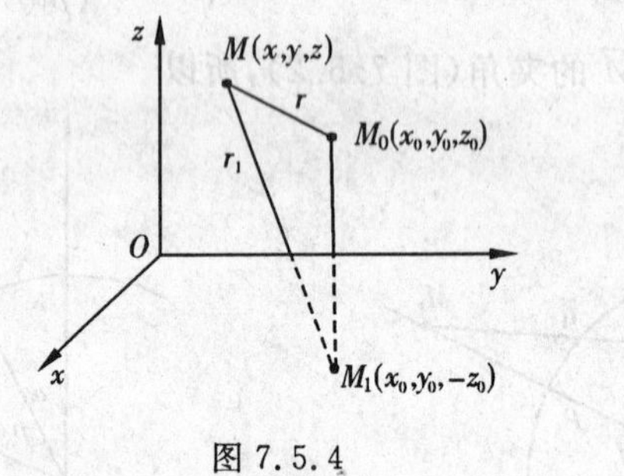

图 7.5.4

对比式(7.5.23) 和式(7.5.24) 知

$$g=\frac{-q}{4\pi\varepsilon_0 r_1}.$$

注意到在边界面 $z=0$ 上 $r_1=r$,故由定解问题(7.5.24) 中的第一个式子,有

$$-q=-\varepsilon_0,$$

于是

$$g=-\frac{1}{4\pi r_1}. \tag{7.5.25}$$

这里取 $\varepsilon_0=1$,不失一般性. 将式(7.5.25) 代入式(7.5.22),得到上半空间的 Dirichlet-Green 函数为

$$G=\frac{1}{4\pi r}-\frac{1}{4\pi r_1} \quad (z>0). \tag{7.5.26}$$

类似地,可以得到定解问题

$$\begin{cases}\nabla^2 G = -\delta(x-x_0, y-y_0) & (y>0),\\ G|_{y=0} = 0\end{cases} \tag{7.5.27}$$

的解，即上半平面的 Dirichlet-Green 函数为

$$G = \frac{1}{2\pi}\ln\frac{r_1}{r}. \tag{7.5.28}$$

7.6 历史注记——数学物理学家：格林

G·格林(George Green)，1793年6月或7月生于英国诺丁汉郡；1841年5月31日卒于诺丁汉郡. 英国著名数学物理学家.

1793年7月14日，英国诺丁汉郡圣玛丽教堂的命名登记簿上增加了当地面包师G·格林(Green)与其妻莎拉(Sarah)新生男婴的名字——与父亲同名的乔治·格林的具体生日不详，据命名日估计应在当年6月1日与7月14日之间. 格林8岁时曾就读于R·古达克尔(Goodacare)私立学校. 格林在校表现出非凡的数学才能，可惜这段学习仅延续了一年左右. 1802年夏天，格林就辍学回家，帮助父亲做工.

19世纪初的诺丁汉郡正处于上升时期，编织业的发达，造成了人口的密集，与拿破仑的战争又促使小麦生意兴隆. 1807年，格林的父亲在诺丁汉郡近郊的史奈登(Sneiton)地方买下一座磨坊，从面包师变成了磨坊主. 父子二人苦心经营，家道小康. 但格林始终未忘他对数学的爱好，以惊人的毅力坚持白天工作，晚上自学，把磨坊顶楼当作书斋，攻读从本市布朗利(Bromley)图书馆借来的数学书籍. 布朗利图书馆是由诺丁汉郡有影响的知识界与商业界人士赞助创办的，收藏有当时出版的各种重要的学术著作以及全套《皇家学会哲学学报》(Philosophical Transactions of Royal Society). 对格林影响最大的是法国数学家P·S·拉普拉斯(Laplace)、J·L·拉格朗日(Lagrange)、S·D·泊松(Poisson)、S·P·拉克鲁阿(Lacroix)等人的著作. 通过钻研，格林不仅掌握了纯熟的分析方法，而且能创造性地发展、应用. 于1828年完成了他的第一篇也是最重要的论文——"论数学分析在电磁理论中的应用"(*An essay on the application of mathematical analysis to the theories of electricity and magnetism*). 这篇论文是靠他的朋友们集资印发的，订阅人中有一位E·F·勃隆黑德(Bromhead)爵士，是林肯郡的贵族，皇家学会会员. 勃隆黑德发现了论文作者的数学才能，特地在自己的庄园接见了格林，鼓励他继续研究数学.

与勃隆黑德的结识成为格林一生的转折. 勃隆黑德系剑桥大学冈维尔-凯厄斯(Gonville-Caius)学院出身，同时又是剑桥分析学会的创始人之一. 他建议格林到剑桥深造. 1829年1月，格林的父亲去世，格林获得了一笔遗产和重新选择职业的自由，遂将磨坊变卖，全力以赴为进入剑桥大学作准备. 这期间他又完成了三篇论文——"关于与电流相似的流体平衡定律的数学研究及其他类似研究"(*Mathematical investigations concerning the laws of the equilibrium of fluids analogous to the electric fluid with other similar research*, 1832.11)、"论变密度椭球体外部与内部引力的计算"(*On the determination of the exterior and interior attractions of ellipsoids of variable densities*, 1833.5)和"流体介质中摆的振动研究"(*Researches on the vibration of pendulums in fluid media*，1833.12)，均由勃隆黑德爵士推荐发表. 1833 年 10 月，年已 40 的格林终于跨进了剑桥大学的大门，成为冈维尔 - 凯厄斯学院的自费生. 经过 4 年艰苦的学习，1837 年获剑桥数学荣誉考试(Mathematical Tripo) 一等第四名，翌年获学士学位，1839 年当选为冈维尔 - 凯厄斯学院院委. 正当一条更加宽广的科学道路在格林面前豁然展现之时，这位磨坊工出身的数学家却因积劳成疾，不得不回家乡休养，于 1841 年 5 月 31 日在诺丁汉郡病故.

格林短促的一生，共发表过 10 篇数学论文，这些原始著作数量不大，却包含了影响 19 世纪数学物理发展的宝贵思想.

格林是现代位势理论的先驱与奠基人之一. 拉普拉斯在引力计算、泊松在电磁问题中都曾用过这样的函数 V，它同力场分量(X,Y,Z) 的关系为

$$X=-\frac{\partial V}{\partial x},Y=-\frac{\partial V}{\partial y},Z=-\frac{\partial V}{\partial z},$$

$$\mathrm{d}V=-X\mathrm{d}x-Y\mathrm{d}y-Z\mathrm{d}z.$$

拉普拉斯同时指出函数 V 满足方程

$$\frac{\partial^2 V}{\partial x^2}+\frac{\partial^2 V}{\partial y^2}+\frac{\partial^2 V}{\partial z^2}=0,$$

并采用球调和方法来解此方程. 但拉普拉斯和泊松的方法都仅适用于特殊的几何形体，因此没有发展成更一般的理论，这正是格林的工作与前人不同的地方.

格林认识到函数 V 的重要性，并首先引进了"位势函数"这一名称，他在第一篇论文"论数学分析在电磁理论中的应用"中写道：

"这样的函数以如此简单的形式给出电荷基元在任意位置受力的数值. 由于它在下文中频繁出现，我们冒昧地称其为属于该系统的位势函数，它显然是所考虑的电荷基元 p 的坐标的函数."

格林接着便发展了位势函数 V 的一般理论，特别是建立了许多对于推动位势论的进一步发展极为关键的定理与概念，其中尤以现用他的名字命名的"格林公式"与"格林函数"最为著名. 设有函数 U 与 V，在以曲面 σ 为边界的区域 τ 内充分光滑. 格林从体积分

$$\int\left(\frac{\mathrm{d}V}{\mathrm{d}x}\frac{\mathrm{d}U}{\mathrm{d}x}+\frac{\mathrm{d}V}{\mathrm{d}y}\frac{\mathrm{d}U}{\mathrm{d}y}+\frac{\mathrm{d}V}{\mathrm{d}z}\frac{\mathrm{d}U}{\mathrm{d}z}\right)\mathrm{d}x\mathrm{d}y\mathrm{d}z$$

出发，应用分部积分法推导得

$$\int V\frac{\mathrm{d}U}{\mathrm{d}\omega}\mathrm{d}\sigma+\int V\delta U\mathrm{d}x\mathrm{d}y\mathrm{d}z=\int U\frac{\mathrm{d}V}{\mathrm{d}\omega}\mathrm{d}\sigma+\int U\delta V\mathrm{d}x\mathrm{d}y\mathrm{d}z.$$

以上采用的是格林的原始记号，其中 $\mathrm{d}\sigma$ 为曲面 σ 的微元，$\mathrm{d}\omega$ 为 σ 的内法线段微元，而

$$\delta V=\frac{\mathrm{d}^2 V}{\mathrm{d}x^2}+\frac{\mathrm{d}^2 V}{\mathrm{d}y^2}+\frac{\mathrm{d}^2 V}{\mathrm{d}z^2}$$

(即 $\delta V=\frac{\partial^2 V}{\partial x^2}+\frac{\partial^2 V}{\partial y^2}+\frac{\partial^2 V}{\partial z^2}$，因为当时尚无偏微分记号). 这就是所谓的格林公式(或称格林定理). 用现代记号表示则相当于

$$\int_\tau(U\nabla^2 V-V\nabla^2 U)\mathrm{d}\tau=\int_\sigma(U\nabla V-V\nabla U)\mathrm{d}\sigma.$$

格林还进一步探讨了 U,V 在 τ 内有奇点的情况，提出格林函数的概念. 这是一种带

奇性的特殊位势 U，满足方程 $\delta U=0$，且"仅在曲面内一点 p' 取奇异值，而在无限接近 p' 的邻域内则相当于 $\frac{1}{r}$，r 为 p 与 p' 的距离. 格林同时假设 U 在曲面本身上恒等于零. 用现代记号表示，格林函数 $G(r,r')$ 满足条件：

$$\nabla^2_r G(r,r')=0 \quad (当\ r\neq r'\ 时),$$

且有

$$G(r,r')_{r\to r'}\sim\frac{1}{|r-r'|}$$

以及

$$G(r,r')=0 \quad (当\ r\in\sigma\ 时).$$

格林未给出函数 U 的存在性与唯一性证明，但却阐述了其物理意义："为了说明确实存在所述函数 U，我们设想曲面是一个接地良导体，在点 p' 上置一单位正电荷，则由 p' 及其在曲面上引发的电荷所产生的总位势将等于所要求的 U 的值"，而"U 满足前述论证中所赋予的一切性质".

格林公式与格林函数已成为现代分析的基本工具，格林函数更被日益广泛地应用于现代物理的许多领域，如量子碰撞、基本粒子理论与固体物理等.

格林对于波动的数学理论有浓厚的兴趣并发表了多篇论文，其中最重要的是关于光波的研究. 光的波动的数学描述，在 19 世纪数学家中一直是一个时髦的课题. 在格林时代，科学界所持的一种普遍意见是把光看作弹性固体以太的振动，例如，A·L·柯西在光以太研究中采用了吸引与排斥形式相互作用的机械模型. 格林对柯西和其他学者对以太中力的性质作特殊假设的做法持批判态度，他在论文"论光在两非晶介质公共面上的反射与折射定律"(*On the laws of reflexion and refraction of light at the common surface of two noncrystallized media*，1837) 中深刻地指出：

"我们对于发光以太元之间相互作用的方式知道得如此少，因而最可靠的办法还是以某种一般的物理原理作为推理的基础，而不要去作特殊的假设."

格林接着表述他所说的"一般原理"如下：

"任一物质系统的元素间不论以何种方式相互作用，若以所有的内力分别乘以相应的方向元，则对该物质系统的任一指定部分，此乘积的和永远等于某函数的恰当微分."

这实质上相当于能量守恒原理. 格林是第一个将这种一般形式的守恒原理引入弹性力学的学者. 他由此出发导出了描述光媒质振动规律的偏微分方程. 在格林写成他的光学论文时，M·法拉第(Faraday) 的电磁感应刚发现不久，格林关于光波的数学研究还不具备突破机械以太观的条件，但他选择一般数学原理作为推导光媒质运动方程的基础而避免对以太的力学性质作人为的假设，说明他在这方面比同时期的其他数学物理学家要高出一筹. 格林的光波研究对弹性力学的发展亦有重要意义. 现代弹性理论中的一种应变张量就被称为"格林张量".

格林关于水波的研究也引起人们的注意. 1837 年，英国工程师 S·罗素(Russell) 首先观察到一种叫"孤立波"(solitary wave) 的现象. 罗素于 1844 年第二次在不列颠做报告时，曾埋怨数学家们未能预报与描述他所观察到的现象. 然而在此之前，格林已发表了两篇这方面的论文，其中第一篇"论具有较小深度与宽度的可变渠道中波的运动"(*On the motion of waves in a variable canal of small depth and width*, 1837）几乎是与罗素的第一份报告同时发表，格林在其中导出浅水波方程为：

$$\frac{\partial^2 \phi}{\partial x^2}+\left\{\frac{1}{\beta}\frac{\partial \beta}{\partial x}+\frac{1}{\gamma}\frac{\partial \gamma}{\partial x}\right\}\frac{\partial \phi}{\partial x}+\frac{1}{2\gamma}\frac{\partial^2 \phi}{\partial \gamma^2}=0,$$

其中 ϕ 为水平面对平衡位置的位移，2β，2γ 分别表示矩形截面渠道的宽与深，它们是 x 的函数. 为了解上述方程，格林作变换：$\phi = Af(t+X)$（A 和 X 均为 x 的函数）. 将 A,β,γ 写成 ωx 的函数，设含 ω^2 的项可忽略不计，则变换后原方程化为两个方程：一个是关于函数 A 的方程，另一个是关于函数 X 的方程. 分别解出这两个方程，得到浅水波方程的解为：

$$\phi=\beta^{-\frac{1}{2}}\gamma^{-\frac{1}{2}}\left\{f\left(t+\int\frac{\mathrm{d}x}{(g\gamma)^{\frac{1}{2}}}\right)+F\left(t-\int\frac{\mathrm{d}x}{(g\gamma)^{\frac{1}{2}}}\right)\right\}.$$

其中 f 与 F 是任意函数. 经过比较不难看出，格林的上述方法与现代孤立波理论中普遍使用的所谓 WKB 方法是一致的.

格林在他的第二篇浅水波论文"关于渠道中波的运动的注记"（*Note on the motion of waves in canals*, 1839）中，利用前述理论讨论深度为 c 的渠道波的速度，获得了与实验数据相符合的近似公式.

目前所知的第一个非线性孤立波方程是由 D・J・科特维克（Korteweg）与 G・德弗里斯（De Vries）在 1895 年给出的. 但如果调查一下 19 世纪水波方面的文献，可以清楚地看出一条线索，说明科特维克与德弗里斯的理论是前人一系列研究的结晶，而格林的工作则处于这条线索的开端. 格林无疑是历史上最早试图从数学上描述孤立波现象的数学家.

格林的著作中还包含许多其他的贡献，它们的意义与影响还有待进一步探讨. n 维空间的概念是 H・格拉斯曼（Grassmann）于 1844 年首先提出的. 但在格林著作中已出现高维几何的思想. 格林 1833 年完成的论文"论变密度椭球体外部与内部引力的计算"，率先发展了 n 元函数分析，其中使用 s 个坐标 $\{x_1, x_2, \cdots, x_s\}$ 来代替通常的三维欧氏坐标，并使用 s 维球体与椭球体作为相应的三维图形的推广.

现代分析中扮演重要角色的所谓狄利克雷（Dirichlet）原理，溯其源亦为格林首创. 在上述同一篇论文中，格林假设积分（用格林的原始记号）

$$\int \mathrm{d}x_1\,\mathrm{d}x_2\cdots\mathrm{d}x_s\cdot\sum_{i=1}^{s}\left(\frac{\mathrm{d}V}{\mathrm{d}x_i}\right)^2$$

存在一个极小化函数 V_0，并指出 V_0 满足方程

$$\sum_{i=1}^{s}\frac{\mathrm{d}^2 V}{\mathrm{d}^2 x_i}=0,$$

这正是 s 维情形的狄利克雷原理. W・汤姆生（Thomson，即后来的凯尔文勋爵）在 1847 年也阐述了同样的原理，而他对格林的工作是十分熟悉的.

格林的工作孕育了以汤姆生、G・G・史托克斯（Stokes）和 J・C・麦克斯韦（Maxwell）等人为代表的剑桥数学物理学派. 现代数学物理仍然可以从格林著作中汲取营养. 然而这位靠自学成才的数学家生前却默默无闻. 他的第一篇论文因未正式发表几乎濒于失传. 汤姆生在剑桥当学生时，从一篇论文的文献索引中了解到格林这篇文章的题目，四处寻觅原作而不得. 1845 年，汤姆生从剑桥毕业，在行将离校的前夕将此事告诉了一位叫霍

普金斯(Hopkins)的私人数学教师. 出乎他的意料,霍普金斯细心收藏着格林这篇著作的传本. 汤姆生带着这篇著作踏上了赴法国考察的旅途,并在巴黎向 J·刘维尔(Liouville)和C·F·斯图姆(Sturm)介绍了格林的论文,二者阅后立即意识到该文的价值,认为格林已为位势论及其应用奠定了完整的基础. 后来,在德国数学家 A·L·克勒尔(Crelle)赞助下,格林这篇论文终于在他去世十年后在克勒尔主编的《纯粹与应用数学杂志》(Jour. für Rei. undAng. Math.)上正式发表(1850),汤姆生并为此撰写了介绍格林生平与工作的导言. 1871 年,剑桥冈维尔一凯厄斯学院院委 N·M·费勒(Ferrers)编辑的《格林数学文集》(Mathematical papers of the late George Green)在伦敦出版,格林的工作受到了越来越多的重视. 今天,格林度过他艰苦自学岁月的磨坊依然存在,到诺丁汉访问的人,很远就可以看到它耸立的风轮. 诺丁汉郡决定维护好格林遗址,作为对这位磨坊工出身的数学家的永久纪念.

格林在学术中反对门阀偏见,他培育了数学物理方面的剑桥学派,其中包括近代的很多伟大数学物理学家,如 Stokes,Maxwell,John Clark 等,特别是格林的那种自强不息,自学成才的精神,实为后人楷模.

7.7　例题分析

例 1　用保角变换法求 Green 函数

用复变函数中的保角变换法求Green函数,是一种比较实用的方法. 复变函数中著名的黎曼映射定理指出:一个连通且单连通的平面真子区域 Ω,如果其边界分段光滑,则总可以找到一个单叶全纯的保角映射 $f = f(z)$,其中 z 是复变数,它把 Ω 的内部映射成单位圆盘 D 的内部,把边界 $\partial\Omega$ 映射成单位圆盘 D 的边界 $\partial D = \{z \mid |z| = 1\}$. 这个著名的定理使得不规则区域的某些问题可以转化成简单区域 —— 单位圆盘 D 上的问题.

定理 7.7.1　设

$$w(z,z_0) = \frac{f(z) - f(z_0)}{1 - \overline{f(z)}f(z_0)},$$

则上述区域 Ω 上 Laplace 方程第一边值问题的 Green 函数为

$$G(z,z_0) = \frac{1}{2\pi}\ln\frac{1}{|w(z,z_0)|}.$$

证明　当 $z \neq z_0$ 时,$\frac{1}{2\pi}\ln\frac{1}{w(z,z_0)}$ 是关于自变量 z 的全纯函数,它的实部为

$$\frac{1}{2}\left[\frac{1}{2\pi}\ln\frac{1}{w(z,z_0)} + \frac{1}{2\pi}\ln\frac{1}{\overline{w(z,z_0)}}\right] = \frac{1}{2\pi}\ln\frac{1}{|w(z,z_0)|},$$

它正好是 $G(z,z_0)$. 由于全纯函数的实部是调和函数,即当 $z \neq z_0$ 时,$G = G(z,z_0)$ 满足 Laplace 方程 $\nabla^2 G(z,z_0) = 0$,显然 $z = z_0$ 时,G 是奇异的,只需验证它有 δ 函数型的奇异性. 实际上,由于极限

$$\lim_{z_0\to z}\left[G(z,z_0)-\frac{1}{2\pi}\ln\frac{1}{|z-z_0|}\right]=\lim_{-\frac{1}{2\pi}z_0\to z}\left[\ln|w(z,z_0)|-\ln|z-z_0|\right]$$

$$=-\frac{1}{2\pi}\lim_{z_0\to z}\ln\left|\frac{w(z,z_0)}{z-z_0}\right|=-\frac{1}{2\pi}\lim_{z_0\to z}\ln\left|\frac{f(z)-f(z_0)}{z-z_0}\cdot\frac{1}{1-f(z)\overline{f(z_0)}}\right|$$

$$=-\frac{1}{2\pi}\ln\frac{|f'(z)|}{1-|f(z)|^2}.$$

当 z 位于 Ω 内部时是一个无奇点的函数，又根据式(7.4.7)知 $\frac{1}{2\pi}\ln\frac{1}{|z-z_0|}$ 是二维 Laplace 方程的基本解，所以 $G(z,z_0)$ 与 $\frac{1}{2\pi}\ln\frac{1}{|z-z_0|}$ 有相同的奇异性，即 $-\nabla^2G(z,z_0)=\delta(z-z_0)$.

下面验证要满足的边界条件. 首先

$$|w(z,z_0)|^2=\left|\frac{f(z)-f(z_0)}{1-f(z)\overline{f(z_0)}}\right|^2$$

$$=\frac{|f(z)|^2-(f(z)\overline{f(z_0)}+\overline{f(z)}f(z_0))+|f(z_0)|^2}{1-[f(z)\overline{f(z_0)}+\overline{f(z)}f(z_0)]+|f(z)|^2|f(z_0)|^2}.$$

由黎曼定理，当 $z\in\partial\Omega$ 时，$|f(z)|=1$，所以 $|w(z,z_0)|\big|_{z\in\partial\Omega}=1$，从而 $G(z,z_0)\big|_{z\in\partial\Omega}=0$.

综上，可知 $G(z,z_0)$ 就是 Ω 上第一边值问题的 Green 函数.

例 2 用 Green 函数法求圆内 Dirichlet 边值问题的解 $u(r,\theta)$：

$$\begin{cases}\nabla^2u=0 \quad (r<a),\\ u\big|_{r=a}=\varphi(\theta).\end{cases}$$

解 本题可以采用电像法求 Green 函数，这里采用保角变换方法. 取变换 $f(z)=\frac{a}{z}$ 把 $r<a$ 映射成单位圆盘 $r<1$. 由定理 7.7.1，题设第一类边值问题的 Green 函数为

$$G(z,z_0)=\frac{1}{2\pi}\ln\left|\frac{a^2-z\overline{z_0}}{a(z-z_0)}\right|$$

$$=\frac{1}{4\pi}\ln\frac{a^4-2a^2rr_0\cos(\theta-\theta_0)+r^2r_0^2}{a^2(r^2-2rr_0\cos(\theta-\theta_0)+r_0^2)},$$

其中 $z=re^{i\theta}$，$z_0=r_0e^{i\theta_0}$，将上式稍加整理，即得

$$G(z,z_0)=\frac{1}{2\pi}\left[\ln\frac{1}{\sqrt{r^2-2rr_0\cos(\theta-\theta_0)+r^2}}-\ln\frac{1}{\sqrt{\left(\frac{rr_0}{a}\right)^2-2rr_0\cos(\theta-\theta_0)+a^2}}\right],$$

将 Green 函数代入边值问题的求解公式，首先计算

$$\left.\frac{\partial G}{\partial n}\right|_{r=a}=\left.\frac{\partial G}{\partial r}\right|_{r=a}=-\frac{a^2-r_0^2}{2\pi a[r_0^2-2ar_0\cos(\theta-\theta_0)+a^2]},$$

将它代入到式(7.3.21)，经过化简得到本问题的解为

$$u(r_0,\theta_0)=\frac{1}{2\pi}\int_0^{2\pi}\frac{(a^2-r_0^2)\varphi(\theta)}{r_0^2-2ar_0\cos(\theta-\theta_0)+a^2}d\theta,$$

上式称为圆的 Poisson 公式.

例 3 用保角变换法求上半平面的 Green 函数，并且求解定解问题

$$\begin{cases}\nabla^2u=0 \quad (y>0),\\ u\big|_{y=0}=\varphi(x).\end{cases}$$

解　用保角变换方法求 Green 函数. 因为变换 $f(z)=\dfrac{z-a}{z-\bar{a}}$ 把上半平面映射成单位圆盘,这里 a 是虚部不为零的任意复数. 由定理 7.7.1,题设上半平面的 Green 函数为

$$G(z,z_0)=-\frac{1}{2\pi}\ln\left|\frac{\dfrac{z-a}{z-\bar{a}}\dfrac{z_0-a}{z_0-\bar{a}}}{1-\dfrac{z-a}{z-\bar{a}}\dfrac{\overline{z_0-a}}{\overline{z_0-\bar{a}}}}\right|$$

$$=-\frac{1}{2\pi}\ln\left|\frac{(z-a)(z_0-\bar{a})-(z_0-a)(z-\bar{a})}{(z-\bar{a})(\bar{z}_0-a)-(z-a)(\bar{z}_0-\bar{a})}\right|$$

$$=\frac{1}{2\pi}\ln\left|\frac{z-\bar{z}_0}{z-z_0}\right|$$

$$=\frac{1}{2\pi}\ln\left|\frac{1}{z-z_0}\right|-\frac{1}{2\pi}\ln\left|\frac{1}{z-\bar{z}_0}\right|.$$

为求边值问题的解,首先令 $z=x+\mathrm{i}y,z_0=x_0+\mathrm{i}y_0$,再计算

$$\left.\frac{\partial G}{\partial n}\right|_{y=0}=-\left.\frac{\partial G}{\partial y}\right|_{y=0}=-\frac{y_0}{\pi[(x-x_0)^2+y_0^2]},$$

然后将上式代入到边值问题的求解公式(7.3.21),化简得到本问题的解是

$$u(x_0,y_0)=\frac{y_0}{\pi}\int_{-\infty}^{+\infty}\frac{\varphi(x)}{(x-x_0)^2+y_0^2}\mathrm{d}x.$$

例 4　求带状区域第一类边值问题的 Green 函数,进而求解定解问题:

$$\begin{cases}\nabla^2 u=0\quad(0<y<a),\\ u|_{y=0}=\varphi(x),\quad u|_{y=a}=\psi(x).\end{cases}$$

解　用保角变换法构造满足条件的 Green 函数. 由复变函数的知识知道,变换 $f(z)=\dfrac{\mathrm{e}^{\frac{z}{a}}-\mathrm{i}}{\mathrm{e}^{\frac{z}{a}}+\mathrm{i}}$ 把带形域 $0<y<a$(图 7.7.1)映射成单位圆盘,由定理 7.7.1,本问题的 Green 函数为

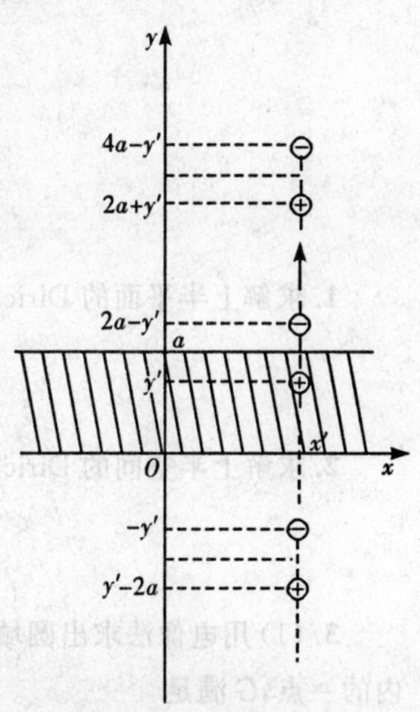

图 7.7.1

$$G(z,z_0)=-\frac{1}{2\pi}\ln\left|\frac{\dfrac{\mathrm{e}^{\frac{\pi}{a}z}-\mathrm{i}}{\mathrm{e}^{\frac{\pi}{a}z}+\mathrm{i}}\dfrac{\mathrm{e}^{\frac{\pi}{a}z_0}-\mathrm{i}}{\mathrm{e}^{\frac{\pi}{a}z_0}+\mathrm{i}}}{1-\dfrac{\mathrm{e}^{\frac{\pi}{a}z}-\mathrm{i}}{\mathrm{e}^{\frac{\pi}{a}z}+\mathrm{i}}\dfrac{\overline{\mathrm{e}^{\frac{\pi}{a}z_0}-\mathrm{i}}}{\overline{\mathrm{e}^{\frac{\pi}{a}z_0}+\mathrm{i}}}}\right|$$

$$=-\frac{1}{2\pi}\ln\left|\frac{\mathrm{e}^{\frac{\pi}{a}z}-\mathrm{e}^{\frac{\pi}{a}z_0}}{\mathrm{e}^{\frac{\pi}{a}z}-\mathrm{e}^{\frac{\pi}{a}\bar{z}_0}}\right|$$

$$=-\frac{1}{2\pi}\ln\left|\frac{\mathrm{e}^{\frac{\pi}{a}(z-z_0)}-1}{\mathrm{e}^{\frac{\pi}{a}(z-\bar{z}_0)}-1}\right|.$$

由复变函数理论的函数展开公式

$$e^z-1=z\prod_{n\in Z-\{0\}}\left(1-\frac{z}{2\pi n\mathrm{i}}\right),$$

有

$$\ln\left|\frac{e^{\frac{\pi}{a}(z-z_0)}-1}{e^{\frac{\pi}{a}(z-\bar{z}_0)}-1}\right|=\ln\prod_{n=-\infty}^{\infty}\left|\frac{z-z_0-2na\mathrm{i}}{z-\bar{z}_0-2na\mathrm{i}}\right|,$$

令 $z=x+\mathrm{i}y, z_0=x_0+\mathrm{i}y_0$ 代入上式得带状区域第一类边值问题的 Green 函数

$$G(x,y;x_0,y_0)=-\frac{1}{4\pi}\sum_{n=-\infty}^{\infty}\ln\frac{(x-x_0)^2+(y-y_0-2na)^2}{(x-x_0)^2+(y+y_0-2na)^2}.$$

上述结果也可以用电像法求出.计算

$$\begin{aligned}\left.\frac{\partial G}{\partial n}\right|_{y=0}&=-\left.\frac{\partial G}{\partial y}\right|_{y=0}\\&=\frac{1}{2\pi}\sum_{n=-\infty}^{\infty}\left[\frac{-y_0-2na}{(x-x_0)^2+(y_0+2na)^2}+\frac{-y_0+2na}{(x-x_0)^2+(y_0-2na)^2}\right],\end{aligned}$$

$$\begin{aligned}\left.\frac{\partial G}{\partial n}\right|_{y=a}&=-\left.\frac{\partial G}{\partial y}\right|_{y=a}\\&=\frac{1}{2\pi}\sum_{n=-\infty}^{\infty}\left[\frac{y_0+(2n-1)a}{(x-x_0)^2+(y_0+(2n-1)a)^2}+\frac{y_0-(2n-1)a}{(x-x_0)^2+(y_0-(2n-1)a)^2}\right],\end{aligned}$$

将它们代入到式(7.3.21),得带状区域第一类边值问题的解

$$\begin{aligned}u(x_0,y_0)=&\frac{1}{2\pi}\sum_{n=-\infty}^{\infty}\int_{-\infty}^{\infty}\left[\frac{(y_0+2na)\varphi(x)}{(x-x_0)^2+(y_0+2na)^2}+\frac{(y_0-2na)\varphi(x)}{(x-x_0)^2+(y_0-2na)^2}\right]\mathrm{d}x\\&-\frac{1}{2\pi}\sum_{n=-\infty}^{\infty}\int_{-\infty}^{\infty}\left[\frac{(y_0+(2n-1)a)\psi(x)}{(x-x_0)^2+(y_0+(2n-1)a)^2}+\frac{(y_0-(2n-1)a)\psi(x)}{(x-x_0)^2+(y_0-(2n-1)a)^2}\right]\mathrm{d}x.\end{aligned}$$

习题 7

1. 求解上半平面的 Dirichlet 问题

$$\begin{cases}u_{xx}+u_{yy}=0 \quad (y>0),\\ u|_{y=0}=f(x).\end{cases}$$

2. 求解上半空间的 Dirichlet 问题

$$\begin{cases}\nabla^2 u=0 \quad (z>0),\\ u|_{z=0}=f(x,y).\end{cases}$$

3. (1) 用电像法求出圆域 Poisson 方程的 Green 函数 $G(x,y;x_0,y_0)$, $M_0(x_0,y_0)$ 是圆内的一点, G 满足

$$\nabla^2 G=\delta(x-x_0)\delta(y-y_0),\quad G|_{\rho=a}=0.$$

(2) 在圆形域 $\rho\leqslant a$ 上求 Laplace 方程第一边值(Dirichlet) 问题:

$$\begin{cases}\nabla^2 u = 0 \quad (\rho < a), \\ u|_{\rho=a} = f(\varphi).\end{cases}$$

(3) 在圆形域 $\rho \leqslant a$ 上求解 $\nabla^2 u = 0$，使满足边界条件 $u|_{\rho=a} = A\cos\varphi$.

4. 求区间 $0 \leqslant x < \infty, 0 < y < \infty$ 的格林函数，并由此求解 Dirichlet 问题：

$$\begin{cases}u_{xx} + u_{yy} = 0, \\ u(0, y) = f(y) \quad (0 \leqslant y \leqslant +\infty), \\ u(x, 0) = 0 \quad (0 \leqslant y \leqslant +\infty).\end{cases}$$

其中 f 为已知的连续函数，且 $f(0) = 0$.

5. 求矩形区域内泊松方程的 Dirichlet 边值问题的格林函数

$$\begin{cases}\nabla^2 G = -\delta(x - x_0)\delta(y - y_0), \\ G|_{x=0} = 0, G|_{x=a} = 0, \\ G|_{y=0} = 0, G|_{y=b} = 0.\end{cases}$$

*第8章 积分方程和非线性微分方程简介

积分方程是数学物理方程的一个重要组成部分，在研究数学其他分支和各种物理问题中有着广泛的应用；而非线性数学物理问题的研究是当今数学物理和工程学科最热门的课题之一．为了跟上数学物理的最新进展，本章简单介绍积分方程和非线性微分方程的一些基本概念及最常见的解法，作为入门和引论，有兴趣的读者可以参考其他专门文献或专著．在第一节中我们先讨论积分方程的分类，然后讨论它们的一些解法，最后简单地介绍积分方程与微分方程的联系．在第二节中介绍非线性微分方程的一些基础知识．

8.1 积分方程的分类及解法

8.1.1 积分方程的概念与分类

在方程中，未知函数含于积分号下的，称为积分方程．以 $\varphi(x)$ 为未知函数的积分方程的一般形式如下

$$h(x)\varphi(x)-\lambda\int_a^b K(x,y)F[\varphi(y)]\mathrm{d}y = f(x) \quad (a\leqslant x\leqslant b). \tag{8.1.1}$$

式中 $h(x)$，$K(x,y)(a\leqslant x,y\leqslant b)$ 和 $f(x)$ 是已知函数，$\varphi(x)$ 是未知函数，λ 是参数（经常起着本征值的作用），积分限 a 和 b 是常数．$K(x,y)$ 称为积分方程的核，简称积分核．$f(x)$ 称为自由项，如果 $f(x)\equiv 0$，则称为齐次积分方程．若 $F[\varphi(x)]$ 是 φ 的线性函数，即在 $F[\varphi(x)]$ 中只出现 φ 的一次式，则称为线性积分方程，它的一般形式是

$$h(x)\varphi(x)-\lambda\int_a^b K(x,y)\varphi(y)\mathrm{d}y = f(x) \quad (a\leqslant x\leqslant b). \tag{8.1.2}$$

如果 $F[\varphi(x)]$ 不是 φ 的一次式，则称为非线性积分方程．本章只限于讨论线性积分方程．

在式(8.1.2)中，如果 $h(x)=0$，则有

$$\int_a^b K(x,y)\varphi(y)\mathrm{d}y = f(x) \quad (a\leqslant x\leqslant b). \tag{8.1.3}$$

形如式(8.1.3)的方程称为第一类 Fredholm 积分方程．若 $h(x)=1$，则有

$$\varphi(x)-\lambda\int_a^b K(x,y)\varphi(y)\mathrm{d}y = f(x) \quad (a\leqslant x\leqslant b). \tag{8.1.4}$$

称方程(8.1.4)为第二类 Fredholm 积分方程．在有些情况下，当 $y>x$ 时，$K(x,y)=0$，这时方程(8.1.3)和方程(8.1.4)中积分的上限变为 x，即

$$\int_a^x K(x,y)\varphi(y)\mathrm{d}y = f(x), \tag{8.1.5}$$

和

$$\varphi(x)-\lambda\int_a^x K(x,y)\varphi(y)\mathrm{d}y=f(x). \tag{8.1.6}$$

方程(8.1.5) 和方程(8.1.6) 分别称为第一类和第二类 Volterra 方程.

按照积分核 $K(x,y)$ 的不同性质,积分方程又可以分为以下几种类型:

(1)$K(x,y)$ 是平方可积的,即 $|K(x,y)|^2$ 在矩形区域 $a\leqslant x\leqslant b,a\leqslant y\leqslant b$ 上的积分收敛,即

$$\int_a^b\mathrm{d}x\int_a^b|K(x,y)|^2\mathrm{d}y<\infty, \tag{8.1.7}$$

则称相应的积分方程为具有平方可积核的方程,简称平方可积核方程;特别地,如果 $K(x,y)$ 在区域 $a\leqslant x\leqslant b,a\leqslant y\leqslant b$ 上是连续的,则称为连续核方程.

(2) 如果

$$K(x,y)=\sum_{i=1}^n a_i(x)b_i(y), \tag{8.1.8}$$

则称方程为退化核(或可分离核) 方程.

(3) 如果

$$K(x,y)=\frac{B(x,y)}{|x-y|^\alpha}, \tag{8.1.9}$$

其中函数 $B(x,y)$ 在区域 $a\leqslant x\leqslant b,a\leqslant y\leqslant b$ 上是有界的,而且常数 α 满足条件 $0<\alpha<1$,则称方程为弱奇性核方程.

(4) 如果在核 $K(x,y)$ 中交换两个自变量的位置并取复数共轭后的函数,记为 $K^{\pm}(x,y)$(核 $K^{\pm}(x,y)$ 称为核 $K(x,y)$ 的共轭核),满足条件

$$K^{\pm}(x,y)\equiv K^*(y,x)=K(x,y), \tag{8.1.10}$$

则方程称为对称核(或自共轭核) 方程. 特别地,当 $K(x,y)$ 是实函数时,式(8.1.10) 成为简单的实对称条件

$$K(y,x)=K(x,y). \tag{8.1.11}$$

积分方程中的未知函数也可以是多元函数,例如代替方程(8.1.2) 可以有方程

$$h(r)\varphi(r)-\lambda\iiint_V K(r,r')\varphi(r')\mathrm{d}r'=f(r)\quad(r\in V),$$

其中 V 是三维空间的一个区域. 对它的讨论与方程(8.1.2) 类似.

本章限于讨论未知函数是一元函数的积分方程.

8.1.2　退化核方程的求解

1. 具有退化核的 Fredholm 方程可以化成代数方程组求解

对于具有退化核的 Fredholm 方程

$$\varphi(x)-\lambda\int_a^b K(x,y)\varphi(y)\mathrm{d}y=f(x)\quad(a\leqslant x\leqslant b), \tag{8.1.12}$$

我们总可以认为$\{a_i(x)\}(i=1,2,\cdots,n)$ 是线性独立的,同时,$\{b_i(x)\}(i=1,2,\cdots,n)$ 也是线性独立的,而相应的积分方程可以写为

$$\varphi(x)-\lambda\sum_{i=1}^{n}a_i(x)\int_a^b b_i(y)\varphi(y)\mathrm{d}y = f(x). \tag{8.1.13}$$

这种方程的求解将归结为线性代数方程组的求解.事实上,记

$$c_i \equiv \int_a^b b_i(y)\varphi(y)\mathrm{d}y \quad (i=1,2,\cdots,n), \tag{8.1.14}$$

则方程(8.1.13)成为

$$\varphi(x) = f(x)+\lambda\sum_{i=1}^{n}c_i a_i(x). \tag{8.1.15}$$

由此可见,求函数 $\varphi(x)$ 就归结为求 n 个常数 c_i. c_i 的求法如下:

用 $b_k(x)$ 乘式(8.1.15)的两边,并对 x 从 a 到 b 积分,得

$$\int_a^b \varphi(x)b_k(x)\mathrm{d}x = \int_a^b f(x)b_k(x)\mathrm{d}x+\lambda\sum_{i=1}^{n}c_i\int_a^b a_i(x)b_k(x)\mathrm{d}x. \tag{8.1.16}$$

记

$$f_k \equiv \int_a^b b_k(y)f(y)\mathrm{d}y \quad (i=1,2,\cdots,n), \tag{8.1.17}$$

$$a_{ki} \equiv \int_a^b b_k(y)a_i(y)\mathrm{d}y \quad (i,k=1,2,\cdots,n), \tag{8.1.18}$$

则式(8.1.16)成为

$$c_k = f_k+\lambda\sum_{i=1}^{n}a_{ki}c_i \quad (k=1,2,\cdots,n). \tag{8.1.19}$$

这是一个代数方程组,其系数行列式是

$$D(\lambda) \equiv \begin{vmatrix} 1-\lambda a_{11} & -\lambda a_{12} & \cdots & -\lambda a_{1n} \\ -\lambda a_{21} & 1-\lambda a_{22} & \cdots & -\lambda a_{2n} \\ \vdots & \vdots & & \vdots \\ -\lambda a_{n1} & -\lambda a_{n2} & \cdots & 1-\lambda a_{nn} \end{vmatrix}, \tag{8.1.20}$$

它是 λ 的 n 次多项式.

如果 $D(\lambda)\neq 0$,即 λ 不是方程 $D(\lambda)=0$ 的根,则 n 个常数 $c_k(k=1,2,\cdots,n)$ 由方程组(8.1.19)所唯一确定,于是原方程(8.1.13)有唯一解(8.1.15).如果 λ 满足 $D(\lambda)=0$,则方程组(8.1.19)或者无解或者有无穷多个解,因而方程(8.1.13)无解或者有无穷多个解.方程 $D(\lambda)=0$ 的根称为方程(8.1.19)的本征值,而这时相应的齐次方程具有非零解(因而有无穷多个非零解),这些解称为原方程(8.1.13)的本征函数.因此我们还可以将本征值定义为使相应的齐次方程存在非零解的 λ 值.

例 1 求解方程

$$\varphi(x)-\lambda\int_0^1(x+y)\varphi(y)\mathrm{d}y = f(x) \quad (0\leqslant x\leqslant 1),$$

其中 $f(x)$ 是已知函数,而 $\lambda\neq -6\pm 4\sqrt{3}$.

解 现在 $a_1=x, b_1=1; a_2=1, b_2=y$,所以

$$a_{11}=\int_0^1 y\mathrm{d}y=\frac{1}{2}, \quad a_{12}=\int_0^1\mathrm{d}y=1,$$

$$a_{21}=\int_0^1 y^2\mathrm{d}y=\frac{1}{3}, \quad a_{22}=\int_0^1 y\mathrm{d}y=\frac{1}{2},$$

$$f_1=\int_0^1 f(y)\mathrm{d}y,\quad f_2=\int_0^1 yf(y)\mathrm{d}y.$$

代入式(8.1.19)，得代数方程组

$$\begin{bmatrix}1-\frac{1}{2}\lambda & -\lambda\\ -\frac{1}{3}\lambda & 1-\frac{1}{2}\lambda\end{bmatrix}\begin{pmatrix}c_1\\ c_2\end{pmatrix}=\begin{pmatrix}f_1\\ f_2\end{pmatrix},$$

由 $D(\lambda)=-\frac{1}{12}(\lambda^2+12\lambda-12)=0$ 得到 $\lambda=-6\pm4\sqrt{3}$. 这就是原积分方程的本征值. 当 $\lambda\neq-6\pm4\sqrt{3}$ 时，由上述代数方程组解得

$$c_1=-\frac{12\left[\left(1-\frac{1}{2}\lambda\right)f_1+\lambda f_2\right]}{\lambda^2+12\lambda-12},$$

$$c_2=-\frac{12\left[\left(1-\frac{1}{2}\lambda\right)f_2+\frac{1}{3}\lambda f_1\right]}{\lambda^2+12\lambda-12}.$$

于是，由式(8.1.15)得到积分方程的解

$$\begin{aligned}\varphi(x)&=f(x)-\frac{12\lambda\left\{\left[\left(1-\frac{1}{2}\lambda\right)x+\frac{1}{3}\lambda\right]f_1+\left(\lambda x+1-\frac{1}{2}\lambda\right)f_2\right\}}{\lambda^2+12\lambda-12}\\&=f(x)-12\lambda\int_0^1\frac{x+y-\left(\frac{x+y}{2}-xy-\frac{1}{3}\right)\lambda}{\lambda^2+12\lambda-12}f(y)\mathrm{d}y.\end{aligned}$$

例 2　求解积分方程

$$\varphi(x)=f(x)+\lambda\int_0^\pi K(x,y)\varphi(y)\mathrm{d}y,$$

其中 $K(x,y)=\cos(x+y)=\cos x\cos y-\sin x\sin y$，$f(x)$ 是一个在 $0\leqslant x\leqslant\pi$ 上的已知连续函数.

解　由 $a_1(x)=b_1(x)=\cos x, a_2(x)=b_2(x)=\sin x$，故有

$$a_{11}=\int_0^\pi\cos^2 x\mathrm{d}x=\frac{\pi}{2},\quad a_{12}=a_{21}=0,\quad a_{22}=-\int_0^\pi\sin^2 x\mathrm{d}x=-\frac{\pi}{2}.$$

于是有

$$\left(1-\frac{\pi}{2}\lambda\right)c_1=f_1,\quad\left(1+\frac{\pi}{2}\lambda\right)c_2=f_2.$$

显然特征值为 $\lambda=\pm\frac{2}{\pi}$，可以验证相应的特征函数为

$$\varphi_1(x)=\sqrt{\frac{2}{\pi}}\cos x,\quad\varphi_2(x)=\sqrt{\frac{2}{\pi}}\sin x.$$

当 $\lambda\neq\pm\frac{2}{\pi}$ 时，可以解出

$$c_1=\frac{f_1}{1-\frac{\pi}{2}\lambda},\quad c_2=\frac{f_2}{1+\frac{\pi}{2}\lambda}.$$

于是积分方程的解是

$$\varphi(x)=f(x)+\lambda(c_1\cos x+c_2\sin x).$$

例 3 求解积分方程

$$\varphi(x)=x^2+\lambda\int_0^1(1+xy)\varphi(y)\mathrm{d}y.$$

解 $f(x)=x^2, K(x,y)=1+xy, a_1(x)=b_1(x)=1, a_2(x)=b_2(x)=x.$
于是有

$$a_{11}=\int_0^1\mathrm{d}x=1,\quad a_{12}=a_{21}=\int_0^1 x\mathrm{d}x=\frac{1}{2},\quad a_{22}=\int_0^1 x^2\mathrm{d}x=\frac{1}{3};$$

$$f_1=\int_0^1 x^2\mathrm{d}x=\frac{1}{3},\quad f_2=\int_0^1 x^3\mathrm{d}x=\frac{1}{4}.$$

因此

$$c_1-\lambda\left(c_1+\frac{1}{2}c_2\right)=\frac{1}{3},\quad c_2-\lambda\left(\frac{1}{2}c_1+\frac{1}{3}c_2\right)=\frac{1}{4}.$$

这个方程组的系数行列式是

$$D(\lambda)=\begin{vmatrix}1-\lambda & -\frac{1}{2}\lambda\\ -\frac{1}{2}\lambda & 1-\frac{1}{3}\lambda\end{vmatrix}.$$

当 $D(\lambda)\neq 0$ 时，即可以得到

$$c_1=\frac{24+\lambda}{6(12-16\lambda+\lambda^2)},\quad c_2=\frac{3-\lambda}{12-16\lambda+\lambda^2}.$$

原积分方程的解为

$$\varphi(x)=x^2+\lambda c_1+\lambda c_2 x.$$

从上面的讨论可知，如果积分方程的核是退化的，则一个积分方程的问题就化成了一个代数方程组的问题. 如果退化核有 N 项，则方程就有 N 个本征值，当然它们有可能彼此相同. 因为具有退化核的积分方程的解与相应的代数方程组的解密切相关，所以具有退化核的积分方程的性质可由相应的代数方程组的性质导出. Fredholm 将这些性质简化为一系列理论，这些理论被人们称为 Fredholm 定理. 这里我们将这些定理不加证明地叙述如下：

定理 8.1.1 如果 λ 不是本征值，则对于任何的非齐次项 $f(x)$，积分方程(8.1.13)有唯一解；如果 λ 是本征值，则齐次方程

$$\varphi(x)-\lambda\int_a^b K(x,y)\varphi(y)\mathrm{d}y=0 \tag{8.1.21}$$

至少有一个非平凡解，即本征函数. 而且与一个本征值相对应的、线性独立的本征函数只有一个.

定理 8.1.2 如果 λ 不是积分方程(8.1.13) 的本征值，那么 λ 也不是其转置方程

$$\varphi(x)-\lambda\int_a^b K(y,x)\varphi(y)\mathrm{d}y=f(x)$$

的一个本征值；如果 λ 是本征值，则 λ 也是转置方程的一个本征值. 即齐次积分方程

$$\varphi(x)-\lambda\int_a^b K(y,x)\varphi(y)\mathrm{d}y=0 \tag{8.1.22}$$

至少有一个非平凡解.

定理 8.1.3　若 λ 是一个本征值，则非齐次积分方程(8.1.13) 有解的充要条件是：$f(x)$ 与转置齐次方程(8.1.22) 的一切解正交，即

$$\int_a^b \varphi(x)f(x)\mathrm{d}x=0, \tag{8.1.23}$$

其中 $\varphi(x)$ 满足方程(8.1.22).

事实上，定理 8.1.2 是这样一个事实的模拟：即一个矩阵和它的转置矩阵有相同的本征值. 如果以 $\varphi(x)$ 乘式(8.1.13) 两边并对 x 积分，便得到条件式(8.1.23).

应当指出，Fredholm 定理仅严格地适用于非奇异积分方程，奇异积分方程的理论是一个不同的问题.

2. 具有退化核的 Volterra 方程，常常能够通过求微分化成微分方程来求解

例 4　求解积分方程

$$u(x)-\int_0^x xyu(y)\mathrm{d}y=x.$$

解　令 $g(x)=\int_0^x yu(y)\mathrm{d}y$，则原积分方程可以写成

$$u(x)=x+xg(x),$$

而

$$g'(x)=xu(x)=x[x+xg(x)],$$

解得

$$g(x)=-1+c\mathrm{e}^{\frac{x^3}{3}},$$

于是

$$u(x)=cx\mathrm{e}^{\frac{x^3}{3}},$$

其中 c 为积分常数，代入原方程可求得 $c=1$.

8.1.3　积分方程的迭代解法

1. 第二类 Volterra 方程的迭代解法

已知

$$\varphi(x)-\lambda\int_a^x K(x,y)\varphi(y)\mathrm{d}y=f(x)\quad(a\leqslant x\leqslant b), \tag{8.1.24}$$

其中 $K(x,y)$ 和 $f(x)$ 是定义域 $a\leqslant y\leqslant x\leqslant b$ 上的连续函数.

先把 $\varphi(x)$ 表示成参数 λ 的幂级数

$$\varphi(x)=\varphi_0(x)+\varphi_1(x)\lambda+\varphi_2(x)\lambda^2+\cdots+\varphi_n(x)\lambda^n+\cdots, \tag{8.1.25}$$

式中 $\varphi_i(x)(i=1,2,\cdots)$ 是待定参数. 当式(8.1.25) 在$[a,b]$上收敛时，把式(8.1.25) 代入到式(8.1.24)，进行逐项积分，比较等式两边 λ 各次幂的系数，便得到方程组

$$\begin{cases}\varphi_0(x)=f(x),\\ \varphi_1(x)=\int_a^x K(x,y)\varphi_0(y)\mathrm{d}y=K[\varphi_0(x)],\\ \varphi_2(x)=\int_a^x K(x,y)\varphi_1(y)\mathrm{d}y=K[\varphi_1(x)],\\ \vdots\\ \varphi_n(x)=\int_a^x K(x,y)\varphi_{n-1}(y)\mathrm{d}y=K[\varphi_{n-1}(x)],\\ \vdots\end{cases}\tag{8.1.26}$$

从以上各式可以逐次定出函数 $\varphi_i(x)(i=1,2,\cdots)$，从而得到方程(8.1.24)的解.

定理 8.1.4 设核 $K(x,y)$ 在区域 $a\leqslant y\leqslant x\leqslant b$ 上是连续的，$f(x)$ 在区间 $a\leqslant x\leqslant b$ 上也是连续的，则对任何的 λ 值方程(8.1.24)存在唯一的解(8.1.25)，且解(8.1.25)在 $[a,b]$ 上绝对且一致收敛.

证明 因为 $K(x,y)$ 和 $f(x)$ 都是闭区域上的连续函数，故它们均有界，设

$$|K(x,y)|\leqslant M_1,\quad |f(x)|\leqslant M\quad (M_1 \text{ 和 } M \text{ 均为常数}),$$

因此有

$$|\varphi_1(x)|=\left|\int_a^x K(x,y)f(y)\mathrm{d}y\right|\leqslant\int_a^x|K(x,y)|\cdot|f(y)|\mathrm{d}y\leqslant M_1M\int_a^x\mathrm{d}y=M_1M(x-a),$$

$$|\varphi_2(x)|=\left|\int_a^x K(x,y)\varphi_1(y)\mathrm{d}y\right|\leqslant\int_a^x|K(x,y)|\cdot|\varphi_1(y)|\mathrm{d}y\leqslant\int_a^x M_1M_1M(y-a)\mathrm{d}y$$
$$=M_1^2M\frac{(x-a)^2}{2!},$$

同理可得

$$|\varphi_n(x)|\leqslant\frac{M_1^nM}{n!}(x-a)^n.$$

于是式(8.1.25)的通项 $\varphi_n(x)\lambda^n$ 满足下列不等式

$$|\lambda^n\varphi_n(x)|\leqslant|\lambda|^n\cdot\frac{M_1^nM}{n!}|x-a|^n=M\cdot\frac{|\lambda M_1(x-a)|^n}{n!}$$
$$\leqslant M\cdot\frac{|\lambda M_1(b-a)|^n}{n!}\quad(a\leqslant x\leqslant b).$$

由级数的达朗贝尔判别法，知正项级数

$$\sum_{n=1}^{\infty}M\cdot\frac{|\lambda M_1(b-a)|^n}{n!}$$

收敛，故式(8.1.25)中的级数在 $[a,b]$ 上绝对且一致收敛. 再由式(8.1.26)形成的过程知式(8.1.25)是式(8.1.24)的解.

再证式(8.1.24)的解是唯一的. 设式(8.1.24)有解 $\varphi(x)$ 和 $\overline{\varphi}(x)$，则它们的差 $w(x)=\varphi(x)-\overline{\varphi}(x)$ 将满足齐次积分方程

$$w(x)=\lambda\int_a^x K(x,y)w(y)\mathrm{d}y,\tag{8.1.27}$$

这里的 $w(x)$ 显然是连续的，因而有界，设 $|w(x)|\leqslant N$，N 为常数，再设

$$\begin{cases} w_1(x) = \lambda K[w(x)] = \lambda\int_a^x K(x,y)w(y)\mathrm{d}y, \\ w_2(x) = \lambda K[w_1(x)] = \lambda\int_a^x K(x,y)w_1(y)\mathrm{d}y, \\ \vdots \\ w_n(x) = \lambda K[w_{n-1}(x)] = \lambda\int_a^x K(x,y)w_{n-1}(y)\mathrm{d}y, \\ \vdots \end{cases} \tag{8.1.28}$$

仿前可证

$$|w_n(x)| \leqslant N\cdot\frac{|\lambda M_1(x-a)|^n}{n!} \leqslant N\cdot\frac{[|\lambda|M_1(b-a)]^n}{n!}.$$

由于 $|\lambda|M_1(b-a)$ 是定数，故

$$\lim_{n\to\infty} N\cdot\frac{[|\lambda|M_1(b-a)]^n}{n!} = 0,\quad \lim_{n\to\infty} w_n(x) = 0;$$

另一方面，$w(x)$ 满足式(8.1.27)，故由式(8.1.28)得

$$w_1(x) = \lambda\int_a^x K(x,y)w(y)\mathrm{d}y = w(x),$$

$$w_2(x) = \lambda\int_a^x K(x,y)w_1(y)\mathrm{d}y = \lambda\int_a^x K(x,y)w(y)\mathrm{d}y = w(x),$$

依次类推，可得

$$w_n(x) = w(x),$$

于是有

$$w(x) = w_1(x) = w_2(x) = \cdots = w_n(x) = \cdots,$$

因此由 $\lim\limits_{n\to\infty} w_n(x) = 0$，得

$$w(x) = w_1(x) = w_2(x) = \cdots = w_n(x) = \cdots \equiv 0,$$

即

$$\varphi(x) \equiv \bar{\varphi}(x).$$

这就证明了解的唯一性.

例 5　解方程

$$\varphi(x) = x + \int_0^x (y-x)\varphi(y)\mathrm{d}y.$$

解　这里 $K(x,y) = y - x, f(x) = x, \lambda = 1$，由式(8.1.26)，得

$$\begin{cases} \varphi_0(x) = f(x) = x, \\ \varphi_1(x) = \int_0^x (y-x)y\mathrm{d}y = \frac{x^3}{3} - \frac{x^3}{2} = -\frac{x^3}{3!}, \\ \varphi_2(x) = \int_0^x (y-x)\left(-\frac{y^3}{3!}\right)\mathrm{d}y = -\frac{1}{3!}\left(\frac{x^5}{5} - \frac{x^5}{4}\right) = \frac{x^5}{5!}, \\ \vdots \\ \varphi_n(x) = \int_0^x (y-x)\varphi_{n-1}(y)\mathrm{d}y = (-1)^n\frac{x^{2n+1}}{(2n+1)!}. \end{cases}$$

于是所求问题的解为

$$\varphi(x)=x-\frac{x^3}{3!}+\frac{x^5}{5!}-\cdots+(-1)^n\frac{x^{2n+1}}{(2n+1)!}+\cdots=\sin x.$$

2. 第一类 Volterra 方程的迭代解法

在一定条件下，第一类 Volterra 方程

$$f(x)=\int_a^x K(x,y)\varphi(y)\mathrm{d}y \tag{8.1.29}$$

可以化成第二类 Volterra 方程求解. 当 $x=a$ 时，$f(a)=0$.

设 $f(x)$ 与 $K(x,y)$ 的导数或偏导数存在，将式(8.1.29) 两端对 x 求导，得到

$$f'(x)=K(x,x)\varphi(x)+\int_a^x\frac{\partial}{\partial x}K(x,y)\varphi(y)\mathrm{d}y,$$

当 $K(x,x)\neq 0$ 时，用 $K(x,x)$ 除上式两边，得到

$$\frac{f'(x)}{K(x,x)}=\varphi(x)+\int_a^x\frac{K_x(x,y)}{K(x,x)}\varphi(y)\mathrm{d}y,$$

这就是第二类 Volterra 方程.

另外一种转化方法是用分部积分法化简积分 $\int_a^x K(x,y)\varphi(y)\mathrm{d}y$，

$$\int_a^x K(x,y)\varphi(y)\mathrm{d}y=[K(x,y)v(y)]_a^x-\int_a^x K_y(x,y)v(y)\mathrm{d}y,$$

式中 $v(y)=\int_a^y\varphi(t)\mathrm{d}t$，显然 $v(a)=0$. 故有

$$\int_a^x K(x,y)\varphi(y)\mathrm{d}y=K(x,x)v(x)-\int_a^x K_y(x,y)v(y)\mathrm{d}y,$$

于是方程(8.1.29) 变为

$$f(x)=K(x,x)v(x)-\int_a^x K_y(x,y)v(y)\mathrm{d}y.$$

当 $K(x,x)\neq 0$ 时，用 $K(x,x)$ 除上式两边，即得

$$\frac{f(x)}{K(x,x)}=v(x)-\int_a^x\frac{K_y(x,y)}{K(x,x)}v(y)\mathrm{d}y.$$

这便是一个第二类 Volterra 方程.

当 $K(x,x)=0$ 时，用两种方法所得到的方程虽然都仍为第一类 Volterra 方程，但这时可以(用两种方法) 继续化简，总能把方程化为第二类 Volterra 方程求解. 如果积分核 $K(x,y)$ 是 y 的多项式，则可以直接积分.

例 6　解方程

$$x^3=\int_0^x\left[1+4(y-x)+\frac{3}{2}(y-x)^2\right]\varphi(y)\mathrm{d}y.$$

解　将方程两边对 x 求导三次，依次得

$$\begin{cases}3x^2=\varphi(x)-\int_0^x[4+3(y-x)]\varphi(y)\mathrm{d}y,\\ 6x=\varphi'(x)-4\varphi(x)+3\int_0^x\varphi(y)\mathrm{d}y,\\ 6=\varphi''(x)-4\varphi'(x)+3\varphi(x).\end{cases} \tag{8.1.30}$$

式(8.1.30) 中最后一个方程是二阶常系数线性微分方程，它的解为

$$\varphi(x) = Ae^{3x} + Be^{x} + 2.$$

为了确定常数 A 和 B，从式(8.1.30)的前两式可得 $\varphi(0) = 0, \varphi'(0) = 0$，于是有

$$A + B + 2 = 0, \quad 3A + B = 0.$$

解得

$$A = 1, \quad B = -3.$$

所以，积分方程的解为

$$\varphi(x) = e^{3x} - 3e^{x} + 2.$$

3. 第二类 Fredholm 方程的迭代解法

对于具有平方可积核的第二类 Fredholm 方程

$$\varphi(x) - \lambda\int_a^b K(x,y)\varphi(y)\mathrm{d}y = f(x) \quad (a \leqslant x \leqslant b) \tag{8.1.31}$$

的解法与 Volterra 方程(8.1.24)的解法类似，不同的是这时的 λ 要受到一定的限制. 有如下定理：

定理 8.1.5　设

$$|K|^2 = \int_a^b \mathrm{d}x\int_a^b |K(x,y)|^2\mathrm{d}y < \infty,$$

$$\| f \|^2 = \int_a^b |f(x)|^2\mathrm{d}x < \infty,$$

且函数

$$k^2(x) \equiv \int_a^b |K(x,y)|^2\mathrm{d}y$$

在区间 $a \leqslant x \leqslant b$ 上是有界的，则只要 λ 满足条件

$$|\lambda| < \frac{1}{|N|}, \tag{8.1.32}$$

其中 N 为某个常数. 则方程(8.1.31)存在唯一解

$$\varphi(x) = f(x) + \sum_{n=1}^{\infty}\lambda^n\varphi_n(x), \tag{8.1.33}$$

其中

$$\begin{cases} \varphi_0(x) = f(x), \\ \varphi_1(x) = \displaystyle\int_a^b K(x,y)\varphi_0(y)\mathrm{d}y, \\ \quad\vdots \\ \varphi_n(x) = \displaystyle\int_a^b K(x,y)\varphi_{n-1}(y)\mathrm{d}y, \\ \quad\vdots \end{cases} \tag{8.1.34}$$

并且解(8.1.33)是绝对一致收敛的.

证明　由条件可设 $|f(x)| \leqslant M_1$，$|K(x,y)| \leqslant M$. 则有对 $\varphi_n(x)$ 的逐次估计如下：

$|\varphi_0(x)| = |f(x)| \leqslant M_1$,

$|\varphi_1(x)| = \left|\int_a^b K(x,y)\varphi_0(y)\mathrm{d}y\right| \leqslant \int_a^b |K(x,y)|\cdot|\varphi_0(y)|\mathrm{d}y \leqslant \int_a^b MM_1\mathrm{d}y = MM_1(b-a)$,

$$|\varphi_2(x)| = \left|\int_a^b K(x,y)\varphi_1(y)\mathrm{d}y\right| \leqslant \int_a^b |K(x,y)|\cdot|\varphi_1(y)|\mathrm{d}y \leqslant \int_a^b MM_1M(b-a)\mathrm{d}y$$
$$= M^2M_1(b-a)^2,$$
$$\vdots$$
$$|\varphi_n(x)| = \left|\int_a^b K(x,y)\varphi_{n-1}(y)\mathrm{d}y\right| \leqslant \int_a^b |K(x,y)|\cdot|\varphi_{n-1}(y)|\mathrm{d}y \leqslant \int_a^b MM_1M^{n-1}(b-a)^{n-1}\mathrm{d}y$$
$$= M^nM_1(b-a)^n,$$
$$\vdots$$

故对式(8.1.33)中的一般项有

$$|\varphi_n(x)\lambda^n| \leqslant M_1[|\lambda|M(b-a)]^n,$$

当 λ 满足条件

$$|\lambda|M(b-a) < 1,$$

即

$$|\lambda| < \frac{1}{M(b-a)} \tag{8.1.35}$$

时,正项级数 $\sum_{n=1}^{\infty} M_1[|\lambda|M(b-a)]^n$ 是收敛的.因此级数(8.1.33)在$[a,b]$上绝对且一致收敛.故它在$[a,b]$上定义一个连续函数.显然它是式(8.1.31)的唯一解.当 λ 不满足式(8.1.35)时,则不能用上述迭代法求解.

例 7 解积分方程

$$\varphi(x) = \frac{5}{6}x + \frac{1}{2}\int_0^1 xy\varphi(y)\mathrm{d}y.$$

解 这里 $f(x) = \frac{5}{6}x, K(x,y) = xy, \lambda = \frac{1}{2}, 0 \leqslant x, y \leqslant 1, |K(x,y)| \leqslant 1 = M,$
$\frac{1}{M(b-a)} = \frac{1}{1(1-0)} = 1, \lambda = \frac{1}{2} < 1$,因此积分方程的解可以表示为

$$\varphi(x) = \varphi_0(x) + \frac{1}{2}\varphi_1(x) + \left(\frac{1}{2}\right)^2\varphi_2(x) + \cdots,$$

式中

$$\varphi_0(x) = f(x) = \frac{5}{6}x,$$
$$\varphi_1(x) = \int_0^1 xy\,\frac{5}{6}y\mathrm{d}y = \frac{5}{18}x = \frac{5}{6}\left(\frac{1}{3}\right)x,$$
$$\varphi_2(x) = \int_0^1 xy\,\frac{5}{18}y\mathrm{d}y = \frac{5}{3\cdot 18}x = \frac{5}{6}\left(\frac{1}{3}\right)^2x,$$
$$\vdots$$
$$\varphi_n(x) = \int_0^1 xy\varphi_{n-1}(y)\mathrm{d}y = \frac{5}{6}\left(\frac{1}{3}\right)^nx.$$

因此,原积分方程的解为

$$\varphi(x) = \frac{5}{6}x + \frac{1}{2}\cdot\frac{5}{6}\left(\frac{1}{3}\right)x + \left(\frac{1}{2}\right)^2\cdot\frac{5}{6}\left(\frac{1}{3}\right)^2x + \cdots$$

$$= \frac{5}{6}\left[1+\frac{1}{6}+\left(\frac{1}{6}\right)^2+\cdots\right]x = \frac{5}{6}\cdot\frac{1}{1-\frac{1}{6}}x = x.$$

4. 弱奇异核的 Abel 方程的解法

具有弱奇异核的形如

$$\int_a^x \frac{\varphi(y)}{(x-y)^\alpha}\mathrm{d}y = f(x) \tag{8.1.36}$$

(其中 $K(x,y)=(x-y)^{-\alpha}(0<\alpha<1)$ 是无界的) 的积分方程称为 Abel 方程. 关于 Abel 方程有如下引理和定理:

引理　如果 Abel 方程(8.1.36) 有解,则它的解具有下列形式:

$$\varphi(x) = \frac{\sin\alpha\pi}{\pi}\frac{\mathrm{d}}{\mathrm{d}x}\int_0^x \frac{f(t)}{(x-t)^{1-\alpha}}\mathrm{d}t, \tag{8.1.37}$$

并且解是唯一的.

证明　设方程(8.1.36) 有解,把方程两边的 x 改为 t,并乘以 $\frac{\mathrm{d}t}{(x-t)^{1-\alpha}}$,再在$[a,x]$上关于 t 积分,得到

$$\int_a^x \frac{\mathrm{d}t}{(x-t)^{1-\alpha}}\int_a^t \frac{\varphi(y)}{(t-y)^\alpha}\mathrm{d}y = \int_a^x \frac{f(t)}{(x-t)^{1-\alpha}}\mathrm{d}t, \tag{8.1.38}$$

交换上式左边积分的顺序,便得

$$\int_a^x \frac{\mathrm{d}t}{(x-t)^{1-\alpha}}\int_a^t \frac{\varphi(y)}{(t-y)^\alpha}\mathrm{d}y = \int_a^x \varphi(y)\mathrm{d}y\int_y^x \frac{\mathrm{d}t}{(x-t)^{1-\alpha}(t-y)^\alpha} = F(x),$$

于是式(8.1.38) 化成

$$F(x) = \int_a^x \frac{f(t)}{(x-t)^{1-\alpha}}\mathrm{d}t. \tag{8.1.39}$$

对 $F(x)$ 中的积分$\int_y^x \frac{\mathrm{d}t}{(x-t)^{1-\alpha}(t-y)^\alpha}$ 作变换 $t=y+\xi(x-y)$,则得

$$\int_y^x \frac{\mathrm{d}t}{(x-t)^{1-\alpha}(t-y)^\alpha} = \int_0^1 \frac{\mathrm{d}\xi}{\xi^\alpha(1-\xi)^{1-\alpha}} = \frac{\pi}{\sin\alpha\pi}.$$

于是有

$$\int_a^x \varphi(y)\,\frac{\pi}{\sin\alpha\pi}\mathrm{d}y = F(x) = \int_a^x \frac{f(t)}{(x-t)^{1-\alpha}}\mathrm{d}t, \tag{8.1.40}$$

将式(8.1.38) 两边对 x 求导,即得

$$\varphi(x) = \frac{\sin\alpha\pi}{\pi}F'(x) = \frac{\sin\alpha\pi}{\pi}\frac{\mathrm{d}}{\mathrm{d}x}\int_a^x \frac{f(t)}{(x-t)^{1-\alpha}}\mathrm{d}t.$$

由此还同时证明了解的唯一性.

定理 8.1.6　Abel 方程(8.1.36) 有解

$$\varphi(x) = \frac{\sin\alpha\pi}{\pi}\frac{\mathrm{d}}{\mathrm{d}x}\int_0^x \frac{f(t)}{(x-t)^{1-\alpha}}\mathrm{d}t, \tag{8.1.41}$$

并且解是唯一的.

例 8　求解 Abel 方程

$$\int_0^x \frac{\varphi(y)\mathrm{d}y}{\sqrt{x-y}} = -\sqrt{2g}f(x),$$

其中 $f(x)$ 为已知函数.

解 由式(8.1.37),方程的解为

$$\varphi(x)=\frac{\sin\frac{\pi}{2}}{\pi}\frac{\mathrm{d}}{\mathrm{d}x}\int_0^x\frac{-\sqrt{2g}f(t)}{\sqrt{x-t}}\mathrm{d}t=-\frac{\sqrt{2g}}{\pi}\frac{\mathrm{d}}{\mathrm{d}x}\int_0^x\frac{f(t)}{\sqrt{x-t}}\mathrm{d}t.$$

Abel 方程还可以写成如下形式:

$$f(x)=\int_0^x K(x-y)\varphi(y)\mathrm{d}y,\quad f(0)=0,\tag{8.1.42}$$

其中

$$K(x-y)=A(x-y)^{-\alpha}\quad(0<\alpha<1).\tag{8.1.43}$$

当函数 $f(x)$ 的导数存在时,这种方程还可以用下述方法来求解.这种方法的要点是把待求函数 $\varphi(x)$ 写成如下形式

$$\varphi(x)=\int_0^x f'(t)h(x-t)\mathrm{d}t.\tag{8.1.44}$$

如果能定出函数 $h(x-t)$,则待求函数 $\varphi(x)$ 也就确定了.为此将式(8.1.44)代入到式(8.1.42),得

$$f(x)=\int_0^x K(x-y)\left[\int_0^y f'(t)h(y-t)\mathrm{d}t\right]\mathrm{d}y,$$

交换右边积分的顺序,得

$$f(x)=\int_0^x f'(t)\left[\int_t^x K(x-y)h(y-t)\mathrm{d}y\right]\mathrm{d}t,$$

此式成立的充分必要条件是

$$\int_t^x K(x-y)h(y-t)\mathrm{d}y\equiv 1.\tag{8.1.45}$$

利用这个充要条件就可以确定函数 $h(y-t)$.为此,令 $\xi=y-t$,则式(8.1.45)可以写成

$$\int_0^{x-t}K(x-t-\xi)\mathrm{d}\xi\equiv 1,$$

又令 $\xi=a\eta$,则得

$$a\int_0^1 K(a-a\eta)h(a\eta)\mathrm{d}\eta\equiv 1.$$

但是 $K(a-a\eta)=A(a-a\eta)^{-\alpha}=Aa^{-\alpha}(1-\eta)^{-\alpha}$,因此有

$$Aa^{1-\alpha}\int_0^1(1-\eta)^{-\alpha}h(a\eta)\mathrm{d}\eta\equiv 1.$$

由于以上恒等式中的 a 是任意的,故此恒等式的左边必与 a 无关,因此,$h(a\eta)$ 必具有形式 $h(a\eta)=c(a\eta)^{\alpha-1}=ca^{\alpha-1}\eta^{\alpha-1}$,$c$ 为任意常数.于是恒等式化为

$$Ac\int_0^1(1-\eta)^{-\alpha}\eta^{\alpha-1}\mathrm{d}\eta\equiv 1,$$

把 $\int_0^1\eta^{\alpha-1}(1-\eta)^{-\alpha}\mathrm{d}\eta=\frac{\pi}{\sin\alpha\pi}$ 代入即得

$$\frac{Ac\pi}{\sin\alpha\pi}=1,\quad c=\frac{\sin\alpha\pi}{A\pi},\quad h(t)=\frac{\sin\alpha\pi}{A\pi}t^{\alpha-1},$$

从而得到方程的解为

$$\varphi(x)=\frac{\sin\alpha\pi}{A\pi}\int_0^x f'(t)(x-t)^{\alpha-1}\mathrm{d}t.$$

8.1.4　对称核的 Fredholm 方程

当 Fredholm 方程的核是实函数且满足条件 $K(x,y)=K(y,x)$ 时，称为对称核积分方程，它在数学物理中有着广泛的应用. 下面我们来讨论具有对称核的齐次 Fredholm 方程 $\varphi(x)-\int_a^b K(x,y)\varphi(y)\mathrm{d}y=0$ 的一些性质和解法.

性质 1　对称核的 Fredholm 方程对应于不同特征值的特征函数 $\varphi_i(x)$ 和 $\varphi_j(x)$ 是彼此正交的，即满足

$$\int_a^b \varphi_i(x)\varphi_j(x)\mathrm{d}x=0\quad(i\neq j).\tag{8.1.46}$$

证明　设 λ_i 和 λ_j 是方程的两个不同的特征值，$\varphi_i(x)$ 和 $\varphi_j(x)$ 为相应的特征函数，因此有

$$\frac{1}{\lambda_i}\varphi_i(x)=\int_a^b K(x,y)\varphi_i(y)\mathrm{d}y,$$

$$\frac{1}{\lambda_j}\varphi_j(x)=\int_a^b K(x,y)\varphi_j(y)\mathrm{d}y.$$

用 $\varphi_j(x)$ 和 $\varphi_i(x)$ 分别乘上面的第一式和第二式，并对 x 在 $[a,b]$ 上积分，然后相减，得到

$$\left(\frac{1}{\lambda_i}-\frac{1}{\lambda_j}\right)\int_a^b\varphi_i(x)\varphi_j(x)\mathrm{d}x$$

$$=\int_a^b\left[\int_a^b K(x,y)\varphi_i(y)\mathrm{d}y\right]\varphi_j(x)\mathrm{d}x-\int_a^b\left[\int_a^b K(x,y)\varphi_j(y)\mathrm{d}y\right]\varphi_i(x)\mathrm{d}x.$$

交换上式右边第一个积分的顺序，并利用条件 $K(x,y)=K(y,x)$，可知上式右端的积分值为零，即

$$\left(\frac{1}{\lambda_i}-\frac{1}{\lambda_j}\right)\int_a^b\varphi_i(x)\varphi_j(x)\mathrm{d}x=0,$$

由于 $\frac{1}{\lambda_i}\neq\frac{1}{\lambda_j}$，故有

$$\int_a^b\varphi_i(x)\varphi_j(x)\mathrm{d}x=0.$$

利用特征函数的正交性，可以证明以下性质.

性质 2　对称核方程的所有特征值均为实数.

证明　用反证法. 设特征值 λ_0 为复数，其相应的一个特征函数为 $\varphi_0(x)$，于是有

$$\varphi_0(x)=\lambda_0\int_a^b K(x,y)\varphi_0(y)\mathrm{d}y,$$

将上式取复共轭，得到

$$\overline{\varphi_0(x)}=\overline{\lambda_0}\int_a^b K(x,y)\,\overline{\varphi_0(y)}\mathrm{d}y.$$

可见 $\overline{\lambda_0}(\neq\lambda_0)$ 也是一个特征值，其相应的特征函数是 $\overline{\varphi_0(x)}$，由不同特征值所对应的特征函数的正交性，得到

$$\int_a^b \varphi_0(x)\,\overline{\varphi_0(x)}\mathrm{d}x = 0, \quad \int_a^b |\varphi_0(x)|^2\mathrm{d}x = 0.$$

于是 $\varphi_0(x) \equiv 0$. 这是不可能的,故 λ_0 不是复数而是实数.

性质 3 当对称核不恒等于零时,方程至少有一个特征值.

性质 4 设 λ_k 为对称核 Fredholm 方程的特征值,则有

$$\sum_{k=1}^{\infty} \frac{1}{\lambda_k^2} \leqslant \int_a^b\int_a^b K^2(x,y)\mathrm{d}y\mathrm{d}x. \tag{8.1.47}$$

证明 由于对于方程的每一个特征值都有有限个线性无关的特征函数与之对应,因此像构造欧氏空间标准化正交基那样,我们可以把这有限个线性无关的特征函数标准正交化. 另外,在对称核的情况下,对应于不同特征值的特征函数又是正交的,所以在对称核的情况下,可以认为一切特征函数都是两两正交且是标准化的. 把方程的所有特征值按下列顺序排列起来

$$|\lambda_1| \leqslant |\lambda_2| \leqslant \cdots \leqslant |\lambda_n| \leqslant \cdots, \tag{8.1.48}$$

并且任何特征值在此序列中出现的次数等于它的秩数,即等于它相应的线性无关的特征函数的个数,于是与式(8.1.48) 相应的特征函数也排成序列

$$\varphi_1(x), \varphi_2(x), \cdots, \varphi_n(x), \cdots. \tag{8.1.49}$$

由于 $\varphi_k(x)$ 是对应于特征值 λ_k 的一个特征函数,所以

$$\varphi_k(x) = \lambda_k\int_a^b K(x,y)\varphi_k(y)\mathrm{d}y,$$

即

$$\int_a^b K(x,y)\varphi_k(y)\mathrm{d}y = \frac{\varphi_k(x)}{\lambda_k}, \tag{8.1.50}$$

因此$\dfrac{\varphi_k(x)}{\lambda_k}(k = 1,2,\cdots)$ 是函数 $K(x,y)$ 按 $\varphi_k(y)(k = 1,2,\cdots)$ 展开的 Fourier 系数,即有

$$K(x,y) \to \sum_{k=1}^{\infty} \frac{\varphi_k(x)}{\lambda_k}\varphi_k(y), \tag{8.1.51}$$

其中函数 $\varphi_i(x)$ 和 $\varphi_j(x)$ 满足

$$\int_a^b \varphi_i(x)\varphi_j(x)\mathrm{d}x = \begin{cases} 0 & (i \neq j), \\ 1 & (i = j). \end{cases}$$

于是由式(8.1.50) 和式(8.1.51),有

$$\begin{aligned}
0 &\leqslant \int_a^b \left[K(x,y) - \sum_{k=1}^{n} \frac{\varphi_k(x)}{\lambda_k}\varphi_k(y)\right]^2 \mathrm{d}y \\
&= \int_a^b K^2(x,y)\mathrm{d}y - 2\sum_{k=1}^{n}\int_a^b \frac{\varphi_k(x)}{\lambda_k}K(x,y)\varphi_k(y)\mathrm{d}y + \int_a^b \left[\sum_{k=1}^{n} \frac{\varphi_k(x)}{\lambda_k}\varphi_k(y)\right]^2 \mathrm{d}y \\
&= \int_a^b K^2(x,y)\mathrm{d}y - 2\sum_{k=1}^{n}\left[\frac{\varphi_k(x)}{\lambda_k}\right]^2 + \sum_{k=1}^{n}\left[\frac{\varphi_k(x)}{\lambda_k}\right]^2 \\
&= \int_a^b K^2(x,y)\mathrm{d}y - \sum_{k=1}^{n}\left[\frac{\varphi_k(x)}{\lambda_k}\right]^2,
\end{aligned}$$

即

$$\sum_{k=1}^{n}\left[\frac{\varphi_k(x)}{\lambda_k}\right]^2\leqslant\int_a^b K^2(x,y)\mathrm{d}y.$$

将上式再对 x 积分得

$$\sum_{k=1}^{n}\int_a^b\left[\frac{\varphi_k(x)}{\lambda_k}\right]^2\mathrm{d}x\leqslant\int_a^b\int_a^b K^2(x,y)\mathrm{d}y\mathrm{d}x.$$

即

$$\sum_{k=1}^{n}\frac{1}{\lambda_k^2}\leqslant\int_a^b\int_a^b K^2(x,y)\mathrm{d}y\mathrm{d}x.$$

求极限,即得式(8.1.47).

如果级数(8.1.51)在区域 $a\leqslant x,y\leqslant b$ 上一致收敛,则有:

定理 8.1.7　若对称核 $K(x,y)$ 在区域 $a\leqslant x,y\leqslant b$ 上连续,且级数(8.1.48)在该区域上一致收敛,则有

$$K(x,y)=\sum_{k=1}^{\infty}\frac{\varphi_k(x)}{\lambda_k}\varphi_k(y).\tag{8.1.52}$$

如果方程

$$\varphi(x)-\lambda\int_a^b K(x,y)\varphi(y)\mathrm{d}y=f(x)$$

只有有限个特征值,则级数(8.1.52)就只有有限个项,因此有

$$K(x,y)=\sum_{k=1}^{n}\frac{\varphi_k(x)}{\lambda_k}\varphi_k(y).$$

这说明此时的对称核是退化的.于是有

定理 8.1.8　在对称核连续的条件下,特征值个数的有限性是核退化的充分必要条件.

8.1.5　微分方程与积分方程的联系

1.二阶线性常微分方程与 Volterra 方程的联系

设函数 $a(x),b(x),c(x)$ 无奇性,且 $a(x)\neq 0(a\leqslant x\leqslant b)$,$x_0\in[a,b]$,则常微分方程的初值问题

$$\begin{cases}a(x)\dfrac{\mathrm{d}^2u(x)}{\mathrm{d}x^2}+b(x)\dfrac{\mathrm{d}u(x)}{\mathrm{d}x}+c(x)u(x)=f(x),\\ u(x_0)=c_1,\quad u'(x_0)=c_2\end{cases}\tag{8.1.53}$$

与如下的 Volterra 方程等价:

$$\varphi(x)+\int_{x_0}^{x}K(x,y)\varphi(y)\mathrm{d}y=F(x),\tag{8.1.54}$$

其中

$$K(x,y)\equiv\frac{b(x)}{a(x)}+\frac{c(x)}{a(x)}(x-y),$$

$$F(x)\equiv\frac{1}{a(x)}\{f(x)-c_2b(x)-c(x)[c_1+c_2(x-x_0)]\},$$

$$u(x_0)=c_1,\quad u'(x_0)=c_2.$$

其理由如下：

容易验证，如果 $u(x)$ 是问题(8.1.53) 的解，则

$$\varphi(x)=\frac{\mathrm{d}^2u(x)}{\mathrm{d}x^2} \tag{8.1.55}$$

必定是方程(8.1.54) 的解. 反之，如果 $\varphi(x)$ 是方程(8.1.54) 的解，将式(8.1.55) 在区间 $[x_0,x]$ 上积分两次，得到

$$u(x)=c_1+c_2(x-x_0)+\int_{x_0}^{x}\left[\int_{x_0}^{x}\varphi(y)\mathrm{d}y\right]\mathrm{d}s,$$

交换二次积分的积分次序，有

$$\begin{aligned}u(x)&=c_1+c_2(x-x_0)+\int_{x_0}^{x}\left[\int_{y}^{x}\varphi(y)\mathrm{d}s\right]\mathrm{d}y\\&=c_1+c_2(x-x_0)+\int_{x_0}^{x}(x-y)\varphi(y)\mathrm{d}y.\end{aligned} \tag{8.1.56}$$

容易验证，式(8.1.56) 确是问题(8.1.53) 的解.

如果函数 $a(x),b(x),c(x)$ 和 $f(x)$ 还都是连续的，则 $K(x,y)$ 和 $F(x)$ 也是连续的，于是由问题(8.1.53) 与方程(8.1.54) 的等价性以及 8.1.1 节第 2 部分的定理可见，问题(8.1.53) 存在唯一的解 $u(x)$，而且 $u(x)$ 和 $\dfrac{\mathrm{d}u(x)}{\mathrm{d}x}$ 都是连续的.

至此我们证明了问题(8.1.53) 与方程(8.1.54) 的等价性. 请读者注意，单一的积分方程等价于微分方程附加边界条件，这是积分方程的一个优点. 与之联系的第二个优点就是积分方程更便于用逐次迭代法近似求解.

2. 微分方程的本征值问题与对称核积分方程的联系

这一部分是从另一角度考虑本征值问题，现以 Sturm-Liouville 本征值问题为例进行讨论：

$$\begin{cases}\dfrac{\mathrm{d}}{\mathrm{d}x}[k(x)y'(x)]-\gamma(x)y(x)+\lambda\rho(x)y(x)=0\quad(a\leqslant x\leqslant b),\\ \alpha y'(a)+\beta y(a)=0,\quad \lambda y'(b)+\mu y(b)=0.\end{cases} \tag{8.1.57}$$

为此先考虑定解问题：

$$\begin{cases}\dfrac{\mathrm{d}}{\mathrm{d}x}[k(x)y'(x)]-\gamma(x)y(x)=-\delta(x-s)\quad(a\leqslant x\leqslant b),\\ \alpha y'(a)+\beta y(a)=0,\quad \lambda y'(b)+\mu y(b)=0.\end{cases} \tag{8.1.58}$$

其中 s 满足 $a<s<b$. 这一问题的解就是 Green 函数 $G(x;s)$. 如果知道了 $G(x;s)$，那么一般的非齐次方程

$$\frac{\mathrm{d}}{\mathrm{d}x}[k(x)y'(x)]-\gamma(x)y(x)=-f(x)\quad(a\leqslant x\leqslant b) \tag{8.1.59}$$

在齐次边界条件(8.1.57) 下的解是

$$y(s)=\int_a^b G(x;s)f(s)\mathrm{d}s. \tag{8.1.60}$$

回到本征值问题(8.1.57). 方程(8.1.57) 相当于在方程(8.1.59) 中取 $f(x)=\lambda\rho(x)y(x)$，将之代入式(8.1.60)，即得积分方程

$$y(s)=\lambda\int_a^b G(x;s)\rho(s)y(s)\mathrm{d}s. \tag{8.1.61}$$

再引入

$$\varphi(x)\equiv\sqrt{\rho(x)}\,y(x),$$

及

$$K(x,s)\equiv\sqrt{\rho(x)\rho(s)}\,G(x;s), \tag{8.1.62}$$

由 Green 函数的倒易性(见 §7.3)，知 $K(x,s)=K(s,x)$，则方程(8.1.61)成为对称核积分方程

$$\varphi(x)-\lambda\int_a^b K(x,s)\varphi(s)\mathrm{d}s=0. \tag{8.1.63}$$

综上所述，微分方程的本征值问题等价于齐次积分方程的求解问题，该积分方程的核就是 Green 函数；而此积分方程又可化为齐次的对称核积分方程.

例 9　求与积分方程

$$\varphi(x)=\lambda\int_0^1 K(x,y)\varphi(y)\mathrm{d}y=0\quad(0\leqslant x\leqslant 1) \tag{8.1.64}$$

等价的微分方程本征值问题.

其中

$$K(x,y)=\begin{cases}\dfrac{x(2-y)}{2} & (x\leqslant y),\\[2mm] \dfrac{y(2-x)}{2} & (y\leqslant x).\end{cases} \tag{8.1.65}$$

解　将式(8.1.65)代入方程(8.1.64)，有

$$\varphi(x)=\lambda\int_0^x\frac{y(2-x)}{2}\varphi(y)\mathrm{d}y+\lambda\int_x^1\frac{x(2-y)}{2}\varphi(y)\mathrm{d}y \tag{8.1.66}$$

求导一次，得到

$$\varphi'(x)=-\frac{\lambda}{2}\int_0^x y\varphi(y)\mathrm{d}y+\frac{\lambda}{2}\int_x^1(2-y)\varphi(y)\mathrm{d}y \tag{8.1.67}$$

再求导一次，得到

$$\varphi''(x)=-\lambda\varphi(x),$$

即

$$\varphi''(x)+\lambda\varphi(x)=0\quad(0\leqslant x\leqslant 1). \tag{8.1.68}$$

由式(8.1.66)得到

$$\varphi(0)=0. \tag{8.1.69}$$

由式(8.1.66)和式(8.1.67)得到

$$\varphi'(1)+\varphi(1)=0. \tag{8.1.70}$$

式(8.1.68)～式(8.1.70)即为所求的本征值问题. 不难计算，它的最小本征值是 $\lambda_1=4.115$.

8.2　非线性微分方程及其某些解法

所谓非线性微分方程一般是指含有未知函数和(或)未知函数导数的高次项的微分方程. 非线性微分方程的研究是一个非常广阔的领域，作为引论，本节先介绍非线性微分

方程的几种简单解法，然后概略地讨论有关孤立波的问题，孤立波理论是当前非线性科学的重要分支之一.

非线性微分方程和线性微分方程在本质上有着很大的差异.例如，对于线性微分方程而言的解的唯一性、单值性、有界性等性质，对于某些非线性微分方程均可能不复存在.正因为如此，对非线性微分方程来说不存在一般理论和求解方法，对每一个方程都必须单独处理.下面仅就某些特殊的解法作简单介绍.作为引论，希望起到启发读者兴趣的作用.这些解法的指导思想是寻找、选择某一种适当的变换，使方程化成线性方程或易于求解的方程.这些特例的结果，对于求得物理及工程科学中的一些具体问题是十分有用的.由于非线性问题本身的复杂性，求解解析解并不容易，所以发展出许多求解近似解的方法，本章最后简略地介绍求解非线性定解问题解析近似解的摄动方法.

8.2.1 求解非线性微分方程的函数变换方法

1. Kirchhoff(基尔霍夫) 变换

讨论方程

$$\nabla\cdot(G(u)\nabla u)=0, \tag{8.2.1}$$

其中$\nabla=\boldsymbol{i}\frac{\partial}{\partial x}+\boldsymbol{j}\frac{\partial}{\partial y}+\boldsymbol{k}\frac{\partial}{\partial z}$是 Hamilton 算符.

为了使方程(8.2.1) 线性化，选择试探函数

$$W=W(u), \tag{8.2.2}$$

使

$$\nabla W=G(u)\nabla u. \tag{8.2.3}$$

而由式(8.2.2)，有

$$\nabla W=\frac{\mathrm{d}W}{\mathrm{d}u}\nabla u.$$

将此式与式(8.2.3) 比较，可知 W 应该满足

$$\frac{\mathrm{d}W}{\mathrm{d}u}=G(u). \tag{8.2.4}$$

将式(8.2.4) 积分，得

$$W=\int_{u_0}^{u}G(\xi)\mathrm{d}\xi\quad(u_0\text{ 为常数}). \tag{8.2.5}$$

这样非线性方程(8.2.1) 就化成了熟知的 Laplace 方程

$$\nabla^2W=0,$$

这是个线性方程.即实现了非线性方程的线性化.变换(8.2.5) 称为 Kirchhoff 变换，显然，如果方程(8.2.1) 带有边界条件，还必须对边界条件作相应的变换.

2. Cole-Hopf(科勒-霍普夫) 变换

Burgers 方程

$$u_t+uu_x=ku_{xx}, \tag{8.2.6}$$

其中 k 称为扩散系数，在物理学的许多方面有着重要的应用.如果没有左边第二项，它就是一个线性扩散方程，现在我们可以通过变换将 Burgers 方程(8.2.6) 化成线性方程来求

解.

将方程(8.2.6)写成

$$\frac{\partial u}{\partial t}=\frac{\partial}{\partial x}\left(ku_x-\frac{u^2}{2}\right), \tag{8.2.7}$$

于是由全微分存在的充分必要条件,有

$$\mathrm{d}\varphi=u\mathrm{d}x+\left(ku_x-\frac{u^2}{2}\right)\mathrm{d}t, \tag{8.2.8}$$

显然 $\varphi(x,y)$ 满足下列关系

$$\varphi_x=u,$$

$$\varphi_t=ku_x-\frac{u^2}{2}. \tag{8.2.9}$$

由式(8.2.8)和式(8.2.9)得到

$$\varphi_t+\frac{1}{2}\varphi_x^2=k\varphi_{xx}. \tag{8.2.10}$$

由此可知,求解 Burgers 方程(8.2.6)的问题就转化成了解方程(8.2.10)的问题.现在来寻求方程(8.2.10)与易于求解的线性扩散方程

$$v_t=kv_{xx} \tag{8.2.11}$$

之间的关系.令

$$v=g(\varphi), \tag{8.2.12}$$

代入到式(8.2.11),有

$$\varphi_t-k\frac{g''(\varphi)}{g'(\varphi)}\varphi_x^2=k\varphi_{xx}, \tag{8.2.13}$$

将式(8.2.13)与式(8.2.10)比较,知 $g(\varphi)$ 应该满足下列方程

$$-k\frac{g''(\varphi)}{g'(\varphi)}=\frac{1}{2}.$$

解得

$$g(\varphi)=C_1\mathrm{e}^{-\frac{1}{2k}\varphi}+C_2.$$

不失一般性,取 $C_1=1,C_2=0$,并将 $g(\varphi)$ 代入到式(8.2.12),得

$$v=g(\varphi)=\mathrm{e}^{-\frac{1}{2k}\varphi}, \tag{8.2.14}$$

即

$$\varphi=-2k\ln v.$$

代入到式(8.2.8)得

$$u(x,t)=-2k\frac{\partial\ln v}{\partial x}. \tag{8.2.15}$$

变换(8.2.15)称为 Cole-Hopf 变换.在处理非线性问题时,常常会用到这个变换.从上面的讨论可以看出,选取 Cole-Hopf 变换后,求解非线性偏微分方程(8.2.6)的问题就化成了求解线性方程(8.2.11)的问题.

对于高维方程及方程组

$$\frac{\partial u_i}{\partial t}+\sum_{j=1}^{3}u_j\frac{\partial u_i}{\partial x_j}=k\nabla^2u_i\quad(i=1,2,3), \tag{8.2.16}$$

类似地可以做变换

$$u(x,t)=-2k\nabla \ln v, \tag{8.2.17}$$

将求解(8.2.16)的问题化成求解方程

$$v_t=k\nabla^2 v \tag{8.2.18}$$

的问题.

3. 相似变换

对于形如

$$\frac{\partial u}{\partial t}=\frac{\partial}{\partial x}\left[G(u)\frac{\partial u}{\partial x}\right] \tag{8.2.19}$$

方程的求解,试图使之变成关于某一新自变量,比如说ξ的常微分方程,为此,令

$$u=u(\xi), \tag{8.2.20}$$

$$\xi=x^{\alpha}t^{\beta}, \tag{8.2.21}$$

其中α和β为待定常数,此时

$$\frac{\partial u}{\partial t}=\beta x^{\alpha}t^{\beta-1}\frac{\mathrm{d}u}{\mathrm{d}\xi},$$

$$\frac{\partial u}{\partial x}=\alpha x^{\alpha-1}t^{\beta-1}\frac{\mathrm{d}u}{\mathrm{d}\xi},$$

$$\frac{\partial}{\partial x}\left[G(u)\frac{\partial u}{\partial x}\right]=\alpha(\alpha-1)x^{\alpha-2}t^{\beta}G(u)\frac{\mathrm{d}u}{\mathrm{d}\xi}+\alpha^2x^{2(\alpha-1)}t^{2\beta}\frac{\mathrm{d}}{\mathrm{d}\xi}\left[G(u)\frac{\partial u}{\partial x}\right].$$

代入方程(8.2.19)有

$$\beta\frac{x^2}{t}\xi\frac{\mathrm{d}u}{\mathrm{d}\xi}=\alpha(\alpha-1)\xi G(u)\frac{\mathrm{d}u}{\mathrm{d}\xi}+\alpha^2\xi^2\frac{\mathrm{d}}{\mathrm{d}\xi}\left[G(u)\frac{\mathrm{d}u}{\mathrm{d}\xi}\right]. \tag{8.2.22}$$

为了使方程(8.2.22)变成只含变量ξ(不显含x和t)的常微分方程,只需令

$$\frac{x^2}{\xi}=g(\xi), \tag{8.2.23}$$

其中$g(\xi)$为ξ的任意函数,适当选取$g(\xi)$的形式,可使方程(8.2.22)变为形式简洁易于求解的常微分方程,比如,取

$$g(\xi)=\xi^2,$$

即

$$\xi=x/\sqrt{t}. \tag{8.2.24}$$

也就是在变换(8.2.21)中取$\alpha=1,\beta=-\dfrac{1}{2}$,于是方程(8.2.22)亦即方程(8.2.19)变为

$$\frac{\mathrm{d}}{\mathrm{d}\xi}\left[G(u)\frac{\mathrm{d}u}{\mathrm{d}\xi}\right]+\frac{\xi}{2}\frac{\mathrm{d}u}{\mathrm{d}\xi}=0. \tag{8.2.25}$$

这是一个易于求解的常微分方程,经过变换(8.2.20)和变换(8.2.21)所得到的解称为相似解,其中变换(8.2.21)称为相似变换,而变换(8.2.24)称为Boltzmann(玻耳兹曼)变换.

4. 行波解

方程

$$\frac{\partial u}{\partial t} = \frac{\partial}{\partial x}\left(u^n \frac{\partial u}{\partial x}\right) \tag{8.2.26}$$

是方程(8.2.19) 当 $G(u) = u^n$ 的特例,故可以通过引入相似变换而求其相似解，令

$$u = u(\xi), \quad \xi = x + at, \tag{8.2.27}$$

其中 a 为常数，则

$$\frac{\partial u}{\partial t} = a\frac{\mathrm{d}g}{\mathrm{d}\xi}, \quad \frac{\partial u}{\partial x} = \frac{\mathrm{d}g}{\mathrm{d}\xi}.$$

代入到方程(8.2.26)，得到关于未知函数 $g(\xi)$ 的常微分方程

$$a\frac{\mathrm{d}g}{\mathrm{d}\xi} = \frac{\mathrm{d}}{\mathrm{d}\xi}\left(g^n \frac{\mathrm{d}g}{\mathrm{d}\xi}\right),$$

通过积分两次得

$$u = g(\xi) = \{n[a(x + at) + c]\}^{\frac{1}{n}}, \tag{8.2.28}$$

其中，C 为积分常数,变换(8.2.27) 称为行波变换.

相似解和行波变换对许多方程都是可以尝试的，例如对 Sine-Gordon 方程

$$\varphi_{xx} - \varphi_{tt} = \sin\varphi,$$

也可以用行波变换式(8.2.27) 尝试求其解.

8.2.2　非线性偏微分方程的孤立波解

在这小一节中,我们来讨论一种奇特的现象 —— 孤立波,它是非线性偏微分方程的一类有意义的解,由于得到物理和工程上的广泛应用,对孤立波及其理论和应用的研究成为当前非线性科学的热点问题之一,这里我们对其基本概念作以简单介绍.

1834年,苏格兰科学家 Scott Russell(司各特 · 罗素) 偶然观察到了一种奇妙的水波,他后来在"论波动"一文中这样描述说:"我正在观察一条船的运动,这条船由两匹马拉着,沿着狭窄的河道迅速前进着. 突然,船停了下来,河道内被船体带动的水团并不停止,它们集聚在船头周围激烈地扰动着,然后水浪呈现一个滚圆而平滑、轮廓分明的巨大孤立波峰,它以巨大的速度向前滚动,急速地离开了船头,在行进中它们的形状和速度并没有明显的改变. 我骑在马上紧跟着观察,它以每小时八至九英里的速度滚滚向前,并保持长约 3 英尺,高约 1 至 1.5 英尺的原始形状,渐渐地,它的高度降低了. 当我跟踪 1 英里至 2 英里后,它终于消失在逶迤的河道中."这就是 Scott Russell 观察到的"孤立波". 他进而认为这是流体运动的一个解,但当时并没有给出合理的数学上的解释. 直到 1895 年,也就是 60 年后,才由荷兰数学家 Korteweg(柯特维格) 和他的学生 de Vires(德佛雷斯) 从理论上给出解释. 他们研究了水波的运动,在长波近似和小振幅的假设下,建立了单向波运动的浅水波运动方程

$$\eta_t + \frac{3}{2}\delta\eta\eta_x + \frac{1}{6}\varepsilon\eta_{xxx} = 0, \tag{8.2.29}$$

其中 η 是表征水面高度的量,δ 和 ε 某种物理常数.

Korteweg 和 de Vires 对孤立波进行了完整的分析，并从方程(8.2.29) 求出了与 Scott Russell 描述一致的、具有脉冲状的孤立波解. 从而在理论上证明了孤立波的存在. 方程(8.2.29) 就是著名的 KdV 方程,它是一个非线性偏微分方程.

但是有些科学家认为非线性方程不满足叠加原理，这种波不可能稳定，碰撞后两个孤立波的形状将破坏殆尽，研究它们没有什么实际意义. 因此相关的研究工作又沉寂了下来.

直到20世纪50年代后，陆续的研究工作证明这种孤立波的稳定性，并且在激光、等离子体物理、凝聚态物理、光纤通信、生物物理等许多实际物理问题中导出了具有孤立波解的非线性发展方程，孤立波的本质才逐渐为人们所普遍接受. 较为完整的数学和物理的孤立波理论才逐渐形成.

由于一些孤立波在碰撞以后，能保持波形和速度不变，就像粒子的弹性碰撞一样，因此又把具有这种性质的孤立波叫做孤立子.

下面我们来求解KdV方程这个著名的非线性发展方程，并且从理论上解释奇特的孤立波现象.

一般类型的KdV方程可以写成

$$u_t + W(u)_x = \alpha u_{xx} + \beta u_{xxx}, \tag{8.2.30}$$

例如当其中的函数 W 取为

$$W(u) = (u + \gamma u^2); \quad \alpha = 0, \beta = -\rho$$

时，方程(8.2.30)就化为

$$u_t + u_x + 2\gamma u u_x + \rho u_{xxx} = 0.$$

它就是式(8.2.29)型的KdV方程.

在此取与它稍有不同的形式

$$W(u) = \frac{u^2}{2}; \quad \alpha = 0, \beta = -\mu.$$

则方程(8.2.30)便化成

$$u_t + u u_x + \mu u_{xxx} = 0 \tag{8.2.31}$$

的形式，其中 μ 可正可负. 若 $\mu < 0$，只需令 $u \to -u, x \to -x, t \to t$，式(8.2.31)就可以化为

$$u_t + u u_x - \mu u_{xxx} = 0. \tag{8.2.32}$$

它仍然是方程(8.2.30)的类型. 应此，恒可设 $\mu > 0$. 为解此方程，在引进参数 a 时，做变量与函数变换

$$\xi = x - at, \quad u(x,t) = u(\xi), \tag{8.2.33}$$

其中 a 为常数. 将以上各式代入到方程(8.2.31)中，就将方程(8.2.31)化为

$$-a u_\xi + u u_\xi + \mu u_{\xi\xi\xi} = 0,$$

即

$$(u - a) u_\xi + \mu u_{\xi\xi\xi} = 0. \tag{8.2.34}$$

这是一个常微分方程，它可以直接积分. 首先将其分离变量，即写成

$$(a - u)\mathrm{d}u = \mu \mathrm{d}u_{\xi\xi},$$

积分一次，得到

$$au - \frac{u^2}{2} = \mu u_{\xi\xi} + A = \mu u_\xi \frac{\mathrm{d}u_\xi}{\mathrm{d}u} + A.$$

两边同乘 $\mathrm{d}u$ 后，再积分一次，有

$$\frac{1}{2}au^2 - \frac{1}{6}u^3 = \frac{1}{2}\mu\left(\frac{\mathrm{d}u}{\mathrm{d}\xi}\right)^2 + Au + B,$$

即

$$3\mu\left(\frac{\mathrm{d}u}{\mathrm{d}\xi}\right)^2 = -u^3 + 3au^2 + 6Au + 6B. \tag{8.2.35}$$

其中 A、B 为积分常数.

将方程(8.2.35) 的右端记作

$$f(u) = -u^3 + 3au^2 + 6Au + 6B, \tag{8.2.36}$$

可见在函数 $f(u) = 0$ 有 3 个实根 C_1, C_2, C_3 的情形下, $f(u)$ 总可以写成

$$f(u) = -(u - C_1)(u - C_2)(u - C_3) \tag{8.2.37}$$

的形式. 将此式的右端展开, 有

$$f(u) = -u^3 + (C_1 + C_2 + C_3)u^2 - (C_1C_2 + C_1C_3 + C_2C_3)u + C_1C_2C_3, \tag{8.2.38}$$

将式(8.2.38) 和式(8.2.36) 比较, 则得方程的根与系数之间的关系如下

$$a = (C_1 + C_2 + C_3)/3, \tag{8.2.39}$$

$$A = -(C_1C_2 + C_1C_3 + C_2C_3)/6, \tag{8.2.40}$$

$$B = C_1C_2C_3/6. \tag{8.2.41}$$

再由式(8.2.35), 得

$$\frac{\mathrm{d}u}{\mathrm{d}\xi} = \pm\left[\frac{1}{3\mu}(-u^3 + 3au^2 + 6Au + 6B)\right]^{\frac{1}{2}},$$

分离变量并且两边积分后, 可得

$$\int\frac{\mathrm{d}u}{-u^3 + 3au^2 + 6Au} = \frac{1}{(3\mu)^{1/2}}\int\mathrm{d}\xi. \tag{8.2.42}$$

式(8.2.42) 左端是椭圆积分. 因此 u 之解可以表示为 Jacobi 椭圆函数

$$u(x,t) = C_2 + (C_3 - C_2)\mathrm{cn}^2\left[\left(\frac{C_3 - C_1}{12\mu}\right)^{1/2}(x - at); k\right]. \tag{8.2.43}$$

其中 $k^2 = \dfrac{C_3 - C_2}{C_3 - C_1}$. 式(8.2.43) 表示一种以速度 a 沿 x 轴正向行进的波. 函数 $\mathrm{cn}(x)$ 的周期是 $2k$.

以下分不同情况讨论之.

(1) 当 $k = 0$, $\mathrm{cn}(\xi, 0) = \cos\xi$, $u(x,t)$ 之解为振动解

$$u = C + b\cos\left[2\left(\frac{C_3 - C_1}{12\mu}\right)^{\frac{1}{2}}(x - at)\right], \tag{8.2.44}$$

其中 $C = (C_2 + C_3)/2$, $b = (C_3 - C_2)/2$.

(2) 当 $k = 1$, $\mathrm{cn}(\xi, 1) = \mathrm{sech}\xi$, 这时 $k = 1$, $C_2 \to C_1$, 就得到 KdV 方程的孤立波解

$$u = C_1 + (C_3 - C_1)\mathrm{sech}^2\left[\left(\frac{C_3 - C_1}{12\mu}\right)^{\frac{1}{2}}(x - at)\right]. \tag{8.2.45}$$

如果假定 $C_1 = u_\infty$, 代表在无穷远处的均匀态, $C_3 - C_1 = E$ 代表孤立波的振幅, 则有

$$u = u_\infty + 3a\mathrm{sech}^2\left[\left(\frac{E}{12\mu}\right)^{\frac{1}{2}}(x - at)\right]. \tag{8.2.46}$$

为了看清楚解的性质，在不改变解的基本性质的前提下，可以将上述解做简化处理. 令 $u_\infty = 0, \mu = 1$，则式(8.2.46) 就化为

$$u(x,t) = 3a\operatorname{sech}^2\left[\frac{a^{\frac{1}{2}}}{2}(x-at)\right].$$

这是一种波形以速度 a 的传播过程. 为看清波形，取初始时刻 $t = 0$，波形为

$$u(x,0) = \varphi(x) = 3a\operatorname{sech}^2\left[\frac{a^{\frac{1}{2}}}{2}x\right].$$

其图形如图 8.2.1 所示.

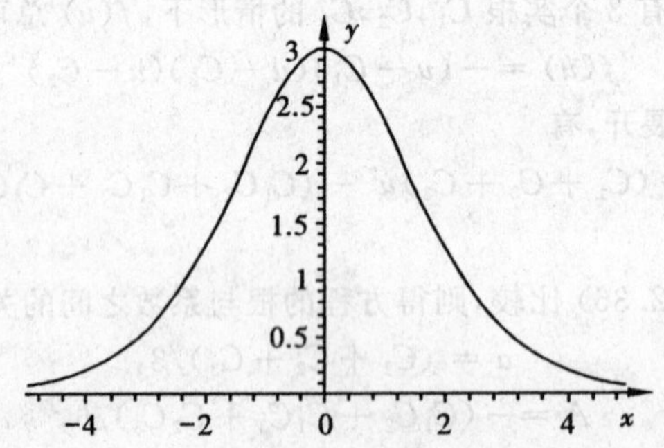

图 8.2.1 初始时刻的孤立波型

8.2.3 解析近似解与正则摄动法

由于大多数非线性偏微分方程无法求得其解析解(即精确解)，在许多情况下不得不借助于解析近似法来求解近似解析解(或称解的近似解析表达式). 下面介绍求解非线性偏微分方程近似解析解的正则摄动法.

1. 摄动法

摄动法的解题思路是：如果非线性方程的非线性项是高阶小量，作为初步近似，可以将其略去. 从而非线性问题变化成了线性问题；求解该线性问题，并将所得的解作为非线性问题的零级近似；再把原非线性定解问题的解表示成为它的零级近似解与一个带有小参数的解(称为摄动解) 之和，代入到原定解问题，略去更高阶小量，得到关于摄动解的线性定解问题，求解这个定解问题并将得到的解作为原定解问题的高一级近似即一级近似；依此步骤进行下去，就得到二级以及更高级近似解. 这种求近似解析解的方法称为摄动法或小参数方法. 而将以上带有小参数的定解问题称为摄动问题.

摄动问题用数学公式表示就是

$$P_\varepsilon:\begin{cases} L_\varepsilon u = f(x,\varepsilon) & (x \in \sigma), \\ B_{j\varepsilon} = \varphi_j(x,\varepsilon) & (x \in \Gamma, j = 1,2,\cdots k), \end{cases} \tag{8.2.47}$$

其中 $0 < \varepsilon \leqslant 1$，$L_\varepsilon$ 和 $B_{j\varepsilon}$ 分别为区域 σ 上和 σ 的边界或部分边界 Γ 上的非线性微分算子. 下标上 ε 表示算子与 ε 有关. 由摄动法的思想可以看出，用该方法研究问题，首先需要构造一个解的小参数展开式，使数列 $\{g_n(\varepsilon)\}$ 满足

$$\lim_{n\to\infty} g_n(\varepsilon) = 0, \quad \lim_{\varepsilon\to 0}\frac{g_{n+1}(\varepsilon)}{g_n(\varepsilon)} = 0,$$

并且

$$u(x,\varepsilon)=u_0(x)+\sum_{n=1}^{N}g_n(\varepsilon)u_n(x)+R_N(x,\varepsilon), \tag{8.2.48}$$

其中 u_0 为零级近似，R_N 为余项. 其次是讨论余项的值. 如果

$$R_N(x,\varepsilon)=O[g_{N+1}(\varepsilon)], \tag{8.2.49}$$

则在摄动理论称

$$u_0(x)+\sum_{n=1}^{\infty}g_n(\varepsilon)u_n(x) \tag{8.2.50}$$

为问题(8.2.47) 的一致有效近似解.

2. 正则摄动法

下面就一个具体的例子来介绍正则摄动方法的解题步骤.

例 1　在单位圆内求解定解问题

$$\begin{cases}\nabla^2 u+\varepsilon\dfrac{\partial u}{\partial\rho}\dfrac{\partial u}{\partial\varphi}=0 \quad (\rho<1,0<\varepsilon\leqslant 1),\\ u(\rho,\varphi)\big|_{\rho=1}=\cos\varphi.\end{cases} \tag{8.2.51}$$

解　这是一个含有小参数的非线性定解问题. 当 $\varepsilon=0$ 时，式(8.2.51) 变成线性问题

$$\begin{cases}\nabla^2 u=0 \quad (\rho<1),\\ u(1,\varphi)=\cos\varphi.\end{cases} \tag{8.2.52}$$

由分离变量法立即可以求得其解，视为零级近似，即

$$u_0=\rho\cos\varphi. \tag{8.2.53}$$

由此设

$$u=u_0+\varepsilon u_1=\rho\cos\varphi+\varepsilon u_1, \tag{8.2.54}$$

将式(8.2.54) 代入到式(8.2.51)，略去 $o(\varepsilon^2)$ 项后，得

$$\begin{cases}\nabla^2 u_1=\dfrac{1}{2}\rho\sin 2\varphi,\\ u_1(1,\varphi)=0.\end{cases} \tag{8.2.55}$$

这是一个线性 Poisson 方程的 Dirichlet 问题，可以通过下述方法求得其解. 由式(8.2.55) 右端函数的形式，设式(8.2.55) 的试探解为

$$u_1(\rho,\varphi)=f(\rho)\sin 2\varphi,$$

代入到式(8.2.55) 中，得

$$\begin{cases}\rho^2 f''(\rho)+\rho f'(\rho)-4f(\rho)=\dfrac{1}{2}\rho^3,\\ f(1)=0, f(0)\text{ 有界}.\end{cases} \tag{8.2.56}$$

又根据式(8.2.56) 中方程右端项的形式，设其特解的形式为

$$f_C=C\rho^k.$$

代入到式(8.2.56) 中的方程，可以求得

$$f_C=\frac{1}{10}\rho^3.$$

因此式(8.2.56) 中方程的通解为

$$f = C_1\rho^2 + C_2\rho^{-2} + \frac{1}{10}\rho^3.$$

再代入到式(8.2.56)中的边界条件,得

$$f = -\frac{1}{10}\rho^2 + \frac{1}{10}\rho^3.$$

因此

$$u_0 + \varepsilon u_1 = \rho\cos\varphi + \frac{\varepsilon}{10}(\rho^3 - \rho^2)\sin 2\varphi.$$

这就是定解问题式(8.2.51)的一级近似.

一般地,可以令

$$u = u^{(0)}(\rho,\varphi) + \varepsilon u^{(1)}(\rho,\varphi) + \varepsilon^2 u^{(2)}(\rho,\varphi) + \cdots,$$

代入到式(8.2.51),比较的同次幂系数,可得

$$\begin{cases} \nabla^2 u^{(0)} = 0, \\ u^{(0)}(1,\varphi) = \cos\varphi; \end{cases}$$

$$\begin{cases} \nabla^2 u^{(1)} = -\dfrac{\partial u^{(0)}}{\partial\rho}\dfrac{\partial u^{(0)}}{\partial\varphi}, \\ u^{(1)}(1,\varphi) = 0; \end{cases}$$

$$\begin{cases} \nabla^2 u^{(2)} = -\dfrac{\partial u^{(0)}}{\partial\rho}\dfrac{\partial u^{(1)}}{\partial\varphi} - \dfrac{\partial u^{(1)}}{\partial\rho}\dfrac{\partial u^{(0)}}{\partial\varphi}, \\ u^{(2)}(1,\varphi) = 0. \\ \vdots \end{cases}$$

这是一系列 Poisson 方程的 Dirichlet 问题,依次求解每一个 Poisson 方程的 Dirichlet 问题

$$\begin{cases} \nabla^2 u^{(k)} = f(u^{(0)}, u^{(1)}, \cdots, u^{(k-1)}) \quad (k = 1,2,\cdots), \\ u^{(k)}(1,\varphi) = 0. \end{cases}$$

就可以得到定解问题(8.2.51)的各级近似解.

8.3 历史注记——数学家:庞加莱

亨利·庞加莱(Jules Henri Poincaré)是法国数学家,1854年4月29日生于南锡,1912年7月17日卒于巴黎.庞加莱被公认是19世纪后四分之一和20世纪初的领袖数学家,是对于数学和它的应用具有全面知识的最后一个人.

庞加莱(1854—1912)

庞加莱的父母亲都出身于法国的显赫世家,几代人都居住在法国东部的洛林.庞加莱从小就显出超常的智力.庞加莱的父亲是当地一位著名医生,并任南锡大学医学院教授.他的母亲是一位善良、才华出众、很有教养的女性,一生的心血全部倾注到教育和照料孩子身上.庞加莱叔叔的两个儿子是法国政界的著名人物:雷蒙·庞加莱于1913至1920年间任法国总统;吕西·庞加莱曾任法国民众教育与美术部长,负责中等教育工作.

庞加莱的童年主要接受母亲的教育. 他的超常智力使他成为早熟的儿童,不仅接受知识极为迅速,而且口才也很流利. 但不幸的事发生了:五岁时患了一场白喉病、九个月后喉头坏了,致使他的思想不能顺利用口头表达出来,并成为一位体弱多病的人. 尽管如此,庞加莱还是乐意玩耍游戏,喜欢跳舞. 当然,剧烈的运动他是无法进行的.

庞加莱特别爱好读书,读书的速度快得惊人,而且能对读过的内容迅速、准确、持久地记住. 他甚至能讲出书中某件事是在第几页第几行中讲述的!庞加莱还对博物学发生过特殊的兴趣,《大洪水前的地球》一书据说给他留下了终身不忘的印象. 他对自然史的兴趣也很浓,历史、地理的成绩也很优异. 他在儿童时代还显露出文学才华,有的作文被老师誉为"杰作".

庞加莱 1862 年进入南锡中学读书. 初进校时虽然他的各科学习成绩十分优异,但并没有对数学产生特殊的兴趣. 对数学的特殊兴趣大约开始于 15 岁,并很快就显露了非凡才能. 从此,他习惯于一边散步,一边解数学难题. 这种习惯一直保持终身.

1870 年 7 月 19 日爆发的普法战争使庞加莱不得不中断学业. 法国战败了,法国的许多城乡被德军洗劫一空并被德军占领. 为了了解时局,他很快学会了德文. 他通过亲眼看到的德军的暴行,使他成了一个炽热的爱国者.

1871 年 3 月 18 日,巴黎无产者举行了武装起义,普法的反动派又很快联合起来扑灭了革命烈火,庞加莱又继续上学了. 1872 年庞加莱两次荣获法国公立中学生数学竞赛头等奖,从而使他于 1873 年被高等工科学校作第一名录取. 据说,在南锡中学读书时,他的老师就誉称他为"数学巨人". 高等工科学校为了测试他的数学才能还特意设计了一套"漂亮的问题",一方面要考出他的数学天才,另一方面也为了避免 40 年前伽罗瓦的教训重演.

1875—1878 年,庞加莱在高等工科学校毕业后,又在国立高等矿业学校学习工程,准备当一名工程师. 但他却缺少这方面的勇气,且与他的兴趣不符.

1879 年 8 月 1 日,庞加莱撰写了关于微分方程方面的博士论文,获得了博士学位. 然后到卡昂大学理学院任讲师,1881 年任巴黎大学教授,直到去世. 这样,庞加莱一生的科学事业就和巴黎大学紧紧地连在一起了.

庞加莱的研究涉及数论、代数学、几何学、拓扑学等许多领域,最重要的工作是在分析学方面. 他早期的主要工作是创立自守函数理论(1878). 他引进了富克斯群和克莱因群,构造了更一般的基本域. 他利用后来以他的名字命名的级数构造了自守函数,并发现这种函数作为代数函数的单值化函数的效用.

1883 年,庞加莱提出了一般的单值化定理(1907 年,他和克贝相互独立地给出完全的证明). 同年,他进而研究一般解析函数论,研究了整函数的亏格及其与泰勒展开的系数或函数绝对值的增长率之间的关系,它同皮卡定理构成后来的整函数及亚纯函数理论发展的基础. 他又是多复变函数论的先驱者之一.

庞加莱为了研究行星轨道和卫星轨道的稳定性问题,在 1881—1886 年发表的四篇关于微分方程所确定的积分曲线的论文中,创立了微分方程的定性理论. 他研究了微分方程的解在四种类型的奇点(焦点、鞍点、结点、中心)附近的性态. 他提出根据解对极限环(他求出的一种特殊的封闭曲线)的关系,可以判定解的稳定性.

1885 年，瑞典国王奥斯卡二世设立“n 体问题”奖，引起庞加莱研究天体力学问题的兴趣.他以关于当三体中的两个的质量比另一个小得多时的三体问题的周期解的论文获奖，还证明了这种限制性三体问题的周期解的数目同连续系统的势一样大.这以后，他又进行了大量天体力学研究，引进了渐近展开的方法，得出严格的天体力学计算技术.

庞加莱还开创了动力系统理论，1895 年证明了“庞加莱回归定理”.他在天体力学方面的另一重要结果是，在引力作用下，转动流体的形状除了已知的旋转椭球体、不等轴椭球体和环状体外，还有三种庞加莱梨形体存在.

庞加莱对数学物理和偏微分方程也有贡献.他用括去法证明了狄利克雷问题解的存在性，这一方法后来促使位势论有新发展.他还研究拉普拉斯算子的特征值问题，给出了特征值和特征函数存在性的严格证明.他在积分方程中引进复参数方法，促进了弗雷德霍姆理论的发展.

庞加莱对现代数学最重要的影响是创立组合拓扑学.1892 年他发表了第一篇论文，1895—1904 年，他在六篇论文中建立了组合拓扑学.他还引进贝蒂数、挠系数和基本群等重要概念，创造流形的三角剖分、单纯复合形、重心重分、对偶复合形、复合形的关联系数矩阵等工具，借助它们推广欧拉多面体定理成为欧拉 - 庞加莱公式，并证明流形的同调对偶定理.

庞加莱的思想预示了德·拉姆定理和霍奇理论.他还提出庞加莱猜想，在“庞加莱的最后定理”中，他把限制性三体问题的周期解的存在问题，归结为满足某种条件的平面连续变换不动点的存在问题.

庞加莱在数论和代数学方面的工作不多，但很有影响.他的《有理数域上的代数几何学》一书开创了丢番图方程的有理解的研究.他定义了曲线的秩数，成为丢番图几何的重要研究对象.他在代数学中引进群代数并证明其分解定理.第一次引进代数中的左理想和右理想的概念.证明了李代数第三基本定理及坎贝尔 - 豪斯多夫公式.还引进李代数的包络代数，并对其基加以描述，证明了庞加莱 - 伯克霍夫 - 维特定理.

庞加莱对经典物理学有深入而广泛的研究，对狭义相对论的创立有贡献.他从 1899 年开始研究电子理论，首先认识到洛伦茨变换构成群.

庞加莱的哲学著作《科学与假设》、《科学的价值》、《科学与方法》也有着重大的影响.他是约定主义的代表人物，认为科学公理是方便的定义或约定，可以在一切可能的约定中进行选择，但需以实验事实为依据，避开一切矛盾.在数学上，他不同意罗素、希尔伯特的观点，反对无穷集合的概念，赞成潜在的无穷，认为数学最基本的直观概念是自然数，反对把自然数归结为集合论.这使他成为直觉主义的先驱者之一.

1905 年，匈牙利科学院颁发一项奖金为 10000 金克朗的鲍尔约奖.这个奖是要奖给在过去 25 年为数学发展作出过最大贡献的数学家.由于庞加莱从 1879 年就开始从事数学研究，并在数学的几乎整个领域都作出了杰出贡献，因而此项奖又非他莫属.

1906 年，庞加莱当选为巴黎科学院主席；1908 年，他被选为法国科学院院士，这是一位法国科学家所能达到的最高地位.1908 年庞加莱因前列腺增大而未能前往罗马，虽经意大利外科医生作了手术，使他能继续如前一样精力充沛地工作，但好景不长.

1912 年春天，庞加莱再次病倒了，7 月 9 日作了第二次手术；7 月 17 日在穿衣服时，突然因血栓梗塞，在巴黎逝世，终年仅 58 岁！

庞加莱的写作时期开始于 1878 年，直至他 1912 年逝世. 在不长的 34 年科学生涯中，他发表了将近 500 篇科学论文和 30 本科学专著，这些论著囊括了数学、物理学、天文学的许多分支，这还没有把他的科学哲学经典名著和科普作品计算在内. 由于他的杰出贡献，他赢得了法国政府所能给予的一切荣誉，也受到英国、俄国、瑞典、匈牙利等国政府的奖赏. 早在 33 岁那年，他就被选为法国科学院院士，1906 年当选为院长；1908 年，他被选为法兰西学院院士，这是法国科学家所能得到的最高荣誉.

罗素认为，本世纪初法兰西最伟大的人物就是昂利 · 庞加莱. "当我最近在盖 · 吕萨街庞加莱通风的休息处拜访他时，…… 我的舌头一下子失去了功能，直到我用了一些时间(可能有两、三分钟) 仔细端详和承受了可谓他思想的外部形式的年轻面貌时，我才发现自己能够开始说话了."

这位"如此美貌，如此年轻" 的孩子，竟然是那些洪水般涌来、预示了柯西的一个后继者的到来的论文作者，这是创办《美国数学杂志》 的英国数学家西尔维斯待于 1885 年见到庞加莱的心情写照.

阿达马这位曾在函数论、数论、微分方程、泛函分析、微分几何、集合论、数学基础等领域作出过杰出贡献的法国数学家认为，庞加莱"整个地改变了数学科学的状况，在一切方向上打开了新的道路."

庞加莱逝世 80 年来的历史告诉我们，罗素、西尔维斯特、阿达马等的论断是多么正确！而他关于数学和世界和谐之间关系的阐述也一直在激励后代数学家不断探索："没有数学这门语言，事物间大多数密切的类似关系将永远不会被我们发现；我们也无从发现世界内部的和谐，而这种和谐正是唯一真正的客观现实 …… 这种和谐是唯一的客观现实，是我们所能达到的唯一真理；当我讲世界万物之和谐是所有美丽之源时，是指我们应该付出多大代价去推动这个缓慢的、困难的过程，以使得我们一点点地、越来越好地理解这个和谐."

习题 8

积分方程部分

1. 求解方程

$$\varphi(x)-\lambda\int_0^1(x+y)\varphi(y)\mathrm{d}y=f(x)\quad(0\leqslant x\leqslant 1),$$

其中 $f(x)$ 是已知函数，而 $\lambda\neq -6\pm 4\sqrt{3}$.

2. 求解积分方程

$$\varphi(x)-\lambda\left[\pi x\int_0^1(\sin\pi y)\varphi(y)\mathrm{d}y+2\pi x^2\int_0^1(\sin 2\pi y)\varphi(y)\mathrm{d}y\right]=f(x).$$

3. 求解积分方程

$$\varphi(x) = f(x) - \lambda\int_0^1 e^{x+y}\varphi(y)dy.$$

4. 用迭代法求解积分方程

$$\varphi(x) = f(x) + \lambda\int_0^\pi \sin(x+y)\varphi(y)dy \quad x \in [0,\pi].$$

并将结果同方程的精确解进行比较.

提示：可以取 $f(x) = 1$.

5. 求解 Abel 方程

$$\int_a^x \frac{\varphi(y)}{(x-y)^\alpha}dy = f(x) \quad (x \geqslant a),$$

其中参数 α 满足 $0 < \alpha < 1$.

提示：利用积分公式$\int_\xi^\eta \frac{dx}{(\eta-x)^{1-\alpha}(x-\xi)^\alpha} = \frac{\pi}{\sin\pi\alpha} \quad (0 < \alpha < 1)$.

6. (1) 求以

$$K(x,y) = \frac{1}{\sqrt{\pi}}e^{\frac{x^2+y^2}{2}}\int_{-\infty}^x d\xi \cdot \int_y^\infty e^{-\xi^2}d\xi \quad (\text{当 } x \leqslant y \text{ 时})$$

为对称核的积分方程 $\varphi(x) = \lambda\int_{-\infty}^\infty K(x,y)\varphi(y)dy$ 的本征值和本征函数.

(2) 求以

$$k(x,y) = e^{\frac{x+y}{2}}\int_y^\infty \frac{e^{-\xi}}{\xi}d\xi \quad (\text{当 } 0 \leqslant x \leqslant y \text{ 时})$$

为对称核的积分方程 $\varphi(x) = \lambda\int_{-\infty}^\infty K(x,y)\varphi(y)dy$ 的本征值和本征函数.

非线性微分方程部分

1. 求解边值问题

$$\begin{cases}\nabla(\sin u\,\nabla u) = 0(y > 0, -\infty < x < +\infty), \\ u|_{u=0} = x.\end{cases}$$

2. 求方程 $u_t = u_{xx} + u_{yy}$ 的相似解.

3. 求下述方程的广义行波解 $u = f(\xi)$:

(1)$u_y u_{xy} - u_x u_{yy} = 0 \quad (\xi = y + \varphi(x))$;

(2)$u_t + \frac{1}{2}(u_x^2 + u_y^2) = \lambda(u_{xx} + u_{yy}) \quad (\xi = t + g(x) + h(y))$

其中 $\varphi(x)$, $g(x)$ 和 $h(y)$ 为待定函数.

4. 求 Burgers 方程的初值问题

$$\begin{cases}u_t + uu_x = \lambda u_{xx} \quad (-\infty < x < +\infty, t > 0), \\ u(x,0) = f(x).\end{cases}$$

5. 粒子物理中所谓的 φ^4 方程为

$$\varphi_{xx}-\varphi_{tt}=\lambda\varphi^3-m^2\varphi,\lambda>0,$$

试求出它的一个行波解

$$\varphi=\pm\tanh\left[\frac{1}{\sqrt{2}}\frac{1}{\sqrt{1-v^2}}(x-vt)+\delta\right].$$

6. 非线性光学中的 Maxwell-Bloch 方程组为

$$\begin{cases}E_{xx}-E_{tt}=-aP,\\P_{tt}+\mu^2P=(EN)_t,\\N_t=-EP.\end{cases}$$

试在边界条件:"$|x|\to\infty,E,P\to0;N=-1$"下,求出其孤立波解

$$E=a\operatorname{sech}\frac{1}{2}(at-\omega x+\delta),$$

其中
$$\omega^2=a^2+\frac{2a^2}{\frac{a^2}{4}+\mu^2}.$$

7. 气体平面定常无旋运动方程为

$$(a^2-u^2)W_{xx}-2uvW_{xy}+(a^2-v^2)W_{yy}=0,$$

其中,$u=W_x,v=W_y,a^2=a_1^2+\frac{k-1}{2}(b_1^2-W_x^2-W_y^2)$,$a_1,k$ 和 b_1 为常数,$0<b_1<a_1$,

边界条件为

$$\begin{cases}W_y\big|_{y=\varepsilon\sin x}=\varepsilon\cos x\cdot W_x\big|_{y=\varepsilon\sin x},\\\lim\limits_{y\to\infty}W=b_1x,\end{cases}$$

试用正则摄动法求解该问题的一级近似解.

8. 用正则摄动法求解定解问题

$$\begin{cases}\nabla^2u=0,\rho<R+\varepsilon\cos\varphi,\\u\big|_{\rho=R+\varepsilon\cos\varphi}=\sin\varphi,\varphi<\varepsilon\leqslant R.\end{cases}$$

即令

$$u(\rho,\varphi)=u^{(0)}+\varepsilon u^{(1)}+\varepsilon^2u^{(2)}+\cdots,$$

求 $u^{(0)},u^{(1)},\cdots,u^{(n)}$.

附　录

附录 A　正交曲线坐标系中的 Laplace 算符

在许多数学物理方程中都出现 Laplace 算符，它在直角坐标系中的形式是

$$\nabla^2=\frac{\partial^2}{\partial x^2}+\frac{\partial^2}{\partial y^2}+\frac{\partial^2}{\partial z^2}.$$

在采用正交曲线坐标系求解定解问题时，需要把 Laplace 算符在相应的正交曲线坐标系中表示出来. 在正文第 1 章中，我们列出了它在平面极坐标系(ρ,φ)、圆柱坐标系(ρ,φ,z)和球坐标系(r,θ,φ)中的表达式，在这里我们给出这些公式的推导.

(一) 拉普拉斯算符作用于标量函数

设有空间曲线坐标系$\{q_1,q_2,q_3\}$，e_1,e_2,e_3分别为沿 q_1,q_2,q_3 切线方向的单位矢量，若有关系

$$e_i\cdot e_j=\begin{cases}1, & i=j,\\ 0, & i\neq j,\end{cases}\qquad (i,j=1,2,3)$$

则称$\{q_1,q_2,q_3\}$为正交曲线坐标系. 设正交曲线坐标系$\{q_1,q_2,q_3\}$与直角坐标系$\{x,y,z\}$的关系是：

$$x=x(q_1,q_2,q_3),\quad y=y(q_1,q_2,q_3),\quad z=z(q_1,q_2,q_3).$$

当空间两点有相同的坐标 q_2 和 q_3，而另一个坐标 q_1 相差微元 $\mathrm{d}q_1$ 时，两点间的距离为

$$\begin{aligned}\mathrm{d}s_1&=\sqrt{(\mathrm{d}x)^2+(\mathrm{d}y)^2+(\mathrm{d}z)^2}\\&=\sqrt{\left(\frac{\partial x}{\partial q_1}\mathrm{d}q_1+\frac{\partial x}{\partial q_2}\mathrm{d}q_2+\frac{\partial x}{\partial q_2}\mathrm{d}q_3\right)^2+\left(\frac{\partial y}{\partial q_1}\mathrm{d}q_1+\frac{\partial y}{\partial q_2}\mathrm{d}q_2+\frac{\partial y}{\partial q_2}\mathrm{d}q_3\right)^2+\left(\frac{\partial x}{\partial q_1}\mathrm{d}q_1+\frac{\partial z}{\partial q_2}\mathrm{d}q_2+\frac{\partial z}{\partial q_2}\mathrm{d}q_3\right)^2}\\&=\sqrt{\left(\frac{\partial x}{\partial q_1}\right)^2+\left(\frac{\partial y}{\partial q_1}\right)^2+\left(\frac{\partial z}{\partial q_1}\right)^2}\,\mathrm{d}q_1\\&\overset{\text{记为}}{=\!=}h_1\mathrm{d}q_1.\end{aligned}$$

$\mathrm{d}s_1$ 称为坐标曲线 q_1 的弧微分. 同理，在有增量 $\mathrm{d}q_2$ 发生，而 q_1,q_3 坐标不变时，坐标曲线 q_2 的弧微分为

$$\mathrm{d}s_2=\sqrt{\left(\frac{\partial x}{\partial q_2}\right)^2+\left(\frac{\partial x}{\partial q_2}\right)^2+\left(\frac{\partial z}{\partial q_2}\right)^2}\,\mathrm{d}q_2=h_2\mathrm{d}q_2,$$

显然，q_3 的弧微分为

$$\mathrm{d}s_3=\sqrt{\left(\frac{\partial x}{\partial q_3}\right)^2+\left(\frac{\partial y}{\partial q_3}\right)^2+\left(\frac{\partial z}{\partial q_3}\right)^2}\,\mathrm{d}q_3=h_3\mathrm{d}q_3,$$

其中 $h_i=\sqrt{\left(\frac{\partial x}{\partial q_i}\right)^2+\left(\frac{\partial y}{\partial q_i}\right)^2+\left(\frac{\partial z}{\partial q_i}\right)^2}\ (i=1,2,3)$ 称为度规系数.

我们常用的柱坐标系(ρ,φ,z)为正交曲线坐标系(图 A2),并且与直角坐标(x, y, z)的关系是

$$x=\rho\cos\theta,\quad y=\rho\sin\theta,\quad z=z.$$

于是有

$$\mathrm{d}s_1=\mathrm{d}\rho,\quad \mathrm{d}s_2=\rho\mathrm{d}\varphi,\quad \mathrm{d}s_3=\mathrm{d}z,$$

故柱坐标系的度规系数是

$$h_1=1,\quad h_2=\rho,\quad h_3=1. \tag{A1}$$

球坐标系是另一个常用的正交曲线坐标系(图 A3),它与直角坐标系的关系是

$$x=r\sin\theta\cos\varphi,\quad y=r\sin\theta\sin\varphi,\quad z=r\cos\theta.$$

于是

$$\mathrm{d}s_1=\mathrm{d}r,\quad \mathrm{d}s_2=r\mathrm{d}\theta,\quad \mathrm{d}s_3=r\sin\theta\mathrm{d}\varphi,$$

故球坐标系的度规系数是

$$h_1=1,\quad h_2=r,\quad h_3=r\sin\theta. \tag{A2}$$

由定义,标量函数 $u=u(q_1,q_2,q_3)$ 的梯度在 q_1,q_2,q_3 增长方向上的分量分别等于 u 在这些方向上的变化率,即

$$(\mathbf{grad}u)_1=\lim_{\Delta s_1\to 0}\frac{\Delta u}{\Delta S_1}=\lim_{\Delta s_1\to 0}\frac{\Delta u}{h_1\Delta q_1}=\frac{1}{h_1}\frac{\partial u}{\partial q_1},$$

同理有

$$(\mathbf{grad}u)_2=\frac{1}{h_2}\frac{\partial u}{\partial q_2},\quad (\mathbf{grad}u)_3=\frac{1}{h_3}\frac{\partial u}{\partial q_3}.$$

于是,函数 u 的梯度为

$$\begin{aligned}\mathbf{grad}u&=[(\mathbf{grad}u)_1\boldsymbol{e}_1+(\mathbf{grad}u)_2\boldsymbol{e}_2+(\mathbf{grad}u)_3\boldsymbol{e}_3]\\&=\left\{\frac{1}{h_1}\frac{\partial u}{\partial q_1}+\frac{1}{h_2}\frac{\partial u}{\partial q_2}+\frac{1}{h_3}\frac{\partial u}{\partial q_3}\right\}\\&\xlongequal{\text{记为}}\left(\frac{1}{h_1}\frac{\partial u}{\partial q_1}\boldsymbol{e}_1+\frac{1}{h_2}\frac{\partial u}{\partial q_2}\boldsymbol{e}_2+\frac{1}{h_3}\frac{\partial u}{\partial q_3}\boldsymbol{e}_3\right)u\\&\xlongequal{\text{记为}}\nabla u.\end{aligned}$$

其中

$$\nabla=\frac{1}{h_1}\frac{\partial}{\partial q_1}\boldsymbol{e}_1+\frac{1}{h_2}\frac{\partial}{\partial q_2}\boldsymbol{e}_2+\frac{1}{h_3}\frac{\partial}{\partial q_3}\boldsymbol{e}_3.$$

称为 Hamilton 算子在正交曲线坐标系$\{q_1,q_2,q_3\}$下的表达式.

再看矢量函数 $\boldsymbol{A}\{a_1,a_2,a_3\}$ 的散度在正交曲线坐标系中的表达式. 在矢量场 $\boldsymbol{A}\{a_1,a_2,a_3\}$ 定义的区域 G 内,取一个由正交曲线坐标面 $q_1,q_1+\mathrm{d}q_1,q_2,q_2+\mathrm{d}q_2,q_3,q_3+\mathrm{d}q_3$ 围成的六面体元(图 A1). 矢量场 $\boldsymbol{A}\{a_1,a_2,a_3\}$ 通过前后两个面的净流量为

$$\Phi_1=a_1\mathrm{d}\sigma_{q_1}=a_1\sigma\big|_{q_1+\mathrm{d}q_1}-a_1\sigma\big|_{q_1}$$

$$= a_1 h_2 \mathrm{d}q_2 \cdot h_3 \mathrm{d}q_3 \big|_{q_1+\mathrm{d}q_1} - a_1 h_2 \mathrm{d}q_2 \cdot h_3 \mathrm{d}q_3 \big|_{q_1}$$
$$= a_1 (h_2 \cdot h_3 \big|_{q_1+\mathrm{d}q_1} - a_1 h_2 \cdot h_3 \big|_{q_1}) \mathrm{d}q_2 \mathrm{d}q_3$$
$$= \frac{\partial(a_1 h_2 h_3)}{\partial q_1} \mathrm{d}q_1 \mathrm{d}q_2 \mathrm{d}q_3.$$

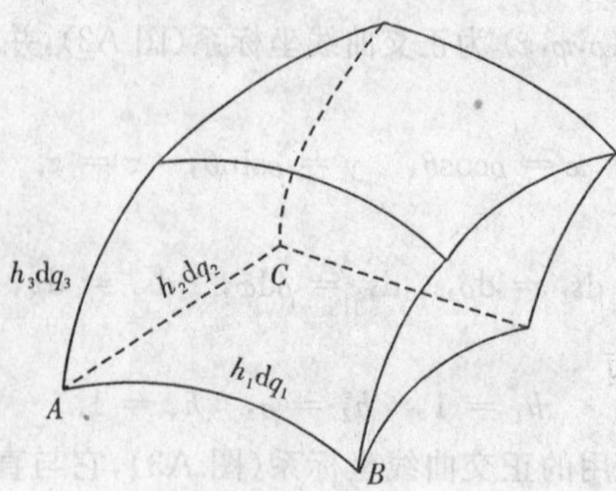

图 A1

矢量场 $\boldsymbol{A}\{a_1, a_2, a_3\}$ 通过左右两个面的净流量为

$$a_2 \mathrm{d}\sigma_{q_2} = a_2 \sigma \big|_{q_2+\mathrm{d}q_2} - a_2 \sigma \big|_{q_2} = \frac{\partial(a_2 h_1 h_3)}{\partial q_2} \mathrm{d}q_1 \mathrm{d}q_2 \mathrm{d}q_3,$$

通过上下两个面的净流量为

$$a_3 \mathrm{d}\sigma_{q_3} = a_3 \sigma \big|_{q_3+\mathrm{d}q_3} - a_3 \sigma \big|_{q_3} = \frac{\partial(a_3 h_1 h_2)}{\partial q_3} \mathrm{d}q_1 \mathrm{d}q_2 \mathrm{d}q_3,$$

于是通过微元的总流量为

$$\mathrm{d}Q = \boldsymbol{a} \cdot \mathrm{d}\boldsymbol{\sigma} = (a_1 \mathrm{d}\sigma_{q_1} + a_2 \mathrm{d}\sigma_{q_2} + a_3 \mathrm{d}\sigma_{q_3}),$$

由定义，矢量场 $\boldsymbol{A}\{a_1, a_2, a_3\}$ 的散度为

$$\mathrm{div}\boldsymbol{a} = \frac{\mathrm{d}Q}{\mathrm{d}v} = \frac{\left[\frac{\partial(a_1 h_2 h_3)}{\partial q_1} + \frac{\partial(a_2 h_1 h_3)}{\partial q_2} + \frac{\partial(a_3 h_2 h_1)}{\partial q_3}\right] \mathrm{d}q_1 \mathrm{d}q_2 \mathrm{d}q_3}{h_1 h_2 h_3 \mathrm{d}q_1 \mathrm{d}q_2 \mathrm{d}q_3}$$
$$= \frac{1}{h_1 h_2 h_3} \left[\frac{\partial(a_1 h_2 h_3)}{\partial q_1} + \frac{\partial(a_2 h_1 h_3)}{\partial q_2} + \frac{\partial(a_3 h_2 h_1)}{\partial q_3}\right].$$

Laplace 算符作用于标量函数 $u(q_1, q_2, q_3)$ 不过是该标量函数的梯度 ∇u 的散度，即

$$\nabla^2 u = \nabla \cdot (\nabla u) = \frac{1}{h_1 h_2 h_3} \left[\frac{\partial}{\partial q_1}\left(\frac{h_2 h_3}{h_1} \frac{\partial u}{\partial q_1}\right) + \frac{\partial}{\partial q_2}\left(\frac{h_3 h_1}{h_2} \frac{\partial u}{\partial q_2}\right) + \frac{\partial}{\partial q_3}\left(\frac{h_1 h_2}{h_3} \frac{\partial u}{\partial q_3}\right)\right].$$

应用于柱坐标系和球坐标系，注意度规系数公式(A1) 和(A2)，得到

$$\nabla^2_{柱} = \frac{1}{\rho} \frac{\partial}{\partial \rho}\left(\rho \frac{\partial}{\partial \rho}\right) + \frac{1}{\rho^2} \frac{\partial^2}{\partial \varphi^2} + \frac{\partial^2}{\partial z^2},$$

$$\nabla^2_{球} = \frac{1}{r^2} \frac{\partial}{\partial r}\left(r^2 \frac{\partial}{\partial r}\right) + \frac{1}{r^2 \sin\theta} \frac{\partial}{\partial \theta}\left(\sin\theta \frac{\partial}{\partial \theta}\right) + \frac{1}{r^2 \sin\theta} \frac{\partial^2}{\partial \varphi^2},$$

而在平面极坐标系下有

$$\nabla^2 = \frac{1}{\rho} \frac{\partial}{\partial \rho}\left(\rho \frac{\partial}{\partial \rho}\right) + \frac{1}{\rho^2} \frac{\partial^2}{\partial \varphi^2} = \frac{\partial^2 u}{\partial \rho^2} + \frac{1}{\rho} \frac{\partial u}{\partial \rho} + \frac{1}{\rho^2} \frac{\partial^2}{\partial \varphi^2}.$$

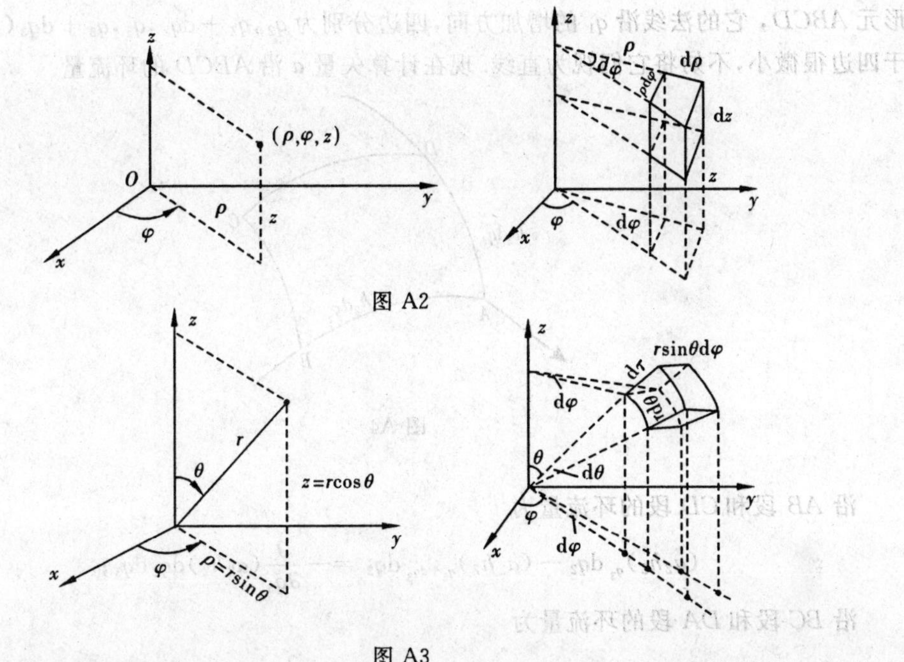

图 A2

图 A3

(二) 拉普拉斯算符作用于矢量函数

Laplace 算符对矢量 $\boldsymbol{a}\{a_1,a_2,a_3\}$ 的作用,可以利用矢量计算公式

$$\nabla\times(\nabla\times\boldsymbol{a})=\nabla(\nabla\cdot\boldsymbol{a})-\nabla^2\boldsymbol{a},$$

即

$$\nabla^2\boldsymbol{a}=\nabla(\nabla\cdot\boldsymbol{a})-\nabla\times(\nabla\times\boldsymbol{a}) \tag{A3}$$

而间接得出.在直角坐标系中,

$$[\nabla(\nabla\cdot\boldsymbol{a})]_x=\frac{\partial}{\partial x}\left(\frac{\partial a_x}{\partial x}+\frac{\partial a_y}{\partial y}+\frac{\partial a_z}{\partial z}\right)=\frac{\partial^2 a_x}{\partial x^2}+\frac{\partial^2 a_y}{\partial x\partial y}+\frac{\partial^2 a_z}{\partial x\partial z},$$

$$[\nabla\times(\nabla\times\boldsymbol{a})]_x=\frac{\partial}{\partial y}\left(\frac{\partial a_y}{\partial x}-\frac{\partial a_x}{\partial y}\right)-\frac{\partial}{\partial z}\left(\frac{\partial a_x}{\partial z}-\frac{\partial a_z}{\partial x}\right)$$

$$=\frac{\partial^2 a_y}{\partial x\partial y}-\frac{\partial^2 a_x}{\partial y^2}-\frac{\partial^2 a_x}{\partial z^2}+\frac{\partial^2 a_x}{\partial x\partial z}.$$

若假定 $\boldsymbol{a}$ 的分量有连续的二阶偏导数,将上述结果代入到式(A3)得到 $\nabla^2\boldsymbol{a}$ 在 x 方向的分量为

$$(\nabla^2\boldsymbol{a})_x=\frac{\partial^2 a_x}{\partial x^2}+\frac{\partial^2 a_y}{\partial y^2}+\frac{\partial^2 a_z}{\partial z^2}=\nabla^2 a_x,$$

同理可得

$$(\nabla^2\boldsymbol{a})_y=\nabla^2 a_y,\quad (\nabla^2\boldsymbol{a})_z=\nabla^2 a_z.$$

于是

$$\nabla^2\boldsymbol{a}=\nabla^2 a_x\boldsymbol{i}+\nabla^2 a_y\boldsymbol{j}+\nabla^2 a_z\boldsymbol{k}. \tag{A4}$$

在柱坐标和球坐标中,需要先写出旋度的表达式.

设在区域 G 内有矢量场 $\boldsymbol{a}\{a_1,a_2,a_3\}$,由旋度的定义,在矢量场域内取一个微小四边

形元 $ABCD$，它的法线沿 q_1 的增加方向，四边分别为 $q_2, q_2+\mathrm{d}q_2, q_3, q_3+\mathrm{d}q_3$（图 A4）．由于四边很微小，不妨将它们视为直线．现在计算矢量 $\boldsymbol{a}$ 沿 $ABCD$ 的环流量．

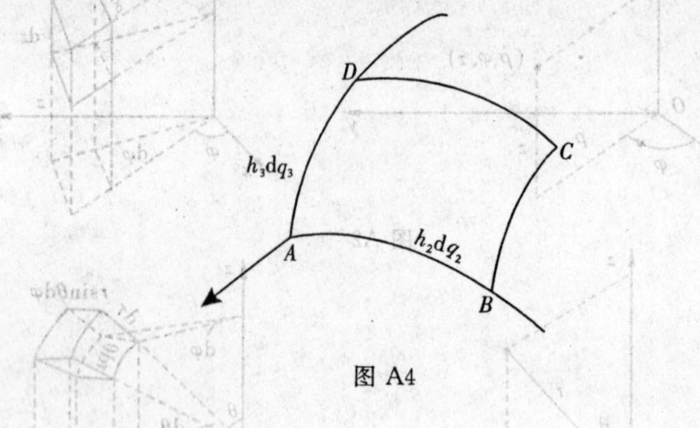

图 A4

沿 AB 段和 CD 段的环流量为

$$(a_2h_2)_{q_3}\mathrm{d}q_2-(a_2h_2)_{q_3+\mathrm{d}q_3}\mathrm{d}q_2=-\frac{\partial}{\partial q_3}(a_2h_2)\mathrm{d}q_2\mathrm{d}q_3;$$

沿 BC 段和 DA 段的环流量为

$$(a_3h_3)_{q_2+\mathrm{d}q_2}\mathrm{d}q_3-(a_3h_3)_{q_2}\mathrm{d}q_3=\frac{\partial}{\partial q_2}(a_3h_3)\mathrm{d}q_2\mathrm{d}q_3.$$

把两者相加，得到沿回路 $ABCD$ 的环流量，再除以四边形的面积 $h_2h_3\mathrm{d}q_2\mathrm{d}q_3$，就得到 q_2q_3 平面上每单位面积上的环流量，即旋度的分量

$$(\nabla\times\boldsymbol{a})_1=\frac{1}{h_2h_3}\left[\frac{\partial}{\partial q_2}(a_3h_3)-\frac{\partial}{\partial q_3}(a_2h_2)\right],$$

同理可得

$$(\nabla\times\boldsymbol{a})_2=\frac{1}{h_1h_3}\left[\frac{\partial}{\partial q_3}(a_1h_1)-\frac{\partial}{\partial q_1}(a_3h_3)\right],$$

$$(\nabla\times\boldsymbol{a})_3=\frac{1}{h_1h_2}\left[\frac{\partial}{\partial q_1}(a_2h_2)-\frac{\partial}{\partial q_2}(a_1h_1)\right].$$ 即

$$\mathbf{rot}\boldsymbol{a}=\nabla\times\boldsymbol{a}=\left(\frac{1}{h_1}\frac{\partial}{\partial q_1}\boldsymbol{e}_1+\frac{1}{h_2}\frac{\partial}{\partial q_2}\boldsymbol{e}_2+\frac{1}{h_3}\frac{\partial}{\partial q_3}\boldsymbol{e}_3\right)\cdot(a_1\boldsymbol{e}_1+a_2\boldsymbol{e}_2+a_3\boldsymbol{e}_3)$$

$$=\frac{1}{h_1h_2h_3}\left\{h_1\boldsymbol{e}_1\left[\frac{\partial(h_3a_3)}{\partial q_2}-\frac{\partial(h_2a_2)}{\partial q_3}\right]+h_2\boldsymbol{e}_2\left[\frac{\partial(h_1a_1)}{\partial q_3}-\frac{\partial(h_3a_3)}{\partial q_1}\right]+h_3\boldsymbol{e}_3\left[\frac{\partial(h_2a_2)}{\partial q_1}-\frac{\partial(h_1a_1)}{\partial q_2}\right]\right\}$$

$$\xlongequal{\text{形式地记为}}\frac{1}{h_1h_2h_3}\begin{vmatrix}h_1\boldsymbol{e}_1 & h_2\boldsymbol{e}_2 & h_3\boldsymbol{e}_3\\ \dfrac{\partial}{\partial q_1} & \dfrac{\partial}{\partial q_2} & \dfrac{\partial}{\partial q_3}\\ h_1a_1 & h_2a_2 & h_3a_3\end{vmatrix}.$$

代入柱坐标和球坐标相关的度规系数，得

$$(\mathbf{rot}\boldsymbol{a})_{\text{柱}}=\left(\frac{1}{\rho}\frac{\partial a_z}{\partial\varphi}-\frac{\partial a_\varphi}{\partial z}\right)\boldsymbol{e}_\rho+\left(\frac{\partial a_\rho}{\partial z}-\frac{\partial a_z}{\partial\rho}\right)\boldsymbol{e}_\varphi+\frac{1}{\rho}\left(\frac{\partial(\rho a_\varphi)}{\partial\rho}-\frac{\partial a_\rho}{\partial\varphi}\right)\boldsymbol{e}_z;$$

$$(\mathbf{rot}\boldsymbol{a})_{\text{球}}=\frac{1}{r\sin\theta}\left[\frac{\partial(a_\varphi\sin\theta)}{\partial\theta}-\frac{\partial a_\theta}{\partial\varphi}\right]\boldsymbol{e}_r+\frac{1}{r}\left[\frac{1}{\sin\theta}\frac{\partial a_r}{\partial\varphi}-\frac{\partial(ra_\varphi)}{\partial r}\right]\boldsymbol{e}_\theta+\frac{1}{r}\left[\frac{\partial(ra_\theta)}{\partial r}-\frac{\partial a_r}{\partial\theta}\right]\boldsymbol{e}_\varphi.$$

将以上两式用于(A3)得

$$(\nabla^2 \boldsymbol{a})_{\text{柱}} = \left(\nabla^2 a_\rho - \frac{a_\rho}{\rho^2} - \frac{2}{\rho^2}\frac{\partial a_\varphi}{\partial \varphi}\right)\boldsymbol{e}_\rho + \left(\nabla^2 a_\varphi - \frac{a_\varphi}{\rho^2} - \frac{2}{\rho^2}\frac{\partial a_\rho}{\partial \varphi}\right)\boldsymbol{e}_\varphi + \nabla^2 a_z \boldsymbol{e}_z;$$

$$\begin{aligned}(\nabla^2 \boldsymbol{a})_{\text{球}} = &\left(\nabla^2 a_r - \frac{2}{r^2}a_r - \frac{2}{r^2\sin\theta}\frac{\partial}{\partial\theta}(a_\theta\sin\theta) - \frac{1}{r^2\sin\theta}\frac{\partial a_\varphi}{\partial\varphi}\right)\boldsymbol{e}_r + \\ &\left(\nabla^2 a_\theta - \frac{2}{r^2\sin\theta}a_\theta + \frac{2}{r^2}\frac{\partial a_r}{\partial\theta} - \frac{2\cos\theta}{r^2\sin^2\theta}\frac{\partial a_\varphi}{\partial\varphi}\right)\boldsymbol{e}_\theta + \\ &\left(\nabla^2 a_\varphi - \frac{2}{r^2\sin\theta}a_\varphi + \frac{2}{r^2}\frac{\partial a_r}{\partial\varphi} - \frac{2\cos\theta}{r^2\sin^2\theta}\frac{\partial a_\theta}{\partial\varphi}\right)\boldsymbol{e}_\varphi.\end{aligned}$$

附录 B　Γ 函数的定义和基本性质

1. 定义

Γ 函数的通常定义是

$$\Gamma(z)=\int_0^{\infty} \mathrm{e}^{-t} t^{z-1} \mathrm{d} t, \quad \operatorname{Re} z=x>0. \tag{B1}$$

$\operatorname{Re} z=x>0$ 是这个积分收敛的条件. 由于被积函数中的因子 t^{z-1} 一般是多值的(当 z 不是整数时),所以应规定其单值分支. 通常规定 $\arg t>0$,即 t 在正实轴上. 这样当 $t>0$ 时,$t^{z-1}=\mathrm{e}^{(z-1)\ln t}$ 中对数 $\ln t$ 就取实数值. 定义式(B1) 中的积分也称为第二类 Euler 积分.

可以证明式(B1) 在右半平面 $\operatorname{Re} z>0$ 上代表一个解析函数,在左半平面积分不存在.

2. 性质

Γ 函数有如下性质:

(1)$\Gamma(1)=1$,

(2) 有递推关系 $\Gamma(z+1)=z\Gamma(z)$,它的特例是

$$\Gamma(n+1)=n!\text{(当 } n \text{ 为 0 或正整数时)}.$$

(3)$\Gamma(z)\Gamma(z-1)=\dfrac{\pi}{\sin \pi z}$.

(4)$\Gamma\left(\dfrac{1}{2}\right)=\sqrt{\pi}$.

(5)Γ 函数的对数导数为

$$\psi(z)=\frac{\Gamma'(z)}{\Gamma(z)}=-C-\frac{1}{z}+\sum_{n=1}^{\infty}\left(\frac{1}{n}-\frac{1}{n+z}\right),$$

它的一个特例是 $z=m$(整数),此时有

$$\psi(m)=\left.\frac{\Gamma'(z)}{\Gamma(z)}\right|_{z=m}=\left(1+\frac{1}{2}+\frac{1}{3}+\cdots+\frac{1}{m-1}\right)-C=-C+\sum_{k=1}^{m-1} \frac{1}{k}.$$

其中 C 为 Euler 常数.

(6) 倍乘公式

$$\Gamma(2z)=2^{2z-1} \pi^{-1/2} \Gamma(z) \Gamma\left(z+\frac{1}{2}\right).$$

附录 C　通过计算留数求拉普拉斯变换的反演

应用 Laplace 变换法求解定解问题的关键是求 Laplace 变换的反演. 一般的求 Laplace 反演(反变换)的方法是直接查表(见附录 D)或利用 Laplace 变换的性质以及已知变换的组合. 这里介绍根据 Laplace 变换的反演公式(6.4.2)和留数定理来求反演的方法.

反演公式(6.4.2)可以写成

$$f(t)=\frac{1}{2\pi \mathrm{i}}\int_{c}F(p)\mathrm{e}^{pt}\mathrm{d}p\,(t>0),$$

其中 c 为 p 平面 $\mathrm{Re}p=\beta>\beta_0$ 的与虚轴平行的任意一条直线.

若 $F(p)$ 是单值的,且在 $0\leqslant \arg p\leqslant 2\pi$ 中,当 $p\to\infty$ 时,$F(p)\to 0$,则有

$$f(t)=\sum_{k}\mathrm{res}[F(p_k)\mathrm{e}^{p_k t}],t>0, \tag{C1}$$

其中 p_k 为像函数 $F(p)$ 在全平面的奇点. 这就是所谓的展开定理.

因为在此情形中,只要 β 取得足够大,总能使 $F(p)$ 在直线 c 的右边解析. 考虑 $F(p)\mathrm{e}^{pt}$ 沿如图 C1 所示实线闭合回路的积分,其中 C_R 为以 $p=0$ 为中心,R 为半径,从 A 到 B 不经过 $F(p)$ 的奇点的实线圆弧,则

$$\frac{1}{2\pi \mathrm{i}}\int_{A}^{B}F(p)\mathrm{e}^{pt}\mathrm{d}p+\frac{1}{2\pi \mathrm{i}}\int_{C_R}F(p)\mathrm{e}^{pt}\mathrm{d}p=\sum_{k}\mathrm{res}[F(p)\mathrm{e}^{pt}]_{l内},\quad l=\boldsymbol{BA}+C_R,$$

由约当引理(参见郭敦仁《数学物理方法》,人民教育出版社,1978 年版第 156 页)可以证明

$$\lim_{R\to\infty}\int_{C_R}F(p)\mathrm{e}^{pt}\mathrm{d}p=0, \tag{C2}$$

所以当 $R\to\infty$ 时,有

$$f(t)=\frac{1}{2\pi \mathrm{i}}\int_{c}F(p)\mathrm{e}^{pt}\mathrm{d}p=\sum_{k}\mathrm{res}[F(p_k)\mathrm{e}^{p_k t}].$$

这样就把反演的问题转化为计算留数的问题.

例 1　求 $F(p)=\dfrac{\cosh\frac{\sqrt{p}}{a}x}{p\cosh\frac{\sqrt{p}}{a}l}$ 的原函数 $f(t)$.

解　$F(p)$ 是单值函数,它的奇点全是单极点

$$p_0=0,\quad p_k=-\frac{a^2\pi^2(2k-1)^2}{4l^2},k=1,2,\cdots$$

$$\operatorname{res}\left[F(p)\mathrm{e}^{pt}\right]_{p=0}=1,$$

$$\operatorname{res}\left[F(p_k)\mathrm{e}^{p_k t}\right]=\left.\frac{\cosh\dfrac{\sqrt{p}}{a}x\cdot\mathrm{e}^{pt}}{\left[p\cosh\dfrac{\sqrt{p}}{a}l\right]'}\right|_{p=p_k}=\frac{\cos\dfrac{(2k-1)\pi x}{2l}\mathrm{e}^{\frac{-a^2\pi^2(2k-1)^2}{4l^2}t}}{(-1)^k\dfrac{(2k-1)\pi}{4}}\quad k=1,2,\cdots$$

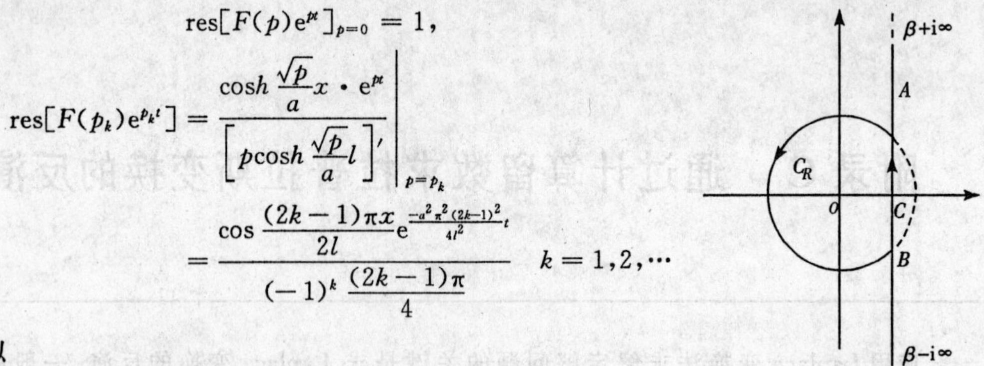

图 C1

所以

$$f(t)=\operatorname{res}\left[F(p)\mathrm{e}^{pt}\right]_{p=0}+\sum_{k=1}^{\infty}\operatorname{res}\left[F(p_k)\mathrm{e}^{p_k t}\right]$$

$$=1+\frac{4}{\pi}\sum_{k=1}^{\infty}\frac{(-1)^k}{2k-1}\cos\frac{(2k-1)\pi x}{2l}\mathrm{e}^{\frac{-a^2\pi^2(2k-1)^2}{4l^2}t}.$$

这就是正文中的式(6.4.16).

附录 D　Fourier 变换和 Laplace 变换简表

附录 D1　　Fourier 变换简表

像原函数	像函数
$f(x)$	$\hat{f}(\omega)=\int_{-\infty}^{\infty} f(x)\mathrm{e}^{-\mathrm{i}\omega x}\mathrm{d}x$
$\dfrac{\sin ax}{x}$	$\begin{cases}\pi, & \lvert\omega\rvert<a\\ 0, & \lvert\omega\rvert>a\end{cases}$
$\begin{cases}\mathrm{e}^{\mathrm{i}\lambda x}, & a<x<b\\ 0, & x<a\text{ 或 }x>b\end{cases}$	$\dfrac{\mathrm{i}}{\lambda-\omega}(\mathrm{e}^{\mathrm{i}a(\lambda-\omega)}-\mathrm{e}^{-\mathrm{i}b(\lambda-\omega)})$
$\begin{cases}\mathrm{e}^{-cx+\mathrm{i}\lambda x}, & x>0\\ 0, & x<0\end{cases}$	$\dfrac{\mathrm{i}}{\lambda-\omega+\mathrm{i}c}$
$\mathrm{e}^{-\eta x^2}\quad(\mathrm{Re}\eta>0)$	$\left(\dfrac{\pi}{\eta}\right)^{1/2}\mathrm{e}^{-\frac{\omega^2}{4\eta}}$
$\cos\eta x^2$	$\left(\dfrac{\pi}{\eta}\right)^{1/2}\cos(\dfrac{\omega^2}{4\eta}-\dfrac{\pi}{4})$
$\sin\eta x^2$	$\left(\dfrac{\pi}{\eta}\right)^{1/2}\sin(\dfrac{\omega^2}{4\eta}+\dfrac{\pi}{4})$
$\lvert x\rvert^{-s}\quad(0<\mathrm{Re}s<1)$	$\dfrac{2}{\lvert\omega\rvert^{1-s}}\Gamma(1-s)\sin\dfrac{1}{2}\pi s$
$\dfrac{1}{\lvert x\rvert}\mathrm{e}^{-a\lvert x\rvert}$	$(\dfrac{2\pi}{a^2+\omega^2})^{1/2}[(a^2+\omega^2)^{1/2}+a]^{1/2}$
$\dfrac{1}{\lvert x\rvert}$	$\dfrac{(2\pi)^{1/2}}{\lvert\omega\rvert}$
$\dfrac{\mathrm{ch}\,ax}{\mathrm{ch}\,\pi x}\quad(-\pi<a<\pi)$	$\dfrac{2\cos\dfrac{a}{2}\mathrm{ch}\dfrac{\omega}{2}}{\mathrm{ch}\,\omega-\cos a}$
$\dfrac{\mathrm{ch}\,ax}{\mathrm{sh}\,\pi x}\quad(-\pi<a<\pi)$	$\dfrac{\sin a}{\mathrm{ch}\,\omega+\cos a}$
$\begin{cases}(a^2-x^2)^{-1/2}, & \lvert x\rvert<a\\ 0, & \lvert x\rvert>a\end{cases}$	$\pi J_0(a\omega)$（J_0 是零阶 Bessel 函数）
$\dfrac{\sin[b(a^2+x^2)^{1/2}]}{(a^2+x^2)^{1/2}}$	$\begin{cases}0, & \lvert\omega\rvert>b\\ \pi J_0(a\sqrt{b^2-\omega^2}), & \lvert\omega\rvert<b\end{cases}$
$\begin{cases}\dfrac{\cos[b(a^2-x^2)^{1/2}]}{(a^2-x^2)^{1/2}}, & \lvert x\rvert<a\\ 0, & \lvert x\rvert>a\end{cases}$	$\pi J_0(a\sqrt{b^2+\omega^2})$

（续表）

像原函数	像函数
$\begin{cases}\dfrac{\mathrm{ch}[b(a^2-x^2)^{1/2}]}{(a^2-x^2)^{1/2}}, & \lvert x\rvert<a \\ 0, & \lvert x\rvert>a\end{cases}$	$\begin{cases}\pi J_0(a\sqrt{\omega^2-b^2}), & \lvert\omega\rvert>b \\ 0, & \lvert\omega\rvert<b\end{cases}$
$\delta(x)$	1
多项式 $P(x)$	$2\pi P\left(\mathrm{i}\dfrac{\mathrm{d}}{\mathrm{d}\omega}\right)\delta(\omega)$
e^{bx}	$2\pi\delta(\omega+\mathrm{i}b)$
$\sin bx$	$\mathrm{i}\pi(\delta(\omega+b)-\delta(\omega-b))$
$\cos bx$	$\pi(\delta(\omega+b)+\delta(\omega-b))$
$\delta^{(m)}(x)$	$(\mathrm{i}\omega)^m$
$\mathrm{sh}\, bx$	$\pi(\delta(\omega+\mathrm{i}b)-\delta(\omega-\mathrm{i}b))$
$\mathrm{ch}\, bx$	$\pi(\delta(\omega+\mathrm{i}b)-\delta(\omega-\mathrm{i}b))$
x^{-1}	$-\mathrm{i}\pi\,\mathrm{sgn}\,\omega$
x^{-2}	$\pi\lvert\omega\rvert$
x^{-m}	$-\mathrm{i}^m\dfrac{\pi}{(m-1)!}\omega^{m-1}\,\mathrm{sgn}\,\omega$
$\lvert x\rvert^{\lambda}\quad(\lambda\neq-1,-3,\cdots)$	$-2\sin\dfrac{\lambda\pi}{2}\Gamma(\lambda+1)\lvert\omega\rvert^{-\lambda-1}$
$H(x)$	$\dfrac{1}{\mathrm{i}\omega}+\pi\delta(\omega)$

附录 D2　　Laplace 变换简表

像原函数	像函数
1	$\dfrac{1}{p}$
$t^n,\quad n=1,2,\cdots$	$\dfrac{n!}{p^{n+1}}$
$t^\alpha(\alpha>-1)$	$\dfrac{\Gamma(\alpha+1)}{p^{\alpha+1}}$
$e^{\lambda t}$	$\dfrac{1}{p-\lambda}$
$\dfrac{1}{a}(1-e^{-at})$	$\dfrac{1}{p(p+a)}$
$\sin\omega t$	$\dfrac{\omega}{p^2+\omega^2}$
$\cos\omega t$	$\dfrac{p}{p^2+\omega^2}$
$\mathrm{sh}\,\omega t$	$\dfrac{\omega}{p^2-\omega^2}$
$\mathrm{ch}\,\omega t$	$\dfrac{\omega}{p^2-\omega^2}$
$e^{-\lambda t}\sin\omega t$	$\dfrac{\omega}{(p+\lambda)^2+\omega^2}$
$e^{-\lambda t}\cos\omega t$	$\dfrac{p+\lambda}{(p+\lambda)^2+\omega^2}$
$e^{-\lambda t}t^\alpha(\alpha>-1)$	$\dfrac{\Gamma(\alpha+1)}{(p+\lambda)^{\alpha+1}}$
$\dfrac{1}{\sqrt{\pi t}}$	$\dfrac{1}{\sqrt{p}}$
$\dfrac{1}{\sqrt{\pi t}}e^{-\frac{a^2}{4t}}$	$\dfrac{1}{\sqrt{p}}e^{-a\sqrt{p}}$
$\dfrac{1}{\sqrt{\pi t}}e^{-2a\sqrt{t}}$	$\dfrac{1}{\sqrt{p}}e^{\frac{a^2}{p}}\,\mathrm{erfc}(\dfrac{a}{\sqrt{p}})$
$\dfrac{1}{\sqrt{\pi t}}\sin 2\sqrt{at}$	$\dfrac{1}{p\sqrt{p}}e^{-\frac{a}{p}}$
$\dfrac{1}{\sqrt{\pi t}\ \cos 2\sqrt{at}}$	$\dfrac{1}{\sqrt{p}}e^{-\frac{a}{p}}$
$\mathrm{erf}(\sqrt{at})$	$\dfrac{\sqrt{a}}{p\ \sqrt{p+a}}$
$\mathrm{erfc}(\dfrac{a}{2\sqrt{t}})$	$\dfrac{e^{-a\sqrt{p}}}{p}$
$e^t\,\mathrm{erfc}(\sqrt{t})$	$\dfrac{1}{p+\sqrt{p}}$

（续表）

像原函数	像函数
$\frac{1}{\sqrt{\pi t}}-e^{t}\operatorname{erfc}(\sqrt{t})$	$\frac{1}{1+\sqrt{p}}$
$\frac{1}{\sqrt{\pi t}}e^{-at}+\sqrt{a}\operatorname{erf}\sqrt{at}$	$\frac{\sqrt{p+a}}{p}$
$J_0(t)$	$\frac{1}{\sqrt{p^2+1}}$
$J_n(t)$	$\frac{(\sqrt{p^2+1}-p)^n}{\sqrt{p^2+1}}$
$\frac{J_n(at)}{t}$	$\frac{1}{na^n}(\sqrt{p^2+a^2}-p)^n$
$e^{-at}I_0(bt)$	$\frac{1}{\sqrt{(p+a)^2-b^2}}$
$\lambda^n e^{-\lambda t}I_n(\lambda t)$	$\frac{\{\sqrt{p^2+2\lambda p}-(p+\lambda)\}^n}{\sqrt{p^2+2\lambda p}}$
$t^n J_n(t)\left(n>-\frac{1}{2}\right)$	$\frac{2^n\Gamma\left(n+\frac{1}{2}\right)}{\sqrt{\pi}\ (p^2+1)^{n+\frac{1}{2}}}$
$J_0(2\sqrt{t})$	$\frac{2}{p}e^{-\frac{1}{p}}$
$t^{\frac{n}{2}}J_n(2\sqrt{t})$	$\frac{1}{p^{n+1}}e^{-\frac{1}{p}}$
$J_0(a\sqrt{t^2-\tau^2})H(t-\tau)$	$\frac{1}{\sqrt{p^2+a^2}}e^{-\tau\sqrt{p^2+a^2}}$
$\frac{J_1(a\sqrt{t^2-\tau^2})}{\sqrt{t^2-\tau^2}}H(t-\tau)$	$\frac{e^{-\tau p}-e^{-\tau\sqrt{p^2+a^2}}}{a\tau}$
$\int_t^{\infty}\frac{J_0(\tau)}{\tau}d\tau$	$\frac{1}{p}\ln(p+\sqrt{1+p^2})$
$\frac{e^{bt}-e^{at}}{t}$	$\ln\frac{p-a}{p-b}$
$\frac{1}{\sqrt{\pi t}}\sin\frac{1}{2t}$	$\frac{1}{\sqrt{p}}e^{-\sqrt{p}}\sin\sqrt{p}$
$\frac{1}{\sqrt{\pi t}}\cos\frac{1}{2t}$	$\frac{1}{\sqrt{p}}e^{-\sqrt{p}}\cos\sqrt{p}$
$\operatorname{si} t$	$\frac{\pi}{2p}-\frac{\arctan p}{p}$
$\operatorname{ci} t$	$\frac{1}{p}\ln\frac{1}{\sqrt{p^2+1}}$
$S(t)$	$\frac{1}{2\sqrt{2}\ p\mathrm{i}}\frac{\sqrt{p+\mathrm{i}}-\sqrt{p-\mathrm{i}}}{\sqrt{p^2+1}}$
$C(t)$	$\frac{1}{2\sqrt{2}\ p}\frac{\sqrt{p+\mathrm{i}}-\sqrt{p-\mathrm{i}}}{\sqrt{p^2+1}}$
$-\operatorname{ei}(-t)$	$\frac{1}{p}\ln(1+p)$

注:(1) $\mathrm{erf}(x)=\dfrac{2}{\sqrt{\pi}}\int_0^x \mathrm{e}^{-t^2}\,\mathrm{d}t$,称为误差函数.

(2) $\mathrm{erfc}(x)=1-\mathrm{erf}(x)=\dfrac{2}{\sqrt{\pi}}\int_x^{+\infty}\mathrm{e}^{-t^2}\,\mathrm{d}t$,称为余误差函数.

(3) $J_n(x)=\sum\limits_{k=0}^{+\infty}\dfrac{(-1)^k}{k!\Gamma(n+k+1)}\left(\dfrac{x}{2}\right)^{n+2k}$ $(n=0,1,2,\cdots)$ 称为第一类 n 阶 Bessel(贝塞尔)函数(见第4章).

(4) $I_n(x)=(\mathrm{i})^{-n}J_n(\mathrm{i}x)$ 称为第一类 n 阶变形的 Bessel 函数,或称为虚宗量的 Bessel 函数.

(5) $\mathrm{si}\,t=\int_0^t\dfrac{\sin x}{x}\mathrm{d}x$, $\mathrm{ci}\,t=\int_{-\infty}^t\dfrac{\cos x}{x}\mathrm{d}x$, $\mathrm{ei}\,t=\int_0^t\dfrac{\mathrm{e}^x}{x}\mathrm{d}x$, $S(t)=\int_0^t\dfrac{\sin x}{\sqrt{2\pi x}}\mathrm{d}x$,

$C(t)=\int_0^t\dfrac{\cos x}{\sqrt{2\pi x}}\mathrm{d}x$.

参考文献

[1] 梁昆淼. 数学物理方法,2 版. 北京:高等教育出版社,1996.

[2] 谷超豪,李大潜,等. 数学物理方法,2 版. 北京:高等教育出版社,2002.

[3] 南京工学院数学教研组. 数学物理方法与特殊函数,2 版. 北京:高等教育出版社,1998.

[4] 姚端正,梁家宝. 数学物理方法. 武昌:武汉大学出版社,1997.

[5] 徐效海. 数学物理方法引论. 南京:南京大学出版社,1999.

[6] 王竹溪,郭敦仁. 特殊函数概论. 北京:北京大学出版社,2000.

[7] A·H· 吉洪诺夫,A·A· 萨马尔斯基. 数学物理方程. 黄克欧,等,译. 北京:高等教育出版社,1959.

[8] A·H· 萨波洛夫斯基. 特殊函数. 魏执权,等,译. 北京:中国工业出版社出版,1966.

[9] R. Courant, D. Hillbert. Methods for Mathematical Physics, Part I and Part II. New York:Mc Graw-Hill, 1953, 1962.

[10] M·R· 施皮格尔. 数学物理方法概论. 于骏民,等,译. 上海:上海科技出版社,1981.

[11] 彭芳麟. 数学物理方程的 MATLAB 解法与可视化. 北京:清华大学出版社,2004.

[12] C. Henry Edwards, David E. Penney. Differential Equations and Boundary Value Problems—Computing and Modeling, 3rd ed. 北京:清华大学出版社(影印本),2004.

[13] Ernic Kamerich. Maple 指南. 唐兢,李静,译. 北京:高等教育出版社,2000.

[14] R. Haberman. Applied Partial Differential Equations: with Fourier Series and Boundary Value Problems, 4th ed. 北京:机械工业出版社(影印本),2004.

[15] 李大潜,秦铁虎. 物理学与偏微分方程(上册),2 版. 北京:高等教育出版社,2005.

[16] 刘式适,刘式达. 特殊函数,3 版. 北京:气象出版社,2002.

[17] 奚定平. 贝塞尔函数. 北京:高等教育出版社. 柏林:施普林格出版社,1998.

[18] 潘文杰. 傅里叶分析及其应用. 北京:北京大学出版社,2000.